U0392356

家庭经典藏书

中華茶道

[主编] 董　飞

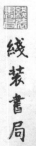

线装書局

第十三章　茶人茶事

神农尝茶

传说神农一生下来就是个"水晶肚"，他的身体几乎是全透明的，五脏六腑全都能看得见，还能看得见吃进去的东西。

那个时候，人们经常因乱吃东西而生病，甚至丧命。神农为了让人们少受一些痛苦，便决心尝遍百草。有一天，神农在采集奇花野草时，尝到一种草叶，这种叶片使他口干舌麻，头晕目眩。于是他放下草药袋，背靠一棵大树斜躺休息。一阵风过，他似乎闻到了一种清鲜香气，但却不知这清香从何而来。好奇之余，他抬头一看，只见树上有几片绿绿的叶子徐徐落下。

神农信手拾起一片，放入口中慢慢咀嚼，感到味虽苦涩，但有清香回甘之味，便索性嚼而食之。食后更觉气味清香，舌底生津，精神振奋，且先前的头晕目眩症状减轻了，口干舌麻也渐消了许多，于是他十分好奇，再拾几片叶子细看，见其形、脉、缘均与一般树木的叶片有所不同。因此，他又采了些芽叶、花果而归。

以后，神农就将这种树定名为"茶"，据说这就是茶的最早发现。

神农长年累月地跋山涉水，尝试百草，每天都中毒几次，全靠茶来解毒。但最后一次，神农来不及吃茶叶，还是被毒草毒死了。据说，那时候他见到一种开着黄色小花的小草，那花萼在一张一合地动着，他感到好奇，就把叶子放在嘴里慢慢咀嚼。不一会儿，他感到肚子很难受，还没来得及吃茶叶，肚肠就一节一节地断开了，原来是中了断肠草的毒。后人为了纪念他，就传颂着一个神农尝百草的故事。

制茶师祖杨太白

新中国成立前，武夷山的茶农家家都供奉着杨太白的牌位。

在每年的清明节过后开始采茶、制茶时，人们事先都要祭祀他，求他保佑茶叶丰收、制出好茶。如今，虽然这些祭祀的活动少了，但是关于他的传说依然流行着。

一年，杨太白的家乡遭了洪灾，于是他孤苦一人逃难到了福建崇安武夷山。他到了一个村庄，靠帮人做零活为生。那时他正值壮年，有力气，人又勤快，所以当地的村民都喜欢他。

那个时候的武夷山山中终日云雾缭绕，雨水很多，气候温和、湿润，所以满山遍野都是茶树。武夷山的人们认为山上茶树的叶子可以治病，对于提神、消化、解暑有一定的功效，所以每年的谷雨前后，每家都要让妇女和小孩去采摘一些茶叶回来备用。

至于茶叶的其他功用有哪些，人们就不知道了。

这一年的谷雨前，杨太白跟着一群妇女、小孩上山采摘茶叶，他挑着筐，一路跑着上山，只见山峰翠绿、泉水淙淙，美不胜收。杨太白陶醉在这山水美景中，他边走边采，也不觉得累，直到只剩下他一个人。到了下午，当他坐下来休息的时候才感到有些疲惫，不知不觉就睡着了。

此时，他放在筐里的茶叶经过太阳的曝晒，全部都变软了，就像被热水烫过了一样。当他一觉醒来，发现太阳已经落山，而放在筐里的茶叶都蔫萎了，他赶紧用手去抖，但是叶子粘在一起，怎么也抖不开，但有清香股股涌出。他随手抓起几片叶子塞进嘴里嚼起来。不想越嚼越香，身体也不觉得累了。于是他非常高兴地挑着筐下了山。

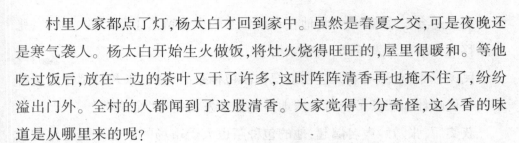

村里人家都点了灯，杨太白才回到家中。虽然是春夏之交，可是夜晚还是寒气袭人。杨太白开始生火做饭，将灶火烧得旺旺的，屋里很暖和。等他吃过饭后，放在一边的茶叶又干了许多，这时阵阵清香再也掩不住了，纷纷溢出门外。全村的人都闻到了这股清香。大家觉得十分奇怪，这么香的味道是从哪里来的呢？

直到第二天早上，大家才知道原来是杨太白家的茶树叶香。大家都来到他家，一见到他的茶叶片片蜷缩，都责备他怎么把茶叶烤成这个样子，这样的叶子怎么会有药性呢？大家都劝他扔掉得了。因为按照山里人的老规矩，大家采回茶叶后，就要把它捣烂、揉团、晾干，装好后即可成药了。像杨太白这样的茶叶根本不行。

但是，大家发现，他们按照老办法制成的药，因不晒、不烤，放久了，有的就会发霉、变质，不能用；有的虽不发霉，但有一股冲鼻的青草味道，吃起来还很苦涩。可是杨太白的茶叶用水冲服，不仅很香，而且吃起来还有甘味，口舌生津，也能治病。

事情一传开，来向杨太白讨茶的人就越来越多，有的要去治病；有的吃上了瘾，觉得每天吃一点，神清气爽，十分舒适。

从此杨太白就开始琢磨制茶的工艺。经过很多年的实践和摸索，他终于发明了晾干、揉青、烘焙、分级等一整套的制茶工艺。杨太白制作的茶为人们所称道，整个武夷山的人都跟着杨太白制茶，一直流传到现在。所以，武夷山的茶农都把杨太白看成是制茶的祖师，传说他是天上的"茶星"下凡，家家供奉着，以表示大家不会忘记他的功劳，感谢他留下的福荫。

货真价实的"金牌赏"传说

张乃妙生于清光绪元年（公元 1875 年），年幼时因父亲去世被张氏收养，长大后就跟随张氏学习制茶技艺。

光绪年间，张乃妙的师傅动了思乡的念头。于是他带着十多年艰辛经营的积蓄返乡安享晚年,并将他在台湾做茶的事业留给了张乃妙。从此,张乃妙移居樟湖山开发茶园,栽植茶树。

民国五年,台湾劝业共进会组织初制包种茶品评会,张乃妙制作的包种茶以质优味佳而荣获了当时台湾地区总督颁发的特等"金牌赏"。

获奖后,张乃妙声名鹊起,他的包种茶也大受市场的欢迎。但是他的成功却遭到当时台湾茶业界一些人的嫉妒与怀疑。这些人向台湾地区总督递交了一份联名抗议书。在这份抗议书中,他们认为张乃妙参加品评的包种茶"断非台湾岛(省)所产,乃'唐山茶师'提供的武夷名山或安溪之茶",还认为以台湾的气候与土壤条件,不可能生产出如此等级的极品茶。

台湾地区总督接到这封茶师联名的抗议书后,用了缓兵之计,命令有关部门先颁给张乃妙一张假的奖状,同时派员到樟湖山勘察茶园。

张乃妙将特派员领到他的茶园里。在特派员的监督下,张乃妙重新采摘等量茶菁,制成茶叶,交由特派员密封,带回进行重审。

第二次评审会如期举行,经过复审会的严格评定,评委们认定这批新茶与先前获得"金牌赏"的原品在品质、风味及色泽上都是相符合的。

但是那群茶师们仍然不服气。于是,他们再一次提出抗辩书,说张乃妙已经独家秘密地引进安溪铁观音茶真树。而且认定张乃妙只需将少量铁观音茶的汁浆加入包种,茶制作过程中进行揉捻,即可提升包种茶的色泽和芳味数倍。

为此,数位茶叶技师又被派往张乃妙的茶园进行复查。在张乃妙的茶园中,调查员以画图写生的方法画出了茶园中仅有的 12 丛铁观音茶树的形状和枝桠,并且将所有枝桠加以编号,对每一根枝条的新芽都一一做了记数,随后上报了一份报告,说明张乃妙茶园中所有铁观音茶树确实未曾采过一芽半叶。至此,总督才正式颁发特等"金牌赏"给张乃妙。

这个特等"金牌赏"在台湾茶叶界引发了一场大风波。而且张乃妙通过了严格的考察,这更加肯定了张乃妙茶师的制茶技艺。

日本著名茶人茶话

都永忠

都永忠,宝龟初(公元770年前后)入唐,到延历二十四年(公元805年)才回国,在中国生活了很长时间。

从与都永忠同时代的几部汉诗集中可以发现,日本当时的饮茶法与中国唐代流行的饼茶煎饮法完全一样。《经国集》有一首《和出云巨太守茶歌》,描写了将茶饼放在火上炙烤干燥("独对金炉炙令燥");然后碾成末,汲取清流,点燃兽炭("兽炭须臾炎气盛");待水沸腾起来("盆浮沸浪花");加入茶末,放点吴盐,味道就更美了("吴盐和味味更美");煎好的茶,芳香四溢("煎罢余香处处薰"),可见,这是典型的唐代饼茶煎饮法。

在《日本后记》弘仁六年(公元815年)记事中,记有嵯峨天皇过崇福寺,都永忠亲自煎茶供奉的事件。

最澄

最澄是传播中国茶文化的一个重要的日本僧人。最澄赴唐是在唐德宗二十年(公元804年),当时遣唐使分为两船,第一只船上有空海、桔逸势等人,第二只船上有最澄、义真和丹福等人。因为途中遇到风暴,第一只船漂到了福州,而第二只船则到了浙江明州(今宁波)。

最澄到浙江后,便登上天台山学习天台宗,接着又到越州龙兴寺学习密宗。永贞元年(公元805年)8月,他与都永忠等人一起从明州起程归国。据《日本社神道秘记》记载,公元805年,最澄从中国浙江天台山带回茶种后,种植在日吉神社的旁边(至今在京都比睿山的东麓还立有《日吉茶园之碑》),这里遂成了日本最古老的茶园。

最澄在将茶种引入日本的同时,也将茶饮引入了宫廷,并得到了天皇的

重视。嵯峨天皇爱好文学,特别崇尚唐朝的文化,在其影响下,弘仁年间成为唐文化盛行的时代,茶文化是其中最高雅的文化。《文华秀丽集》中收有一首嵯峨天皇与最澄的唱和诗《答澄公奉献诗》,其中有"羽客旁讲席,山精供茶杯"的诗句,表现了天皇与最澄的融洽关系以及饮茶在其中所起的作用。与最澄从中国同船回国的弘法大师空海在日本弘仁五年(公元814年)上献《梵字悉昙子母并释义》等书,其所撰的《空海奉献表》中,有"茶汤坐来"等字样。嵯峨天皇也经常与空海在一起饮茶,留下了许多茶诗,如《与海公饮茶送归山》等。

最澄之前,天台山与天台宗僧人也多有赴日传教者,如天宝十三年(公元754年)的鉴真等。这些人带给日本的不只是天台派的教义,也有科学技术和生活习俗,而饮茶之道无疑是其中的内容之一。这些去日僧人应该是在客观上促进日本僧人(包括最澄)来华求法的直接影响者。由于天台山在佛教上的特殊地位,自最澄回国以后,这里就成了日本僧人极为向往的地方,虽然他们来这儿的主要目的是为学习天台宗和密宗、朝拜宗祖智者大师的圣迹,但同时会自然而然地受到包括饮茶之道在内的中国传统文化的熏陶,他们回国后对日本的饮茶文化起了重要的促进作用。

径山茶宴与日本茶道

宋时,径山(今浙江余杭)是著名的茶区,而径山寺里饮茶之风非常盛行,并有一套规矩,即设茶宴作为待客的珍贵礼仪。

茶宴时僧客团团围坐,边品茶,边谈道论德、议事叙景,并有对各种优质茶叶鉴评的斗茶等竞争游戏,及把粉末茶用开水冲泡调制的点茶。

茶宴在当时十分有名,日本的禅师们均慕名前来,其中比较著名的有弁丹(圣一国师)、南浦、昭明、明惠上人等僧人。

径山茶宴丰富了日本茶道的内容,并且推动了日本茶道由酝酿的阶段发展到兴盛的时代。

中華茶道

弁丹

日本和尚弁丹于公元 1235 年来到了我国浙江余杭径山寺。拜师无准大师,并在那里住了六七年之久。1242 年,他回日本的时候,带回了径山茶叶的种子和径山茶的传统制法。

今天,日本静冈县出产的玉露茶的品质十分优秀,日本茶业界普遍认为这种玉露茶就是弁丹带入中国茶叶种子和制茶方法的功德。

荣西

日本僧侣荣西从中国带回了茶种后,在公元 1192 年撰写了《吃茶养生记》一书,从此,日本的饮茶文化开始出现新的局面。

荣西曾两度入宋。日本仁安三年(宋孝宗乾道四年,公元 1168 年),他第一次入宋,到达浙江明州,登明山,然后到天台山万年寺,同年 6 月又登明州阿育王山;9 月回国,回国时除带了天台新章疏 30 余部 60 卷,还带回了茶籽,后种植于佐贺县等地。

荣西第二次入宋是在日本文治三年(宋孝宗淳熙十四年,公元 1187 年) 4 月,此行目的为赴印度求法,但因故未成,所以即在天台山万年寺学禅,宋孝宗赐其千光法师封号。荣西不仅潜心钻研禅学,得禅宗临济宗黄龙派单传心印,而且还亲身体验了宋朝的饮茶文化。

公元 1191 年,荣西回国时,在他登陆的第一站——九州平户岛上的富春院撒下茶籽。之后他在九州的圣福寺和背振山也种了茶,不久就繁衍了一山,发展成名为"石上苑"的茶园。他还送给京都拇尾高山寺明惠上人五粒茶籽。明惠将其种植在寺旁,由于那里的自然条件十分有利于茶的生长,故所产茶的味道十分纯正,人们将拇尾高山茶称为"本茶",而将这之外的茶称为"非茶"。

荣西在京都修建了建仁寺,在镰仓也修建了圣福寺,并在寺院中种植茶树,大力宣传禅教和茶饮。其后,茶园不断扩充,名茶产地也不断增加。

荣西回国的第二年，日本第一个幕府政权——镰仓幕府成立。从此掌握最高权力的不再是天皇，而是武士集团的首领——源氏，政治的中心也由京都转移到了镰仓。饮茶活动以寺院为中心，由寺院普及到民间，是镰仓时代茶文化的主流。

公元1211年，荣西终于完成了《吃茶养生记》一书，建保二年（公元1214年），幕府将军源实朝醉酒，荣西为之献茶一盏，并献上了这本书。

《吃茶养生记》也被称为"颂茶德之书"，书中极力称赞茶的益人之处。《吃茶养生记》分为上、下两卷，用汉文写成，开篇便写道："茶也，末代养生之仙药，人伦延龄之妙术也。"荣西根据自己在中国的体验和见闻，在书中记叙了当时的末茶点饮法。

此书的问世，使日本的饮茶文化得到了普及和发展。总之，荣西引入了中国茶、茶具和点茶法，为茶饮风靡僧界及贵族、武士阶层并及于平民做出了较大的贡献，可以说，荣西既是日本的禅宗之祖，也是日本的"茶祖"。

村田珠光

村田珠光（公元1423～1502年）是日本茶道的鼻祖。珠光11岁时就进了属于净土宗的奈良称名寺做沙弥。由于怠慢了寺役，他被赶出称名寺。之后，他来到京都，19岁时进了大德寺酬恩庵（今称一休庵、真珠庵）。大德寺是著名的临济禅宗的寺院，珠光跟有名的佛教禅僧一休宗纯（公元1394～1481年）参禅，获得一休的印可。

珠光的成就在于将禅宗的思想引入了茶道，形成了独特的草庵茶风。他通过禅的思想，把茶道由一种娱乐形式升华为一种艺术、一种哲学和一种宗教。他完成了茶与禅、民间茶与贵族茶的结合，为日本茶文化注入了新的内核，完善了其形式，从而将日本茶文化真正上升到了"茶道"的地位。

能阿弥

能阿弥（公元1397～1471年）是足利义政的文化侍从，也是一位杰出的艺术家,通晓书、画、茶,在以"东山文化"为中心的室町书院茶文化里起着主导的作用。

在能阿弥的指导下,当时所进行的点茶法是一种"极真台子"的方法。点茶时人要穿武士的礼服——狩衣,点茶用具要放在极真台子上面,在茶具的位置、拿法及动作的顺序、移动的路线、进出茶室的步数等方面都有严格的规定,可以说,现在日本茶道的点茶程序基本上在那时就已经形成了。

能阿弥算得上是室町时代的一位杰出的大艺术家,他一生侍奉将军义教、义胜、义政三代,创造了"书院式""台子式"的新茶风,一扫斗茶会的奢靡嘈杂,对茶道的形成有重大影响。他曾推荐村田珠光作足利义政的茶道老师,使得后者有机会接触"东山名物"等高水准的艺术品,使日本茶道正式成立之前的书院贵族茶和奈良的庶民茶得到了融汇和交流,也为村田珠光成为日本茶道的开山之祖创造了条件。如果说村田珠光是日本茶道的鼻祖,那么能阿弥就是发扬日本茶道的先锋了。

武野绍鸥

武野绍鸥(公元1502~1555年)是日本茶道承前启后的一位宗师。大永五年(公元1525年),武野绍鸥从界町来到京都,师从当时位居第一的古典学者、和歌界最高权威、朝臣三条西实隆学习和歌道。同时,他还师从下京的藤田宗理、十四屋宗悟、十四屋宗陈(三人皆是珠光的门徒)研习茶道。武野绍鸥的第一个功绩在于他将日本和歌道理论中表现日本民族特有的素淡、纯净和典雅的思想导入了茶道,并对珠光的茶道进行了有益的补充和完善,为日本茶道的进一步规范化和民族化做出了巨大的贡献。

武野绍鸥的另一个功绩则是对其弟子千利休的教育和影响。

千利休

千利休(公元1522~1592年)少时便热心茶道,先拜北向道陈为师学习书院茶,后经北向道陈介绍拜武野绍鸥为师学习草庵茶。天正二年(公元

1574 年），他做了织田信长的茶道侍从，后来又成了丰臣秀吉的茶道侍从。

千利休在继承村田珠光、武野绍鸥茶道的基础上，把草庵茶往前推进了一步，使茶道摆脱了物质因素的束缚，将其还原为淡泊寻常的本来面目；他还把茶道从上层社会进一步宣传普及到了民间。

千利休将日本茶道的基本精神归纳为"和、敬、清、寂"四个字。"和"，是说自然万物之间要和谐；"敬"，指动物、植物、人、山水之间都要平等互敬；"清"，是说茶人与每件事物乃至一个小小的茶勺发生关系时，都要以纯净的心情去对待，不可有任何杂念；"寂"，则是说大自然的寂灭是永恒的，即茶人通过茶事与大自然合为一体，以实现自我的寂灭。

可以说，千利休是日本一位伟大的茶道艺术家。作为日本茶道的集大成者，他开创了茶道独特的形式，在东方独树一帜，他对于日本文化艺术的影响是其他人无法比拟的，日本人民把千利休誉为"茶道匠祖"。

杰姆斯·泰勒的茶庄园

1861 年，作为当时卢肯德拉咖啡庄园庄主的"雇佣儿子"，16 岁的杰姆斯·泰勒漂洋过海来到锡兰。虽然只是签订 3 年的管理庄园的经理助理合同，泰勒从此却再也没有回过苏格兰。

在路边种植茶树是泰勒的第一次尝试，当时在锡兰植物园进行了多次科学研究和对外交流，其成果使泰勒受益匪浅。

1867 年，他开垦了 20 英亩地种植茶树，经过科学检验之后在康提销售成功，成为锡兰历史上第一次大规模的商业种植，为人们展现了种植茶叶的美好前景。在印度大吉岭茶园的造访和学习，使泰勒进一步掌握了茶叶加工的技巧。到 1888 年，不论在外观还是在产量上，卢肯德拉庄园都成为锡兰岛上种植茶园的典范。

六大茶山命名的由来

六大茶山的命名传说与诸葛亮有关。据说在三国时期，蜀汉丞相诸葛亮走遍了六大茶山，古茶山中的孔明山巍峨壮观，是诸葛亮射箭处，民间传说射箭处就在普洱府城东南无影树山，上有祭风台旧址。在六大茶山，诸葛亮留下了很多遗种作纪念，六大茶山因此而得名。

清道光年间的《普洱府志古迹》中记载："六茶山遗器俱在城南境，旧传武侯遍历六山，留铜锣于悠乐，置铜镘于莽枝，埋铁砖于蛮砖，遗木梆于倚邦，埋马蹬于革登，置撒袋于曼撒，因以名其山。莽枝、革登有茶王树，较它山独大，相传为武侯遗种，今夷民犹祀之。"

攸乐茶山

在普洱茶的发展史上，江北与江南的每一座古茶山都曾扮演过重要的角色，如今天已被划归在景洪市的攸乐茶山，历史上就曾位居"六大茶山"之首。攸乐茶山位于景洪市辖区内，现名基诺山。东西长75公里，南北宽50公里，东北与革登茶山为邻，西南接小勐养、勐罕和勐宽三个坝子，其面积是古六大茶山中比较广阔的，是云南大叶种茶的中心产地，历史上最高产量达2000担以上。

攸乐茶山的种茶历史相当悠久，至少可追溯到三国时期，经过上千年的发展演变，到了清朝初期，攸乐茶山已成为著名的普洱茶产地，攸乐茶也一度被列为贡茶。在攸乐茶山上的基诺族自称是诸葛亮的后裔，他们尊奉诸葛亮，甚至在祭神时也呼喊诸葛孔明先生。

相传在1700多年前的三国时期，诸葛亮率军南征到这里，一部分士兵因贪睡而被"丢落"在这里，后来这些人虽然追上了诸葛亮，但不再被收留。为了这些落伍者的生存，诸葛亮赐以茶籽，命其好好种茶。因此，基诺族也将诸葛亮尊称为"茶祖"。

攸乐茶山面积较大,清末这里的古茶园面积就达到了 1 万亩左右。至今攸乐茶山仍保存着面积最大的一片混生林古茶园,古茶树树龄在 300 年以上,大部分处在高大乔木之下,生态环境优越,茶叶品质优良,只是茶树已苍老,产量并不高。

曼撒茶山

曼撒茶山位于勐腊县易武乡东北,离易武街不到 20 公里,紧临老挝边境。这座茶山所产的大叶种茶叶芽宽大、肥硕、结实,被认为是普洱茶中最具雄性之美的代表。

清乾隆时期是曼撒茶山的辉煌时期,满山遍野都是茶树,年产万担以上。清咸丰二年(公元 1852 年),很多汉族同胞在茶山与当地各民族兄弟共同种茶、制茶,所产"元宝茶"远近驰名,畅销国内外。

在曼撒茶山的黄金时代,茶叶让曼撒充满了生机,当时的曼撒老街长达数百米,人口多达 300 户。但曼撒老街的这种繁荣景象只延续到同治十三年(公元 1875 年)就戛然而止。那一年,曼撒老街遭遇了历史上的第一次大火,半条街被熊熊烈火吞噬,然而这还只是曼撒老街遭受的第一次打击。

光绪十三年(公元 1888 年),曼撒遭遇的第二次大火更为猛烈,烈焰将曼撒老街从茶山顶部抹去,曼撒茶山由此迅速衰落。而七年以后遭受的第三次火灾,更是将这里的住户驱散到他乡,随之而来的疫病又像无影杀手捕杀着这里历尽磨难的茶人。如今,曼撒老街早已荡然无存。

易武茶山

一提到普洱茶产地,就不能不谈到易武。清道光年间,当倚邦、莽枝等茶山逐渐衰退之际,易武茶山迅速崛起,成为六大茶山茶叶的集散地、生产地和茶马古道的源头。从而开创了普洱茶的易武时代,也成了普洱茶史的一个转折点。

易武茶山的名气之所以后来居上,超越江北六大茶山,并非只是仰仗其产量。这里山高雾重,土地肥沃,温热多雨,天生是生产上等茶叶的好地方,再加上外地客商到易武设厂制茶,带来了先进的制茶技术,自然就生产出让人难以忘怀的精妙茶品。正因为易武茶的优良特质,一些茶商在制作茶叶时,常常在包装上注明为易武茶,使易武在产茶数量和茶叶质量两方面都一跃成为古代西双版纳的茶山之冠。

历史上易武地区对茶的利用可以追溯到东汉时期,而到了清嘉庆、道光年间,这里年产干茶已达 7 万余担。茶叶让易武商贾云集,也让易武产生了一批在普洱茶史上名号极响的茶庄,留下了一批极具收藏价值的普洱茶珍品。商业的繁荣与茶叶产量的猛增,还让易武成为了"茶马古道"的始发地。

在易武老街车顺号后人家里有一块"瑞贡天朝"的木匾。据说,因为当年车顺号祖上向清朝皇帝敬献贡茶,皇上喝着那喷香的普洱茶,不禁心怀感动,于是特赐"瑞贡天朝"四个大字并制成匾额予以嘉奖。这不是一块简单的木匾,而是作为清朝政治、文化、经济中心的京城与云南极边之地相连的见证。

英国"红茶之父"汤玛士·立顿

汤玛士·立顿(公元 1850~1931 年),立顿红茶的创办人,出生在苏格兰中部的格拉斯哥,从小怀抱远大理想的他 15 岁便从故乡远渡重洋到美国闯荡。

赴美第三年,汤玛士成为纽约一家百货公司食品部门的助手,他在此学习到了许多美式商店的管理技巧。1869 年,他回到家乡格拉斯哥,经营起自己的食品事业,将所学到的美式经营方式和自己的创新点子结合起来,事业得到了较大的发展。到 1880 年,他已拥有 20 多家食品分店。

随着食品生意的发展和扩大,汤玛士开始热衷于红茶事业。在当时,红茶还是一种极为特殊的饮料,只有在药店和咖啡屋才买得到。汤玛士是第一个决定让红茶能便于大众购买的人。

他首先将"立顿"红茶与店里的火腿、培根、油等日常食品一起陈列出售。为了使红茶不经过各种中间商盘剥而降低价格，成为真正的日常饮料，他直接向茶叶进口商购买茶叶，同时自行开发独特的品牌技术，创立了原味红茶。

汤玛士在制作红茶的时候发现水质对于茶味的影响非常大，因此，他让各地分店定期送来当地的水，再配合各地不同的水质创立不同的品牌，并且打着"与您家乡的水完美组合的立顿红茶"的口号进行销售。

汤玛士卖茶的方式也与过去茶叶的卖法有所不同，他把立顿红茶分成1/4磅、1/2磅、1磅等不同重量的包装出售。经过这样包装的茶即可保存茶叶风味，又可在包装袋上载明茶叶品质，让买者放心。

汤玛士经营红茶不到一年，便明智地做出购买锡兰7000英亩茶园的决定。在行销手段方面，他经常有新奇而令人意想不到的点子出现，知道应以独特的行销手法来吸引买者。他始终在寻求一种能直接向购买者诉求的宣传手法，因此不断翻新宣传奇招。例如，在包装袋上画着锡兰当地采茶姑娘的姿态，并标明"从茶园直接进入茶壶"的字样。为了促销，竟然聘请了200人穿上中国服装做活动广告人，并印制了20多国语言的广告海报。

汤玛士的聪明才智和求新求变精神使立顿红茶日益发展、壮大。1892年，立顿在美国设厂。两年后，又在印度加尔各答设立分店。1898年，汤玛士·立顿被女王授予爵位，并获得"世界红茶之王"的称号。汤玛士于1931年去世，由于他为立顿奠定的基础和今日立顿人的努力，"立顿"已经成为红茶的代名词。今天的立顿不仅有红茶，还包括了其他茶叶品种，立顿的产品已经行销全世界。

名人与六安瓜片

中唐名相李德裕精于茶理，舒州刺史送来三小袋天柱峰茶，李德裕欣然笑纳。但并不急于品尝,却做起了实验。他当众宣布:"天柱峰茶可以消酒食毒。"于是令人烹了一瓯天柱峰茶,浇到肉食上,置于银盒之中。第二天早上,再当众打开,肉已经化为水了。大家都莫名其妙,但都佩服李丞相的远见卓识。

六安瓜片

这结果显然不足以让大家信服,至少是有些夸张。不管此事是要记叙下李丞相的独特之处,还是别的政治原因。都有点谀上的味道,但是,六安瓜片的神奇,恐怕与其帮助消化的功能是相关的。也正因如此,六安茶的滋味要比其他品种浓烈些,也觉得口感苦涩,所以也不怎么被一些人看好。

明朝的风流才子屠隆在《考盘余事》中说,六安茶"品亦精,入药最效。但不善炒,不以发香,而味苦,茶之本性实佳。"大名士陈继儒也说,"六安可入药,但不善炒,味苦而不发香。"他们对六安茶颇有微辞。但是老百姓们却讲究实惠,一样茶既能解渴,又能治积食通大便,一物两用,岂不妙!于是,

大家推崇它,视为"神茶"。

明代徐光启《农政全书》中有记:"六安州之片茶,为茶之极品。""浙杭龙井,徽六瓜片"在名茶史上占据着十分显著的位置。

清代李光庭的《乡言解颐》中多次提到六安茶,说是"徽商竞货六安茶","小楼酒带六安茶",京师以喝六安茶为时尚。而在《儒林外史》《红楼梦》中都提到六安茶,又反映出它在江南流行的情况。

送贡茶父子升官

宋时,宫廷斗茶之风盛行,加上宋徽宗赵佶嗜茶,于是为了满足皇室的奢靡之需,贡茶的品目数量愈多,制作也越来越精。

宋徽宗也大量提拔与贡茶有功的官吏。据《茹溪渔隐丛话》等载,宣和二年(公元1120年),漕臣郑可简创"银丝水芽",制成"方寸新夸"。这种团茶色白如雪,故名"龙团胜雪"。郑可简因此而受宠幸,升至福建路转运使。

此后,郑可简又命令他的侄子到全国各地山谷去搜集名茶,费尽千辛万苦,侄子终于得到了一种叫"朱草"的珍贵名茶。郑可简得到此茶,就立即把茶交给了自己的儿子,令他去进京献贡。果然,皇上对此茶十分满意,郑可简的儿子也因献贡茶有功而得官。

当时有人讥讽说:"父贵因茶白,儿荣为草朱。"

贡茶可做官

隋文帝杨坚初登皇位时做了一个噩梦,梦见神人换他的脑骨。梦醒后他还念念不忘,于是自此后便时常觉得头痛,苦不堪言,却又不知如何是好。

后来有一次,他遇见了一个和尚,和尚似看透了他的心事,告诉他说:"山中有茶树,将茶叶采来煮饮,可治好陛下的头痛症。"杨坚听后有些疑惑,但仍立即派人去采集茶叶。拿回来煮成茶汤饮用,吃过几次后,那头痛的毛病真的就不犯了,并且还比以前更加觉得神清气爽,轻松愉快。杨坚非常高兴,于是重重奖励了那个和尚。

自此,杨坚便养成了饮茶的习惯,臣子们也跟着学会了饮茶。听说皇帝、官吏们都喜欢饮茶,便有不少人投其所好,向皇帝敬贡好茶。那时,献茶者便可升官发财了。

当时的人们嘲笑说,你钻研通了《春秋》《周易》,还不如向皇帝送一车茶叶,可以马上封官晋爵。

三贤茶故事

郑玄为郑家的第七世祖先,郑板桥、郑和都是郑家名人。

一日,三人相约前往郑家某大户人家品茶,可巧主人不在,于是家中的茶童沏茶相待。

郑家珍藏有一种老茶,内质十分丰富。可是面对三位先哲,茶童却一筹莫展,三位贤人生长在不同的朝代,自然喜爱的茶汤不是一种口味。而主人不在家,又没有其他茶叶和茶具可供选择。

茶童无奈,忽然想起自己平日里也有过玩茶的体验,知道一壶茶里可以有不同的茶味和浓度,也知道泡茶的水温会由着水流的粗细而变化,也知道主人家这包老茶无论清淡或浓郁都有上佳的香气滋味。于是,茶童拿出一把壶来,他准备用一种独特方式给三位贤人泡茶。

只见茶童先行烫洗杯壶,又展现茶叶给先贤们鉴赏,礼仪周全之后,便开始泡茶。

茶童所用的扁身壶,上有太极壶盖,转动中可以标记不同的型位。放入茶叶以前,他将茶中细末用罗筛去除,又用手指撮取面张和中段,他将中段置于壶底根部,又将面张置于壶中流口。提壶沏泡,热水轻击茶壶根部,迅即将壶中茶水以细水长流分入郑玄的茶盏。

茶童收壶开封，又将热水注入壶中，言谈中，茶童请郑板桥喝罢好茶，为自己留下诗句，以便日后纪念。

言谈罢，茶童再次将热水淋烫在壶身四周。然后为郑板桥以巡回云手之法分茶，茶汤渐入诗人壶中，茶童以七分茶汤打住，留下三分情意。

为郑和泡茶，茶童挺直身板，再次淋烫壶身，然后启盖高冲，热水冲击壶内茶叶"噗噗"作响。封壶刹那，茶童又将滚烫热水巡过茶壶全身。

郑和茶碗以粗陶制，型大而胎厚。由于时间搁置已久，茶童又将热水注入茶碗烫洗，稍过之后弃了碗中热水淋于壶周。茶童以含首低斟之法为郑和分茶，壶中茶精点滴尽出，茶汤浓香扑鼻。

当茶童一一奉上茶汤后，郑玄随口道：清新可以炼神丹，郑和也道：苦涩随人扬帆去，郑板桥道：难得糊涂两随缘。众人听过，皆是一派笑声。

言谈笑语过后，三贤人正要起身告辞，主人回府，他询问三位贤人可喝到了好茶，三位都说非常满意。

主人不信，请茶童出来询问究竟，为何你用一把壶泡一种茶，却会让三位不同朝代的先贤，品过茶后如此满足呢？

三贤人惊诧地问，莫非我们的茶汤竟会大有不同？

茶童笑道，其实一壶茶泡不同的香味，只是按着主人平日的教导，我记住了斟茶高低、水流大小、茶叶粗细、茶胆形制、茶器形制、水温高低、时间长短都会影响茶汤的浓度。我只是都把这些因素考虑进去而已。今日所泡之茶汤，一杯清淡、一杯浓酽、一杯适中，刚好分别为了迎合着三位贤人爱好。

众人听后，都不禁称赞有加。

祁红的产生

祁红是祁门红茶的简称，是我国传统出口红茶的主要品种之一，它甜醇馥郁的香气,被国际上的消费者誉为"祁门香"。祁门一带早在唐代就已经出名了。

祁红茶

据史料记载,这里在清代光绪以前并不生产红茶,而是盛产绿茶,制法与六安茶相仿,故曾有"安绿"之称。当时从事茶业者人数众多。唐咸通三年(公元862年),司马途的《祁门县新修阊江溪记》称,祁门一带"千里之内,业于茶者七八矣……祁之茗,色黄而香"。

清光绪元年(公元1875年),黟县人余干臣从福建罢官回家经商,因见红茶的利大,便在至德县(今东至县)尧渡街设立红茶庄,并仿"闽红"试制红茶。利用当地土质肥、山茶多、茶质好等条件,精制了有苹果、兰花之香味的红茶,被誉为"祁门香"。次年,就到祁门县的历口、闪里设立分茶庄,始制祁红成功。

与此同时,祁门人胡元龙也在祁门南乡贵溪进行"绿改红",设立"日顺茶厂",试生产红茶也获得成功。从此,祁红不断地扩大其生产规模,形成了我国的重要红茶产区。

唐太宗赐名宁红工夫

唐太宗统一天下时,兵至江西义宁洲漫江(今江西修水县漫江茶厂,宁红集团公司所辖分厂）。唐太宗身体不适,发重病卧床不起。当地百姓以变色茶药——发烤红茶敬奉。太宗连饮数杯,顿时神清气爽,不出几日便已病愈。太宗甚喜,赐此茶药为"宁红"。"宁"喻统一天下后,百姓安宁度日;"红"既表示"吉利"之意,又状茶之红亮汤色。

历代才子名士盛赞宁红茶

茶圣陆羽的童年是在古刹深院中度过的,公元760年,他住在杼山妙喜寺期间,经常外出寻访山寺茶区。

一次,陆羽寻访黄龙寺(今江西修水县城内),按禅师指点步入漫江(今宁红茶产区),在此品味"宁红",忽念故人,遂吟诗一首:"返照空堂恨,月夜思故人,今宵宁红至,山月何有边?"

后人为了纪念他,将陆羽当时吟诗的所在山峰称为疾峰(因为陆羽一名疾),至今疾峰与谷深泉清、云缠雾绕的黄龙山遥相对望。

不论以何种冲泡方式去品尝宁红,它总会散发出独特的神香。

元朝的《无名氏集》游漫江诗:"行漫江,晴隐云团。君客将至,取泉幽窦。端坐堂庭,余香冲天。只见杯红,夕阳落尽。"

宋代江西诗派有《宁红茶诗》:"潇洒宁洲府,青山半宁红;轻雷惊谷雨,合抱仰茶人。"古时,在长江流域,素有"宁红不到庄,茶叶不开箱"之说。

到了清初,继续采用明时的茶叶政策,宁红工夫茶被定为商茶。加强了宁红茶的贸易,规定走私者处刑。

名人茶士们对于宁红茶的赞美多不胜举。当代中国茶圣吴觉家先生品宁红茶之余,欣然命笔"宁红、祁红并称世界之最"。

1985年,修水茶厂的"宁红金毫"获国家优质产品银质奖,同年获农牧渔业部金杯奖。今天,宁红成为驰名世界的品牌,宁红茶被誉为"世界三大饮料王中之王"。

英国人是何时开始饮茶的

自从荷兰人开始转运茶叶,茶叶便通过荷兰传入了英国。英国人在饮茶之初,喝的是中国红茶,货源则来自荷兰的东印度公司。1644 年,英国商人在中国福建厦门设立了采购茶叶的商务机构,拉开了中英直接进行茶叶贸易的序幕。托马斯·卡洛韦被认为是英国最早的茶商,他于 1657 年创办了伦敦最大的卡洛韦茶叶公司,下设卡洛韦咖啡馆和"大卫之友"咖啡馆,为顾客提供茶饮并出售茶叶。茶叶的价格极其昂贵,一磅茶叶可卖至 6~10 英镑,一般顾客都是上层人士。卡洛韦和"大卫之友"这两处咖啡馆是当时著名文人阿迪孙、斯威夫特等人喜欢聚集饮茶、作诗的地方,因此非常有名,后来成为商人、贵族们社交的场所和信息交流中心。

这些英国社会的上层人士花几个便士在咖啡馆内买上一杯咖啡或茶等其他饮料,一边喝,一边谈话聊天。咖啡馆内卖的茶最初是用来预防和治疗疾病的。卡洛韦咖啡馆于 1660 年所做的宣传茶的广告是这样写的:"在以历史悠久、聪慧杰出而著称的各国国民之间,常常用两倍于茶之重量的银交换茶。用茶制作的饮料颇受赞誉,到这些东洋诸国去旅行的各国知识分子曾对茶的性质进行过调查。利用各种方法进行严密检查的结果是,饮茶完全有利于健康,并能长寿得使人吃惊。知识分子们劝人们饮茶。"广告还列举了 14 种茶能医治的疾病,如头痛、不眠、胆石、倦怠、胃弱、食欲不振、健忘症、败血症、肺炎、痢疾、感冒等。

比这则广告早两年即 1658 年 9 月 23 日,在伦敦《政治公报》周刊上也刊登了一则茶的广告:"中国的茶,是一切医士们推荐赞赏的优良饮料,在伦敦皇家交易所附近的斯威汀·兰茨街'苏丹王妃'咖啡馆(Sultaness Head Coffee House)内有货出售。"这两则广告说明中国茶叶是作为保健饮料的形式在伦敦市场上出现的。但是由于当时的英国人对东方的茶叶仍感到十分

神秘,对茶叶的认识很缺乏,敢于购买的人寥寥无几。

英国的"饮茶王后"

1675 年,英王查尔斯二世以咖啡馆变成暴动分子聚集的场所为由,宣布禁止任何人开咖啡馆或在家贩卖茶、咖啡、巧克力等。这项法令由于受到民众反对而从未执行。

具有讽刺意义的是,查尔斯二世立法禁茶,而他的皇后——葡萄牙公主凯瑟琳却带着好几箱茶叶作为嫁妆来到英国,凯瑟琳将葡萄牙皇室的饮茶与茶会习俗带到了英国皇室家庭生活中来。凯瑟琳公主视茶为健美饮料,嗜茶、崇茶,被人称为"饮茶王后"。婚后,凯瑟琳饮茶成了宫廷生活的一部分。由于她的倡导和推动,茶取代了以前宫廷中普遍饮用的各类酒精饮料,饮茶之风在宫廷盛行起来,继而又扩展到王公贵族和富豪世家,乃至深入普通百姓之家。

为此,在她生日时,宫廷诗人爱德孟德·伍拉献上了一首称颂茶的诗:"维纳斯身裹的爱神木,阿波罗顶上的月桂树,他们都难与茶相媲美,女王请让我们看看茶。"

万丹印度公司也因皇后的嗜茶而开始贩运茶叶。据说 1664 年他们向皇后献上装在银盒里的肉桂油和优质茶作为贡品,结果大受欢迎,此后茶便被列入了贡品单。应皇后之爱好,上层社会的女性也纷纷仿效。茶在民间逐渐由咖啡馆进入家庭之中。伦敦的食品杂货店也开始售茶,然而茶的价格依然昂贵,对上层社会来说也是奢侈品。原因不仅在于茶是从遥远的东方运来的舶来品,还有一个原因是查尔斯二世对茶设定每加仑 8 便士的重税。

英国女王也好茶

1685年查尔斯去世,英国王位由威廉三世和玛丽二世继承。同凯瑟琳一样,新女王玛丽从荷兰带来了茶以及精巧的瓷茶具等,也将荷兰式的茶会带到了英国。

一开始,中国茶的流通渠道往往受制于荷兰。但英荷交恶之后,英国的东印度公司便于1669年首先派遣船只从广东进口茶叶。1669年由东印度公司输入英国的茶叶只有100多吨,在以后不到10年的时间里,输入量猛增到4000多吨。

茶在英国王室备受宠爱

1702年,玛丽的妹妹安妮继承王位成为安妮女王,饮茶得到她的推崇,家庭茶会更成为王公贵族阶层最时髦的社交礼仪。贵族家庭一般都有饮茶用的圆茶几,中国产的瓷茶具也是成套的,有水壶、茶壶、茶碗、糖罐、奶壶等,这些都是富有和地位的象征。

女王安妮首先在早餐时以茶取代麦酒的举动进一步使饮茶成为英国的社会风俗。

红茶在英国的普及

18世纪初,英国社会逐渐形成了以黄油面包和喝茶为早餐的习惯。1711年,文艺评论家艾迪生说:"生活有规矩的家庭,每日早餐都是用一个小时的时间吃黄油面包、喝茶。"而且英国贵族在吃早餐前有在床上吃巧克力的习惯,不久之后茶又取代了巧克力,形成了英国特有的"早茶"的新习

惯。

到 18 世纪中期，英国人饮茶已成习惯，以至于一天要喝数次茶。1763年，阿莱基桑达·卡莱尔博士在他的自传中描述最新流行的生活方式为"妇女们饮下午茶和咖啡"。

针对茶的争议

茶在传入英国的过程中也逐渐渗透到农民、工匠、佣人、贫民的生活当中，成为大众化饮料，同时原来就存在的一些对茶的非议也逐渐增多。1748年，著名宗教改革家惠斯利与友人论茶书长达 16 页，攻击饮茶，并从此戒饮茶 12 年之久，后经医生劝告复饮。1756 年，伦敦著名商人汉威发表《论茶》，其中写道："茶危及健康，妨害实业，并使国家贫弱。茶为神经衰弱、坏血病及齿病之源。"

针对这些不实之词，英国各界有识之士纷纷奋起驳斥。

英国的约翰逊博士挺身而出，在 1757 年的《文学杂志》上发表文章描写自己的饮茶癖："20 年来，晚间以茶自乐，夜半以茶慰安，早晨以茶醒睡。"他每天要喝 20~40 杯茶，把茶看成是"思考和谈话的润滑剂"。约翰逊以自己的切身体会有力地回击了反茶论者。

1790 年，英国文学家迪斯拉利所作《文学之珍异》引用爱丁堡评论就更为直白了："茶颇似真理的发现，始则被怀疑，流行渐广，则被抵拒。及传播渐广，则被诋毁，最后乃获胜利，使全国自宫廷到草庐皆得心畅神怡，此不过由于时间及其自身德性之缓而不抗之力而已。"

昆斯（公元 1785~1859 年）则著文说："茶为感应性粗笨之人所嘲弄，若辈或因天性如此，或因饮酒而致此，对于如此精妙的兴奋品，不能感得其影响，然而茶终将成为知识分子所永远爱好的饮料。"正如他所说，茶在普及的过程中，由于其有利于人民健康的作用，而深得英国人民的喜爱，与英国人结下了不解之缘。

中国的红茶是怎么来的

传说,清道光年间(公元1840年前后),有一队清兵过境武夷山,占住了茶厂,使茶厂采下的茶叶无法加工,因而造成茶叶积压而发酵变黑。清兵撤走后,茶叶主只好急忙用松柴烘干,以免茶叶报废。没想到经过这样处理的茶远销后却意外地大受欢迎,中国红茶的制作工艺就这样无意中出现了。

中国红茶

这一传闻只能算是趣味故事。据史料推测,红茶的出现肯定是在元代海上贸易日趋活跃的时期。当时茶叶、瓷器与丝绸并为三大出口商品,输出到日本、朝鲜甚至南洋诸国。明代的沿海港口更加开放,茶的传播持续扩展,而茶本身更进入一个全面发展的时代,饮茶和制茶技术都有了革新和进步,新茶类得到了促进和推动。当时的茶类除了原有的绿茶外,还出现黑茶、红茶和花茶等。其中以红茶的出现最为影响深远。

英国红茶的原料来自哪里

英国红茶的原料来自印度和斯里兰卡。1793年,英国女王的使臣马戛尔尼对中国进行过一次不成功的访问,乾隆皇帝拒绝了英国提出的通商要求,但英国使团还是利用在中国内地游历的机会,暗地里将采集到的中国名贵茶树种子带到印度。加之在印度又发现了野生的茶树,经过英国东印度公司的培育和广泛种植,从此产自印度大吉岭和阿萨姆的茶叶闻名于世。

关于英国引种茶树和制作红茶有好几种说法。

传说一

大约在18世纪80年代,一位名叫罗伯特·福琼的英国植树采集家来中国,将茶树种子放入一个用特殊玻璃制成的便携式保温箱中,偷偷地带上了开往印度的轮船,从而在印度培养了十万株以上的茶树苗,形成了大规模的茶园种茶,并由此产生了英国的红茶文化。

传说二

相传海权扩张时代,西方各国在东方争夺殖民地,战事不断,从欧洲远赴中国取得茶叶愈来愈困难。1823年,一位来自苏格兰的企业家与冒险家罗伯特·鲁斯在印度的阿萨姆地区发现了野生的茶树,英国的红茶历史从此展开。

波士顿倾茶事件

17世纪初,英国东印度公司开始将茶叶卖到新大陆。到了1664年,新阿姆斯特丹城为英军所占领,改名为纽约,自此英国垄断了美国的茶叶贸易,并使美国人也承袭英国人喝茶的习惯。至17世纪末,波士顿的商店也贩卖起了红茶。

英国政府虽于1770年被迫废除了唐森德条例,但其中的征收茶叶税则未废除。北美人民对此异常愤怒,视其为英国暴政的象征,于是掀起了不饮茶的抗议运动。

垄断茶叶贸易的东印度公司由于经营不善,濒于破产。英国政府为了帮助东印度公司摆脱困境,卖掉积压的1700万磅茶叶,于1773年通过一项《茶叶税法》,准许东印度公司享有到北美倾销茶叶的专卖权,让东印度公司每磅茶叶缴纳三便士轻税后,就可以直接卖给零售商,同时禁止殖民地人民走私茶叶。

英国政府的目的在于用低廉的茶价引诱北美人民饮用东印度公司的倾销茶。北美人民拒绝饮用东印度公司的倾销茶,费城、纽约、查尔斯顿等港人民反对英国茶船卸货。

1773年12月16日,波士顿8000市民集会,要求运茶船达特摩斯号离开港口。这一要求遭到英国殖民者的拒绝。当晚波士顿青年组织的波士顿茶党化装成印第安人,夜间登上茶船,将船上价值一万多英镑的三百多箱茶叶倒入海中。英国于1774年下令封闭波士顿港。

波士顿倾茶事件是北美人民反对殖民统治暴力行动的开始。

稀世瑰宝——供春壶现世

明代的供春制作名壶,其绝技高超无人能及,但由于其制品不多,流传到后代的更是凤毛麟角。

宜兴有一位十分重视故乡文物的储南强先生,他也曾不惜代价地搜寻供春壶。1928年的一天,储先生在苏州的一个地摊上无意中发现了一把造型独特的陶茶壶,他好奇地拿来一看,竟发现壶把下有"供春"两字,储先生

1347

大喜之余,当即慷慨用 500 银圆买下了此壶。

为考证此壶的来历以鉴定其真伪,储先生又找到买时的地摊主人盘问,才知道此供春壶是从绍兴傅叔和家里流传出来的。于是,他又进一步地追根溯源,了解到傅家

供春壶

收藏前,此壶为费氏所有,而费氏收藏前此壶是吴大祐的收藏品,而吴大祐又是从另一收藏家沈钧和处购得的。

很快,我国发现供春壶的消息传到了国外,英国皇家博物馆来人,欲以2万美金为价,请求储先生出让此壶。然而,拥有一颗爱国之心的储先生认为此壶是我国的宝物,断然拒绝了他们。

抗战时期,日本人也曾愿以高价购买此壶,储先生仍然拒绝出卖。然而,众多贪婪的目光都盯上了此壶,储先生更有着性命之忧。于是储先生为了自己能安全地保护国宝,索性带着供春壶躲到了深山,从此在那里隐居了。

20 世纪 50 年代,储先生将这一稀世珍宝供春壶献给了国家。此壶现收藏在中国历史博物馆中。

第十四章　茶著赏析

唐代陆羽一生著书无数,在茶学上的成就主要是《茶经》一书,此书也是世界上最早的茶叶专著。

《茶经》系统地记载了我国古代有关茶事活动的历史,从而说明我国是世界上茶树的原产地。同时,它记载了一整套茶的煮饮法,对饮茶功效进行了探讨,为茶叶学的建立和发展提供了动力和基础,推广了唐代中期以后的造茶工艺。

《茶经》全书共七千多字,其主要内容有"一之源、二之具、三之造、四之器、五之煮、六之饮、七之事、八之出、九之略、十之图",主要讲述了茶的本源、制茶器具、茶的采制、煮茶方法、历代茶事、茶叶产地等内容,内容丰富、翔实,虽然它的篇幅并不大,但它的问世,标志着中国茶文化的繁荣。

除了《茶经》之外,本章还收录了《续茶经》,李时珍的《茶》,田艺衡的《煮茶小品》等以飨读者。

《茶经》

【唐】陆羽

一、茶之源

【原文】 茶者,南方之嘉木也。一尺、二尺,乃至数十尺;其巴山峡川,有两人合抱者,伐而掇之。其树如瓜芦,叶如栀子,花如白蔷薇,实如栟榈,蒂如丁香,根如胡桃。[瓜芦木出广州,似茶,至苦涩。栟榈,蒲葵之属,其子似茶。胡桃与茶,根皆下孕,兆至瓦砾,苗木上抽。]

其字,或从草,或从木,或草木并。[从草,当作"茶",其字出《开元文字音义》;从木,当作"槚",其字出《本草》;草木并,作"荼",其字出《尔雅》。]其名,一曰茶,二曰槚,三曰蔎,四曰茗,五曰荈。[周公云:"槚,苦茶。"杨执戟云:"蜀西南人谓茶曰蔎。"郭弘农云:"早取为茶,晚取为茗,或一曰荈耳。"]

其地,上者生烂石,中者生砾壤,下者生黄土。

凡艺而不实,植而罕茂,法如种瓜,三岁可采,野者上,园者次。阳崖阴林,紫者上,绿者次;笋者上,牙者次;叶卷上,叶舒次。阴山坡谷者,不堪采掇,性凝滞,结瘕疾。

茶之为用,味至寒,为饮,最宜精行俭德之人。若热渴、凝闷、脑疼、目涩、四肢烦、百节不舒,聊四五啜,与醍醐、甘露抗衡也。

采不时,造不精,杂以卉莽,饮之成疾,茶为累也。亦犹人参。上者生上党,中者生百济、新罗,下者生高丽;有生泽州、易州、幽州、檀州者,为药无效,况非此者?设服荠苨,使六疾不瘳。知人参为累,则茶累尽矣。

【译文】 茶树是产于我国南方的一种优良树木。树高一尺、二尺,乃至数十尺。在巴山和峡川一带最粗的茶树需两人合抱,只有将它伐倒后才能采摘。茶树的树形像瓜芦,叶子像栀子,花像白色的蔷薇,种子与棕榈树的种子很相似,蒂儿像丁香,树根像胡桃。[瓜芦树生长在广州一带,与茶相似,味相当苦涩。棕榈与蒲葵类似,其种子与茶子相似。胡桃与茶的根皆属深根性,向下生长直达石砾层,苗木才能向上抽长。]

(唐)三彩飞鸟云纹盘

"茶"字,从字源上说,或从属于"草"部,或从属于"木"部,或既从草又从木。[从草写作"茶",出于《开元文字音义》;从木写作"榒",出于《本草》;草木兼从写作"荼",出于《尔雅》。]

茶的名称,一是叫作"茶",二是叫作"槚",三是叫作"蔎",四是叫作"茗",五是叫作"荈"。[周公说:"槚就是苦茶。"杨执戟说:"四川西南部的人把茶叫作蔎。"郭弘农说:"早采的叫茶,晚采的叫茗或叫荈。"]

种茶的土地,以间杂有烂石的地方最好,砂质的土壤就差一些,而黄土地种出来的茶品质最差。

大凡种植茶树,必须用种子直接播种,用移栽的方法就不会生长得繁茂,就如同种瓜,种茶经过三年就可以采摘。

茶在山野自生的为最好,人工种植的就较差;生长在向阳山崖并有林木遮阴的茶树,芽叶呈紫色的为好,绿色的则较差;形如春笋的最好,短小的芽则差;叶卷裹未展开的好,叶舒展的差。背阴坡谷地的茶树,不值得采摘,因其性质凝滞,饮后易引起腹中凝结成或聚或散的硬块那样的毛病。

因茶的性味至寒,最适于作饮料,是那些品行端正俭朴的人的最爱之饮。若有人感觉体热、口渴、闷燥、头疼、眼睛倦涩、四肢无力或全身关节不舒服的时候,喝上四五口茶,与醍醐和甘露是可以媲美的。但采茶如不适时,制茶如不精细,并混杂有其他杂草,这样的茶喝了是会生病的。

喝茶会受害的道理和服人参会受害一样。人参以上党出产的为最好,百济、新罗的为中等,高丽的为下等;而泽州、易州、幽州、檀州出产地做药用无疗效,何况不是这样的东西?假若服了荠苨,则使六疾不会痊愈。知道人参会造成祸害的道理后,喝茶之所以也会受害的道理就全明白了。

二、茶之具

【原文】

籯[加追反]。一曰篮,一曰笼,一曰筥。以竹织之,受五升,或一斗、二斗、三斗者,茶人负以采茶也。[籯,《汉书》音盈,所谓"黄金满籯,不如一经。"颜师古云:"籯,竹器也,受四升耳。"]

灶,无用突者。

釜,用唇口者。

甑,或木或瓦,匪腰而泥。篮以箄之,篾以系之。始其蒸也,入乎箄;既其熟也,出乎箄。釜涸注于甑中,[甑不带而泥之]。又以谷木枝三丫者制之。散所蒸牙笋并叶,畏流其膏。

杵臼,一名碓,惟恒用者佳。

规,一曰模,一曰棬,以铁制之,或圆,或方,或花。

承,一曰台,一曰砧,以石为之。不然,以槐桑木半埋地中,遣无所摇动。

襜,一曰衣,以油绢或雨衫、单服败者为之。以襜置承上,又以规置襜上,以造茶也。茶成,举而易之。

芘莉[音杷离],一曰籝子,一曰筹筤。以二小竹,长三尺,躯二尺五寸,柄五寸。以篾织方眼,如圃人土罗,阔二尺,以列茶也。

棨，一曰锥刀。柄以坚木为之，用穿茶也。

扑，一曰鞭。以竹为之，穿茶以解茶也。

（唐）金银结条笼子

焙，凿地深二尺，阔二尺五寸，长一丈。上作短墙，高二尺，泥之。

贯，削竹为之，长二尺五寸，以贯茶焙之。

棚，一曰栈。以木构于焙上，编木两层，高一尺，以焙茶也。茶之半干，升下棚，全干，升上棚。

穿［音钏］，江东、淮南剖竹为之。巴川峡山纫谷皮为之。江东以一斤为上穿，半斤为中穿，四两五两为小穿。峡中以一百二十斤为上穿，八十斤为中穿，五十斤为小穿。"穿"字旧作钗钏之"钏"字，或作贯串。今则不然，如"磨""扇""弹""钻""缝"五字，文以平声书之，义以去声呼之，其字以"穿"名之。

育，以木制之，以竹编之，以纸糊之。中有隔，上有覆，下有床，傍有门，掩一扇。中置一器，贮煻煨火，令煴煴然。江南梅雨时，焚之以火。［育者，以其藏养为名。］

【译文】

籯，又叫篮、笼、筥。用竹子编制，容量有五升，或一斗、二斗、三斗的。采茶人背着采茶用。[籯，《汉书》音盈，所谓留给儿孙满箱黄金，不如留给他一本经书。颜师古说，籯即竹器，装得下四升。]

灶，灶不需要烟囱。

锅，要边缘平的。

甑子，木的或瓦的，周框用泥封好，甑内放竹篮作甑箄，用竹篾系牢。开始蒸茶时，把茶放篮内的箄，等到蒸好后取出箄，等锅内已无水时，再将其倒入甑内。[甑子不要用带捆扎，要用泥封好。]并用三杈形的构木枝搅拌，拌散蒸的芽笋的叶子，以免茶汁流失掉。

杵臼，又叫碓，以经常使用的为好。

规，又叫模或叫棬，用铁制成，有圆形、方形或花式的。

承，又叫台，又叫砧子，用石头做成，不然，用槐、桑木半埋在地下，不使其摇动。

檐，又叫衣，用旧的绢、雨衫、单衣等制作。把檐放在承上，再把规放在檐上，以便做茶。茶块做好以后方便取出。

（宋）铜荷花瓣托盏

芘莉，又叫嬴子或篣筤。篣筤即竹篮和竹笼，是用两根三尺长的竹子，用竹篾织成方眼，使其长为二尺五寸，宽二尺，手柄留五寸，如种菜人的土箩，用以放置茶。

棨，又叫锥刀，锥柄用坚实的木料做成，以供穿茶眼用。

扑，又叫鞭，用竹子编成，用来穿茶和分解茶块。

焙，在地上挖深二尺，宽二尺五寸，长一丈的坑，其上筑一矮墙，墙高二尺，刷上泥。

贯，竹子削成，长二尺五寸，用来穿茶烘焙。

棚，又称栈。用木料建造在焙的上面，分为两层，高一尺，供焙茶用。茶半干时，把下层放置在上一层，到全干时则拿下来。

穿，在江南东部和淮南地区是用剖开的竹子做的，巴山、峡川一带是用韧性大的构树皮做的，用来包装茶。江东把一斤装的称为上穿，半斤装的叫中穿，四五两装的叫小穿。四川一带把上穿定为120斤，中穿为80斤，小穿为50斤。"穿"字以前写作钗钏的"钏"或写作贯串的"串"，现在就不这样了。这就像磨、扇、弹、钻、缝5个字那样，字面上的音调都是平声，但若按其意义读时，则读作去声，所以就用"穿"字定名。

育，用木做成，外围用篾编织，并用纸糊起来。里面分隔，上面有盖，下面有床，旁边开一扇门。当中放一盛炭火的器具，里面放些火炭灰，使有火却无明焰。江南梅雨季节，用大火。["育"，是因用它藏放茶叶而得名。]

三、茶之造

【原文】 凡采茶在二月、三月、四月之间。

茶之笋者，生烂石沃土，长四五寸，若薇蕨始抽，凌露采焉。茶之牙者，发于丛薄之上，有三枝、四枝、五枝者，选其中枝颖拔者采焉。

其日有雨不采；晴有云不采；晴，采之，蒸之，捣之，拍之，焙之，穿之，封之，茶之干矣。

茶有千万状，卤莽而言，如胡人靴者，蹙缩然；[谓文也。]犎牛臆者，廉襜然；浮云出山者，轮囷然；轻飙拂水者，涵淡然。有如陶家之子，罗膏土以水澄泚之；[谓澄泥也。]又如新治地者，遇暴雨流潦之所经。此皆茶之精腴。有如竹箨者，枝干坚实，艰于蒸捣，故其形籭簁然，[上离下师。]有如霜荷者，茎叶凋沮,易其状貌,故厥状委萃然;此皆茶之瘠老者也。

自采至于封七经目,自胡靴至于霜荷八等。或以光黑平正言嘉者,斯鉴之下也;以皱黄坳垤言佳者,鉴之次也;若皆言嘉及皆言不嘉者,鉴之上也。何者?出膏者光,含膏者皱;宿制者则黑,日成者则黄;蒸压则平正,纵之则坳垤。此茶与草木叶一也。

茶之否臧,存于口诀。

【译文】大凡采茶都在二月、三月、四月之间。

芽肥状如春笋的茶,生长在山崖石间的肥沃土壤上,芽长四五寸,像刚从地面抽生出来的薇、蕨,凌晨带露采摘。芽头短小的长在草木丛中,有三、四五个分枝的,选择其中好的采摘。

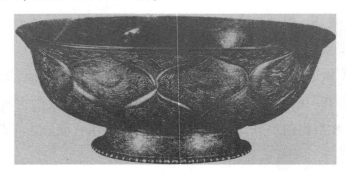

(唐)刻花赤金碗

采茶那天若下雨则不采;晴天有云也不要采;天气晴朗时才采。所采的茶要迅即蒸熟、捣碎、拍打成形、焙干、穿起、封装保存,制茶工序便结束了。

茶的形状有多种多样,大略说来,有的像胡族人穿的靴子那样皱缩;有的像野牛当胸肩肉那样有褶皱;有的像浮云出山时的状貌,弯曲多变;有的像风拂过水面时,激起的摇曳的微波;有的像做陶器的人用水澄清膏土时,膏面光滑润泽,这就是所谓澄泥;有的像新开出的土地经暴雨径流过的一般。这些都属精美的茶。有的像竹皮笋壳,枝梗很硬,难以蒸捣,做成的茶表面像箩筛状;有的像荷叶被寒霜摧残茎叶凋坏,状貌全变了,其形状萎缩衰败。这些都属粗老茶、劣质茶。

自采茶至封装,经过七个工序。自"胡靴"至"霜荷"分为八个等级。如果以茶块光滑、黑色平整的就当是好茶,这种鉴评茶的水平是低的;以皱缩、黄色且表面凹凸不平的是好茶,这种鉴评也不高明;认为这些都可以说是好的或是不好的,这样的鉴评才是正确的。为什么呢？茶汁被压出来的就光滑,未被压出来的就皱缩;夜间做的茶就呈黑色,采后当日制成的就呈黄色;蒸压后就平整,任其自然则凹凸不平。茶和其他草木叶子都是一样的。

茶制得好坏,另有口诀。

四、茶之器

【原文】

风炉［灰承］

风炉以铜铁铸之,如古鼎形。厚三分,缘阔九分,令六分虚中,致其圬墁。凡三足,古文书二十一字。一足云:"坎上巽下离于中。"一足云:"体均五行去百疾。"一足云:"圣唐灭胡明年铸。"其三足之间设三窗,底一窗以为通飚漏烬之所。上并古文书六字,一窗之上书"伊公"二字,一窗之上书"羹陆"二字,一窗之上书"氏茶"二字。所谓"伊公羹,陆氏茶"也。置墆㙫于其内,设三格:其一格有翟焉,翟者,火禽也;画一卦曰"离"。其一格有彪焉,彪者,风兽也;画一卦曰"巽"。其一格有鱼焉,鱼者,水虫也;画一卦曰"坎"。巽主风,离主火,坎主水。风能兴火,火能熟水,故备其三卦焉。其饰以连葩、垂蔓、曲水、方文之类。其炉或锻铁为之,或运泥为之。其灰承作三足铁盘抬之。

【译文】

风炉用铜或铁铸成,形状像古代的鼎。炉壁厚三分,炉口边缘宽九分,比炉壁多出的六分向内,其下虚空,涂以泥土。炉有三只脚,其上写有二十一个古字。一只脚上写着"坎上巽下离于中";一只脚上写着"体均五行去百疾";一只脚上写着"圣唐灭胡明年铸"。三只脚之间开设三个孔洞,底下的一个孔洞是作为通风漏灰用的,其上写有六个古字。一个孔洞上写"伊

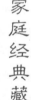

公"二字,一个孔洞上写"羹陆"二字,另一个孔洞上写"氏茶"二字,即所谓"伊公羹,陆氏茶"。炉上设置支锅用的垛,垛之间分成三格,一个格有"翟",翟为火鸟,画一卦符叫作"离";另一格有"彪",彪为风兽,也画一卦符叫作"巽";再一格有"鱼",鱼是水中动物,代表水,也画一卦符叫作"坎"。巽属风,离属火,坎属水,风能兴火,火能熟水,故设上述三种卦符。炉子外面可装饰以莲花、垂蔓植物、流水和文字之类图形。炉子也可用锻铁制作,或者用泥土来做。其灰承是一个铁盘子,用三只脚抬着。

【原文】

筥

筥,以竹织之,高一尺二寸,径阔七寸。或用藤,作木楦如筥形织之。六出圆眼,其底盖若利箧,口铄之。

【译文】

筥是用竹篾织成的,高一尺二寸,径宽七寸。或用木料做一个像筥形的木架,用藤子编织出六个圆眼状纹,底盖合拢像竹箱,盖口锁边有装饰。

【原文】

炭挝

炭挝,以铁六棱制之,长一尺,锐上丰中,执细头系一小锯以饰挝也。若今之河陇军人木吾也。或作锤,或作斧,随其便也。

【译文】

炭挝是用铁做成的六棱铁棒,长一尺,头小中间较粗。手拿的细头系上一个小辗作为装饰,就像现在河陇一带军人所拿的木棒一样,或作锤状或作斧状,随个人的方便。

【原文】

火筴

火筴,一名箸,若常用者,圆直一尺三寸,顶平截无葱台勾锁之属,以铁或熟铜制之。

【译文】

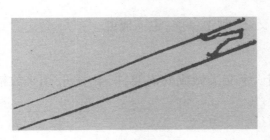

(唐)银火筋

火筴又叫作火筷,常用的圆形,而且直长一尺三寸,顶平截,没有葱台勾锁等附属物,用铁或熟铜制做。

【原文】

鍑[音铺,或作斧,或作釜。]

鍑,以生铁为之。今人有业冶者,所谓急铁,其铁以耕刀之趄,炼而铸之。内模土,而外模沙。土滑于内,易其摩涤;沙涩于外,吸其炎焰。方其耳,以令正也。广其缘,以务远也。长其脐,以守中也。脐长,则沸中;沸中,则末易扬;末易扬,则其味淳也。洪州以瓷为之,莱州以石为之。瓷与石皆雅器也,性非坚实,难可持久。用银为之,至洁,但涉于侈丽。雅则雅矣,洁亦洁矣,若用之恒,而卒归于银也。

【译文】

鍑,用生铁铸造。现在有专门以做这种锅为职业的,所谓急铁,就是用废犁刀再炼铸的。内模用土,外模用沙。土细,锅的内面就较光滑,容易磨光和洗刷;沙粗,锅的外面就粗糙,便于吸收火焰的热力。锅的"耳"作成方形,取其方正端庄之义;锅边宽一些,取其伸展广阔之义;锅脐做长一点,取其和久居中之义。锅脐长了,水在当中沸腾,水在当中沸腾茶沫就容易扬起,茶沫易扬起,茶汤的味道就醇正。洪州用瓷做锅,莱州用石做锅。瓷锅和石锅都属雅器,但质地不坚固,难以持久。用银做锅最清洁,但过于奢侈和华丽。雅致也雅致、洁净也洁净了,若要经久耐用,终归是铁锅好。

【原文】

交床

交床以十字交之,剜中令虚,也支镬也。

【译文】

交床是用"十"字交叉做成的锅架,挖空中间,用来放锅。

【原文】

夹

夹以小青竹为之,长一尺二寸。令一寸有节,节已上剖之以炙茶也。彼竹之篾,津润于火,假其香洁以益茶味,恐非林谷间莫之致。或用精铁、熟铜之类,取其久也。

【译文】

夹子用小青竹做成,长一尺二寸。使一头的一寸处有竹节,节外另一头剖开作为烤茶用。小青竹的竹汁润在火上,借竹子的香洁气味以增进茶的滋味。这种情形,不在山林中不易做到。或以精铁熟铜之类材料制作夹子,以取其经久耐用的长处。

【原文】

纸囊

纸囊,以剡藤纸白厚者夹缝之,以贮所炙茶,使不泄其香也。

【译文】

纸囊是用又白又厚实的剡溪所产的藤纸缝起来的双层纸袋,用来贮藏烤好的茶,使茶的香气不致散失。

【原文】

碾[拂末]

碾以橘木为之,次以梨、桑、桐、柘为臼。内圆而外方。内圆备于运行也;外方制其倾危也。内容堕而外无余。木堕,形如车轮,不辐而轴焉。长九寸,阔一寸七分。堕径三寸八分,中厚一寸,边厚半寸,轴中方而执圆。其拂末以鸟羽制之。

【译文】

碾是用橘木做的,其次用梨、桑、桐、柘等木料制作。使其内圆而外方,

(唐)鎏金天马流云纹银茶碾

内圆有利于运转,外方能防止它倾倒。碾的里面恰好容纳碾砣。木碾砣的形状就像没有辐的车轮,当中有一个轴,轴长九寸,宽一寸七分。碾砣的直径为三寸八分,当中厚一寸,边厚半寸。轴的中间方形,轴柄圆形。拂末是用鸟类的羽毛制作的。

【原文】

罗合

罗末以合盖贮之,以则置合中。用巨竹剖而屈之,以纱绢衣之。其合以竹节为之,或屈杉以漆之,高三寸,盖一寸,底二寸,口径四寸。

【译文】

罗筛下的茶末用合盖贮放,把"则"放在合中。罗用剖开的大竹片弯曲呈圆形,以纱绢做罗衣。合用竹节制做,或用杉木片弯曲呈圆形做成,并涂上漆。高三寸,盖一寸,底二寸,口径四寸。

【原文】

则

则以海贝、蛎蛤之属,或以铜、铁、竹、匕策之类。则者,量也,准也,度也。

凡煮水一升,用末方寸匕,若好薄者,减之;嗜浓者,增之。故云则也。

【译文】

则是一种量器。用海贝、蛤蜊之类或用铜、铁、竹制的匙子。所谓则,就是量、准、度的意思。一般煮一升水,加入一平方寸的茶末。喜欢喝淡茶的人,减少一点,而爱喝浓茶的人,酌量增加一些,所以称之为则。

【原文】

水方

水方以椆木、槐、楸、梓等合之,其里并外缝漆之,受一斗。

【译文】

水方用椆、槐、楸、梓等类木板拼合而成,里面及外缝要上漆,能盛水一斗。

【原文】

漉水囊

漉水囊,若常用者,其格以生铜铸之,以备水湿,无有苔秽腥涩意;以熟铜苔秽,铁腥涩也。林栖谷隐者,或用之竹木,木与竹非持久涉远之具,故用之生铜。其囊织青竹以卷之,裁碧缣以缝之,细翠钿以缀之,又作绿油囊以贮之。圆径五寸,柄一寸五分。

【译文】

一般使用的漉水囊,外框是用生铜铸成的,水湿后没有青苔、污物和腥涩气味,若用熟铜则多生青苔、污物,用铁则多腥涩气味。居隐山林的人有的也用竹木制作。而竹木制作的,不能经久耐用,不便涉远旅行。所以都用铜制作。囊用青竹篾编织后卷拢来,用碧色的丝绢缝好,并缀上细翠钿,又做绿色的油绢袋把漉水囊装在里面。漉水囊直径为五寸,柄一寸五分。

【原文】

瓢

瓢,一曰牺杓,剖瓠为之,或刊木为之。晋舍人杜毓《荈赋》云:"酌之以匏。"匏,瓢也。口阔,胫薄,柄短。永嘉中,余姚人虞洪入瀑布山采茗,遇一道士,云:"吾丹丘子,祈子他日瓯牺之余,乞相遗也。"牺,木杓也。今常用以梨木为之。

【译文】

瓢又叫牺杓,是用剖开的葫芦做成,或用木头剜成。晋朝杜毓所著《荈

（辽）白釉提梁皮囊壶

赋》中说："酌之以匏。"匏就是瓢，口宽，胫把处薄，柄短。永嘉年间，余姚人虞洪到瀑布山采茶，遇见一个道士，对他说："我叫丹丘子，日后你做的盆杓器皿有多的，请给我一点。""牺"就是木杓子，现在常用梨木制作。

【原文】

竹筴

竹筴，或以桃、柳、蒲葵木为之，或以柿心木为之。长一尺，银裹两头。

【译文】

竹筴用桃、柳、蒲葵木制作，或用柿心木来做。长一尺，两头用银包裹起来。

【原文】

鹾簋［揭］

鹾簋，以瓷为之。圆径四寸，若合形。或瓶、或罍，贮盐花也。其揭，竹制，长四寸一分，阔九分。揭，策也。

【译文】

鹾簋，用瓷做成，圆径四寸，合状。有的或为瓶状，或为罍状，装盐用。"揭"用竹片制成，长四寸一分，宽九分。揭，计量用的。

【原文】

熟盂

熟盂,以贮熟水。或瓷、或砂,受二升。

【译文】

(清)干小水盂

熟盂是用来盛装沸水的,或用瓷做,或用沙做,容量两升。

【原文】

碗

碗,越州上,鼎州次,婺州次;岳州上,寿州、洪州次。或者以邢州处越州上,殊为不然。若邢瓷类银,越瓷类玉,邢不如越一也;若邢瓷类雪,则越瓷类冰,邢不如越二也;邢瓷白而茶色丹,越瓷青而茶色绿,邢不如越三也。晋杜毓《荈赋》所谓:"器择陶拣,出自东瓯。"瓯,越也。瓯,越州上,口唇不卷,底卷而浅,受半升已下。越州瓷、岳瓷皆青,青则益茶,茶作白红之色。邢州瓷白,茶色红;寿州瓷黄,茶色紫;洪州瓷褐,茶色黑;悉不宜茶。

【译文】

碗以越州出产的为好,鼎州、婺州的次;岳州的好,寿州、洪州等出产的差一些。有人以为,邢州的比越州的还要好,其实不然。如果说邢瓷似银,越瓷就像玉,这是邢瓷不如越瓷好的第一点;邢瓷似雪,越瓷就像冰,这是邢瓷不如越瓷的第二点;邢瓷白色,而茶汤呈红色,越瓷青色,而茶汤呈绿色,这是邢瓷不如越瓷的第三点。晋朝杜毓《荈赋》中所谓："器择陶拣，出自东瓯。"瓯，即是越州。瓯也是越州产品为好，它的唇口不反卷，底卷而浅，容量在半升以下。越州瓷与岳州瓷都是青色的，青则增进茶色，茶呈白红之色。邢州瓷白，茶色红；寿州瓷黄，茶色紫；洪州瓷是褐色的，茶汤就黑。都不适合做茶碗。

【原文】

畚

畚，以白蒲卷而编之，可贮碗十枚。或用筥，其纸帕以剡纸夹缝，令方，亦十之也。

【译文】

畚箕用白蒲编织而成，可以装 10 个碗。也可以用筥来代替，里面的纸衬以剡溪产的纸夹层缝起来，成方形，也能装十个碗。

【原文】

札

札，缉栟榈皮，以茱萸木夹而缚之，或截竹束而管之，若巨笔形。

【译文】

札是用棕榈皮捆扎茱木条而成。或用截短的竹子捆起来，形状像一支巨大的笔。

【原文】

涤方

涤方，以贮涤洗之余，用楸木合之，制如水方，受八升。

【译文】

涤方是贮积涤洗之水的。用楸木板拼合制成，制法和水方一样，能容水八升。

【原文】

滓方

滓方，以集诸滓，制如涤方，处五升。

【译文】

滓方是用来集贮渣滓的。制法同涤方一样,容积五升。

【原文】

巾

巾,以绝布为之。长二尺,作二枚互用之,以洁诸器。

【译文】

巾是用粗绸做的,长二尺,做两条交替使用,以供洗擦各种器具。

【原文】

具列

具列,或做床,或做架,或纯木、纯竹而制之。或木或竹,黄黑可扃而漆者,长三尺,阔二尺,高六寸。具列者,悉敛诸器物,悉以陈列也。

【译文】

具列,或作成床,或作成架。全是用木材可用竹子制成。有的也用木材

(清)茶赢

效法竹子的样子,把木架上的横杠漆上黄黑相间的颜色。具列长三尺,宽二尺,高六寸。用来收敛和陈列各种器具。

【原文】

都篮

都篮,以悉设诸器而名之。以竹篾内作三角方眼,外以双篾阔者经之,以单篾织者缚之,递压双经,作方眼,使玲珑。高一尺五寸,底阔一尺、高二寸,长二尺四寸,阔二尺。

【译文】

都篮,是因放置各种器具而得名。里面用竹篾织成三角形方眼,外面用较宽的双篾作经线,细的单篾编织,交替压着径线织成方眼,使都篮形状玲珑美观。篮高一尺五寸,长二尺四寸,宽二尺。篮底宽一尺,高二寸。

五、茶之煮

【原文】凡炙茶,慎勿于风烬间炙,熛焰如钻,使炎凉不均。持以逼火,屡其翻正,候炮(普教反)出培𪣻,状虾蟆背,然后去火五寸。卷而舒,则本其始又炙之。若火干者,以气熟止;日干者,以柔止。

其始,若茶之至嫩者,蒸罢热捣,叶烂而芽笋存焉。假以力者,持千钧杵亦不之烂,如漆科珠,壮士接之,不能驻其指。及就,则似无穰骨也。炙之,则其节若倪倪如婴儿之臂耳。既而,承热用纸囊贮之,精华之气无所散越,候寒末之。[末之上者,其屑如细米;末之下者,其屑如菱角。]

其火用炭,次用劲薪。[谓桑、槐、桐、栎之类也。]其炭曾经燔炙,为膻腻所及,及膏木、败器不用之。[膏木为柏、桂、桧也。败器,谓朽废器也。]古人有劳薪之味,信哉!

其水,用山水上,江水中,井水下。[《荈赋》所谓:"水则岷方之注,揖彼清流。"]其山水拣乳泉、石池漫流者上;其瀑涌湍漱,勿食之。久食,令人有颈疾。又多别流于山谷者,澄浸不泄,自火天至霜效以前,或潜龙蓄毒于其间,饮者可决之,以流其恶,使新泉涓涓然,酌之。其江水取去人远者,井水取汲多者。

其沸,如鱼目,微有声,为一沸;缘边如涌泉连珠,为二沸;腾波鼓浪,为三沸。已上水老,不可食也。初沸,则水合量调之以盐味,谓弃其啜余,[啜,

1367

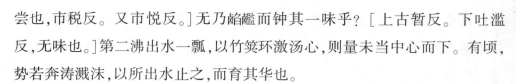

尝也,市税反。又市悦反。]无乃餡䤗而钟其一味乎?[上古暂反。下吐滥反,无味也。]第二沸出水一瓢,以竹筴环激汤心,则量末当中心而下。有顷,势若奔涛溅沫,以所出水止之,而育其华也。

凡酌,置诸碗,令沫饽均。[《字书》并《本草》:饽,均茗沫也,蒲笏反。]沫饽,汤之华也。华之薄者曰沫,厚者曰饽,细轻者曰花。如枣花漂漂然于环池之上;又如回潭曲渚青萍之始生;又如晴天爽朗,有浮云鳞然。其沫者,若绿钱浮于水湄;又如菊英堕于樽俎之中。饽者,以滓煮之,及沸,则重华累沫,皤皤然若积雪耳。《荈赋》所谓"焕如积雪,烨若春薮",有之。

第一煮水沸,而弃其沫,之上有水膜,如黑云母,饮之则其味不正,其第一者为隽永,[徐县、全县二反。至美者,曰隽永。隽,味也。永,长也。味长曰隽永,《汉书》蒯通著《隽永》二十篇也。]或留熟以贮之。以备育华救沸之用。诸第一与第二、第三碗次之,第四、第五碗外,非渴甚,莫之饮。

凡煮水一升,酌分五碗。[碗数少至三,多至五;若人多至十,加两炉。]乘热连饮之,以重浊凝其下,精英浮其上。如冷,则精英随气而竭,饮啜不消亦然矣。

茶性俭,不宜广,则其味黯澹。且如一满碗,啜半而味寡,况其广乎!

其色缃也,其馨䭲也,[香至美曰䭲,䭲音使。]其味甘,槚也;不甘而苦,荈也;啜苦咽甘,茶也。

【译文】凡是炙烤茶饼,注意不要在有风火的地方烤,因为风吹,使火焰飘忽不定,致使冷热不能均匀。要靠近火烤,同时不断地翻动,等到茶叶被烤出一个小丘一样的疙瘩,样子像蛤蟆背时,然后离火五寸继续烤。卷曲的茶叶又伸展开来时,则应按开始的方法再烤。做茶时,用火烘干的要烤到有了茶香气为止;靠太阳晒干的,到茶饼柔软为止。

制茶之初,假如茶叶非常幼嫩,蒸熟而后趁热舂捣,叶子被捣烂了而芽头却还完好。以力气大的人,用极重的杵来舂捣,也不易被捣烂。这就像圆滑的漆树子一样,虽然轻而小,但壮士反而捏不住它。舂好了的茶,就像没有骨头的东西一样。烤茶时,它们柔软的好似婴儿的手臂。接着趁热放在纸袋子里,以免茶叶的香气散失掉。等到茶叶冷了,再取出碾成末。[好的茶末像细米粒,不好的像菱角。]

　　烤茶的火,用炭为好,其次是用火力猛的木柴。[指桑、槐、桐、栎等类的木柴。]烤过肉,染有膻味和油腻的木炭,或是含有油脂的木材和朽坏了的木器,都不可用来烤茶。[膏木是指柏树、桂树、桧树之类;败器是指朽废了的木器。]古人有"劳薪之味"的说法,诚然是可信的。

　　煮茶的水,以山水最好,其次是江河的水,井水差。[《荈赋》说:"水要取与江河之源相通的,汲取其最清洁的部分。"]山水选择钟乳石上滴下的水,或石池里流动缓慢的水为最好;山上的喷泉水和急流水以及湍急的水和急速旋转的水都不要取来喝,人经常喝这种水会使颈部生病;又有些山谷中的水虽然看上去很清,但不流动,自夏天至秋天降霜之前,会有虫蛇与草木之毒潜浸在里面,喝这种水,要先决开塘口让有毒的积水流去,等新泉水细细流动时,再汲取饮用;江河的水,要到离人烟较远的地方去取;井水要到经常汲水的井中汲取。

　　水沸腾时,当水煮到出现鱼眼大的气泡,并微有沸声时,是第一沸;边缘连珠般的水泡向上冒涌时,是第二沸;水面波浪翻腾时,是第三沸。三沸之后,水已煮老,就不要再喝它了。当水初沸时,要根据水的多少适当加入一点食盐来调味,尝尝水味,把尝剩余的丢掉,[啜,尝尝的意思,由市税或市悦相切读音。]不要因无味而过分加盐,否则岂不成了喜欢盐水这一种味道了吗?第二沸时,舀出一瓢水,随后用"竹箕"环搅水汤中心,用"则"量出定量的茶末,于沸水中心投下。不多一会儿,沸水就如波涛溅出许多沫子,这时用先前舀出的水浇进去,以制止其沸腾,使生成"华"。

　　分盛碗内喝时,要使"沫""饽"均匀。[《字书》与《本草》称"饽"为茗的沫。饽:蒲笏相切读作饽。]"沫""饽"就是茶汤的"华"。薄的叫"沫",厚的

中華茶道

叫"饽",细而轻的叫"花"。"花"就像枣花在圆形水池上面浮动;又像曲折的潭水和凸出的小洲间新生长的青萍;又像晴朗天空中鱼鳞状的浮云。"沫"就像浮在水边的绿钱;又像撒在杯盘里的菊花瓣。"饽",是指煮茶的沉渣时,水一沸腾,就有很多泡沫重叠积聚于水面,一片纯白状如积雪。《荈赋》中所说:"明亮如冬天积雪,光彩似春日百花。"确实是这样的。

初沸之后,要把泡沫上形似黑云母的一层水膜去掉,因为它的味道不正。从锅里舀出的第一碗茶汤叫"隽永",[隽,徐县反切或全县反切读作绢。最好的东西,称为隽永。隽味永长的意思。味长叫作隽永。西汉蒯通著《隽永》二十篇。]舀出放在"熟盂"里面,以备止沸和育华的时候用。而后依次从锅里舀出来的第一、第二、第三碗水味道就差了一些,第四、第五碗以后的,除非实在太渴,否则就不要喝了。

大概煮水一升,酌量情况,可分作五碗,[碗数少到三碗,多到五碗;若人多到十个,就应煮两炉。]趁热喝完,才使重浊的物质凝结下沉,精华则浮在上面,如果冷了,精华也就随热气散发掉,没有喝完的茶,精华也会散发掉。

茶性"俭",水不能加多,否则,味道就淡薄。一碗茶喝了一半之后就会感到味道淡了,何况水加得太多呢!

茶汤色浅黄,香气极好。[香气至美叫作"馝",馝音使。]带甜味的茶是"槚",不甜而带苦味的是"荈",尝时苦,咽后甜的是"茶"。

六、茶之饮

【原文】翼而飞,毛而走,呿而言,此三者俱生于天地间,饮啄以活,饮之时义远矣哉!至若救渴,饮之以浆;蠲忧忿,饮之以酒;荡昏寐,饮之以茶。

茶之为饮,发乎神农氏,闻于鲁周公,齐有晏婴,汉有扬雄、司马相如,吴有韦曜,晋有刘琨、张载、远祖纳、谢安、左思之徒,皆饮焉。滂时浸俗,盛于国朝,两都并荆俞[俞,当作渝。巴渝也]间,以为比屋之饮。

饮有粗茶、散茶、末茶、饼茶者。乃斫、乃熬、乃炀、乃舂,贮于瓶缶之中,以汤沃焉，谓之痷茶。或用葱、姜、枣、橘皮、茱萸、薄荷之等，煮之百沸，或扬令滑，或煮去沫，斯沟渠间弃水耳，而习俗不已。

于戏！天育万物，皆有至妙，人之所工，但猎浅易。所庇者屋，屋精极；所著者衣，衣精极；所饱者饮食，食与酒皆精极之。茶有九难：一曰造，二曰别，三曰器，四曰火，五曰水，六曰炙，七曰末，八曰煮，九曰饮。阴采夜焙，非造也；嚼味嗅香，非别也；膻鼎腥瓯，非器也；膏薪庖炭，非火也；飞湍壅潦，非水也；外熟内生非炙也，碧粉缥尘非末也，操艰搅遽非煮也，夏兴冬废，非饮也。

夫珍鲜馥烈者，其碗数三；次之者，碗数五。若坐客数至五，行三碗，至七，行五碗；若六人以下，不约碗数，但阙一人而已，其隽永补所阙人。

【译文】有翅膀的飞禽、有毛皮的走兽、会说话的人类，三者都生在天地之间，靠吃食喝水而生活。可见喝水历史多久啊！为了解渴就去喝各种液体浆汁，为解除忧愁烦恼就去喝酒，为了消除头昏神倦就去喝茶。

茶成为饮料，由神农氏开始，从鲁周公对茶作记才传闻于世。春秋时的有齐国晏婴；汉时有扬雄、司马相如；三国时有吴国的韦曜，晋代有刘琨、张载、远祖纳、谢安、左思等人，都是喝茶之人。饮茶之风流行之后，逐渐扩散到民间，在唐朝最盛，当今的西安和洛阳两都并湖南、湖北以至巴渝等地，都把茶当作家常饮料。

茶有粗茶、散茶、末茶、饼茶。先砍碎，再煎熬、烤干、舂捣，然后放在瓶子或细口瓦器之中。灌上沸水浸泡，称为痷茶；还有用葱、姜、枣、橘皮、茱萸、薄荷等物与茶放在一起充分煮沸，或者扬扬使汤更加沸腾，以求汤滑；或煮去茶"沫"，这些方法煮出的茶汤，如同应倒在沟里的废水一样不堪饮用，而世人一向的习惯就是这样的。

啊！苍天生育万物,都有它的奥妙,人类所做的不过涉及一点肤浅的皮毛。人们借以庇护自己的场所是房屋,房屋建造得很好;穿的是衣服,衣服做得很精美;充饥的是饮食,饭与酒味美极了。而茶却有九种难处:一是采造,二是鉴别,三是器具,四是用火,五是用水,六是炙烤,七是碾末,八是煎煮,九是饮用。阴天采摘,晚上烘烤,还不能算会制作茶的;用口尝味道,用鼻嗅香气,这不能算会鉴别茶;有膻味的锅炉,有腥气的瓦盆不能用作煮茶、饮茶的器具;有油脂的柴和烤过肉的炭,不能用来烘茶、煮茶;急流的水和淤积的水,不能汲来煮茶;茶烤得外面熟而里面生,不能算是烤好了的茶;碧绿色的茶叶细粉和淡青色的茶叶尘灰混在一起,算不得是茶末;煮茶时操作不熟练,仓促地搅动茶汤,不能算会煮茶;只是夏天喝茶而冬天不喝,不能算懂得饮茶。

要想喝到鲜香、味浓的茶,一锅煮出的头三碗最好,较次一等的最多煮到第五碗。若有数位客人,则五人可分酌三碗,七人可分酌五碗。六人则按五人计,不要计较碗数上是否差了一个人的,只用甘美浓郁的补给所差的一个人。

七、茶之事

【原文】

三皇,炎帝神农氏。

周,鲁周公旦,齐相晏婴。

汉,仙人丹丘之子,黄山君,司马文园令相如,扬执戟雄。

吴,归命侯,韦太傅弘嗣。

晋,惠帝,刘司空琨,琨兄子兖州刺史演,张黄门孟阳;傅司隶咸,江洗马统,孙参军楚,左记室太冲,陆吴兴纳,纳兄子会稽内史俶,谢冠军安石,郭弘农璞,桓扬州温,杜舍人毓,武康小山寺释法瑶,沛国夏侯恺,余姚虞洪,北地傅巽,丹阳弘君举,安丘任育长,宣城秦精,燉煌单道开,剡县陈务妻,广陵老姥,河内山谦之。

后魏,琅玡王肃。

宋,新安王子鸾,鸾弟豫章王子尚,鲍照妹令晖,八公山沙门谭济。

齐,世祖武帝。

梁,刘廷尉,陶先生弘景。

皇朝,徐英公勣。

《神农食经》:"茶茗久服,令人有力,悦志。"

周公《尔雅》云:"槚,苦荼。"

《广雅》云:"荆巴间采叶作饼,叶老者,饼成,以米膏出之。欲煮茗饮,先炙令赤色,捣末,置瓷器中,以汤浇覆之,用葱、姜、橘子芼之。其饮醒酒,令人不眠。"

《晏子春秋》:婴相齐景公时,食脱粟之饭,炙三弋、五卵,茗菜而已。

司马相如《凡将篇》:乌喙,桔梗,芫华,款冬,贝母,木蘖,蒌,芩草,芍药,桂,漏芦,蜚廉,雚菌,荈诧,白敛,白芷,菖蒲,芒硝,莞椒,茱萸。

《方言》:"蜀西南人谓荼曰蔎。"

《吴志·韦曜传》:孙皓每飨宴座席,无不率以七升为限,虽不尽入口,皆浇灌取尽。曜饮酒不过二升,皓初礼异,密赐茶荈以代酒。

晋《中兴书》:"陆纳为吴兴太守时,卫将军谢安常欲诣纳,[《晋书》云:纳为吏部尚书。]纳兄子俶怪纳无所备,不敢问之,乃私蓄十数人馔。安既至,所设惟茶果而已。俶遂陈盛馔,珍羞必具。及安去,纳杖俶四十,云:'汝既不能光益叔父,奈何秽吾素业?'"

《晋书》:"桓温为扬州牧,性俭,每宴饮,惟下七奠拌茶果而已。"

《搜神记》:"夏侯恺因疾死。宗人字苟奴,察见鬼神,见恺来收马,并病其妻。著平上帻,单衣,入座生时西壁大床,就人觅茶饮。"

刘琨《与兄子南兖州刺史演书》云:"前得安州干姜一斤,桂一斤,黄芩一斤,皆所须也。吾体中溃闷,常仰真茶,汝可置之。"

傅咸《司隶教》曰:"闻南方有以困蜀妪做茶粥卖,为郡吏打破其器具,

（宋）定窑系葫芦形注壶

嗣又卖饼于市。而禁茶粥以蜀姥，何哉？"

《神异记》："余姚人虞洪入山采茗，遇一道士，牵三青牛，引洪至瀑布山曰：'吾，丹丘子也。闻子善具饮，常思见惠。山中有大茗可以相给。祈子他日有瓯牺之余，乞相遗也。'因立奠祀。后常令家人入山，获大茗焉。"

左思《娇女诗》："吾家有娇女，皎皎颇白皙。小字为纨素，口齿自清历。有姊字惠芳，眉目粲如画。驰骛翔园林，果下皆生摘。贪华风雨中，倏忽数百适。心为茶荈剧，吹嘘对鼎䥶。

张孟阳《登成都楼》诗云：'借问扬子舍，想见长卿庐。程卓累千金，骄侈拟五侯。门有连骑客，翠带腰吴钩。鼎食随时进，百和妙且殊。披林采秋桔，临江钓春鱼。黑子过龙醢，果馔逾蟹蝑。芳茶冠六情，溢味播九区。人生苟安乐，兹土聊可娱。'"

傅巽《七诲》："蒲桃宛柰，齐柿燕栗，峘阳黄梨，巫山朱桔，南中茶子，西极石蜜。"

弘君举《食檄》："寒温既毕，应下霜华之茗；三爵而终，应下诸蔗、木瓜、元李、杨梅、五味、橄榄。悬豹葵羹各一杯。"

孙楚《歌》："茱萸出，芳树颠，鲤鱼出，洛水泉。白盐出河东，美豉出鱼

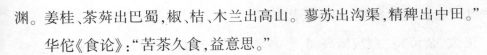

渊。姜桂、茶荈出巴蜀,椒、桔、木兰出高山。蓼苏出沟渠,精稗出中田。"

华佗《食论》:"苦茶久食,益意思。"

壶居士《食忌》:"苦茶久食,羽化。与韭同食,令人体重。"

郭璞《尔雅注》云:"树小似栀子,冬生,叶可煮羹饮。今呼早取为茶,晚取为茗,或一曰荈,蜀人名之苦茶。"

《世说》:"任瞻,字育长,少时有令名,自过江失志。既下饮,问人云:'此为茶?为茗?'觉人有怪色,乃自申明云:'向问饮为热为冷。'"

《续搜神记》:"晋武帝,宣城人秦精,常入武昌山采茗。遇一毛人,长丈余,引精至山下,示以丛茗而去。俄而复还,乃探怀中桔以遗精。精怖,负茗而归。"

晋《四王起事》:"惠帝蒙尘还洛阳,黄门以瓦盂盛茶上至尊。"

《异苑》:"剡县陈务妻,少与二子寡居,好饮茶茗。以宅中有古冢,每饮辄先祀之。二子患之曰:'古冢何知?徒以劳。'意欲掘去之,母苦禁而止。其夜梦一人云:'吾止此冢三百余年,卿二子恒欲见毁,赖相保护,又享吾佳茗,虽潜壤朽骨,岂忘翳桑之报!'及晓,于庭中获钱十万,似久埋者,但贯新耳。母告,二子惭之,从是祷馈愈甚。"

《广陵耆老传》:"晋元帝时有老姥,每旦独提一器茗,往市鬻之,市人竞买。自旦至夕,其器不减。所得钱散路傍孤贫乞人。人或异之。州法曹絷之狱中。至夜,老姥执所鬻茗器,从狱牖中飞出。"

《艺术传》:"敦煌人单道开,不畏寒暑,常服小石子。所服药有松、桂、蜜之气,所饮茶苏而已。"

释道悦《续名僧传》:"宋释法瑶,姓杨氏,河东人。永嘉中过江,遇沈台真,台真在武康小山寺,年垂悬车,饭所饮茶。永明中,敕吴兴礼致上京,年七十九。"

宋《江氏家传》:"江统,字应元。迁愍怀太子洗马。常上疏谏云:'今西园卖醯、面、篮子、菜、茶之属,亏败国体。'"

《宋录》:"新安王子鸾、豫章王了尚诣县济道人于八公山,道人设茶茗,子尚味之曰：'此甘露也，何言茶茗？'"

王微《杂诗》："寂寂掩高阁，寥寥空广厦。待君竟不归，收领今就槚。"

鲍照妹令晖著《香茗赋》。

南齐世祖武皇帝遗诏："我灵座上慎勿以牲为祭，但设饼果、茶饮、干饭、酒脯而已。"

梁刘孝绰《谢晋安王饷米等启》："传诏李孟孙宣教旨，垂赐米、酒、瓜、笋、菹、脯、酢、茗八种。气苾新城，味芳云松。江潭抽节，迈昌荇之珍；疆场擢翘，越葺精之美。羞非纯束野麏，裛似雪之驴；酢异陶瓶河鲤，操如琼之粲。茗同食粲，酢颜望揖。免千里宿舂，省三月种聚。小人怀惠，大懿难忘。"

陶弘景《杂录》："苦茶轻身换骨，昔丹丘子、黄山君服之。"

《后魏录》："琅玡王肃仕南朝，好茗饮、莼羹。及还北地，又好羊肉、酪浆。人或问之：'茗何如酪？'肃曰：'茗不堪与酪为奴。'

《桐君录》："西阳、武昌、庐江、晋陵好茗，皆东人作清茗。茗有饽，饮之宜人。凡可饮之物，皆多取其叶。天门冬、拔揳取根，皆益人。又巴东别有真茗茶，煎饮令人不眠。俗中多煮檀叶并大皂李作茶，并冷。又南方有瓜芦木，亦似茗，至苦涩，取为屑茶饮，亦可通夜不眠。煮盐人但资此饮，而交、广最重，客来先设，乃加以香芼辈。"

《坤元录》："辰州溆浦县西北三百五十里无射山，云蛮俗当吉庆之时，亲族集会，歌舞于山上。山多茶树。"

《括地图》："临遂县东一百四十里有茶溪。"

山谦之《吴兴记》："乌程县西二十里，有温山，出御荈。"

《夷陵州图经》："黄牛、荆门、女观、望州等山。茶茗出焉。"

《永嘉图经》："永嘉县东三百里有白茶山。"

《淮阴图经》："山阴县南二十里有茶坡。"

《茶陵图经》："茶陵者，所谓陵谷生茶茗焉。"

《本草·木部》："茗，苦茶。味甘芳，微寒，无毒。主瘘疮，利小便，去痰渴热,令人少睡。秋采之苦,主下气消食。"注云:"春采之。"

《本草·菜部》:"苦茶,一名茶,一名选,一名游冬,生益州川谷、山陵道傍,凌冬不死。三月三日采,干。注云:疑此即是今茶,一名茶,令人不眠。"《本草》注:"按,《诗》云:'谁谓茶苦',又云:'堇茶如饴',皆苦菜也。陶谓之苦茶,木类,非菜流。茗,春采,谓之苦㯃[途遐反]。"

《枕中方》:"疗积年瘘,苦茶、蜈蚣并炙,令香熟,等分,捣筛,煮甘草汤洗,以末傅之。"

《孺子方》:"疗小儿无故惊蹶,以苦茶、葱须煮服之。"

【译文】与茶的历史有关的人物有:"远古三皇之一的炎帝神农氏,周朝鲁周公旦,春秋时齐国宰相晏婴,汉时仙人丹丘子、黄山君、文园令司马相如、执戟扬雄,三国时吴归命侯孙皓、太傅韦宏嗣,晋朝惠帝司马衷、司马刘琨、琨兄之子兖州刺史刘演、黄门官张孟阳、司隶傅咸、太子洗马江统、参军孙楚,记室左太冲,吴兴陆纳,陆纳的侄子会稽内史俶、冠军谢安石、弘农郭璞、扬州牧桓温、舍人杜毓、武康小山寺僧释法瑶、沛国夏侯恺、余姚虞洪、北地傅巽、丹阳弘君举、安丘任育长、宣城秦精、燉煌单道开、剡县陈务之妻、广陵老姥、河内山谦之。后魏琅琊人王肃,南朝宋新安王子鸾、鸾弟豫章王子尚、鲍照的妹妹鲍令晖、八公山沙门谭济,南朝齐世祖武帝,梁时刘廷尉、陶弘景先生、本皇朝英公徐勣。"

《神农食经》:"长期喝茶,可以使人健康有力,精神饱满。"

周公《尔雅》:"槚,就是苦茶。"

《广雅》中说:"湖北与四川交界一带地方,采茶叶做成茶饼,叶老的,就用米汤处理方能做成茶饼。想煮茶喝时,先烤饼茶至黑色,再捣成末,放在瓷器中,加入沸水,又用葱、姜、橘子作配料。喝了这种茶可以醒酒,使人不想睡觉。"

《晏子春秋》:"晏婴给齐景公做宰相时,吃的不过是米饭,烤三禽五卵,粗茶淡饭而已。"

司马相如《凡将篇》把茶列为药物:"乌喙、桔梗、芫华、款冬、贝母、木

蘖、蒌、苓草、芍药、桂、漏芦、蜚廉、藿菌、荈诧、白敛、白芷、菖蒲、芒硝、莞椒、茱萸。"

《方言》："四川西南部人,把茶叫作'蔎'"。

《吴志·韦曜传》："孙皓每宴会臣下,要强迫大家喝酒,能喝酒与否,都以七升为限,喝不够数的也要浇灌喝够。韦曜的酒量不过二升,孙皓特别宽免他,密赐以茶,允许他以茶代酒。"

晋《中兴书》："陆纳为吴兴太守时,卫将军谢安常打算去拜访他。[《晋书》记载:'陆纳为吏部尚书。]陆纳的侄子陆俶怪纳无所准备,又不敢过问,就私下准备了十多人的酒食。谢安到了陆家,陆纳款待客人的只是茶果而已,于是陆俶陈上丰盛味美的食物。等到谢安走后,陆纳打了陆俶四十棍子,并说道:'你既不能给叔父增光,为什么还要玷污我一向清操绝俗的德行。'。"

《晋书》："桓温做扬州牧时,性节俭,每次宴会只设果品,招待喝茶而已。"

《搜神记》："夏侯恺因病死亡。一个叫苟奴的家臣能看见鬼神,见恺回来收他的马,并使他的妻子得了病。恺戴着平素裹发的头巾,穿着单衣,坐在活着时候用的西壁大床上,向人要茶喝。"

刘琨在给侄子南兖州刺史刘演的书信中说:"先前得到安州干姜一斤,桂一斤,黄芩一斤,都是所需要的。我身体不好,感觉烦闷,常想得到一点真正好茶,你可购买一些。"

傅咸《司隶教》说:"听说南方有个四川老大娘,做茶粥买卖,因为郡吏把她的卖茶器具打破,后又在市上卖饼。为什么要禁卖茶粥,与她作难呢?"

《神异记》："余姚人虞洪到山里采茶,遇见一个道士,牵着三头青牛,引着虞洪到瀑布山,说道:'我是丹丘子,听说你擅长茶饮,常想得到你的惠赠。山里有大茶树,可以相送予你。日后你做的盆枸器具有多的,请送给我一点。'于是虞洪回到家里,设盆枸器具奠祀仙人。后常叫家中人去山里,果然得到了大茶树。"

左思所作《娇女诗》:(略)

张孟阳所作《登成都楼》诗:(略)

傅巽《七海》:"山西的桃、河南的柰、山东的柿、河北的栗子、峘阳的黄梨、巫山的红橘、南中(泛指今四川南部及云、贵地区)的茶种、西极(敦煌川西较远的许多国家)的乳糖,都是佳品。"

弘君举《食檄》:"相见寒暄完了之后,应该品上几口浮有白沫的好茶;三杯之后,再喝甘蔗、木瓜、元李、杨梅等五味以及橄榄、悬豹、葵煮的汤各一杯。"

(明)陆治《山水》

孙楚歌词中有:"茱萸果长在芳香树的枝梢上,好的鲤鱼出在洛水的源头;雪白的盐产在山西,味美的豆豉出在山东;姜、桂、茶荈出在四川,椒、橘、木兰长在高山上;蓼草和紫苏长在沟渠边上,精米出自良田之中。"

华佗《食论》:"长期喝茶有益于思考。"

壶居士《食忌》:"长期喝茶,可羽化成仙;与韭同食,可使人增加体重。"

郭璞《尔雅注》说:"茶树形小像栀子,冬天不落叶,可煮汤喝。现在,把早采的称作茶,晚采的叫作茗,或叫作荈。四川人称它为苦茶。"

《世说》:"任瞻,字育长,少时有好名声,自到长江北面后不得志。一次做客饮茶时,向人问道:这是茶还是茗?察觉人家有奇怪的脸色,于是自言自语说:'我是问是喝热的还是冷的?'"

《续搜神记》:"晋武帝时,宣城人秦精常到武昌山采茶。有一次遇高丈余的毛人,把秦精引到山下,指给他成丛的茶树,然后就走了。过不久又回来,取出揣在怀里的橘子送给秦精。秦精感到害怕,背着茶叶赶紧回家。"

晋朝《四王起事》记载:"惠帝失位逃离京都。后回到京城洛阳,黄门官

用瓦器盛茶献给他。"

《异苑》:"剡县人陈务的妻子,年轻时领着两个孩子守寡,喜好饮茶。因房宅中有古坟,每次饮茶都先向它祭奠一番。两个孩子感觉讨厌,说道:'古坟知道什么,白费好意。'并打算把坟挖掉,母亲苦苦劝阻才没有挖成。陈务妻当夜梦见一人说道:'我停息在这坟里已三百多年,可您的两个孩子总想把它毁了,承蒙您的保护,还给我喝上好茶,虽黄泉之下几根朽骨,岂能忘记报答您的恩情!'第二天清早,陈务妻在庭院里得钱十万,这些钱好像已埋过很长时间,但穿钱的绳子又是新的。母亲将此事告诉两个孩子,孩子们感到惭愧。此后他们给古坟奠祀祭茶越来越勤。"

《广陵耆老传》:"晋朝元帝年间,有个老大娘,每天清早独自提着一壶茶,到集市上卖。集市上的人争着买,从早到晚壶里的茶水不见减少,卖得的钱都给了路边贫穷的孤人和乞丐。有的人感到奇怪。于是,州衙门里的官吏把老大娘抓到监狱里关了起来。到夜间,老大娘却带着她卖茶的器具从监狱的窗户飞出去了。"

《艺术传》记载:"敦煌人单道开不怕冷也不怕热,常吃小石子。服的药有松、桂、蜜的精气,其余不过茶叶和紫苏罢了。"

(清)五彩瓷壶

释道悦《续名僧传》记载:"南朝宋时,一个叫法瑶的和尚本姓杨,河东人。永嘉年间到江南,遇着沈台真,于是请沈台真同去浙江武康小山寺,这时他已年暮不再做事。每次吃饭,必定喝茶。南朝齐永明年间,武帝下诏到吴兴,请他去京城,年已七十九岁。"

南朝宋《江氏家传》："江统,字应。迁任愍怀太子洗马,常给皇帝上书说:'如今西园卖醋、面、篮子和菜、茶等物,有伤国体。'"

《宋录》："新安王子鸾与豫章王子尚到八公山拜访昙济道人,道人设茶敬奉。子尚品茶后说:'这是甘露,为什么叫它苦茶呢?'"

王微《杂诗》："寂寂掩高阁,寥寥空广厦。待君竟不归,收领今就槚。"

鲍照妹鲍令晖著有《香茗赋》。

南朝齐世祖武皇帝遗诏说:"我灵座上切忌不要用牛羊猪三牲作祭,只要陈设饼果、茶饭、酒和干脯就行了。"

南朝梁刘孝绰《谢晋安王饷米等启》。(译文略)

陶弘景《杂录》："茶可以轻身换骨。从前,丹丘子、黄山君喝的就是它。"

《后魏录》："琅琊郡人王肃在南朝齐做秘书丞时,喜好喝茶和紫菜汤。后回到北方,又爱吃羊肉和酪浆。有人问他:'茶的味道与酪浆比起来怎么样?'王肃回答说:'茶不堪与酪为奴。'"

《桐君录》："湖北西阳、武昌,安徽庐江,江苏武进等地的人喜欢喝茶,都是东道主人备好茶请客。茶汤有饽,喝了对人有好处。凡是可以作饮料的植物,多半是取其叶,但天门冬、拔揳则挖其根煎煮,都是对人体有益的。又巴东县有真香茗茶,煮了喝使人清醒不想睡觉。民间有用檀叶和大皂李煮汤放冷后当茶喝。另外,南方有一种瓜芦木,也像茶树,味道很苦涩,采来制成沫,当茶煮了喝,也可以使人通宵不睡。煮盐的人,多半靠这种饮料振作精神。交州和广州人最重视这种茶。客人来时,先用此茶款待,并加上些芳香的配料。"

《坤元录》："湖南辰州溆浦县西北三百五十里有座无射山,山区的少数民族有一种风俗,每当吉庆时日,亲族会集在山上跳舞、唱歌。山上有很多茶树。"

《括地图》："临遂县一百四十里有茶溪。"

山谦之《吴兴记》："乌程县西二十里的温山，出产贡茶。"

《夷陵州图经》："黄牛、荆门、女观、望州等山上，出产茶叶。"

《永嘉图经》："永嘉县东三百里有白茶山。"

《淮阴图经》："山阴县南二十里处，有茶坡。"

《茶陵图经》说："茶陵县，是因为那里的丘陵和山谷生长茶树而得名。"

《本草·木部》："茗，就是苦茶，味甜苦，性微寒，无毒。能治瘘疮、利尿、去痰、止渴解热、使人清醒少睡。秋天采的味苦，有下气、消食的功效。"本草注说："春天采茶。"

《本草·菜部》："苦茶，又叫茶，又叫选，又叫游冬。在川西河谷、山陵、道旁生长，寒冷的冬天也不会冻死，每年三月三日采制。本草注说：'可能这就是现在的茶树，又叫茶，喝了使人睡不着'。"《本草注》按："《诗经》说：'谁说茶是苦的？'又说：'堇菜和茶其味如饴。'都属于苦菜。陶弘景所说的苦茶是木本植物，并不是蔬菜类。茗在春天采的叫作苦搽。"

《枕中方》："治疗多年未愈的疮，用茶和蜈蚣一起焙炙到发出香气，平均分作两份，捣碎筛粉，用甘草煮汤洗患处，然后敷上药粉。"

《孺子方》："治疗无缘无故的小儿惊蹶，用苦茶和葱须根煎水喝。"

八、茶之出

【原文】山南以峡州上，[峡州生远安、宜都、夷陵三县山谷。]襄州、荆州次，[襄州生南郑县山谷；荆州生江陵县山谷。]衡州下，[生衡山、茶陵二县山谷。]金州、梁州又下[金州生西城、安康二县山谷；梁州生襄城、金牛二县山谷。]

淮南以光州上，[生光山县黄头港者，与峡州同。]义阳郡、舒州次，[生义阳县钟山者与襄州同；舒州，生太湖县潜山者，与荆州同。]寿州下，[盛唐县生霍山者，与衡州同也。]蕲州、黄州又下。[蕲州，生黄梅县山谷；黄州，生麻城县山谷，并与荆州、梁州同也。]

浙西以湖州上，[湖州，生长城县顾渚山谷，与峡州、光州同；生乌瞻山、天目山、白茅山悬脚岭，与襄州、荆南、义阳郡同；生凤亭山伏翼阁飞云、曲水二寺、啄木岭，与寿州、常州同；生安吉、武康二县山谷，与金州、梁州同。]常州次，[常州义兴县生君山悬脚岭北峰下，与荆州、义阳郡同；生圈岭善权寺、石亭山，与舒州同。]宣州、杭州、睦州、歙州下，[宣州，生宣城县雅山，与蕲州同；太平县生上睦、临睦，与黄州同；杭州临安、于潜二县生天目山，与舒州同；钱塘生天竺、灵隐二寺；睦州生桐庐县山谷，歙州生婺源山谷，与衡州同。]润州、苏州又下[润州江宁县生傲山，苏州长洲县生洞庭山，与金州、蕲州、梁州同。]

剑南以彭州上，[生九陇县马鞍山至德寺、棚口，与襄州同。]绵州、蜀州次，[绵州龙安县，生松岭关，与荆州同。其西昌、昌明、神泉县西山者并佳；有过松岭者不堪采。蜀州，青城县生丈人山，与绵州同。青城县有散茶、木茶。]邛州次，雅州、泸州下，[雅州百丈山、名山，泸州泸川者，与金州同。]眉州、汉州又下。[眉州，丹棱县生铁山者，汉州，绵竹县生竹山者，与润州同。]

浙东以越州上，[余姚县生瀑布泉岭，曰仙茗，大者殊异，小者与襄州同。]明州、婺州次。[明州鄞县生榆荚村，婺州东阳县东目山，与荆州同。]台州下。[台州丰县生赤城者，与歙州同。]

黔中生恩州、播州、费州、夷州。

江南生鄂州、袁州、吉州。

岭南生福州、建州、韶州，像州。[福州生闽方山之阴者也。]其恩、播、费、夷、鄂、袁、吉、福、建、韶、像十一州未详，往往得之，其味极佳。

【译文】山南地区的茶，以峡州的为最好，[峡州茶树分布在远安（湖北）、宜都（湖北）、夷陵（湖北宜昌）三县山谷。]襄州和荆州产的也好，[襄州茶树分布在南部郑县（今地不详）。荆州茶树分布江陵县（湖北）山谷。]衡州产的品质差，[衡州茶分布衡山（湖南）和茶陵（湖南）两县山谷。]金州和梁州产的品质更差。[金州茶分布西城（陕西）和安康（陕西）两县山谷。梁州茶分布襄城（陕西南郑）和金牛（陕西宁强）两县山谷。]

　　淮南地区，以光州产的为最好，[光山县（河南）黄头港的茶与峡州的一样。]义阳郡和舒州产的次之，[义阳县（河南信阳）钟山的茶和襄州的一样。舒州太湖县（安徽）潜山的与荆州的一样。]寿州产的差，[盛唐县（安徽六安）霍山的与衡山的一样。]蕲州、黄州产的更差。[蕲州茶分布黄梅县（湖北）山谷，黄州茶分布麻城县（湖北）山谷，与荆州、梁州的一样。]

　　浙西，以湖州的为最好，[湖州茶分布长城县（浙江长兴）顾渚山谷。与峡州、光州的一样。乌瞻山、天目山、白茅山悬脚岭的与襄州、荆南、义阳的一样。凤亭山伏翼阁飞云、曲水两寺庙及啄木岭，与寿州、常州的一样。分布安吉（浙江）、武康（浙江）两县山谷的与金州、梁州的一样。]常州产的也好，[常州义兴县（江苏宜兴）君山悬脚岭北峰下的与荆州、义阳的一样。圈岭善权寺、石亭山的与舒州的一样。]宣州、杭州、睦州、歙州的差，[宣州宣城县（安徽）雅山的吕蕲州的一样，太平县上睦、临睦的与黄州的一样。杭州临安、于潜两县（浙江）天目山的，与舒州的一样。钱塘（浙江）天竺、灵隐两寺的，睦州桐庐县（浙江）山谷的，歙州婺源山谷的，与衡州的一样。]润州和苏州产的更差。[润州江宁县（江苏）傲山、苏州长洲县（江苏吴县境内）洞庭山的，与金州、蕲州、梁州的一样。]

　　剑南地区以彭州产的为最好，[九陇县（四川）马鞍山至德寺、棚口的，与襄州的一样。]绵州、蜀州产的也较好，[绵州龙安县（四川安县东北）松岭关的，与荆州的一样。其西，昌明县（四川盐源西南）、神泉县（四川安县南）西山的都好。越过松岭的没有采摘价值。蜀州青城县（四川灌县西）丈人山的，与绵州的一样。青城县有散茶和木茶。]邛州产的次之。雅州和泸州产的差，[雅州百丈山、名山，泸州泸川的与金州的一样。]眉州、汉州产的更差。[眉州丹棱县（四川）铁山和汉州绵竹县（四川）竹山的，与润州的一样。]

　　浙东以越州的为最好，[余姚县（今浙江余姚市）瀑布泉岭的茶称为"仙茗"，大的特别好，小的与襄州的一样。]明州、婺州产的也较好，[明州鄞县（今浙江鄞州区）榆荚村，婺州东阳县（今浙江东阳市）东目山的，与荆州的一样。]台州产的差。[台州丰县（今地不详）赤城（山名，在浙江天台）的与

歙州的一样。]

黔中的茶产在恩州、播州、费州、夷州。

江南的茶产在鄂州、袁州、吉州。

岭南的茶产在福州、建州、韶州、像州。[福州产闽方山之阴。]恩、播、费、夷、鄂、袁、吉、福、建、韶、像十一州,情况不详。往往得到这些地方的茶叶,品尝起来味道很好。

九、茶之略

【原文】其造具,若方春禁火之时,于野寺山园,丛手而掇,乃蒸,乃舂,乃炙,以火干之,则又棨、扑、焙、贯、棚、穿、育等七事皆废。

其煮器,若松间石上可坐,则具列废。用槁薪、鼎枥之属,则风炉、灰承、炭树、火筴、交床等废。若瞰泉临涧,则水方、篍方、漉水囊废。若五人已下,茶可末而精者,则罗废。若援藟跻岩,引絙入洞。于山口炙而末之,或纸包台贮,则碾、拂末等废。既瓢、碗、筴、札、熟盂、鹾簋悉以一筥盛之,则都篮废。但城邑之中,王公之门,二十四器阙一,则茶废矣。

(清)任伯年剑花卉提梁壶

【译文】对于制茶器具,若是在开春寒食节的时候,到郊野寺庙或深山茶

地,大家动手采摘,并随采、随蒸、随舂、随即用火干燥,那么,棨、扑、焙、贯、棚、穿、育等七种制茶设备便可以省略。对于煮茶器具,若是在松林之间,器具又可以放在石头上,那么,具列便可以不要。

用枯槁木柴烧火,用鼎样的锅煮茶,那么,风炉与灰承、炭树、火笑床、交床等就没有必要;若是在水泉、洞溪之旁煮茶,那么水方、漉方、漉水囊就可不要;若人数不多,仅五人以下,茶叶可以碾成细末而且非常好时,罗就用不着了;倘若要攀藤爬崖,拉着绳子到山洞,在洞口炙茶并碾成细末,或用纸或用盒装着茶末去的,碾和拂末就不必要;若瓢、碗、笑、札、熟盂、鹾簋都可以用一个竹筐装盛,那么都篮也不必要了。

但在城里,王公之家,二十四种器具,任缺一件就算不上品茶了。

十、茶之图

【原文】以绢素或四幅,或六幅,分布写之,陈诸座隅,则茶之源、之具、之造、之器、之煮、之饮、之事、之出、之略目击而存,于是《茶经》之始终备焉。

【译文】用洁白的绢四幅或六幅把《茶经》所述各项分别写在上面,陈挂在四面墙壁。这样,对茶的起源,采茶,制茶工具,茶叶的制作,煮茶所需要的器具,煮茶、饮茶的方法,有关茶的历史记述,茶的产地、分布及在不同情况下制茶和煮茶可以省略的器具等,就可一目了然。于是,《茶经》从头到尾都具备了。

《续茶经》

【清】陆延灿

陆廷灿,字秩昭,江苏嘉定人。官崇安知县、候补主事。此书草创于崇安任上,编定于归田之后。其目录完全与《茶经》相同,即分为茶之源、茶之

具、茶之造等十个门类。但自唐至清,历时数百年,产茶之地、制茶之法以及烹煮器具等都发生了巨大的变化,而此书对唐之后的茶事资料收罗宏富,并进行了考辨,虽名为"续",实是一部完全独立的著述。《四库全书总目》称此书"一一订定补辑,颇切实用,而征引繁富",当为公允之论。

凡例

【原文】

一、《茶经》著自唐桑苎翁,迄今千有余载,不独制作各殊而烹饮迥异,即出产之处亦多不同。余性嗜茶,承乏崇安,适系武夷产茶之地。值制府满公郑重进献,究悉源流,每以茶事下询。查阅诸书,于武夷之外每多见闻,因思采集为《续茶经》之举。曩以簿书鞅掌。有志未遑。及蒙量移奉文赴部,以多病家居,翻阅旧稿,不忍委弃,爰为序次第。恐学术久荒,见闻疏漏,为识者所鄙。谨质之高明,幸有以教之,幸甚。

二、《茶经》之后有《茶记》及《茶谱》《茶录》《茶论》《茶疏》《茶解》等书,不可枚举。而其书亦多湮没无传。兹特采所见各书,依《茶经》之例,分之源、之具、之造、之器、之煮、之饮、之事、之出、之略。至其圆无传,不敢臆补,以茶具、茶器图足之。

三、《茶经》所载,皆初唐以前之书。今自唐、宋、元、明以至本朝,凡有绪论,皆行采录。有其书在前而《茶经》未录者,亦行补入。

四、《茶经》原本止三卷,恐续者太繁,是以诸书所见,止摘要分录。

五、各书所引相同者,不取重复。偶有议论各殊者,姑两存之,以示论定。至历代诗文暨当代名公巨卿著述甚多,因仿《茶经》之例,不敢备录,容俟另编以为外集。

六、原本《茶经》另列卷首。

七、历代茶法附后。

【译文】

一、距离唐代陆羽著《茶经》至今已经有一千多年了,现在不但制作方法各殊,而且烹制和饮用的方法也很不一样,就是出产的地方也跟当时大不相同。我特别喜欢饮茶,喝茶可以解除疲劳修养精神,武夷是出产茶叶的地方。正值知府满郑又来献茶,探究历史渊源,每每以有关茶的问题询问他。查看到其他相关书籍,在武夷之外的所见所闻,让我产生了编选撰写《续茶经》的打算。虽然这本小册子已经握在了掌上,思想上仍未免惶恐。后来又奉命到部里上任,因为多病常在家里休养,翻阅旧稿,不忍心将它丢弃,所以重新作序整理。只怕因为时间过长学问荒废,见闻不免有疏漏的地方,被有识之人所鄙弃。谨在这里请教各位,如果能有幸得到您的教诲,对于我来说将是一件十分荣幸的事情。

二、《茶经》之后有《茶记》《茶谱》《茶录》《茶论》《茶疏》《茶解》等书,在这里就不一一列举了,而这些书大多也已经失传了。现在特意收集能够见到的这些书,参照《茶经》为例,分为源、具、造、器、煮、饮、事、出、略等等。而那些相关的书画已经失传,不敢随意添补,只好用茶具、茶器这些图画来充实。

三、《茶经》中所摘录的都是唐代以前的书,现在从唐、宋、元、明到本朝,只要有这方面的论述,都加以采录,有的书虽然在《茶经》之前但是没有被它录用的,在这里也一并加以引用。

四、与其他书引用相同的地方,就不再重复取用。偶尔有争议的地方,我们姑且保留各自的看法和观点,等待以后的定论。至于历代的诗词文赋和当代名士所著的文章很多,因为参考《茶经》的惯例,不加补录,等以后再编为外集。

五、《茶经》原书附带在书的前面。

六、历代的茶法附带在书的后面。

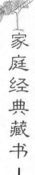

一、茶之源

【原文】

许慎《说文》："茗,荼芽也。"

王褒《僮约》前云"烹鳖烹荼";后云"武阳买茶"。[注:前为苦菜,后为茗。]

张华《博物志》:"饮真茶,令人少眠。"

《诗疏》:"椒树似茱萸,蜀人作茶,吴人作茗,皆合煮其叶以为香。"

《唐书·陆羽传》:"羽嗜茶,著《经》三篇,言茶之源、之具、之造、之器、之煮、之饮、之事、之出、之略、之图尤备,天下益知饮茶矣。"

《唐六典》:"金英、绿片,皆茶名也。"

《李太白集·赠族侄僧中孚玉泉仙人掌茶序》:"余闻荆州玉泉寺近青溪诸山,山洞往往有乳窟,窟多玉泉交流。中有白蝙蝠,大如鸦。按《仙经》:'蝙蝠,一名仙鼠。千岁之后,体白如雪。栖则倒悬,盖饮乳水而长生也。'其水边处处有茗草罗生,枝叶如碧玉。惟玉泉真公常采而饮之,年八十余岁,颜色如桃花,而此茗清香滑熟异于他茗,所以能还童振枯,扶人寿也。余游金陵,见宗僧中孚示余茶数十片,卷然重叠,其状如掌,号为'仙人掌'茶。盖新出乎玉泉之山,旷古未觌。因持之见贻,兼赠诗,要余答之,遂有此作。俾后之高僧大隐,知'仙人掌'茶发于中孚禅子及青莲居士李白也。"

（清）吴又和《溪山飞瀑图》

《皮日休集·茶中杂咏诗序》："自周以降及于国朝茶事,竟陵子陆季疵言之详矣。然季疵以前称茗饮者,必浑以烹之,与夫瀹蔬而啜者无异也。季疵之始为《经》三卷,由是分其源,制其具,教其造,设其器,命其煮。俾饮之者除痟而去疠,虽疾医之未若也。其为利也,于人岂小哉。余始得季疵书,以为备矣,后又获其《顾渚山记》二篇,其中多茶事;后又太原温从云、武威段碥之,各补茶事十数节,并存于方册。茶之事由周而至于今,竟无纤遗矣。"

《封氏闻见记》："茶,南人好饮之,北人初不多饮。开元中,泰山灵岩寺有降魔师,大兴禅教。学禅务于不寐,又不夕食,皆许饮茶。人自怀挟,到处煮饮。从此转相仿效,遂成风俗。起自邹、齐、沧、棣,渐至京邑,城市多开店铺煎茶卖之,不问道俗,投钱取饮。其茶自江淮而来,色额甚多。"

《唐韵》："荼字,自中唐始变作茶。"

裴汶《茶述》："茶,起于东晋,盛于今朝。其性精清,其味浩洁,其用涤烦,其功致和。参百品而不混,越众饮而独高。烹之鼎水,和以虎形,人人服之,永永不厌。得之则安,不得则病。彼芝术黄精,徒云上药,致效在数十年后,且多禁忌,非此伦也。或曰:多饮令人体虚病风。余曰不然。夫物能祛邪,必能辅正,安有蠲逐聚病而靡裨太和哉今宇内为土贡实众,而顾渚、蕲阳、蒙山为上,其次则寿阳、义兴、碧涧、澧湖、衡山。最下有鄱阳、浮梁。今者其精无以尚焉,得其粗者,则下里兆庶,瓯碗纷糅;顷刻未得,则胃腑病生矣。人嗜之若此者,西晋以前无闻焉。至精之味或遗也。因作《茶述》。"

宋徽宗《大观茶论》："茶之为物,擅瓯闽之秀气,钟山川之灵禀,祛襟涤滞,致清导和,则非庸人孺子可得而知矣。冲淡闲洁,韵高致静,则非遑遽之时可得而好尚矣。而本朝之兴,岁修建溪之贡,'龙团''凤饼',名冠天下,而壑源之品,亦自此而盛。延及于今,百废具举,海内宴然,垂拱密勿,幸致无为。缙绅之士,韦布之流,沐浴膏泽,薰陶德化,咸化雅尚相推,从事茗饮。故近岁以来,采择之精,制作之工,品第之胜,烹点之妙,莫不盛造其极。呜呼!至治之世,岂惟人得以尽其材,而草木之灵者,亦得以尽其用矣。偶因暇日,研究精微,所得之妙,后人有不知为利害者,叙本末二十篇,号曰《茶论》。一曰地产,二曰天时,三曰择采,四曰蒸压,五曰制造,六曰鉴别,七曰白茶,八曰罗碾,九曰盏,十曰筅,十一曰瓶,十二曰勺,十三曰水,十四曰点,十五曰味,十六曰香,十七曰色,十八曰藏,十九曰品,二十曰外焙。名茶各以所产之地,如叶耕之平园、台星岩,叶刚之高峰青凤髓,叶思纯之大风,叶屿之屑山,叶五崇林之罗汉上水桑芽,叶坚之碎石窠、石臼窠(一作六窠)。叶琼、叶辉之秀皮林,叶师复、师贶之虎岩,叶椿之无双岩芽,叶懋之老窠园,各擅其美,未尝混淆,不可概举。焙人之茶,固有前优后劣,昔负今胜者,是以园地之不常也。"

(唐)越窑青釉瓷茶瓶

丁谓《进新茶表》:"右件物产异金沙,名非紫笋。江边地暖,方呈彼苗之形,阙下春寒,已发其甘之味。有以少为贵者,焉敢韫而藏诸。见谓新茶,实遵旧例。"

蔡襄《进茶录表》:"臣前因奏事,伏蒙陛下谕,臣先任福建运使日,所进上品龙茶,最为精好。臣退念草木之微,首辱陛下知鉴,若处之得地,则能尽其材。昔陆羽《茶经》,不第建安之品;丁谓《茶图》,独论采造之本。至烹煎之法,曾未有闻。臣辄条数事,简而易明,勒成二篇,名曰《茶录》。伏惟清闲之宴,或赐观采,臣不胜荣幸。"

欧阳修《归田录》:"茶之品,莫贵于龙凤,谓之'团茶',凡八饼重一斤。庆历中,蔡君谟始造小片龙茶以进,其品精绝,谓之'小团',凡二十饼重一斤,其价值金二两。然金可有而茶不可得。每因南效致斋,中书、枢密院各赐一饼,四人分之。宫人往往缕金花于其上,盖其贵重如此。"

赵汝砺《北苑别录》:"草木至夜益盛,故欲导生长之气,以渗雨露之泽。茶于每岁六月兴工,虚其本,培其末,滋蔓之草,遏郁之木,悉用除之,政所以导生长之气,而渗雨露之泽也。此之谓开畲。惟桐木则留焉。桐木之性与茶相宜,而又茶至冬则畏寒,桐木望秋而先落,茶至夏而畏日,桐木至春而渐茂。理亦然也。"

王辟之《渑水燕谈》:"建茶盛于江南,近岁制作尤精,'龙团'最为上品,一斤八饼。庆历中,蔡君谟为福建运使,始造小团,以充岁贡,一斤二十饼,所谓上品龙茶者也。仁宗尤所珍惜,虽宰相未尝辄赐,惟郊礼致斋之夕,两府各四人,共赐一饼。宫人剪金为龙凤花贴其上。八人分蓄,以为奇玩,不敢自试,有佳客出为传玩。欧阳文忠公云:'茶为物之至精,而小团又其精者也。'嘉祐中,小团初出时也。今小团易得,何至如此多贵。"

周辉《清波杂志》:"自熙宁后,始贡'密云龙'。每岁头纲修贡,奉宗庙及贡玉食外,赉及臣下无几。戚里贵近丐赐尤繁。宣仁太后令建州不许造'密云龙',受他人煎炒不得也。此语既传播于缙绅间,由是'密云龙'之名益著。淳熙间,亲党许仲启官苏沙,得《北苑修贡录》,序以刊行。其间载岁贡十有二纲,凡三等,四十有一名。第一纲曰'龙焙贡新',止五十余铐。贵重如此,独无所谓'密云龙'者。岂以'贡新'易其名耶?抑或别为一种,又居'密云龙'之上耶?"

沈存中《梦溪笔谈》:"古人论茶,惟言阳羡、顾渚、天柱、蒙顶之类,都未言建溪。然唐人重串茶粘黑者,则已近乎建饼矣。建茶皆乔木,吴、蜀惟丛茇而已,品自居下。建茶胜处曰郝源、曾坑,其间又有垄根、山顶二品尤胜。李氏号为北苑,置使领之。"

胡仔《苕溪渔隐丛话》:"建安北苑,始于太宗太平兴国三年,遣使造之,取像于龙凤,以别入贡。至道间,仍添造石乳、蜡面。其后大小龙,又起于丁谓而成于蔡君谟。至宣、政间,郑可简以贡茶进用,久领漕,添续入,其数渐广,今犹因之。细色茶五纲,凡四十三品,形制各异,共七千余饼,其间贡新、试新、龙团胜雪、白茶、御苑玉芽,此五品乃水拣,为第一;余乃生拣,次之。又有粗色茶七纲,凡五品。大小龙凤并拣芽,悉入龙脑,和膏为团饼茶,共四万余饼。盖水拣茶即社前者,生拣茶即火前者,粗色茶即雨前者。闽中地暖,雨前茶已老而味加重矣。又有石门、乳吉、香口三外焙,亦隶于北苑,皆采摘茶芽,送官焙添造。每岁縻金共二万余缗,日役千夫,凡两月方能迄事。第所造之茶不许过数,入贡之后市无货者,人所罕得。惟壑源诸处私焙茶,其绝品亦可敌官焙,自昔至今,亦皆入贡,其流贩四方者,悉私焙茶耳。""北苑在富沙之北,隶建安县,去城二十五里,乃龙焙,造贡茶之处,亦名凤凰山。自有一溪,南流至富沙城下,方与西来水合而东。"

车清臣《脚气集》:"毛诗云:'谁谓荼苦,其甘如荠。'注:'荼,苦菜也。'《周礼》:'掌荼以供丧事,取其苦也。'苏东坡诗云:'周《诗》记苦荼,茗饮出近世。'乃以今茶为荼。夫茶,今人以清头目,自唐以来,上下好之,细民亦日数碗,岂是荼也。茶之粗者是为茗。"

宋子安《东溪试茶录序》:"茶宜高山之阴,而喜日阳之早。自北苑凤山,南直苦竹园头,东南属张坑头,皆高远先阳处,岁发常早,芽极肥乳,非民间所比。次出壑源岭,高土沃地,茶味甲于诸焙。丁谓亦云凤山高不百丈,无危峰绝崦,而冈翠环抱,气势柔秀,宜乎嘉植灵卉之所发也。又以建安茶品甲天下,疑山川至灵之卉,天地始和之气,尽此茶矣。又论石乳出壑岭断崖缺石之间,盖草木之仙骨也。近蔡公亦云:'惟北苑凤凰山连属诸焙,所产者味佳,故四方以建茶为名,皆曰北苑云。'"

黄儒《品茶要录序》:"说者尝谓陆羽《茶经》不第建安之品。盖前此茶事未甚兴,灵芽真笋往往委翳消腐而人不知惜。自国初以来,士大夫沐浴膏泽,咏歌升平之日久矣。夫身世洒落,神观冲淡,惟兹茗饮为可喜。园林亦相与摘英夸异,制卷鬻新,以趋时之好。故殊异之品,始得自出于榛莽之间,而其名遂冠天下。借使陆羽复起,阅其金饼,味其云腴,当爽然自失矣。因念草木之材,一有负瑰伟绝特者,未尝不遇时而后兴,况于人乎。"

苏轼《书黄道辅品茶要录后》:"黄君道辅讳儒,建安人,博学能文,淡然精深,有道之士也。作《品茶要录》十篇,委曲微妙,皆陆鸿渐以来论茶者所未及。非至静无求,虚中不留,乌能察物之情如此其详哉。"

《茶录》:"茶,古不闻食,自晋、宋已降,吴人采叶煮之,名为'茗粥'。"

叶清臣《煮茶泉品》:"吴楚山谷之间,气清地灵,草木颖挺,多孕茶荈。大率右于武夷者为白乳,甲于吴兴者为紫笋,产禹穴者以天章显,茂钱塘者以径山稀。至于桐庐之岩,云衢之麓,雅山著于宣歙,蒙顶传于岷蜀,角立差胜,毛举实繁。"

周绛《补茶经》:"芽茶只作早茶,驰奉万乘,尝之可矣。如一旗一枪,可谓奇茶也。"

胡致堂曰:"茶者,生人之所日用也。其急甚于酒。"

陈师道《茶经丛谈》:"茶,洪之双井,越之日注,莫能相先后。而强为之第者,皆胜心耳。"

陈师道《茶经序》:"夫茶之著书自羽始,其用于世亦自羽始,羽诚有功于茶者也。上自宫省,下逮邑里,外及异域遐陬,宾祀燕飨,预陈于前;山泽以成市,商贾以起家,又有功于人者也,可谓智矣。《经》曰:'茶之否臧,存之口诀。'则书之所载,犹其粗也。夫茶之为艺下矣,至其精微,书有不尽,况天下之至理,而欲求之文字纸墨之间,其有得乎?昔者先王因人而教,因欲而治,凡有益于人者,皆不废也。"

吴淑《茶赋》注:"五花茶者,其片作五出花也。"

姚氏《残语》:"绍兴进茶,自高文虎始。"

王楙《野客丛书》:"世谓古之荼,即今之茶。不知荼有数种,非一端也。《诗》曰'谁谓荼苦,其甘如荠'者,乃苦菜之荼,如今苦苣之类。《周礼》'掌荼'、毛诗'有女如荼'者,乃茅莠之荼也,此藋苇之属。惟荼槚之荼,乃今之茶也。世莫知辨。"

《魏王花木志》:"茶叶似栀,可煮为饮。其老叶谓之荈,嫩叶谓之茗。"

《瑞草总论》:"唐宋以来有贡茶,有榷茶。夫贡茶,犹知斯人有爱君之心。若夫榷茶,则利归于官,扰及于民,其为害又不一端矣。"

元熊禾《勿斋集》:"北苑茶焙记贡古也。茶贡不列《禹贡》《周·职方》。而昉于唐,北苑又其最著者也。苑在建城东二十五里,唐末里民张晖始表而上之。宋初丁谓漕闽,贡额骤益,斤至数万。庆历承平日久,蔡公襄继之,制益精巧,建茶遂为天下最。公名在四谏官列,君子惜子。欧阳公修虽实不与,然犹夸侈歌咏之。苏公轼则直指其过矣。君子创法可继,焉得不重慎也。"

《说郛·臆乘》:"茶之所产,六经载之详矣,独异美之名未备。唐宋以来,见于诗文者尤伙,颇多疑似,若蟾背、虾须、雀舌、蟹眼、瑟瑟、沥沥、霭霭、鼓浪、涌泉、琉璃眼、碧玉池,又皆茶事中天然偶字也。"

《茶谱》:"衡州之衡山,封州之西乡,茶研膏为之,皆片团如月。又彭州蒲村堋口,其园有'仙芽''石花'等号。"

明人《月团茶歌序》:"唐人制茶碾末,以酥煼为团,宋世尤精,元时其法遂绝。予效而为之,盖得其似,始悟古人咏茶诗所谓'膏油首面',所谓'佳茗似佳人',所谓'绿云轻绾湘娥鬟'之句。饮啜之余,因作诗记之,并传好事。"

屠本畯《茗笈评》:"人论茶叶之香,未知茶花之香。余往岁过友大雷山中,正值花开,童子摘以为供,幽香清越,绝自可人,惜非瓯中物耳。乃予著《瓶史月表》,以插茗花为斋中清玩。而高濂《盆史》,亦载'茗花足助玄赏'云。"

《茗笈赞》十六章:"一曰溯源,二曰得地,三曰乘时,四曰揆制,五曰藏茗,六曰品泉,七曰候火,八曰定汤,九曰点瀹,十曰辨器,十一曰申忌,十二曰防滥,十三曰戒淆,十四曰相宜,十五曰衡鉴,十六曰玄赏。"

谢肇浙《五杂俎》:"今茶品之上者,松萝也,虎丘也,罗岕也,龙井也,阳羡也,天池也。而吾闽武夷、清源、彭山三种,可与角胜。六安、雁宕、蒙山三种,祛滞有功而色香不称,当是药笼中物,非文房佳品也。"

《西吴被乘》:"湖人于茗,不数顾渚,而数罗岕。然顾渚之佳者,其风味已远出龙井。下齐稍清隽,然叶粗而作草气。丁长孺尝以半角见饷,且教余烹煎之法,迨试之,殊类羊公鹤。此余有解有未解也。余尝品茗,以武夷、虎丘第一,淡而远也。松萝、龙井次之,香而艳也。天池又次之,常而不厌也。余子琐琐,勿置齿喙。"

屠长卿《考盘余事》:"虎丘茶最号精绝,为天下冠,惜不多产,皆为豪右所据,寂寞山家无由获购矣。天池青翠芳馨,啜之赏心,嗅亦消渴,可称仙品。诸山之茶,当为退舍。阳羡俗名罗芥,浙之长兴者佳,荆溪稍下。细者其价两倍天池,惜乎难得,须亲自收采方妙。六安品亦精,入药最效,但不善炒,不能发香而味苦,茶之本性实佳。龙井之山不过数十亩,外此有茶似皆不及。大抵天开龙泓美泉,山灵特生佳茗以副之耳。山中仅有一二家,炒法甚精。近有山僧焙者亦妙,真者天池不能及也。天目为天池、龙井之次,亦佳品也。《地志》云:'山中寒气早严,山僧至九月即不敢出。冬来多雪,三月后方通行,其萌芽较他茶独晚。'"

(宋)钧窑天青釉瓷盏托

包衡《清赏录》:"昔人以陆羽饮茶比于后稷树谷,及观韩翃《谢赐茶启》云:'吴主礼贤,方闻置茗;晋人爱客,才有分茶。'则知开创之功,非关桑苎老翁也。若云在昔茶勋未普,则比时赐茶已一千五百串矣。"

陈仁锡《潜榷类书》:"紫琳腴、云腴,皆茶名也。""茗花白色,冬开似梅,亦清香。"(按:冒巢民《岕茶汇钞》云:"茶花味浊无香,香凝叶内。"二说不同。岂岕与他茶独异欤。)

《农政全书》:"六经中无茶,茶即荼也。《毛诗》云'谁谓荼苦,其甘如荠'，以其苦而味甘也。""夫茶灵草也，种之则利溥，饮之则神清。上而王公贵人之所尚，下而小夫贱隶之所不可阙，诚民生食用之所资，国家课利之一助也。"

罗廪《茶解》："茶固不宜杂以恶木，惟古梅、丛桂、辛夷、玉兰、玫瑰、苍松、翠竹，与之间植，足以蔽霜雪，掩映秋阳。其下可植芳兰、幽菊清芬之品。最忌菜畦相逼，不免渗漉，滓厥清真。""茶地南向为佳，向阴者遂劣。故一山之中，美恶相悬。"

李日华《六研斋笔记》："茶事于唐末未甚兴，不过幽人雅士手撷于荒园杂秽中，拔其精英，以荐灵爽，所以饶云露自然之味。至宋设茗纲，充天家玉食，士大夫益复贵之。民间服习寖广，以为不可缺之物。于是营植者拥溉拿粪，等于蔬薮，而茶亦颓其品味矣。人知鸿渐到处品泉，不知亦到处搜茶。皇甫冉《送羽摄山采茶》诗数言，仅存公案而已。"

徐岩泉《六安州茶居士传》："居士姓茶，族氏众多，枝叶繁衍遍天下。其在六安一枝最著，为大宗；阳羡、罗岕、武夷、匡庐之类，皆小宗；蒙山又其别枝也。"

乐思白《雪庵清史》："夫轻身换骨，消渴涤烦，茶荈之功，至妙至神。昔在有唐，吾闽茗事未兴，草木仙骨，尚闷其灵。五代之季，南唐采茶北苑，而茗事兴。迨宋至道初，有诏奉造，而茶品日广。及咸平、庆历中，丁谓、蔡襄造茶进奉，而制作益精。至徽宗大观、宣和间，而茶品极矣。断崖缺石之上，木秀云腴，往往于此露灵。倘微丁、蔡来自吾闽，则种种佳品，不几于委翳消腐哉？虽然，患无佳品耳。其品果佳，即微丁、蔡来自吾闽，而灵芽真笋岂终于委翳消腐乎。吾闽之能轻身换骨，消渴涤烦者，宁独一茶乎？兹将发其灵矣。"

冯时可《茶谱》："茶全贵采造，苏州茶饮遍天下，专以采造胜耳。徽郡向无茶，近出松萝，最为时尚。是茶始比丘大方，大方居虎丘最久，得采造法。其后于徽之松萝结庵，采诸山茶，于庵焙制，远迩争市，价忽翔涌。人因称松萝，实非松萝所出也。"

胡文焕《茶集》："茶至清至美物也，世皆不味之，而食烟火者又不足以语此。医家论茶，性寒能伤人脾。独予有诸疾，则必借茶为药石，每深得其功效，噫！非缘之有自，而何契之若是耶！"

《群芳谱》："蕲州蕲门团黄，有一旗一枪之号，言一叶一芽也。欧阳公诗有'共约试新茶，旗枪几时绿'之句。王荆公《送元厚之》句云'新茗斋中试一旗'。世谓茶始生而嫩者为一枪，寝大开者为一旗。"

鲁彭《刻<茶经>序》："夫茶之为经，要矣。兹复刻者，便览尔。刻之竟陵者，表羽之为竟陵人也。按羽生甚异，类令尹子文。人谓子文贤而仕，羽虽贤，卒以不仕。今观《茶经》三篇，固具体用之学者。其曰伊公羹、陆氏茶，取而比之，实以自况。所谓易地皆然者，非欤。厥后茗饮之风，行于中外。而回纥亦以马易茶，由宋迄今，大为边助。则羽之功，固在万世，仕不仕奚足论也。"

沈石田《书岕茶别论后》："昔人咏梅花云'香中别有韵，清极不知寒'，此惟岕茶足当之。若闽之清源、武夷，吴郡之天池、虎丘，武林之龙井，新安之松萝，匡庐之云雾，其名虽大噪，不能与岕相抗也。顾渚每岁贡茶三十二斤，则岕于国初，已受知遇。施于今，渐远渐传，渐觉声价转重。既得圣人之清，又得圣人之时，蒸、采、烹、洗，悉与古法不同。"

李维桢《茶经序》："羽所著《君臣契》三卷，《源解》三十卷，《江表四姓谱》十卷，《占梦》三卷，不尽传，而独传《茶经》，岂他书人所时有，此其觭长，易于取名耶？太史公曰：'富贵而名磨灭，不可胜数，惟俶傥非常之人称焉。'鸿渐穷厄终身，而遗书遗迹，百世下宝爱之。以为山川邑里重。其风足以廉顽立懦，胡可少哉。"

杨慎《丹铅总录》："茶，即古荼字也。周《诗》记荼苦，《春秋》书齐荼，《汉志》书荼陵。颜师古、陆德明虽已转入茶音，而未易字文也。至陆羽《茶经》、玉川《茶歌》、赵赞《茶禁》以后，遂以茶易荼。"

董其昌《茶董题词》："荀子曰：'其为人也多暇，其出入也不远矣。'陶通明曰：'不为无益之事，何以悦有涯之生。'余谓茗碗之事足当之。盖幽人高士，蝉蜕势利，以耗壮心而送日月。水源之轻重，辨若淄渑，火候之文武，调若丹鼎，非枕漱之侣不亲，非文字之饮不比者也。当今此事，惟许夏茂卿拈出。顾渚、阳羡，肉食者往焉，茂卿亦安能禁。一似强笑不乐，强颜无欢，茶韵故自胜耳。予夙秉幽尚，入山十年，差可不愧茂卿语。今者驱车入闽，念凤团龙饼，延津为瀹，岂必士思，如廉颇思用赵？惟是《绝交书》所谓'心不耐烦，而宫事鞅掌'者，竟有负茶灶耳。茂卿能以同味谅吾耶！"

童承叙《题陆羽传后》："余尝过竟陵，憩羽故寺，访雁桥，观茶井，慨然想见其为人。夫羽少厌髡缁，笃嗜坟素，本非忘世者。卒乃寄号桑苎，遁迹苕霅，啸歌独行，继以痛哭，其意必有所在。时乃比之接舆，岂知羽者哉。至其性甘茗舛，味辨淄渑，清风雅趣，脍炙今古。张颠之于酒也，昌黎以为有所托而逃，羽亦以是夫。"

《谷山笔尘》："茶自汉以前不见于书，想所谓槚者，即是矣。李贽谓古人冬则饮汤，夏则饮水，未有茶也。李文正《资暇录》谓：'茶始于唐崔宁，黄伯思已辨其非，伯思尝见北齐杨子华作《邢子才魏收勘书图》，已有煎茶者。'《南窗记谈》谓：'饮茶始于梁天监中，事见《洛阳伽蓝记》。及阅《吴志·韦曜传》，赐茶舛以当酒，则茶又非始于梁矣。'余谓饮茶亦非始于吴也。《尔雅》曰：'槚，苦茶。'郭璞注：'可以为羹饮。早采为茶，晚茶为茗，一名舛。'则吴之前亦以茶作茗矣。第未如后世之日用不离也。盖自陆羽出，茶之法始讲。自吕惠卿、蔡君谟辈出，茶之法始精。而茶之利国家且借之矣。此古人所不及详者也。"

王象晋《茶谱小序》："茶，嘉木也。一植不再移，故婚礼用茶，从一之义也。虽兆自《食经》，饮自隋帝，而好者尚寡。至后兴于唐，盛于宋，始为世重矣。仁宗贤君也，颁赐两府，四人仅得两饼，一人分数钱耳。宰相家至不敢碾试，藏以为宝，其贵重如此。近世蜀之蒙山，每岁仅以两计。苏之虎丘，至官府预为封识，公为采制，所得不过数斤。岂天地间，尤物生固不数数然耶。瓯泛翠涛，碾飞绿屑，不藉云腴，孰驱睡魔？作《茶谱》。"

陈继儒《茶董小序》："范希文云：'万像森罗中，安知无茶星。'余以茶星

名馆,每与客茗战旗枪,标格天然,色香映发。若陆季疵复生,忍作《毁茶论》乎？夏子茂卿叙酒,其言甚豪。予曰,何如隐囊纱帽,翛然林涧之间,摘露芽,煮云腴,一洗百年尘土胃耶？热肠如沸,茶不胜酒;幽韵如云,酒不胜茶。酒类侠,茶类隐。酒固道广,茶亦德素。茂卿茶之董狐也,因作《茶董》。东佘陈继儒书于素涛轩。"

夏茂卿《茶董序》:"自晋唐而下,纷纷邾莒之会,各立胜场,品别淄渑,判若南董,遂以《茶董》名篇。语曰:'穷春秋,演河图,不如载茗一车',诚重之矣。如谓此君面目严冷,而且以为水厄,且以为乳妖,则请效綦毋先生无作此事。冰莲道人识。"

《本草》:"石蕊,一名云茶。"

卜万祺《松寮茗政》:"虎丘茶,色味香韵,无可比拟。必亲诣茶所,手摘监制,乃得真产。且难久贮,即百端珍护,稍过时即全失其初矣。殆如彩云易散,故不入供御耶？但山岚隙地,所产无几,为官司禁据,寺僧惯杂赝种,非精鉴家卒莫能辨。明万历中,寺僧苦大吏需索,薙除殆尽。文文肃公震孟作《薙茶说》以讥之。至今真产尤不易得。"

袁了凡《群书备考》:"茶之名,始见于王褒《僮约》。"

许次杼《茶疏》:"唐人首称阳羡,宋人最重建州。于今贡茶,两地独多。阳羡仅有其名,建州亦上品,惟武夷雨前最胜。近日所尚者,为长兴之罗岕,疑即古顾渚紫笋。然岕故有数处,今惟峒山最佳。姚伯道云:'明月之峡,厥有佳茗。'韵致清远,滋味甘香,足称仙品。其在顾渚亦有佳者,今但以水口茶名之,全与岕别矣。若歙之松萝,吴之虎丘,杭之龙井,并可与岕颉颃。郭次甫极称黄山,黄山亦在歙,去松萝远甚。往时士人皆重天池,然饮之略多,令人胀满。浙之产曰雁宕、大盘、金华、日铸,皆与武夷相伯仲。钱塘诸山产茶甚多,南山尽佳,北山稍劣。武夷之外,有泉州之清源,倘以好手制之,亦是武夷亚匹。惜多焦枯,令人意尽。楚之产曰宝庆,滇之产曰五华,皆表表有名,在雁茶之上。其他名山所产,当不止此,或余未知,或名未著,故不及论。"

李诩《戒庵漫笔》："昔人论茶，以枪旗为美，而不取雀舌、麦颗。盖芽细则易杂他树之叶而难辨耳。枪旗者，犹今称壶蜂翅是也。"

《四时类要》："茶籽于寒露候收晒干，以湿沙土拌匀，盛筐笼内，穰草盖之，不尔即冻不生。至二月中取出，用糠与焦土种之。于树下或背阴之地开坎，圆三尺，深一尺，熟劅，著粪和土，每坑下子六七十颗，覆土厚一寸许，相离二尺，种一丛。性恶湿，又畏日，大概宜山中斜坡、峻坂、走水处。若平地，须深开沟垄以泄水，三年后方可收茶。"

张大复《梅花笔谈》："赵长白作《茶史》，考订颇详，要以识其事而已矣。龙团、凤饼、紫茸、拣芽，决不可用于今之世。予尝论今之世，笔贵而愈失其传，茶贵而愈出其味。天下事，未有不身试而出之者也。"

文震亨《长物志》："古今论茶事者，无虑数十家，若鸿渐之《经》，君谟之《录》，可为尽善。然其时法，用熟碾为丸、为挺，故所称有'龙凤团''小龙团''密云龙''瑞云翔龙'。至宣和间，始以茶色白者为贵。漕臣郑可闻始创为银丝水芽，以茶剔叶取心，清泉渍之，去龙脑诸香，惟新铸小龙蜿蜒其上，称"龙团胜雪"。当时以为不更之法，而吾朝所尚又不同。其烹试之法，亦与前人异。然简便异常，天趣悉备，可谓尽茶之味矣。而至于洗茶、候汤、择器，皆各有法，宁特侈言乌府，云屯等目而已哉。"

《虎丘志》："冯梦桢云：'徐茂吴品茶，以虎丘为第一。'"

周高起《洞山茶系》："芥茶之尚于高流，虽近数十年中事，而厥产伊始，则自卢仝隐居洞山，种于阴岭，遂有茗岭之目。相传古有汉王者，栖迟茗岭之阳，课童艺茶，踵庐仝幽致，故阳山所产，香味倍胜茗岭。所以老庙后一带茶，犹唐宋根株也。贡山茶今已绝种。"

徐𤊽《茶考》："按《茶录》诸书，闽中所产茶，以建安北苑为第一，壑源诸处次之，武夷之名未有闻也。然范文正公《斗茶歌》云：'溪边奇茗冠天下，武夷仙人从古栽。'苏文忠公云：'武夷溪边粟粒芽，前丁后蔡相笼加。'则武夷之茶在北宋已经著名，第未盛耳。但宋元制造团饼，似失正味。今则灵芽仙萼，香色尤清，为闽中第一。至于北苑壑源，又泯然无称。岂山川灵秀之气,造物生殖之美,或有时变易而然乎?"

劳大与《瓯江逸志》:"按茶非瓯产地,而瓯亦产茶,故旧制以之充贡,及今不废。张罗峰当国,凡瓯中所贡方物,悉与题蠲,而茶独留。将毋以先春之采,可荐馨香,且岁费物力无多,姑存之,以稍备芹献之义耶!乃后世因按办之际,不无恣取,上为一,下为十,而艺茶之圃遂为怨丛。惟愿为官于此地者,不滥取于数外,庶不致大为民病。"

唐时修造的溧阳报恩寺石井栏

《天中记》:"凡种茶树必下子,移植则不复生。故俗聘妇,必以茶为礼义,固有所取也。"

《事物纪原》:"榷茶起于唐建中、兴元之间。赵赞、张滂建议税其什一。"

《枕谭》:"古传注:'茶树初采为茶,老为茗,再老为荈。'今概称茗,当是错用事也。"

熊明遇《岕山茶记》:"产茶处,山之夕阳胜于朝阳,庙后山西向,故称佳。总不如洞山南向,受阳气特专,足称仙品云。"

冒襄《岕茶汇钞》:"茶产平地,受土气多,故其质浊。岕茗产于高山,浑是风露清虚之气,故为可尚。"

吴拭云:"武夷茶赏自蔡君谟始,谓其味过于北苑、龙团,周右文极抑之。盖缘山中不谙制焙法,一味计多徇利之过也。余试采少许,制以松萝法,汲虎啸岩下语儿泉烹之,三德俱备,带云石而复有甘软气。乃分数百叶寄右文,令茶吐气,复酌一杯,报君谟于地下耳。"

释超全《武夷茶歌注》:"建州一老人始献山茶,死后传为山神,喊山之茶始此。"

《中原市语》:"茶曰渲老。"

陈诗教《灌园史》:"予尝闻之山僧言,茶子数颗落地,一茎而生,有似连理,故婚嫁用茶,盖取一本之义。旧传茶树不可移,竟有移之而生者,乃知晃采寄茶徒袭影响耳。唐李义山以对花啜茶为杀风景。予苦渴疾,何啻七碗,花神有知,当不我罪。"

《金陵琐事》:"茶有肥瘦,云泉道人云:'凡茶肥者甘,甘则不香。茶瘦者苦,苦则香。'此又《茶经》《茶诀》《茶品》《茶谱》之所未发。"

野航道人朱存理云:"饮之用必先茶,而茶不见于《禹贡》,盖全民用而不为利。后世榷茶立为制,非古圣意也。陆鸿渐著《茶经》,蔡君谟著《茶谱》。孟谏议寄庐玉川三百月团,后侈至龙凤之饰,责当备于君谟。然清逸高远,上通王公,下逮林野,亦雅道也。"

佩文斋《广群芳谱》:"茗花即食茶之花,色月白而黄心,清香隐然,瓶之高斋,可为清供佳品。且蕊在枝条,无不开遍。"

王新城《居易录》:"广南人以蒌为茶。予顷著之《皇华记闻》,阅《道乡集》有《张纠送吴洞蒌》绝句,云:'茶选修仁方破碾,蒌分吴洞忽当筵。君谟远矣知难作,试取一瓢江水煎。'盖志完迁昭平时作也。"

《分甘余话》:"宋丁谓为福建转运使,始造'龙凤团'茶上供,不过四十饼。天圣中,又造小团,其品过于大团。神宗时,命造'密云龙',其品又过于小团。元祐初,宣仁皇太后曰:'指挥建州,今后更不许造'密云龙',亦不要团茶,拣好茶吃了,生得甚好意智。'宣仁改熙宁之政,此其小者。顾其言,实可为万世法。士大夫家,膏粱子弟,尤不可不知也。谨备录之。"

《百夷语》:"茶曰芽。以粗茶曰芽以结,细茶曰芽以完。缅甸夷语,茶曰腊扒,吃茶曰腊扒仪索。"

徐葆光《中山传信录》："琉球呼茶曰札。"

《武夷茶考》："按丁谓制'龙团'，蔡忠惠制'小龙团'，皆北苑事。其武夷修贡，自元时浙省平章高兴始，而谈者辄称丁、蔡。苏文忠公诗云：'武夷溪边粟粒芽，前丁后蔡相笼加。'则北苑贡时，武夷已为二公赏识矣。至高兴武夷贡后，而北苑渐至无闻。昔人云，茶之为物，涤昏雪滞，于务学勤政未必无助，其与进荔枝、桃花者不同。然充类至义，则亦宦官、宫妾之爱君也。忠惠直道高名，与范、欧相亚，而进茶一事乃侪晋公。君子举措，可不慎欤。"

《随见录》："按沈存中《笔谈》云：'建茶皆乔木。吴、蜀惟丛茇而已。'以余所见，武夷茶树俱系丛茇，初无乔木，岂存中未至建安欤？抑当时北苑与此日武夷有不同欤？《茶经》云：'巴山、峡川有两人合抱者'，又与吴、蜀丛茇之说互异，姑识之以俟参考。"

《万姓统谱》载："汉时人有茶恬，出《江都易王传》。按《汉书》：'茶恬[苏林曰，茶食邪反。]则茶本两音，至唐而荼、茶始分耳。'"

焦氏说："榟茶曰玉荈。"[补]

【译文】许慎《说文解字》中说："茗，就是茶叶。"

王褒在《僮约》的前面说"烹荼尽具"；后面又说"武阳买茶"。

[注：前面为苦菜，后面指茗。]

张华《博物志》中讲："饮真正的茶叶，能够让人减少睡眠。"

《诗疏》中记载："椒树跟茱萸很相似，蜀地的人称它为茶，吴地的人称它为茗，都是把它的叶子放在一起煮出清香的气味。"

《唐书·陆羽传》记载："陆羽特别喜欢茶，著有《茶经》三篇，讲的是茶之源、之具、之造、之器、之煮、之饮、之事、之出、之略等等，天下的人渐渐都知道饮茶了。"

《唐六典》中说："金英、绿片，都是茶叶的名字。"

《李太白集·赠族侄僧中孚玉泉仙人掌茶序》中有这么一段："我听说荆州玉泉寺附近青溪等山，山洞里面往往有钟乳窟，窟里面有很多交汇的泉水。里面有白色的蝙蝠，大的就像乌鸦一般。按照《仙经》里面所载的：'蝙蝠，又名仙鼠。千年之后，身体像雪一样洁白。倒悬起来栖息，就是因为饮用了钟乳水才能够长生的。'这种水边到处生长着茶叶，枝叶像碧玉一样。只有玉泉真人常常采摘下来喝，他到了八十多岁，脸色仍如桃花一样，而这里的茶叶清香滑熟也不同于其他的品种，所以能够延年益寿、防止过早衰老。我到金陵游玩，高僧中孚给我看几十片茶叶，卷起来重叠在一起，形状就

钟钦礼《春景山水图》

跟'手掌'一样，所以就叫'仙人掌'茶。这是玉泉山新出产的，以前从来没有见过。因为拿着看完了之后又做了诗，要我和之，所以才有了这首诗。以后的高僧和出名的隐士，都知道'仙人茶'来源于中孚禅子和青莲居士李白了。"

《皮日休集·茶中杂咏诗序》："自从周朝以后到我朝关于茶叶的记录，竟陵人陆季疵所说的最为详尽。然而陆季疵以前饮茶的人，都是糊里糊涂地加以烹制，跟我们这些学问浅薄的饮茶者没有什么不同。季疵最早写了《茶经》三卷，从此之后分开了茶叶的来源、制造工具、教人如何打造、设置器具，将它煮熟。饮茶能够消除疲劳防治疾病，即使是医生也未必有这样的效果。它的好处，对人来说难道还小吗？我开始得到季疵书的时候，认为还有可以补充的，得到了他的《顾渚山记》两篇之后，发现里面有很多关于茶的内容。后来又从太原温从云、武威段碣之那里各自补充了十几节，一起存放到书里面。关于茶的事情从周朝到现在，竟然再也没有人继承下来了。"

《封氏闻见记》中记载："茶，南方人喜欢喝，而北方人开始喝的很少。开元年间，太山灵岩寺有降魔师大肆倡导禅教，学禅不能睡觉，又不吃晚饭，

只允许喝茶。人们把茶叶夹在腋下，到处煮着喝，彼此之间开始争相效仿，于是就形成了风气。从邹、齐、沧、棣，渐渐传到了京都，城里有许多人开店铺专门煎茶卖，不论是谁，花钱就能饮茶。他们的茶叶从江淮而来，颜色很重。《唐韵》中记载荼字，自从中唐才开始变成茶。"

裴汶《茶述》中记载："茶起源于东晋，我朝开始变得盛行。它的本性特别清爽，味道很好，它可以祛除烦恼，调和机理。即使在上百种东西中都不会混同，超过所有的饮品而独高。用开水来烹制，浑然虎形，每个人都喝，永远都不会感到厌恶。喝了就好，没喝的就会患病。而芝术黄精，如果说是上药的话，效果在几十年后才发挥出来，而且有很多禁忌，不能和茶相比。有人说多饮就会令人体格虚弱容易多病。我说不是这样的。既然它能祛除邪恶，那就一定可以辅助正气，怎么会有既能够使人沾染疾病而又能调和人的身体的呢？现在各地出产的品种实在是太多了，而顾渚、蕲阳、蒙山这些地方是上等的。其次就是寿阳、义兴、碧涧、湄湖、衡山。最下等的有鄱阳、浮梁。现在得到上好的茶就不用说了。得到比较粗糙的，则乡下庶里，瓯碗都来用。一会儿不喝，那么就会生肠胃病。每个人都这么喜好它，西晋以前还没有听说过。因为害怕最精妙的味道遗失了，因此写了《茶述》。"

宋徽宗《大观茶论》中说："茶叶这种东西，发挥瓯闽的秀气，饱含山川的灵禀。祛除体内滞留之物，能够使人清醒调和，那就不是凡夫俗子可以知道的。冲淡闲杂、高雅宁静，那就不是闲暇和紧张的时候可以得到而崇尚的了。而本朝兴起的风气，每年在建溪制造贡茶，'龙团''凤饼'由此闻名天下，而壑源那些品种，也是从这里开始繁盛起来的。延续到了现在，百废俱举，天下人都用它来宴席宾客，都不能没有它，幸好还不至于没有。上到王公贵族，下到黎民百姓，沐浴在茶水之中，在它的熏陶影响之下，都很推崇这种高雅的风气，喝起茶来了。所以近几年来，采摘的精细、制作的工良、质量的优秀、烹煮的美妙，无不达到了极致。哎呀！至于治理国家的道理，难道不是让每个人尽到自己的才华，而草木这些有灵性的东西也能尽到它的作用吗？偶尔有闲暇的时候，开始研究它精妙的地方，所得到的好的感悟，恐

（宋）耀州窑黑釉瓷汤瓶

怕后人不知道这些东西,所以从头到尾写了二十篇,名叫《茶论》。一说出产的地方,二说天时,三说采摘,四说蒸压,五说的是制造,六说的是鉴别,七说的是白茶,八说的是罗碾,九说的是茶杯,十说的是筷子,十一说的是茶瓶,十二说的是勺子,十三说的是水,十四说的是泡茶,十五说的是味道,十六说的是香气,十七说的是颜色,十八说的是储藏,十九说的是品尝,二十说的是在外面烘焙。茶叶的名字都带有产地的特点,如平园、台星岩是在园子里种植,高峰青凤髓茶性刚,大风茶纯净,屑山茶产自岛上,罗汉上水桑芽产自五崇林、碎石窠、石臼窠茶坚实,秀皮林茶的叶子闪光,虎岩茶师复、师贶,无双岩芽似椿芽,老窠园茶叶茂。各有各的美妙之处,大不相同,不可一一列举。制作茶叶的人所出的茶,也有前优后劣,今天比过去好的,那是因为茶的产地不一样。"

　　丁谓在《进新茶表》中说:"金沙出产一种物品,名叫非紫笋。江边很暖和,才能呈现这种苗壮的形态,阙下春天还冷,已经散发出了甘甜的香味。物以稀为贵,怎么还敢私自藏匿呢?见谓新茶,实遵旧例。"

　　蔡襄在《进茶录表》中说:"臣前因事奏请,听皇上说:臣以前任福建转

中華茶道

运使的时候所进贡的上等龙茶最好。臣反过来想到草木的卑微,还要劳烦皇上您亲自来鉴定,如果处理得当的话,就能尽到它的作用了。前人陆羽的《茶经》,没有排列出建安茶叶的优劣;丁谓的《茶图》又只说采摘这些最基本的事情。至于烹煎的方法,还没有听说过。所以我列出这些事情,简明扼要,写成了两篇,名叫《茶录》。伏请皇上在清闲时候的宴会上,能够让大家一起来欣赏,那我就感到万分荣幸了。"

欧阳修《归田录》中记载:"茶叶中的品种,最贵重的就是龙凤茶,又叫'团茶',八块就有一斤重。庆历年间,蔡君谟开始制作小片的龙茶进贡,它的质量好极了,又称为'小团'。二十块有一斤重,它的价钱相当于二两黄金。但是金子可以有而茶叶却不一定可以得到。每次南效致斋,也不过赐给中书、枢密院各一块,四个人一起分,宫里面的人往往还要在它的上面装饰上金花,由此可见它贵重到什么程度。"

赵汝砺在《北苑别录》中说:"草木到了晚上更加兴盛,这是为了吸收生长所需的气息,吮吸雨露的精华。每年六月的时候栽种茶叶,挖坑之后培植它的根部,四围滋生的杂草和其他乱七八糟的树木,都把它清理掉,这也是为了能够吸收生长所需的气息,吮吸雨露的精华,这个被称为开畲。只有桐木才能留下来。桐木与茶叶是相辅相成的。茶叶到冬天又怕冷,桐木到了秋天就先落下叶子来了;同样道理,茶叶到了夏天就怕太阳晒,而桐木到了春天已经开始变得茂盛起来了。"

王辟之在《渑水燕谈》中记载:"建茶盛行于江南,这几年制作的更加精良,'龙团'是最好的,八块就有一斤。庆历年间,蔡君谟做福建转运使的时候,才开始制造小团,用来做每年进贡的物品。一斤有二十块,这就是所说的上等龙茶了。仁宗尤为珍惜,即使是宰相也没有赏赐过,只有在郊礼致斋的时候,两府八个人,才共同赏赐一块。宫里面的人剪金纸制作成龙凤图形贴在它的上面。八个人分别保存起来,把它当作很奇特的物品,自己都不敢尝试,相当好的客人来了才拿出来相互把玩观赏。欧阳修曾说:茶叶这种东西本身最为精细,而小团又更精细了。嘉祐年间,是小团刚刚出来的时候。

现在的小团很容易就能够得到了,何至于如此昂贵。"

　　周辉《清波杂志》:"自从熙宁年间之后,才开始进贡'密云龙'。每年开春的时候开始进贡,献给皇宫大内的贡品之外,到了臣子的下面就没有多少了。赏赐亲戚和亲信特别多。宣仁太后曾命令建州不许制造'密云龙',受他人煎炒不得。这样的消息在官绅之间传播之后,于是'密云龙'的名气更大了。淳熙年间,皇上的亲信许仲启到苏沙任职,得到了《北苑修贡录》,作序加以印刷发行。这里面谈到每年的贡品十有两纲,共三个等次四十一种。第一纲叫'龙焙贡新',只有五十多銙。贵重到了这种地步,也只有所谓的'密云龙'了。怎么又把它的名字改为'贡新'了呢? 要么是另外一种,比'密云龙'还好的?"

　　沈括在《梦溪笔谈》中说:"古代的人说茶,只有阳羡、顾渚、天柱、蒙顶这些,都没有说到建溪。然而唐朝的人都重视串茶粘黑的,那就已经跟建茶的块状很相近了。建茶都是乔木;吴、蜀两地只有聚在一起的草根而已,品质自然不好。建茶好的叫郝源、曾坑,这中间又有垄根、山顶两个品种的更好,李氏称它为北苑,还专门设置专人管理。"

　　胡仔《苕溪渔隐丛话》:"建安的北苑茶,始造于太宗太平兴国三年,派人去制造,把它装扮成龙凤的样子,用来进贡。到了至道年间,才添造了石乳、蜡面。后来的大小龙茶,开始于丁谓,到了蔡君谟的时候才开始成形。到宣、政年间,郑可简开始以贡茶进献,以后领了漕运,再添加进去,数量渐渐多了起来,今天还因袭这种做法。细色茶叶有五个系列,共四十三个品种,制造的形状都有区别,共有七千多块,这里面的贡新、试新、龙团胜雪、白茶、御苑玉芽五种都是在水里面挑拣的,为第一等级;其他的都是直接挑拣的,稍微差一点。还有粗一点成色的茶叶七类,共五个品种。大小龙凤和拣芽,都加入了龙脑,制成圆形的茶饼,总共四万多块。水拣茶是社前的茶,生拣茶是火前的茶,粗色茶就是雨前的。福建那里天气暖和,雨前的茶叶已经老了而且味道很重。还有石门、乳吉、香口三种外面烘焙的品种,都属于北苑的,都是采摘了茶芽之后,送到官焙里面去加工。每年共花去两万多缗的钱,每天要雇佣上千人,要两个月才能够完成。这里制造的茶叶不能过数,上缴了贡品之后市场上几乎就没有这种货了,所以人们很难得到。只有壑源那些地方烘焙私茶,绝品好茶也可以比得上官焙的茶叶,从过去到现在,也都进贡了,卖到各个地方的,都是私自烘焙的。北苑在富沙的北面,属于建安县,距离城里有二十五里,龙焙就是制造贡茶的地方,又叫凤凰山。那里有一条小溪,往南流到富沙城的下面,才和西面来的水一起往东而去。”

车清臣《脚气集》记载:“毛诗说:‘谁谓茶苦,其甘如荠。’注:‘茶,就是苦菜。’《周礼》中记载端茶去做丧事,主要是因为它的苦。苏东坡诗中说:‘周《诗》中记载茶叶很苦,而喝茶是最近几年才有的风气。’是把今天的茶说成茶。所谓的茶叶,今天是用来清醒人的头脑,从唐朝以来,从上到下每个人都喜欢,就是普通的老百姓每天也要喝上几碗,怎么会是茶呢? 茶中比较粗糙的才叫茗。”

宋子安《东溪试茶录序》中记载:“茶叶适合在高山的北面,喜欢早上有太阳照射的地方。从北苑的凤山,到南面的苦竹园,东南一直到远处的张坑头,都是又高又向阳的地方,每年很早的时候就开始生长,茶芽肥乳,不是其他的地方可以比拟的。其次是壑源岭,地势很高,茶叶适合烘焙。丁谓也说凤山高不过百丈,没有很高的山峰和陡峭的岩壁,但却是绿翠环绕,气势很秀美,适合于种植各种花草树木。又因为建茶的品质天下第一。所以有人认为山川之间最美好的灵气,天地之间最调和的气氛,都在这种茶叶里面。又说石乳出自壑岭的断崖缺石之间,这些都是草木的仙骨啊! 近来蔡公也说:‘只有北苑的凤凰山一带烘焙出产的茶叶味道最好,所以各个地方都认为建茶最为有名,也都说的是北苑的。’”

黄儒《品茶要录序》:“我曾经说陆羽的《茶经》里面没有排上建安的茶叶。这是因为从前喝茶还不很盛行,灵芽真笋往往腐烂掉而人们却并不知道去珍惜。自从我朝以来,各级官员接受上天的恩惠,歌舞升平的时间已经很长了。即使是出身寒微、衣冠很普通的人,也可以高高兴兴地喝茶。园林也互相摘英夸异,制卷出新,以迎合人们的喜好。故上好的品种,才得以从草莽中脱颖而出，从而闻名天下。假如陆羽复生，看到这样好的茶叶，味道这样美妙，应该觉得很失落。念及草木这样的东西，一有奇特品质的，未尝不遇着时机然后兴起，何况是人呢？"

苏轼在《书黄道辅品茶要录后》中说："黄君道，建安人，不仅博学而且善于写文章，性格恬淡精深，是一个很有修养的人。写了《品茶要录》十篇，中间的精妙之处，都是陆羽以来谈论茶叶的人所不能够企及的。如果不是心里平静没有什么欲求，心中没有其他顾虑的，又怎么能够观察物体这么仔细呢？"

《茶录》中说："茶，古代不曾听说有人食用，从晋、宋以后，吴地的人才开始采摘它的叶子来煮，名叫'茗粥'。"

叶清臣在《煮茶泉品》中说："吴楚两地的山谷之间，空气清新土地肥沃，草木生长得相当茁壮，大多生长着茶叶。比武夷差的是白乳；比吴兴好的是紫笋；出产于禹穴的以天章最著名；钱塘的以经山最稀有。至于桐庐的岩石，云卫的山脚，雅山出名于宣歙，蒙顶流传于岷蜀，各有差别，列举起来

(宋)耀州窑刻花汪子、汪碗

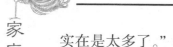

实在是太多了。"

周绛《补茶经》："芽茶只用做早茶，骑奉万乘，尝到就可以了。如果是一旗一枪的话，那就可以说是很奇特的茶了。"

胡致堂说："茶叶，就是我们每天所用的东西，它比酒还要重要。"

陈师道《茶经丛谈》："茶，洪之双井，越之日注，不能辨别它们的先后，而非要为它排序的，只是为了满足自己的心理。"

陈师道在《茶经序》中说："关于茶叶的著作是从陆羽才开始的，喝茶闻名天下也是从陆羽开始的。陆羽对茶来说确实有好处。上到皇宫和各省大员，下到乡里，外到异域他乡，祀礼请客，都把它摆在前面；山村和沼泽之地都成了集市，商贾因此而起家，对人又有功劳，可以说非常好了。《茶经》中说：'辨别茶叶的好坏，有着一定的诀窍。其实书中所说的只是它的大概。而茶叶的精妙之处，书上并没有完全说清楚；况且天下的真理，要想都在文字和笔墨之间得到，那又怎么可能呢？从前先王根据各人的实际来决定教育的方法，根据它的缺点来加以整治，只要是有益于人的，都不轻易放弃。'"

吴淑《茶赋》中说："五花茶，它的叶子像五朵花一样。"

姚氏《残语》中记载："绍兴进贡茶叶，从高文虎开始。"

王楙《野客丛书》："人们说古代的茶，就是今天的茶。不知道茶有很多种，并不是只有一种。《诗经》中说'谁谓荼苦，其甘如荠'的，其实指的是苦菜荼，就是现在苦苣这样的东西。《周礼》中的'掌荼'、毛诗中的'有女如荼'，说的都是苕荼那种荼，都是萑苇一类的。只有荼檟那种荼，才是今天的茶。可是世上的人却并不知道分辨。"

《魏王花木志》中记载："茶叶就像栀子一样，可以煮着喝。它的老叶叫作荈，新叶就叫茗。"

《瑞草总论》："唐宋以来有贡茶，有榷茶。所谓贡茶，可以说明大家有忠君的心理，而榷茶，那就让官员得利，而百姓遭殃了，它的危害之处不止这一点啊！"

元熊禾《勿斋集》中记载："北苑烘焙茶叶进贡已经有很长时间了。茶贡没有列进《禹贡》《周·职方》而兴起于唐代，北苑又是最著名的。北苑在建城东面约二十五里的地方，唐朝末年的时候百姓张晖才上表奏告。宋朝初年时期的丁谓任广西漕运史的时候，进贡的数量才大量增加，达到了几万斤。庆历承平之后，蔡襄继承了这种做法，制作更加精良了，建茶才开始成为天下最为著名的。它的声名像显赫的高官一样，被大家所珍惜。欧阳修虽然实在不愿意养成这样的习惯，但是仍然用诗歌去赞美它。苏轼则直接指出它的过失。君子创立的法例可以继承，所以不能不慎重。"

《说郛·臆乘》记载："出产茶叶的地方，六经上所记载的已经很详尽了，唯独异美的名字没有补充进去。唐宋以来，见诸诗文的也很多，有很多相似的。像蟾背、虾须、雀舌、蟹眼、瑟瑟、沥沥、霭霭、鼓浪、涌泉、琉璃眼、碧玉池，都是关于茶事中天然形成的名字。"

《茶谱》中记载："衡州那里的衡山，封州的西乡，把茶叶碾细制造，都制成了像月亮一样。还有彭州村堋口，那里的茶园有"仙芽""石花"等称呼。"

明代的人有《月团茶歌序》说："唐代的人制茶的时候碾成粉末，便于制成圆型，宋代的时候更加精良，元代的时候它的做法就已经很绝妙了。我模仿它这样做，做的也很相像，才开始领略到古代人咏茶诗所说：'膏油首面'，所谓的'佳茗似佳人'，'绿云轻绾湘娥鬟'这样的句子了。喝茶以外，作诗记下用来传播这样美妙的事情。"

屠本畯在《茗笈评》中说："人们只说茶叶的香，但是却不知道茶花的香。我去年曾经过大雷山朋友那里，正好是花开的时候，童子摘下来供养。那种香气飘到了很远的地方，特别的惹人喜欢，可惜它并非是小瓯中的物品。我写的《瓶史月表》，把插茶树花当作是非常高雅的活动。而高濂的《盆史》中也记载'茗花足助玄赏'这样的句子。"

《茗笈赞》共十六章："一是追溯它的历史，二是产地，三是时机，四是制作的方法，五是贮藏茶叶，六是品水，七是火候，八是定汤，九是煮茶的方法，十是辨别器具，十一是各种禁忌，十二是防滥，十三是防止混淆，十四是相宜，十五是鉴定，十六是观赏。"

中華茶道

谢肇浙《五杂俎》中说："现在茶叶中上好的品种，是松罗、虎丘、罗岕、龙井、阳羡、天池等。而我们闽地武夷、清源、彭山这三种，可以与它们一争高下。六安、雁宕、蒙山这三种，能够消除人体内残存的杂物，但是香味却不够，应该算作是药里面的品种，而不是文房佳品。"

《西吴被乘》："湖人不喜欢喝顾渚而偏好罗岕茶。然而上好的顾渚风味已经远远胜过龙井了。罗岕稍微清隽一点，而叶子太粗还有草气。丁长孺曾经送半角茶叶，教我烹煮的方法，我试了之后，特别像羊公鹤。这就是我所不能理解的了。我曾经认为武夷、虎丘第一，清淡而味久远；松萝和龙井要差一点，很香也很艳，天池那就更差了，普通但不会令人厌烦；其他的太多就不值一提。"

屠长卿《考盘余事》中记载："虎丘茶最好，为天下第一，可惜出产的不多，都被豪门夺去了，像我们这样普通的人家恐怕就无福消受了。天池青翠带有清香，看着都觉得赏心悦目，闻着都觉得能够解渴，可以称之为天上的仙品。其他各个山上的茶叶，还应当排在它的后面。阳羡俗名叫作罗岕，浙江长兴的很好，荆溪的稍微差一点。这中间精细的价钱要贵一倍，可惜很难得到，还是亲自收集采摘才好。六安那种也很好，用它做药物最好了，但是不善于炒的，不能够让它里面的香气散发出来，味道就觉得很苦涩。茶叶的本性实在是好。龙井山上的茶叶不过几十亩，此外的茶叶相似但都比不上这里的。大概是因为上天开了这样美丽的山水，山灵特地生出了像这样好的茶叶附加在这里吧。山中只有一两家，他们的炒法很精湛。近来有山里的和尚烘焙的也很巧妙，就是真正的天池也比不上啊。天目比天池、龙井要差一点，不过也是好茶。《地志》记载：'山中天寒得早，山里的和尚到了九月都不敢出来了。冬天来了之后经常下雪，三月以后道路才可以通行，茶树萌芽比其他地方要晚。'"

包衡在《清赏录》中说："前人陆羽喝茶好比是为后来的人做出了榜样，再看韩翃的《谢赐茶启》里面说：吴主礼贤下士，才开始放置茶水；晋人比较好客，所以有分茶的习惯。由此可见，开创这种习俗的功劳，并不是陆羽啊！

如果说以前喝茶还没有普及的话,那么到现在已经有一千五百年的历史了。"

陈仁锡《潜确类书》中记载:"紫琳腴、云腴,都是名茶。"茶树的花是白色的,冬天开的时候很像梅花,也很清香。[按:冒巢氏所著的《岕茶汇钞》中说:"茶花的味道浓却没有香味,香气凝聚在叶子里面。"这两种说法不大相同,怎么与其他的茶不相同呢?]

《农政全书》记载:"六经里面还没有茶,茶就是荼。《毛诗》中说'谁谓荼苦,其甘如荠',就是说它苦中带甜。""茶是一种很有灵气的植物,种了能够得到很多好处,喝了它就显得精神很清爽。上被王公贵族所崇尚,下到普通的老百姓都不能够缺少,这的确已经成了老百姓每天生活中的必需品了,对于国家的税收来说也很有帮助。"

罗廪在《茶解》中说:"茶树不适合掺杂不好的树木种植,只有古梅、丛桂、辛夷、玉兰、玫瑰、苍松、翠竹和它一起夹杂着种植,足以遮挡风霜雨雪和秋天的阳光了。它的下面可以种植兰花、幽菊这些清淡芳香的物品。但是最忌讳的是和菜地夹杂在一起,难免会有渗漉的时候,恐怕会妨碍它的本质。茶地向南最好,背阴的要差一点。所以正同一座山中,好茶和坏茶都有。"

李日华《六研斋笔记》中记载:"喝茶在唐朝末年还不太风行,不过只是隐士雅人亲手在荒园杂秽里面,撷取它的精华,这样来自云露而又自然的味道。到了宋朝才有喝茗的讲究,也只是充当皇家的玉食,士大夫的珍品。民间服用的越来越多,渐渐成了不可缺少的物品。于是种植的人给它施肥浇水,他们把茶叶和蔬菜种在一起,这样一来就损害了茶的品位。人们只知道陆羽到处品泉,却不知道他也到处搜集茶叶。皇甫冉在《送羽摄山采茶》诗中的几句话,就记载了这一点。"

徐岩泉《六安州茶居士传》中说:"居士姓茶,宗族的人很多,枝叶繁衍遍布天下。它在六安的一种最为著名,是大宗;阳羡、罗岕、武夷、匡庐这些都是小宗,蒙山只不过是它的别枝罢了。"

　　乐思白《雪庵清史》记载:"茶能使人浑身轻松、脱胎换骨、解渴去除烦恼,茶叶的功劳,非常美妙而神奇。以前在唐代,我们所说的茶事还没有兴盛起来,草木的灵妙之处还没有完全发挥出来。五代的时候,南唐在北苑采茶,喝茶的习俗才开始兴盛起来。等到宋朝至道初年的时候,奉旨制造,而茶叶的品种就逐渐地多了。到了咸平、庆历年间,丁谓、蔡襄造茶进贡,而它的制作就更精细了。到了宋徽宗大观、宣和年间,茶叶的品种达到了极致。悬崖峭壁的上面,树木葱翠、浮云缭绕,往往这种地方就容易出产灵异的物品。假如丁谓、蔡襄来到我们这里的话,那我们这些好的品种,又怎么会让它无端腐烂呢? 虽然是这样,还是怕没有好的品种。但是如果它的品种很好,没有丁谓、蔡襄来到我们这里,灵芽真笋岂不是最终要烂掉。我们这里能够使人浑身轻松、脱胎换骨、消除口渴的,难道只有茶这一种吗? 只是发挥出了它的灵气罢了。"

　　冯时可所著《茶谱》中记载:"茶全靠采摘,苏州的茶叶天下人都在喝,这是因为它在采摘方面比别的地方更胜一筹。徽郡一向都没有茶叶,近来所出产的松萝最为时尚。其实这种茶叶最初是和尚大方造的,大方在虎丘住了很久,得到了真正的采造技巧。后来他在安徽的松萝住下,从山里面采摘茶叶,在庵里焙制。远近都来买,价格就飞长。人们都说松萝,其实并不是松萝出产的。"

　　胡文焕在《茶集》中记载:"茶叶是至清至美的物品,世上的人都不能够完全品出它的味道,而像我们这些凡夫俗子又不配说这样的话。做医生的谈论茶叶,说它属于寒性会伤害人的脾胃。可是我有很多种病症,还必须用茶水来做药引子,经常得到它的功效。哎! 如果不是源自其本身的品性,又哪来这样的功用呢?"

　　《群芳谱》中说:"蕲州蕲门的团黄,有一旗一枪的称呼,就是一叶一芽。欧阳修诗中有'共约试新茶,旗枪几时绿'这样的句子。王荆公在《送元厚之》中有这样的句子:'新茗斋中试一旗'。大家都说茶中嫩的为一枪,叶子大开的为一旗。"

鲁彭《刻＜茶经＞序》中说："为茶叶而作书,是很重要的。现在重新印制,便于大家阅览。在竟陵刻印是因为陆羽就是竟陵的人,陆羽天生就不同于一般人,跟尹子文很相近。别人都说尹子文因为贤明所以才能做官,而陆羽虽然也很出众,但是却不适合走仕途。现在看这三篇《茶经》,其实他是一个很博学的学者。别人说的伊公羹、陆氏茶,都是取自这里,其实是用自己来做比喻。所谓换了地方也是这样不是啊。后来喝茶的风俗风行中外。而且回纥还用马来换取茶叶,从宋朝到现在,对边塞很有帮助。那么陆羽的功劳,当然就能永垂千古了,当不当官也就没有必要再去讨论了。"

(清)御用茶叶罐

沈石田《书岕茶别论后》："以前的人咏叹梅花说"香中别有韵,清极不知寒",这就只有岕茶可以担当了。像福建的清源、武夷,吴郡的天池、虎丘,武林的龙井,新安的松萝,匡庐的云雾,它们的名气虽然很大,但是还是不能和岕茶比。顾渚每年要用三十二斤作贡品,那么说岕茶在本朝的初年,就已经受到重视了。到了今天,越来越盛行,渐渐觉得身价倍增。既得到了圣人

之清,又得到了圣人之时,蒸、采、烹、洗,都跟古代的做法有很大的不同。"

李维桢《茶经序》:"陆羽所写的《君臣契》三卷,《源解》三十卷,《江表四姓谱》十卷,《占梦》三卷,没有完全流传下来,而只有《茶经》流传下来了,这难道不是因为其他的书别人都有,而只有这本书是自己独创的,所以更容易成名吗?太史公说:富贵的人但是名声不好的多的简直没有办法统计,只有特别风流倜傥的人才可以为人称颂。陆羽终身非常贫困,但是却留下了他的著作和足迹,为后世的人们尊崇,天下敬重。他的风范足以教育后世,不可缺少啊!"

杨慎在《丹铅总录》里说:"茶就是古代的荼字。《周》诗中记载说荼苦,《春秋》写为齐荼,《汉志》写为荼陵。颜师古、陆德明虽然已确定了荼的读音,然而荼字却没有改变。到了陆羽的《茶经》、玉川的《茶歌》、赵赞的《茶禁》以后,才把荼换成茶。"

董其昌的《茶董题词》记载:"荀子说:'他的为人很闲暇,出入的地方也不远。'陶通明说:'不做没有用的事情,怎么能够让漫长的一生充满快乐呢?'我说喝茶的事,完全可以当之。所以说幽人雅士,脱离势利,失去雄心壮志来消磨岁月。水源的好坏,可以品出它的出处;火候的大小,在丹鼎中调试,不是非常亲密的伴侣不算亲近,不是文雅的饮法不能与它们相比,现在这样的事情,也只允许夏茂卿做了。顾渚、阳羡,肉食者向往,茂卿怎么能够禁止得了呢?这就好比强笑不乐,强颜无欢,茶的韵味就在于自胜。我一直保持这样的高风亮节,到山里去隐居十年,才不辜负茂卿所说。现在的人坐车入闽,心里想着龙凤茶,对它垂涎万分,这样想着,哪里还要有什么作为,像廉颇想为赵国那样呢?只是《绝交书》上所说的"如果你心里觉得不耐烦的话,那么所掌管的事情又怎么能够弄得好呢?'那就辜负了这么好的茶叶了。茂卿是能够理解我的心境的!"

童承叙《题陆羽传后》说:"我曾经经过竟陵,到陆羽的寺庙里停留,访问了雁桥、看了茶井,心里面特别想见他本人。陆羽不在乎艰苦和贫穷,只是特别爱好过清淡的生活,本来就不是避世的人。他之所以寄号桑苎,遁迹山林,特立独行,然后又忍不住痛哭,必有他的用心。当时那些人,怎么能够理解他呢?等到他醉心茶叶,辨别水质,清风雅趣,一直流传到了今天。张颠对于酒,昌黎认为他是有所寄托才逃避的,陆羽也许也是这样吧!"

《谷山笔尘》:"茶从汉朝以来还没有专门记载的书籍,所谓槚者就是吧。李贽认为古代的人冬天喝汤,夏天喝水,没有茶。李文正《资暇录》中说:'茶叶开始于唐朝崔宁年间,黄伯思已经能够辨别它的好坏。伯思曾经看见了北齐杨子华著作的《邢子才魏收勘书图》,已经有煎茶的人了。'《南窗记谈》中说:'喝茶开始于梁代天监年间,相关事情可见《洛阳伽蓝记》。又看了《吴志·韦曜传》,赏赐茶水当酒,那么说茶又不是从梁朝开始的了。'我说喝茶也不是从吴时开始的。《尔雅》中说:'槚,苦茶。'郭璞注释说:'可以当做羹一样来喝。早上采下来的是茶,晚上采下来的是茗,又叫荈。'那么说吴以前就已经用茶做水了。到了后来就成了每天不可缺少的日用品了。自从有了陆羽,才有制茶的方法,到了吕惠卿、蔡君谟这些人出来之后,茶的做法就已经很精细了。而茶对国家的贡献也由此而来。这些都是古代的人所没有详细说明的。"

王象晋《茶谱小序》中记载:"茶树,是嘉木。一旦种下了之后就不能再移植了,所以在婚礼上用茶水,这是为了取从一而终这层意思。虽然最早见诸书籍的是《食经》,从隋帝的时候才开始喝茶,然而喜欢的人很少。后来到了唐朝才开始兴起,在宋朝的时候就很兴盛了,茶才为世上的人所重视。仁宗是一位贤明的君主,赏赐给两府茶饼,四个人才两块,一个人才分得了几钱,宰相家里也不敢随便碾试,把它藏起来当作宝贝。它就贵重到了这种程度。近来蜀地的蒙山茶,每年所产只能用两计。江苏的虎丘,到了时候官府也预先封识,公家去进行采摘,所能得到的也不过几斤。这么说天地之间所生产的好东西数量是有限的。杯泠碧波,碾飞绿屑,不借助这么好的东西,怎么可以驱除睡魔?所以写了《茶谱》。"

陈继儒《茶董小序》中记载:"范希文说,万像森罗之中,怎么知道没有茶星呢!我用茶星来作为客厅的名字,每当与客人一起品茗旗枪,风味天

然,颜色和香味都散发出来了,如果陆羽重生的话,还忍心作《毁茶论》吗?夏茂卿说酒,其语气非常自豪。我说,何不弃官归隐山林,在这样的山林涧水之间,摘下这样好的茶叶,煮成好茶,能一洗百年肠胃之中长期的沉积。热茶如沸,虽不比酒,谈到清幽雅致,那酒就比不上茶水了。酒就像侠士,茶就像隐士。酒虽然很有劲道,茶的品德也很好,茂卿是茶的董狐,因此就做了《茶董》。东佘陈继儒写于素涛轩。"

(清) 铜胎画珐琅方壶

夏茂卿《茶董序》:"自晋唐往后,大家一起聚会,各自举行比赛,品味水的出产地,就像史官南董一样评判,于是就写了《茶董》。里面说:'穷春秋,演河图,不如载茗一车。'这的确过于言重了。如果说茶的面貌最冷峻,而且把它称为水厄,还被认为是乳妖,那就请求大家不要效仿这样的事情。冰莲道人记。"

《本草纲目》中记载:"石蕊,又叫云茶。"

卜万祺《松寮茗政》中记载:"虎丘茶,颜色和香味都很好,简直没有可以比拟的。必须亲自到出产茶叶的地方,用手采摘,才得到它的正品,而且很难保存,所以非常珍视,稍微过了时间就完全失去了它最初的内蕴。就像天上的彩云容易扩散,所以并不把它拿上去进贡,但是山林空地所出产的不多,而且还被官家所掠夺。寺庙里的和尚总是喜欢在里面掺杂上赝品,不是行家恐怕是不能够辨别的。明朝万历年间寺庙里的和尚苦于被官吏搜刮,几乎一点都没有了,文肃公震孟写了《荈茶说》用来讥刺它。到现在真正的茶叶也不容易得到。"

袁了凡《群书备考》中说:"茶的名字,最早见于王褒的《僮约》。"

许次杼《茶疏》:"唐朝的人最推崇阳羡,宋朝人最重视建州。现在的贡茶,这两个地方最多。阳羡仅仅有它的名气,建州也有上好的品种,只有武夷雨前的茶叶最好。现在人所崇尚的,是长兴的罗岕,有人怀疑这就是古代的顾渚紫笋。然而岕茶虽然有很多地方出产,现在只有峒山的最好。姚伯道说:'明月之峡,厥有佳茗。'雅致清远,味道香甜,完全可以称为是仙品。它在顾渚也有好的品种,今天把它叫作水口茶,都是因为要和岕茶相区别。像安徽歙州的松萝,吴地的虎丘,杭州的龙井,都可以跟岕茶相比。郭次甫特别称赞黄山茶,黄山也在歙州,但是跟松萝比起来却差的远了。以前的人都很重视天池,然而如果喝多了的话,就会觉得腹部涨满。浙江出产的雁宕、大盘、金华、日铸,都跟武夷的差不多。钱塘各山出产的茶叶最多,南面山上的都是好茶,北面山上稍微差一点。除了武夷以外,还有泉州的清源,假如是好手制作的话,也能跟武夷相比。可惜多半都焦枯了,让人失去兴致。楚地所出产的宝庆,云南所出产的五华,都非常有名,比雁茶要好。其他名山所出产的茶叶,应该还不止这么多,或者我还不知道,或者还没有出名,所以就没有谈到。"

李诩在《戒庵漫笔》中说:"以前的人论茶,认为旗枪最好,而不取雀舌、麦颗。如果茶叶细小夹杂了其他树上的叶子就很难辨认了。被称为旗枪的,就是今天被叫作壶蜂翅的。"

《四时类要》:"茶籽在寒露的时候收回来晒干,用湿的沙土将它搅匀,放在筐笼里面,用稻草盖在上面,这样就不至于冻坏。到二月的时候取出来,用糠和焦土种起来,在树下或者背阴的地方挖一个坑,圆三尺、深一尺,挖好之后,放进粪和土,每一个坑里面种下六七十粒种子,盖上一寸厚土,隔两尺,就可以种一丛。它的本性怕湿和太阳,大多适合在山中的斜坡、高而陡峭的山坡、走水的地方。如果是平地,那就需要开很深的沟用它来放水,

中华茶道

三年后才有可能收获茶叶。"

张大复《梅花笔谈》："赵长白所做的《茶史》，考证和修订的都很详细，了解茶事都可以从里面查找。龙团、凤饼、紫茸、拣芽，绝对不可以用在现在。我曾经议论当今之世，难于动笔使很多东西失传了，茶越贵越能品尝出中间的味道。天下的事情没有不亲自尝试就能得出的。"

文震亨《长物志》说："从古到今议论茶的，不下几十家，像陆羽的《茶经》，蔡襄的《茶录》，可以说是非常好的了。然而当时的做法是把它碾熟，做成丸子，很坚硬，所以又叫'龙凤团''小龙团''密云龙''瑞云翔龙'。到了宣和年间，才开始以白色的茶为贵。漕臣郑可闻最先创制了银丝水芽，将茶剔除叶子取出它的心，用清水洗干净，放进龙脑等香料，只有新銙小龙蜿蜒其上，被称为"龙团胜雪"。当时以为不变更的方法，而我朝又变得不同了。它的烹制方法，也跟前人的不一样。然而更加的简便了，天然的趣味都补充进去了，可以说是尽得茶叶的味道。而至于洗茶、候汤、选择器具都有各自的方法，更不需要多说乌府、云屯这些名目了。"

《虎丘志》中说："冯梦桢说：'徐茂吴品茶，认为虎丘茶为第一。'"

周高起《洞山茶系》："岕茶是茶叶之中的上好品种。虽然这是近几十年的事，而最初则是来自庐仝隐居的洞山，种在北面的山岭上，才有茗岭这样的称呼。相传古时候的汉王，住在茗岭的南面，令书童专门艺茶，品出了庐仝的幽致，故山的南面所出产的，香味比茗岭的更好。所以老庙后面一带的茶叶，都是唐宋时期留下来的品种，贡山茶现在已经没有了。"

徐㶿在《茶考》中说："按照《茶录》等书的说法，闽中所出产的茶叶以建安北苑的最好，壑源等地方的差一点，武夷的名字还没有听说过。然而范文正所著的《斗茶歌》中说：'溪边奇茗冠天下，武夷仙人从古栽。'苏文忠公说：'武夷的溪水边有茶芽，丁谓和蔡襄先后加以种植。'那么说武夷茶在北宋就已经很出名了，只是没有流传下来罢了。但是宋朝和元朝所制造的团状茶叶好像失去了它本来的味道，现在的灵芽仙萼，香味和颜色尤其清新，是闽中最好的，至于北苑的壑源，又埋没无闻了。难道是山林的秀美、造物的美妙,有时候也会发生变异吗?"

劳大与所著的《瓯江逸志》中记载:"茶叶并不是瓯里出产的,但是瓯里也出产茶叶,所以以前也用它来充当贡品,到了现在仍然没有废除,张罗峰掌权的时候,只要是瓯中所进贡的物品都清理下来,只留下了茶叶。如果在早春的时候采摘,可以让它变得清香无比,而且每年所花费的气力很多,姑且保存下来,略微表达进献的心意。到了后来办理的时候,没有不随意乱取的,上面是一,下面是十,而种茶的园圃就怨声四起。希望这里的官员,不要过于滥取,也不至于给老百姓造成太大的灾害。"

《天中记》中记载:"只要想种茶树必定要先下种子,移植之后就不可能再成活了。所以说娶媳妇必须要用茶叶作为礼物,也是取它的这种含义。"

《事物纪原》:"榷茶兴起于唐朝建中、兴元年间。赵赞、张滂建议征收十分之一的税收。"

《枕谭》:"古代的书中有:'茶树初采为茶,老为茗,再老的为荈。'现在统称为茗,应该是用错了的缘故。"

熊明遇《岕山茶记》:"山上夕阳照的地方比朝阳照的地方所出产的茶叶要好,庙后山西向,所以茶好,但总也比不上洞山南面的,因为阳光充足,所以产的茶被称为仙品。"

(宋)定窑莲瓣纹罐

冒襄《岕茶汇钞》:"平地出产的茶叶,受到的土气过多,所以质地浑浊。

岕茶出产于高山,经历了风霜雨露的洗礼,所以很好。"

吴拭说:"武夷茶被欣赏是从蔡君谟开始的,说它的味道比北苑、龙团还好,周右文特别贬抑它。只是由于山中不懂得它的焙制方法,一味追求钱财的过错。我曾经试着采摘了一点,用松萝的方法来制作,汲取虎啸岩下的语儿泉水烹制,三种品德都具备了,带云石而又有香甜的气味。于是分了几百片寄给右文,等茶泡好了,再洒一杯在地上,以报君谟地下有知。"

释超全所著《武夷茶歌注》:"建州有一位老人最早开始进献山上的茶叶,据说死后变成了山神,喊山茶就是从此而生的。"

《中原市语》中记载:"茶又叫渲老。"

陈诗教《灌园史》:"我曾经听山里面的和尚说:几颗茶子落到地上,一旦生长出来了,就像连理一样,所以婚嫁的时候用茶,就是取这里面同根的意思。以前听说茶树不能移植,竟然有移植了之后仍然活着的,由此可知这种说法也只是捕风捉影罢了。唐朝的李义山认为对着花喝茶是煞风景。我在口渴的时候,何止只用七碗,如果花神知道的话,当不会怪罪我的。"

《金陵琐事》中记载:"茶叶有肥有瘦,云泉道长说:'凡是茶叶肥厚的,味道很甜,却不香。茶叶瘦小的就显得苦涩,苦的就香。这又是《茶经》《茶诀》《茶品》《茶谱》之中所没有发现的。'野航道人朱存理说:'喝的首先是茶,而茶在《禹贡》里面还没有看到,所以全民都用却不为谋利。后世制定榷茶的制度,并非古人真正的意思。陆羽写《茶经》、蔡君谟写《茶谱》。孟谏议寄给庐玉川的三百月团,后来奢侈到用龙凤装饰,其责应当大过君谟。然而清逸高远,上到王公贵族,下到普通百姓,也是一件很有雅致的事情。'"

佩文斋《广群芳谱》中记载:"茗花就是所喝的茶的花,月白色的里面是黄色的心,隐藏有清香,用瓶子供养在书斋里,可以作为清供佳品。而且花蕊在枝条之上,都开满了。"

王新城《居易录》:"广南人把蓲当作茶叶。我写了《皇华记闻》。看到《道乡集》里面有《张纠送吴洞蓲》绝句说:'茶选修仁方破碾,蓲分吴洞忽当筵。君谟远矣知难作,试取一瓢江水煎。'这是志完迁到昭平的时候作的。"

《分甘余话》:"宋朝的丁谓任福建转运使的时候,才开始用'龙凤团'茶叶上供,也不过四十块。天圣年间,又制造了小团,它的质量比大团好。神宗的时候,命令制作'密云龙',它的质量又比小团好。"元祐初年,宣仁皇太后说:"让建州以后不准再制造'密云龙'了,也不要团茶,拣好的茶叶来吃,生得甚好意智。"宣仁改变了熙宁时的方法,这是小事情。按照这种说法,实在应该为万世所效仿。官绅世家,膏粱子弟,也不可不知道啊。因此记录在此。

《百夷语》:"茶又叫芽。把粗茶叫作芽以结,细茶叫作芽以完。缅甸又把茶叶叫作蜡扒。喝茶说成是蜡扒仪索。"

徐葆光《中山传信录》中说:"台湾把茶叫作札。"

《武夷茶考》:"丁谓制造'龙团',蔡忠惠制造'小龙团',都是北苑的事情。武夷进贡,是从元代时候浙江省平章高兴时开始,而谈论的都是丁谓、蔡君谟。苏文忠公的诗中说:'武夷的溪边有茶叶,丁谓、蔡襄先后在这里种植过。'那么说到北苑进贡的时候,武夷茶叶已经得到这两人的赏识了。到了高兴、武夷进贡之后,渐渐的北苑就不怎么听说了。古人说,茶这种东西,能够消除疲劳驱除体内的残留物体,对于我们的学习勤于政务来说不一定没有好处,它们和进献的荔枝、桃花不一样。然而和它们一样,都是宦官、宫内的妃嫔们所喜欢的。蔡忠惠以正直闻名,与范、欧相比,而献茶这件事情却与晋公比肩。君子的举措,可以不慎重吗?"

《随见录》:"按照沈括《梦溪笔谈》中所说的:'建茶都是乔木,吴、蜀只是草根而已。'根据我所见过的武夷的茶树,也都是丛生的草根,最初也没有乔木,难道沈括没有到建安吗? 或许当时北苑与现在武夷的不相同吧!《茶经》中说:'巴山、峡川有两人合抱者',又跟吴、蜀丛生草根的说法不一样。姑且放在这里以供参考。"

《万姓统谱》记载:"汉朝的时候有茶恬,出《江都易王传》。按:《汉书》中的'茶恬'[苏林曰,茶食邪反。]茶本来就有两种读音,到了唐朝茶和茶才开始分开。"

（宋）饶州窑白釉高托瓷盏

焦氏说："榃茶又叫玉茸。"［补］

二、茶之具

《陆龟蒙集·和茶具十咏》

【原文】

茶坞

茗地曲隈回，野行多缭绕。向阳就中密，背涧差还少。遥盘云髻慢，乱簇香篝小。何处好幽期，满岩春露晓。

茶人

天赋识灵草，自然钟野姿。闲来北山下，似与东风期。雨后探芳去，云间幽路危。惟应报春鸟，得共斯人知。

茶笋

所孕和气深，时抽玉箸短。轻烟渐结华，嫩蕊初成管。寻来青霭曙，欲去红云暖。秀色自难逢，倾筐不曾满。

茶籝

金刀劈翠筠，织似波纹斜。制作自野老，携持伴山娃。昨日斗烟粒，今朝贮绿华。争歌调笑曲，日暮方还家。

茶舍

旋取山上材，架为山下屋。门因水势斜，壁任岩隈曲。朝随鸟俱散，暮与云同宿。不惮采掇劳，只忧官未足。

茶灶

经云："灶无突"。

无突抱轻岚，有烟映初旭。盈锅玉泉沸，满甑云芽熟。奇香袭春桂，嫩色凌秋菊。炀者若吾徒，年年看不足。

茶焙

左右捣凝膏，朝昏布烟缕。方圆随样拍，次第依层取。山谣纵高下，火候还文武。见说焙前人，时时炙花脯。[紫花，焙人以花为脯。]

茶鼎

新泉气味良，古铁形状丑。那堪风雨夜，更值烟霞友。曾过赪石下，又住清溪口。[赪石、清溪，皆江南出茶处。]且共荐皋庐，[皋庐，茶名。]何劳倾斗酒。

茶瓯

昔人谢抠埏，徒为妍词饰。[《刘孝威集》有《谢抠埏启》。]岂如圭壁姿，又有烟岚色。光参筥席上，韵雅金罍侧。直使圃君，从来未尝识。

煮茶

闲来松间坐，看煮松上雪。时于浪花里，并下蓝英末。倾余精爽健，忽似氛埃灭。不合别观书，但宜窥玉札。

【译文】（略）

《皮日休集·茶中杂咏·茶具》

【原文】

茶赢

篚筥晓携去，蓦过山桑坞。开时送紫茗，负处沾清露。歇把傍云泉，归将挂烟树。满此是生涯，黄金何足数。

中华茶道

茶灶

南山茶事动,灶起岩根傍。水煮石发气,薪燃杉脂香。青琼蒸后凝,绿髓炊来光。如何重辛苦,一一输膏粱。

茶焙

凿彼碧岩下,恰应深二尺。泥易带云根,烧难碍石脉。初能燥金饼,渐见干琼液。九里共杉林,[皆焙名。]相望在山侧。

茶鼎

龙舒有良匠,铸此佳样成。立作菌蠢势,煎为潺湲声。草堂暮云阴,松窗残月明。此时勺复茗,野语知逾清。

茶瓯

邢客与越人,皆能造前器。圆似月魂堕,轻如云魄起。枣花势旋眼,苹沫香沾齿。松下时一看,支公亦如此。

【译文】(略)

【原文】

《江西志》:"余干县冠山有陆羽茶灶。羽尝凿石为灶,取越溪水煎茶于此。"

陶谷《清异录》:"豹革为囊,风神呼吸之具也。煮茶啜之,可以涤滞思而起清风。每引此义,称之为水豹囊。"

《曲洧旧闻》:"范蜀公与司马温公同游嵩山,各携茶以行。温公取纸为帖,蜀公用小木合子盛之,温公见而惊曰:'景仁乃有茶具也。'蜀公闻其言,留合与寺僧而去。后来士大夫茶具,精丽极世间之工巧,而心犹未厌。晁以道尝以此语客,客曰:'使温公见今日之茶具,又不知云如何也。'"

《北苑贡茶别录》:"茶具有银模、银圈、竹圈、铜圈等。"

梅尧臣《宛陵集·茶灶》诗:"山寺碧溪头,幽人绿岩畔。夜火竹声干,春瓯茗花乱。兹无雅趣兼,薪桂烦燃爨。"又《茶磨》诗云:"楚匠斫山骨,折檀为转脐。乾坤人力内,日月蚁行迷。"又有《谢晏太祝遗双井茶五品茶具四枚》诗。

中華茶道

《武夷志》："五曲朱文公书院前，溪中有茶灶。文公诗云：'仙翁遗石灶，宛在水中央。饮罢方舟去，茶烟袅细香。'"

《群芳谱》："黄山谷云：'相茶瓢与相筇竹同法，不欲肥而欲瘦，但须饱风霜耳。'"

乐纯《雪庵清史》："陆叟溺于茗事，尝为茶论，并煎炙之法，造茶具二十

（明）王问《煮茶图》中的茶灶

四事，以都统笼贮之。时好事者家藏一副，于是若韦鸿胪、木待制、金法曹、石转运、胡员外、罗枢密、宗从事、漆雕秘阁、陶宝文、汤提点、竺副帅、司职方辈，皆入吾簏中矣。"

许次杼《茶疏》："凡士人登山临水，必命壶觞，若茗碗薰炉，置而不问，是徒豪举耳。余特置游装，精茗名香，同行异室。茶罂、铫、注、瓯、洗、盆、巾诸具毕备，而附香奁、小炉、香囊、匙、箸。""未曾汲水，先备茶具，必洁，必燥。瀹时壶盖必仰置，磁盂勿覆案上。漆气、食气，皆能败茶。"

朱存理《茶具图赞序》："饮之用必先茶，而制茶必有其具。锡具姓而系名，宠以爵，加以号，季宋之弥文；然精逸高远，上通王公，下逮林野，亦雅道也。愿与十二先生周旋，尝山泉极品，以终身此间富贵也。天岂靳乎哉。"

审安老人茶具十二先生姓名：

韦鸿胪　丈鼎：景旸，四窗闲叟；

木待制　利济：忘机，隔竹主人；

金法曹　研古：元锴，雍之旧民

铄古：仲鉴，和琴先生；

石转运　凿齿：遄行，香屋隐君；

胡员外　惟一：宗许，贮月仙翁；

罗枢密　若药：传师，思隐寮长；

宗从事　子弗:不遗,扫云溪友;

漆雕秘阁　承之:易持,古台老人;

陶宝文　去越:自厚,兔园上客;

汤提点　发新:一鸣,温谷遗老;

竺副帅　善调:希默,雪涛公子;

司职方　成式:如素,洁斋居士。

高濂《遵生八笺》:"茶具十六事,收贮于器局内,供役于苦节君者,故立名管之。盖欲归统于一,以其素有贞心雅操,而自能守之也。商像,古石鼎也,用以煎茶。降红,铜火箸也,用以簇火,不用联索为便。递火,铜火斗也,用以搬火。团风,素竹扇也,用以发火。分盈,挹水勺也,用以量水斤两,即《茶经》水则也。执权,准茶秤也,用以衡茶,每勺水二斤,用茶一两。注春,磁瓦壶也,用以注茶。啜香,磁瓦瓯也,用以啜茗。撩云,竹茶匙也,用以取果。纳敬,竹茶橐也,用以放盏。漉尘,洗茶篮也,用以浣茶。归洁,竹筅帚也,用以涤壶。受污,拭抹布也,用以洁瓯。静沸,竹架,即《茶经》支镀也。运锋,刺果刀也,用以切果。甘钝,木砧墩也。"

《王友石谱》:"竹炉并分封茶具六事:苦节君,湘竹风炉也,用以煎茶,更有行省收藏之。建城,以箬为笼。封茶以贮庋阁。云屯,磁瓦瓶,用以勺泉以供煮水。水曹,即瓷缸瓦缶,用以贮泉以供火鼎。乌府,以竹为篮,用以盛炭,为煎茶之资。器局,编竹为方箱,用以总收以上诸茶具者。品司,编竹为圆撞提盒,用以收贮各品茶叶,以待烹品者也。"

屠赤水《茶笺》:"茶具,湘筠焙,焙茶箱也。鸣泉,煮茶瓷罐。沉垢古茶洗。合香,藏日支茶瓶,以贮司品者。易持,用以纳茶,即漆雕秘阁。"

屠隆《考盘余事》:"构一斗室相傍书斋,内设茶具,教一童子专主茶役,以供长日清谈、寒宵兀坐。此幽人首务,不可少废者。"

《灌园史》:"庐廷璧嗜茶成癖,号茶庵。尝蓄元僧讵可庭茶具十事,具衣冠拜之。"

王象晋《群芳谱》:"闽人以粗瓷胆瓶贮茶。近鼓山支提新茗出,一时尽

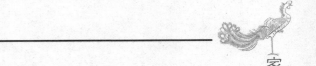

学新安, 制为方圆赐具, 遂觉神采奕奕不同。"

　　冯可宾《岕茶笺·论茶具》："茶壶, 以窑器为上, 锡次之。茶杯汝、官、哥、定如未可多得, 则适意为佳耳。"

　　李日华《紫桃轩杂缀》："昌化茶大叶如桃枝柳梗, 乃极香。余过逆旅偶得, 手摩其焙甑三日, 龙麝气不断。"

　　瞿仙云："古之所有茶灶, 但闻其名, 未尝见其物, 想必无如此清气也。予乃陶土粉以为瓦器, 不用泥土为之, 大能耐火。虽猛焰不裂。径不过尺五, 高不过二尺余, 上下皆镂铭、颂、箴戒之。又置汤壶于上, 其座皆空, 下有阳谷之穴, 可以藏瓢瓯之具, 清气倍常。"

　　《重庆府志》："涪江青蟆石为茶磨极佳。"

　　《南安府志》："崇义县出茶磨, 以上犹县石门山石为之尤佳。苍礐缜密, 镌琢堪施。"

　　闻龙《茶笺》："茶具涤毕, 覆于竹架, 俟其自干为佳。其拭巾只宜拭外, 切忌拭内。盖布帨虽洁, 一经人手极易作气。纵器不干, 亦无大害。"

【译文】

　　《江西志》："余干县冠山有陆羽的茶灶。陆羽曾经凿石造灶, 取越溪的水在这里煎茶。"

　　陶谷《清异录》："用豹革为囊, 煮茶来饮, 可以消除疲劳精神清爽。由此义引申, 把它称之为水豹囊。"

　　《曲洧旧闻》："范蜀与司马温一起到嵩山游玩, 各自带着茶前行。司马温以纸当帖子包茶, 范蜀用小木盒子来盛茶, 司马温看见之后惊叹道：'景仁真有茶具啊！'范蜀听他这么说, 留下盒子给寺庙里的和尚走了。后来仕宦人家的茶具, 其精美几乎穷尽世间一切的精巧, 而仍觉不够。晁以道曾经跟客人说起此事, 客人说：'如果司马温见到了今天的茶具, 又不知道会做什么感想。'"

　　《北苑贡茶别录》："茶具有银制的模子、银制的圈、竹圈、铜圈等。"

　　梅尧臣《宛陵集·茶灶》中有诗云：(译略)

《武夷志》中记载:(译略)

《群芳谱》中记载:"黄山谷说:'选茶瓢和选筇竹的方法相同,不适宜过粗而适宜细小,但是必须是饱经风霜的老竹。'"

乐纯在《雪庵清史》中说:"陆羽沉溺在茶事里面,曾经写了茶论和煮茶的方法、制造茶器的二十四种说明,是比较系统的论述。有好事的人家里藏有一副,于是像韦鸿胪、木待制、金法曹、石转运、胡员外、罗枢密、宗从事、漆雕秘阁、陶宝文、汤提点、竺副帅、司职方等等,都在我的收藏范围之内了。"

许次杼所著《茶疏》说:"只要是文人雅士游山玩水,必定会带茶壶和酒杯,假如茶碗薰炉,置办了却放在一旁不加理睬,这是徒劳之举。我特意准备了出行的服装,精选茶叶和茶香,一起出行。茶罂、铫子、注、茶瓯、洗、盆、毛巾等物一应俱全,再加上香匣子、小炉、香囊、匙、筷子。""打水之前,先准备茶具,必须清洁、干燥,冲茶时必须把壶盖仰放在桌上,磁杯不要扣在案台上。油漆的气味、食物的气味,都能败坏茶的本味。"

朱存理《茶具图赞序》中讲:"饮用的物品首先是茶叶,而制茶叶必须要有工具。这些用具都被赐以姓名,加爵冠号,都是宋时流行的文字,清逸高远。上到王公贵族,下到山野村夫,都奉为高雅之道。我曾经充分利用过十二种茶具,尝试了山泉中的极品,以为这是平生最值得纪念的事情了。天上不也只是这样吗?"

审安老人这十二种茶具的名称:"韦鸿炉文鼎:名景旸,号四窗闲叟;木待制利济:名忘机,号隔竹主人;金法曹研古:名元锴,号雍之旧民;铄古:名仲鉴,号和琴先生;石转运凿齿:名遄行,号香屋隐君;胡员外惟一:名宗许,号贮月仙翁;罗枢密若药:名传师,号思隐寮长;宗从事子弗:名不遗,号拂云溪友;漆雕秘阁承之:名易持,号古台老人;陶宝文去越:名自厚,号兔园上客;汤提点发新:名一鸣,号温谷遗老;竺副帅善调:名希默,号雪涛公子;司职方成式:名如素,号洁斋居士。"

高濂在《遵生八笺》中写道:"十六种茶具,全部收藏在箱子里面,以供烹茶时使用,所以将它命名以便于管理。应该将它们放到一起,因为他们向来有很好的品质能够保持操守。商像,古代石制的鼎,用来煎茶。降红,铜筷子,用来拢火,不连起来很方便用。递火,就是铜火斗,用来搬火。团风,就是竹扇,用来扇风的。分盈,就是水勺,用来度量水的重量,就是《茶经》中的水则。执权,就是称茶的秤,用来衡量茶的重量的,每勺水有两斤,可以用茶叶一两。注春,就是磁瓦壶,用来倒茶的。啜香,磁瓦瓯,用来喝茶的。撩云,竹子做的匙,用来取果子的。纳敬,竹子做的茶盘,用来放茶杯的。漉尘,用来洗茶的。归洁,竹制的扫帚,用来清洗茶壶的。受污,擦拭的抹布,用来清洁茶瓯的。静沸,竹架,就是《茶经》里面的支镀。运锋,果刀,用来切果子的。甘钝,就是砧墩。"

王友石写道:"竹炉茶具六种:苦节君,就是湘竹做的风炉。有用来煎茶的,也有的拿来收藏的。建城,用竹子做的笼子,将茶叶放在中间的阁子里面。云屯,磁瓦瓶,用于舀泉水来烧水的。水曹,就是磁瓦锅,用来煮水。乌府,用竹子做的篮子,用来装煎茶的木炭。器局,将竹子编制成方形的箱子,用它将上面所有的茶具收到里面。品司,将竹子编制成圆形可以提的盒子,用来装各种茶叶,以便用来煮茶。"

屠赤水在《茶笺》中说:"茶具:湘筠焙,就是烘焙茶叶的箱子。鸣泉,就是煮茶的瓷罐。沉垢,古代洗茶的器具。合香,就是收藏日常用的茶瓶,用来装茶具。易持,用来装茶叶的,就是漆雕秘阁。"

屠隆《考盘余事》:"在与书房相傍的小屋,设置茶具,让一个童子专门负责煮茶,以便于长日清谈、寒宵夜读。这是文人雅士不能缺少的。"

《灌园史》:"庐廷璧好茶几乎成了癖,号为茶庵。曾经为了向元僧讨教茶具十种之事,整理好衣冠而拜之。"

王象晋《群芳谱》:"福建人用粗瓷胆瓶装茶。近来鼓山支提出了新茶叶,顿时全都学习新安,制成方形和圆形的茶具,于是就觉得神采分外出众。"

冯可宾《岕茶笺·论茶具》:"茶壶,用窑里出来的器具最好,锡差一点。茶杯汝、官、哥、定这些地方出品的瓷器都是不可多得的上品,只要是适意就行了。"

李日华《紫桃轩杂缀》记载:"昌化的茶叶像桃树的叶子和柳树的梗那么大,特别香。我在旅途中偶尔得到,手在制茶的焙瓯上摩挲三天,香气不断。"

矐仙说:"古代的茶灶,只听到它的名字,没有看见这种东西,想必没有这样的清气。我用陶土粉烧成瓦器,不用泥土烧制,更能耐火,即使是很猛烈的焰火也不能烧裂它。直径不过一尺五寸,高不过二尺多一点,通身上下都镂刻有铭、颂、箴来警示后人。又把汤壶放在它的上面,下座都是空的,下面还有打开的空地方,可以装瓢瓯等物,气味十分清香。"

据《重庆府志》记载:"涪江青蟆石做茶磨最好。"

《南安府志》记载:"崇义县出产茶磨,尤以石门山的石头最好。其质地纹理缜密,很适合雕琢。"

闻龙在《茶笺》中说:"茶具洗完了之后,把它倒放在竹架上面,等它自行变干最好。用抹布只能抹它的外面,绝对不要擦拭它的里面,虽然布很干净,但是一旦经过人手的话就特别容易产生异味。即使喝茶时器具不太干,也没有关系。"

(明)王问《煮茶图》

三、茶之造

【原文】

《唐书》:"太和七年正月,吴蜀贡新茶,皆于冬中作法为之。上务恭俭,不欲逆物性,诏所在贡茶,宜于立春后造。"

《北堂书钞·茶谱续补》云:"龙安造骑火茶,最为上品。骑火者,言不在火前,不在火后作也。清明改火,故曰火。"

《大观茶论》:"茶工作于惊蛰,尤以得天时为急。轻寒英华渐长,条达而不迫,茶工从容致力,故其色味两全。故焙人得茶天为度。""撷茶以黎明,见日则止。用爪断芽,不以指揉。凡芽如雀舌谷粒者,为斗品。一枪一旗为拣芽,一枪二旗为次之,余斯为下。茶之始芽萌,则有白合,不去害茶味。既撷则有乌蒂,不去害茶色。""茶之美恶,尤系于蒸芽、压黄之得失。蒸芽欲及熟而香,压黄欲膏尽亟止。如此则制造之功十得八九矣。""涤芽惟洁,濯器惟净,蒸压惟其宜,研膏惟熟,焙火惟良。造茶先度日晷之长短,均工力之众寡,会采择之多少,使一日造成,恐茶过宿,则害色味。""茶之范度不同,如人之有首面也。其首面之异同,难以概论。要之,色莹彻而不驳,质缜绎而不浮,举之凝结,碾之则铿然,可验其为精品也。有得于言意之表者。""白茶自为一种,与常茶不同。其条敷阐,其叶莹薄。崖林之间,偶然生出,有者不过四五家,生者不过一二株,所造止于二三铸而已。须制造精微,运度得宜,则表里昭澈,如玉之在璞,他无与伦也。"

蔡襄《茶录》:"茶味主于甘滑,惟北苑、凤凰山连属诸焙,所造者味佳。隔溪诸山,虽及时加意制作,色味皆重,莫能及也。又有水泉不甘,能损茶味,前世之论《水品》者以此。"

《东溪试茶录》:"建溪茶比他郡最先,北苑、壑源者尤早。岁多暖则先惊蛰十日即芽;岁多寒则后惊蛰五日始发。先芽者,气味俱不佳,惟过惊蛰者为第一。民间常以惊蛰为候。诸焙后北苑者半月,去远则益晚。凡断芽必以甲，不以指。以甲则速断不柔，以指则多湿易损。择之必精，濯之必洁，蒸之必香，火之必良，一失其度，俱为茶病。""芽择肥乳，则甘香而粥面，著盏而不散。土瘠而芽短，则云脚涣乱，去盏而易散。叶梗长，则受水鲜白；叶梗短，则色黄而泛。乌蒂、白合，茶之大病。不去乌蒂，则色黄黑而恶。不去白合，则味苦涩。蒸芽必熟，去膏必尽。蒸芽未熟，则草木气存。去膏未尽，则色浊而味重。受烟则香夺，压黄则味失，此皆茶之病也。"

《北苑别录》："御园四十六所，广袤三十余里。自官平而上为内园，官坑而下为外园。方春灵芽萌坼，先民焙十余日，如九窠、十二陇、龙游窠、小苦竹、张坑、西际，又为禁园之先也。而石门、乳吉、香口三外焙，常后北苑五七日兴工。每日采茶、蒸榨，以其黄悉送北苑并造。""造茶旧分四局。匠者起好胜之心，彼此相夸，不能无弊，遂并而为二焉。故茶堂有东局、西局之名，茶铐有东作、西作之号。凡茶之初出研盆，荡之欲其匀，揉之欲其腻，然后入圈制铐，随笪过黄有方。故铐有花铐，有大龙，有小龙，品色不同，其名亦异。随纲系之于贡茶云。""采茶之法，须是侵晨，不可见日。晨则夜露未晞，茶芽肥润。见日则为阳气所薄，使芽之膏腴内耗，至受水而不鲜明。故每日常以五更挝鼓集群夫于凤凰山，[山有伐鼓亭，日役采夫二百二十二人。]监采官人给一牌，入山至辰刻，则复鸣锣以聚之，恐其逾时贪多务得也。大抵采茶亦须习熟，募夫之际必择土著及谙晓之人，非特识茶发早晚所在，而于采摘亦知其指要耳。""茶有小芽，有中芽，有紫芽，有白合，有乌蒂，不可不辨。小芽者，其小如鹰爪。初造龙团胜雪、白茶，以其芽先次蒸熟，置之水盆中，剔取其精英，仅如针小，谓之水芽，是小芽中之最精者也。中芽，古谓之一枪二旗是也。紫芽，叶之紫者也。白合，乃小芽有两叶抱而生者是也。乌蒂，茶之带头是也。凡茶，以水芽为上，小芽次之，中芽又次之。紫芽、白合、乌蒂，在所不取。使其择焉而精，则茶之色味无不佳。万一杂之以所不取，则首面不均，色浊而味重也。""惊蛰节万物始萌，每岁常以前三日开焙，遇闰则后之，以其气候少迟故也。""蒸芽再四洗涤，取令洁净，然后入甑，俟汤沸蒸之。然蒸有过熟之患，有不熟之患。过熟则色黄而味淡，不熟则色青而易沉，而有草木之气。故惟以得中为当。""茶既蒸熟，谓之茶黄，须淋洗

（宋）钧窑月白釉鼓钉三足洗

数过，[欲其冷也。]方入小榨，以去其水，又入大榨，以出其膏，[水芽则以高榨压之，以其芽嫩故也。]先包以布帛，束以竹皮，然后入大榨压之，至中夜取出揉匀，复如前入榨，谓之翻榨。彻晓奋击，必至于干净而后已。盖建茶之味远而力厚，非江茶之比。江茶畏沉其膏，建茶惟恐其膏之不尽。膏不尽则色味重浊矣。""茶之过黄，初入烈火焙之，次过沸汤爁之，凡如是者三，而后宿一火，至翌日，遂过烟焙之，火不欲烈，烈则面泡而色黑。又不欲烟，烟则香尽而味焦。但取其温温而已。凡火之数多寡，皆视其銙之厚薄。銙之厚者，有十火至于十五火。銙之薄者，六火至于八火。火数既足，然后过汤上出色。出色之后，置之密室，急以扇扇之，则色泽自然光莹矣。""研茶之具，以柯为杵，以瓦为盆，分团酹水，亦皆有数。上而胜雪，白茶以十六水，下而拣芽之水六，小龙凤四，大龙凤二，其余皆一十二焉。自十二水而上，日研一团，自六水而下，日研三团至七团。每水研之，必至于水干茶熟而后已。水不干，则茶不熟，茶不熟，则首面不匀，煎试易沉。故研夫尤贵于强有力者也。尝谓天下之理，未有不相须而成者。有北苑之芽，而后有龙井之水。龙井之水清而且甘，昼夜酹之而不竭，凡茶自北苑上者皆资焉。此亦犹锦之于蜀江，胶之于阿井也，讵不信然。"

姚宽《西溪丛语》："建州龙焙面北，谓之北苑。有一泉极清淡，谓之御泉。用其池水造茶，即坏茶味。惟龙团胜雪、白茶二种，谓之水芽，先蒸后拣。每一芽先去外两小叶，谓乌蒂；又次取两嫩叶，谓之白合；留小心芽置于水中，呼为水芽。聚之稍多，即研焙为二品，即龙团胜雪、白茶也。茶之极精好者，无出于此。每銙计工价近二十千，其他皆先拣而后蒸研，其味次第减也。茶有十纲，第一纲第二纲太嫩，第三纲最妙，自六纲至十纲，小团至大团

而止。"

黄儒《品茶要录》:"茶事起于惊蛰前,其采芽如鹰爪。初造曰试焙,又曰一火,其次曰二火。二火之茶,已次一火矣。故市茶芽者,惟伺出于三火前者为最佳。尤喜薄寒,气候阴不至冻。芽登时尤畏霜,有造于一火二火者皆遇霜,而三火霜霁,则三火之茶胜矣。晴不至于暄,则谷芽含养约勒而滋长有渐,采工亦优为矣。凡试时泛色鲜白,隐于薄雾者,得于佳时而然也。有造于积雨者,其色昏黄,或气候暴暄,茶芽蒸发,采工汗手熏渍,拣摘不洁,则制造虽多,皆为常品矣。试时色非鲜白,水脚微红者,过时之病也。""茶芽初采,不过盈筐而已,趋时争新之势然也。既采而蒸,既蒸而研,蒸或不熟,虽精芽而所损已多。试时味作桃仁气者,不熟之病也。惟正熟者味甘香。""蒸芽以气为候,视之不可以不谨也。试时色黄而粟纹大者,过熟之病也。然过熟愈于不熟,以甘香之味胜也。故君谟论色,则以青白胜黄白。而余论味,则以黄白胜青白。""茶蒸不可以逾久,久则过熟,又久则汤干而焦釜之气出。茶工有乏薪汤以益之,是致蒸损茶黄。故试时色多昏黯,气味焦恶者,焦釜之病也。建人谓之热锅气。""夫茶本以芽叶之物就之卷模。既出卷上笪焙之,用火务令通热,即以茶覆之,虚其中,以透火气。然茶民不喜用实炭,号为冷火。以茶饼新湿,急欲干以见售,故用火常带烟焰。烟焰既多,稍失看候,必致熏损茶饼。试时其色皆昏红,气味带焦者,伤焙之病也。""茶饼先黄而又如阴润者,榨不干也。榨欲尽去其膏,膏尽则有如干竹叶之意。惟喜饰首面者,故榨不欲干,以利易售。试时色虽鲜白,其味带苦者,渍膏之病也。""茶色清洁鲜明,则香与味亦如之。故采佳品者,常于半晓间冲蒙云雾而出,或以瓷罐汲新泉悬胸臆间,采得即投于中,盖欲其鲜也。如或日气烘烁,茶芽暴长,工力不给,其采芽已陈而不及蒸,蒸而不及研,研或出宿而后制,试时色不鲜明,薄如坏卵气者,乃压黄之病也。""茶之精绝者曰斗,曰亚斗,其次拣芽、茶芽。斗品虽最上,园户或止一株,盖天材间有特异,非能皆然也。且物之变势无常,而人之耳目有尽,故造斗品之家,有昔优而今劣、前负而后胜者。虽人工有至,有不至,亦造化推移不可得而擅也。其造,一火曰斗,二火曰亚斗,不过十数铸而已。拣芽则不然,遍园陇中择其精英者耳。其或贪多务得,又滋色泽,往往以白合盗叶间之。试时色虽鲜白,其味涩淡者,间白合盗叶之病也。"〔一凡鹰爪之茅,有两小叶抱而生者,白合也。新条叶之初生而白者,盗叶也。造拣芽者,只剔取鹰爪,而白合不用,况盗叶乎〕"物固不可以容伪,况饮食之物,尤不可也。故茶有入他草者,建人号为入杂。铸列入柿叶,常品入桴槛叶。二叶易致,又滋色泽,园民欺售直而为之。试时无粟纹甘香,盏面浮散,隐如微毛,或星星如纤絮者,入杂之病也。善茶品者,侧盏视之,所入之多寡,从可知矣。向上下品有之,近虽铸列,亦或勾使。"

《万花谷》:龙焙泉在建安城东凤凰山,一名御泉。北苑造贡茶,社前芽细如针。用此水研造,每片计工直钱四万分。试其色如乳,乃最精也。

《文献通考》:"宋人造茶有二类,曰片,曰散。片者即龙团旧法,散者则不蒸而干之,如今时之茶也。始知南渡之后,茶渐以不蒸为贵矣。"

《学林新编》:"茶之佳者,造在社前;其次火前,谓寒食前也;其下则雨前,谓谷雨前也。唐僧齐己诗曰:"高人爱惜藏岩里,白甄封题寄火前。"其言火前,盖未知社前之为佳也。唐人于茶,虽有陆羽《茶经》,而持论未精。至本朝蔡君谟《茶录》,则持论精矣。"

《茗溪诗话》:"北苑,官焙也,漕司岁贡为上;壑源,私焙也,土人亦以入贡,为次。二焙相去三四里间,若沙溪,外焙也,与二焙绝远,为下。故鲁直诗:"莫遣沙溪来乱真。"是也。官焙造茶,常在惊蛰后。"

朱翌《猗觉寮记》:"唐造茶与今不同,今采茶者得芽即蒸熟焙干,唐则旋摘旋炒。刘梦得《试茶歌》:'自傍芳丛摘鹰嘴,斯须炒成满室香。'又云:'阳崖阴岭各不同,未若竹下莓苔地。'竹间茶最佳。"

《武夷志》:"通仙井在御茶园,水极甘洌,每当造茶之候,则井自溢,以供取用。"

《金史》:"泰和五年春,罢造茶之防。"

张源《茶录》:"茶之妙,在乎始造之精,藏之得法,点之得宜。优劣定于

始锅,清浊系乎末火。""火烈香清,锅寒神倦。火烈生焦,柴疏失翠。久延则过熟,速起却还生。熟则犯黄,生则著黑。带白点者无妨,绝焦点者最胜。""藏茶切勿临风、近火。临风易冷,近火先黄。其置顿之所,须在时时坐卧之处,逼近人气,则常温而不寒。必须板房,不宜土室。板房温燥,土室潮蒸。又要透风,勿置幽隐之处,不惟易生湿润,兼恐有失检点。"

谢肇淛《五杂俎》:"古人造茶,多舂令细,末而蒸之。唐诗'家僮隔竹敲茶臼'是也。至宋始用碾。若揉而焙之,则本朝始也。但揉者,恐不及细末之耐藏耳。""今造团之法皆不传,而建茶之品,亦远出吴会诸品下。其武夷、清源二种,虽与上国争衡,而所产不多。十九赝鼎,故遂令声价靡复不振。""闽之方山、太姥、支提,俱产佳茗,而制造不如法,故名不出里闬。予尝过松萝,遇一制茶僧,询其法,曰:'茶之香,原不甚相远,惟焙之者火候极难调耳。茶叶尖者太嫩,而蒂多老。至火候匀时,尖者已焦,而蒂尚未熟。二者杂之,茶安得佳?'制松萝者,每叶皆剪去其尖蒂,但留中段,故茶皆一色。而工力烦矣,宜其价之高也。闽人急于售利,每斤不过百钱,安得费工如许?若价高,即无市者矣。故近来建茶所以不振也。"

罗廪《茶解》:"采茶制茶,最忌手汗、体膻、口臭、多涕、不洁之人及月信妇人,更忌酒气。盖茶酒性不相入,故采茶制茶,切忌沾醉。""茶性淫,易于染著,无论腥秽及有气息之物不宜近,即名香亦不宜近。"

许次杼《茶疏》:"芥茶非夏前不摘。初试摘者,谓之开园,采自正夏,谓之春茶。其地稍寒,故须待时,此又不当以太迟病之。往时无秋日摘者,近乃有之。七八月重摘一番,谓之早春。其品甚佳,不嫌少薄。他山射利,多摘梅茶,以梅雨时采故名。梅茶苦涩,且伤秋摘,佳产戒之。""茶初摘时,香气未透,必借火力以发其香。然茶性不耐劳,炒不宜久。多取入锅,则手力不匀。久于锅中,过熟而香散矣。炒茶之锅,最忌新铁。须预取一锅以备炒,毋得别作他用。一说惟常煮饭者佳,既无铁腥,亦无脂腻。炒茶之薪,仅可树枝,勿用干叶。干则火力猛炽,叶则易焰、易灭。锅必磨洗莹洁,旋摘旋炒。一锅之内,仅可四两,先用文火炒软,次加武火催之。手加木指,急急炒转，以半熟为度，微俟香发，是其候也。""清明太早，立夏太迟，谷雨前后，其时适中。若再迟一二日，待其气力完足，香烈尤倍，易于收藏。""藏茶于庋阁，其方宜砖底数层，四围砖研。形若火炉，愈大愈善，勿近土墙。顿瓮其上，随时取灶下火灰，候冷簇于瓮傍。半尺以外，仍随时取火灰簇之，令里灰常燥，以避风湿。却忌火气入瓮，盖能黄茶耳。日用所须，贮于小瓷瓶中者，亦当箬包苎扎，勿令见风。且宜置于案头，勿近有气味之物，亦不可用纸包。盖茶性畏纸，纸成于水中，受水气多也。纸裹一夕，既随纸作气而茶味尽矣。虽再焙之，少顷即润。雁宕诸山之茶，首坐此病。纸帖贻远，安得复佳。""茶之味清，而性易移，减法喜温燥而恶冷湿，喜清凉而恶郁蒸。宜清触而忌香惹。藏用火焙，不可日晒。世人多用竹器贮茶，虽加箬叶拥护，然箬性峭劲，不甚伏贴，风湿易侵。至于地炉中顿放，万万不可。人有以竹器盛茶，置被笼中，用火即黄，除火即润。忌之！忌之！"

闻龙《茶笺》："尝考《经》言，茶焙甚详。愚谓今人不必全用此法。予构一焙室，高不逾寻，方不及丈，纵广正等。四围及顶绵纸密糊，无小罅隙，置三四火缸于中，安新竹筛于缸内，预洗新麻布一片以衬之。散所炒茶于筛上，阖户而焙。上面不可覆盖，以茶叶尚润，一覆则气闷罨黄，须焙二三时，俟润气既尽，然后覆以竹箕。焙极干出缸，待冷，入器收藏。后再焙，亦用此法，则香色与味犹不致大减。""诸名茶法多用炒，惟罗岕宜于蒸焙，味真蕴藉，世竞珍之。即顾渚、阳羡，密迩洞山，不复仿此。想此法偏宜于岕，未可概施诸他茗也。然《经》已云，'蒸之焙之'，则所从来远矣。""吴人绝重岕茶，往往杂以黑箬，大是阙事。余每藏茶，必令樵青入山采竹箭箬，拭净烘干，护罂四周，半用剪碎拌入茶中。经年发覆，青翠如新。""吴兴姚叔度言，茶若多焙一次，则香味随减一次。予验之良然。但于始焙时，烘令极燥，多用炭箬，如法封固，即梅雨连旬，燥仍自若。惟开坛频取，所以生润，不得不再焙耳。自四月至八月，极宜致谨。九月以后，天气渐肃，便可解严矣。虽然，能不弛懈尤妙。""炒茶时须用一人从傍扇之，以祛热气，否则茶之色香味俱减，此予所亲试。扇者色翠，不扇者色黄。炒起出铛时，置大瓷盆中，仍须急扇,令热气稍退。以手重揉之,再散入铛,以文火炒干之。盖揉则其津上浮,点时香味易出。田子艺以生晒不炒不揉者为佳,其法亦未之试耳。"

（宋）耀州窑刻花注碗

《群芳谱》:"以花拌茶,颇有别致。凡梅花、木樨、茉莉、玫瑰、蔷薇、兰、蕙、金橘、栀子、木香之属,皆与茶宜。当于诸花香气全时摘拌,三停茶,一停花,收于瓷罐中,一层茶一层花相间填满,以纸箬封固入净锅中,重汤煮之,取出待冷,再以纸封裹,于火上焙干贮用。但上好细芽茶,忌用花香。反夺其真味。惟平等茶宜之。"

《云林遗事》:"莲花茶:就池沼中,于早饭前,日初出时择取莲花蕊略绽者,以手指拨开,入茶满其中,用麻丝缚扎,定经一宿。次早连花摘之,取茶纸包晒。如此三次,锡罐盛贮,扎口收藏。"

邢士襄《茶说》:"凌露无云,采候之上。霁日融和,采候之次。积日重阴,不知其可。"

田艺蘅《煮泉小品》:"芽茶以火作者为次,生晒者为上,亦更近自然,且断烟火气耳。况作人手器不洁,火候失宜,皆能损其香色也。生晒茶瀹之瓯中,则旗枪舒畅,青翠鲜明,香洁胜于火炒,尤为可爱。"

《洞山茶系》:"岕茶采焙定以立夏后三日,阴雨又需之。世人妄云'雨前真岕',抑亦未知茶事矣。茶园既开,入山卖草枝者,日不下二三百石。山民收制,以假混真。好事家躬往予租,采焙戒视惟谨,多被潜易真茶去。人至相竞高价分买,家不能二三斤。近有采嫩叶、除尖蒂、抽细筋焙之,亦曰片茶。不去尖筋,炒而复焙,燥如叶状,曰摊茶,并难多得。又有俟茶市将阑,采取剩叶焙之,名曰修山茶,香味足而色差老,若今四方所货岕片,多是南岳片子,署为'骗茶'可矣。茶贾炫人率以长潮等茶,本岕亦不可得。噫!安得起陆龟蒙于九京,与之赓《茶人》诗也。茶人皆有市心,今予徒仰真茶而已。故余烦闷时,每诵姚合《乞茶诗》一过。"

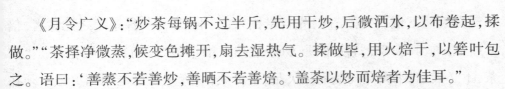

《月令广义》:"炒茶每锅不过半斤,先用干炒,后微洒水,以布卷起,揉做。""茶择净微蒸,候变色摊开,扇去湿热气。揉做毕,用火焙干,以箬叶包之。语曰:'善蒸不若善炒,善晒不若善焙。'盖茶以炒而焙者为佳耳。"

《农政全书》:"采茶在四月。嫩则益人,粗则损人。茶之为道,释滞去垢,破睡除烦,功则著矣。其或采造藏贮之无法,碾焙煎试之失宜,则虽建芽浙茗,只为常品耳。此制作之法,宜亟讲也。"

冯梦祯《快雪堂漫录》:"炒茶锅令极净。茶要少,火要猛,以手拌炒,令软净取出,摊于匾中,略用手揉之。揉去焦梗,冷定复炒,极燥而止。不得便入瓶,置于净处,不可近湿。一二日后再入锅炒,令极燥,摊冷,然后收藏。""藏茶之罂,先用汤煮过烘燥。乃烧栗炭透红投罂中,覆之令黑。去炭及灰,入茶五分,投入冷炭,再入茶,将满,又以宿箬叶实之,用厚纸封固罂口。更包燥净无气味砖石压之,置于高燥透风处,不得傍墙壁及泥地方得。"

屠长卿《考盘余事》:"茶宜箬叶而畏香药,喜温燥而忌冷湿。故收藏之法,先于清明时收买箬叶,拣其最青者,预焙极燥,以竹丝编之,每四片编为一块,听用。又买宜兴新坚大罂,可容茶十斤以上者,洗净焙干听用。山中采焙回,复焙一番,去其茶子、老叶、梗屑及枯焦者,以大盆埋伏生炭,覆以灶中敲细,赤火既不生烟,又不易过。置茶焙下焙之,约以二斤作一焙。别用炭火入大炉内,将罂悬架其上,烘至燥极而止。先以编箬衬于罂底,茶焙燥后,扇冷方入。茶之燥,以拈起即成末为验。随焙随入,既满又以箬叶覆于茶上,每茶一斤约用箬二两。罂口用尺八纸焙燥封固,约六七层,压以方厚白木板一块,亦取焙燥者。然后于向明净室或高阁藏之。用时以新燥宜兴小瓶,约可受四五两者,另贮。取用后随即包整。夏至后三日再焙一次,秋分后三日又焙一次,一阳后三日又焙一次,连山中共焙五次。从此直至交新,色味如一。罂中用浅,更以燥箬叶满贮之,虽久不浥。""又一法,以中坛盛茶,约十斤一瓶。每年烧稻草灰入大桶内,将茶瓶座于桶中,以灰四面填桶,瓶上覆灰筑实。用时拨灰开瓶,取茶些少,仍复封瓶覆灰,则再无蒸坏之患。次年另换新灰。""又一法,于空楼中悬架,将茶瓶口朝下放,则不蒸。缘蒸气自天而下也。""采茶时,先自带锅入山,别租一室,择茶工之尤良者,倍其雇值。戒其搓摩,勿使生硬,勿令过焦。细细炒燥,扇冷方贮罂中。""采茶,不必太细,细则芽初萌而味欠足;不可太青,青则叶已老而味欠嫩。须在谷雨前后,觅成梗带叶微绿色而团且厚者为上。更须天色晴明,采之方妙。若闽广岭南,多瘴疠之气,必待日出山霁,雾瘴岚气收净,采之可也。"

冯可宾《岕茶笺》:"茶,雨前精神未足,夏后则梗叶太粗。然以细嫩为妙,须当交夏时。时看风日晴和,月露初收,亲自监采入篮。如烈日之下,应防篮内郁蒸,又须伞盖,至舍速倾于净篚内薄摊,细拣枯枝、病叶、蛸丝、青牛之类,一一剔去,方为精洁也。""蒸茶须看叶之老嫩,定蒸之迟速,以皮梗碎而色带赤为度。若太熟,则失鲜。其锅内汤须频换新水,盖熟汤能夺茶味也。"

（宋）哥窑贯耳长颈瓶

陈眉公《太平清话》:"吴人于十月中采小春茶,此时不独逗漏花枝,而尤喜日光晴暖。从此蹉过,霜凄雁冻,不复可堪矣。"

眉公云:"采茶欲精,藏茶欲燥,烹茶欲洁。"

吴拭云:"山中采茶歌,凄清哀婉,韵态悠长,一声从云际飘来,未尝不潸然堕泪。吴歌未便能动人如此也。"

熊明遇《岕山茶记》:"贮茶器中,先以生炭火煅过,于烈日中曝之,令火灭,乃乱插茶中。封固罂口,覆以新砖,置于高爽近人处。霉天雨候,切忌发覆,须于清燥日开取。其空缺处,即当以箬填满,封闭如故,方为可久。"

《雪蕉馆记谈》:"明玉珍子升,在重庆取涪江青蟆石为茶磨,令宫人以武隆雪锦茶碾,焙以大足县香霏亭海棠花,味倍于常。海棠无香,独此地有香,焙茶尤妙。"

《诗话》:"顾渚涌金泉,每岁造茶时,太守先祭拜,然后水稍出。造贡茶毕,水渐减,至供堂茶毕,已减半矣。太守茶毕,遂涸。北苑龙焙泉亦然。"

《紫桃轩杂缀》:"天下有好茶,为凡手焙坏。有好山水,为俗子妆点坏。有好子弟,为庸师教坏。真无可奈何耳。""匡庐顶产茶,在云雾蒸蔚中,极有胜韵,而僧拙于焙,瀹之为赤卤,岂复有茶哉。戊戌春小住东林,同门人董献可、曹不随、万南仲,手自焙茶,有'浅碧从教如冻柳,清芬不遣杂花飞'之句。既成,色香味殆绝。""顾渚,前朝名品,正以采摘初芽,加之法制,所谓'罄一亩之入,仅充半环',取精之多,自然擅妙也。今碌碌诸叶茶中,无殊菜沈,何胜括目。""金华仙洞与闽中武夷俱良材,而厄于焙手。""埭头本草,市溪庵施济之品,近有苏焙者,以色稍青,遂混常价。"

《岕茶汇钞》:"岕茶不炒,甑中蒸熟,然后烘焙。缘其摘迟,枝叶微老,炒不能软,徒枯碎耳。亦有一种细炒岕,乃他山炒焙,以欺好奇者。岕中人惜茶,决不忍嫩采,以伤树木。余意他山摘茶,亦当如岕之迟摘老蒸,似无不可。但未经尝试,不敢漫作。""茶以初出雨前者佳,惟罗岕立夏开园。吴中所贵梗粗叶厚者,有箫箸之气,还是夏前六七日,如雀舌者,最不易得。"

《檀几丛书》:"南岳贡茶,天子所尝,不敢置品。县官修贡期以清明日入山肃祭,乃始开园采造。视松萝、虎丘而色香丰美,自是天家清供,名曰片茶。初亦如岕茶制法,万历丙辰,僧稠荫游松萝,乃仿制为片。"

冯时可《滇行记略》:"滇南城外石马井泉,无异惠泉。感通寺茶,不下天池、伏龙。特此中人不善焙制耳。徽州松萝旧亦无闻,偶虎丘一僧往松萝庵,如虎丘法焙制,遂见嗜于天下。恨此泉不逢陆鸿渐,此茶不逢虎丘僧也。"

《湖州志》:"长兴县啄木岭金沙泉,唐时每岁造茶之所也,在湖、常二郡界,泉处沙中,居常无水。将造茶,二郡太守毕至,具仪注,拜敕祭泉,顷之发源。其夕清溢,供御者毕,水即微减;供堂者毕,水已半之;太守造毕,水即涸矣。太守或还旆稽期,则示风雷之变,或见鸷兽、毒蛇、木魅、阳眒之类焉。商旅多以顾渚水造之,无沾金沙者。今之紫笋,即用顾渚造者,亦甚佳矣。"

高濂《八笺》:"藏茶之法,以箬叶封裹入茶焙中,两三日一次,用火当如人体之温温然,而湿润自去。若火多,则茶焦不可食矣。"

陈眉公《太平清话》:"武夷劣峒、紫帽、龙山皆产茶。僧拙于焙,既采则先蒸而后焙,故色多紫赤,只堪供宫中干濯用耳。近有以松萝法制之者,既试之,色香亦具足,经旬月,则紫赤如故。盖制茶者,不过土著数僧耳。语三吴之法,转转相效,旧态毕露。此须如昔人论琵琶法,使数年不近,尽忘其故调,而后以三吴之法行之,或有当也。""徐茂吴云:'实茶大瓮底,置箬瓮口,封闭倒放,则过夏不黄,以其气不外泄也。'子晋云:'当倒放有盖缸内。缸宜砂底,则不生水而常燥。加谨封贮,不宜见日,见日则生翳而味损矣。藏又不宜于热处。新茶不宜骤用,贮过黄梅,其味始足。'"

张大复《梅花笔谈》:"松萝之香馥馥,庙后之味闲闲,顾渚扑人鼻孔,齿颊都异,久而不忘。然其妙在造,凡宇内道地之产,性相近也,习相远也。吾深夜被酒,发张震封所遗顾渚,连啜而醒。"

宗室文昭《古瓶集》:"桐花颇有清味,因收花以熏茶,命之曰桐茶。有"长泉细火夜煎茶,觉有桐香入齿牙"之句。"

王草堂《茶说》:"武夷茶自谷雨采至立夏,谓之头春;约隔二旬复采,谓之二春;又隔又采,谓之三春。头春叶粗味浓,二春三春叶渐细,味渐薄,且带苦矣。夏末秋初又采一次,名为秋露,香更浓,味亦佳,但为来年计,惜之不能多采耳。茶采后以竹筐匀铺,架于风日中,名曰晒青。俟其青色渐收,然后再加炒焙。阳羡岕片只蒸不炒,火焙以成。松萝、龙井皆炒而不焙,故其色纯。独武夷炒焙兼施,烹出之时半青半红,青者乃炒色,红者乃焙色。茶采而摊。摊而摝,香气发越即炒,过时不及皆不可。既炒既焙,复拣去其中老叶枝蒂,使之一色。释超全诗云:'如梅斯馥兰斯馨,心闲手敏工夫细。'形容殆尽矣。"

王草堂《节物出典》:"《养生仁术》云:'谷雨日采茶,炒藏合法,能治痰及百病。'"

《随见录》:"凡茶见日则味夺,惟武夷茶喜日晒。""武夷造茶,其岩茶以僧家所制者最为得法。至洲茶中采回时,逐片择其背上有白毛者,另炒另焙,谓之白毫,又名寿星眉。摘初发之芽,一旗未展者,谓之连子心。连枝二寸剪下烘焙者,谓之凤尾、龙须。要皆异其制造,以欺人射利,实无足取焉。"

【译文】

据《唐书》记载:"太和七年的正月,吴蜀两地进贡新茶,都是冬天制作的。皇上主张恭俭,不想违逆事物的习性,因此下诏命令两地贡茶,宜于立春后制造。"

(宋)刘松年《斗茶图》(局部)

《北堂书钞·茶谱续补》中说:"龙安造的骑火茶是最好的。所谓的骑火,就是说制茶的时间即不在火前,也不在火后。清明改火的时候,所以叫火。"

《大观茶论》:"茶叶在惊蛰的时候制作,得到天时是最重要的。寒气消减而万物开始生长,枝叶发新,茶工从容致力,茶的色味两全。所以说烘焙茶叶还要看天气。""在黎明时去采茶,太阳一出就停止。用指尖掐断茶芽,不用指头去揉它。只要是芽像雀舌那样的就是上好的品种。一枪一旗叫拣芽,一枪二旗差一点,其余是下品。茶开始发芽的时候,就会有白色的叶子,如果不去掉的话,就会破坏茶叶的味道。掐断茶芽时会有黑色的根蒂,不去就对茶的颜色有妨碍。""茶叶的好坏,蒸芽、压黄的时候最重要。蒸芽应该等到熟得发出香味的时候,压黄应该等到汤水尽了的时候为止。要是这样的话那十之八九已经制造成功了。""茶芽必须要洗干净,洗茶的器具也必须洗干净,蒸压应该合适,研膏的时候要等到变热,烘焙的时候火要好。造茶先要估计一天时间,所需要多少工,采摘多少茶叶,当天采当天做,以免过夜,影响了颜色和味道。""茶的成色不同,就好比人的相貌。人的相貌不一样,难以一一说出。总之,颜色纯净不杂,质地缜密不散,拿起来结成一块,

碾的时候声音很脆,可以说明这是很好的品种。依此可得到好茶。""白茶是独特的一种,跟其他的茶叶不一样。它的枝条很多,叶子薄而光洁。悬崖和树林之间,偶尔生出,有这种树的也不过四五家,能够成活的不过一二株,出产的茶的也不过两三銙而已。必须制作得很精细、操作得很正确,那样才能使里外一样光洁清澈,就像没有琢磨的璞玉一样,其他的都不能跟它比。"

蔡襄《茶录》:"茶的味道主要是甘甜润滑,只有北苑、凤凰山一带的茶场,所造出来的茶叶味道最好。隔溪的这些山,虽然能够及时加以制作,颜色和味道都很重,不能跟它比。又有的泉水不怎么甘甜,会损害茶叶的味道,前人所论《水品》就是说的这个道理。"

《东溪试茶录》中说:"建溪的茶叶比其他地方的茶都要早,北苑、壑源的就更早了。如果天气暖和的话那么在惊蛰十天以前就已经发芽了;天气冷的话惊蛰过后五天开始发芽。开始发的芽,气味都不好,只有过了惊蛰之后的才最好。民间常常以惊蛰为制茶的节气。其他地方烘焙的时间比北苑要晚半个月左右,如果离得远的话那就更晚了。一般要掐断茶芽,只能用指甲而不能用手指。用指甲容易断而不使它变软,用手指容易导致揉伤茶叶。采摘的时候必须要精细,清洗的时候必须要干净,蒸的时候要闻到它散发出香味,火的大小必须要控制好,一个环节没有把握好尺度,就会导致茶叶出现毛病。选择比较肥厚的茶芽泡出来的水很香甜,把它放进杯子里面也不会消散。土地贫瘠茶芽自然就显得短一些,那样云脚就显得涣散,放进杯子里面就容易消散。叶梗长的话,见到了水就鲜白;叶梗短的话,颜色就容易泛黄。黑色的根蒂,白色的叶子,这些都是茶叶的弊病。如果不去掉黑色的根蒂,颜色就黑而难看。不去掉白色的叶子,味道就很苦涩。蒸芽的时候必须要熟,那样能够保留草木的气息。膏不耗干颜色就变得浑浊而且味道很苦。被烟熏了的话就会夺走香味,压黄了就失去了它的味道,这些都是茶叶上的弊病。"

《北苑别录》:"御用的园地总共有四十六处,方圆有三十多里地。从官坑往上为内园,官坑往下的是外园。御园的茶在春天比民间烘焙要早十几天，比如九窠、十二陇、龙游窠、小苦竹、张坑、西际这些地方，又在禁园的前面，而石门、乳吉、香口三处外焙，常常在北苑之后五七天开工。每天采茶、蒸榨，弄好以后送到北苑去一起制造。以前制造茶叶的时候分为四个部分。茶匠因为有好胜的心理，彼此之间相互攀比，没有办法不出问题，于是就把它合成二个步骤。所以在茶堂里面有东局和西局的说法，茶铸里面有东作、西作这样的称呼。凡是刚出研盆的茶叶，应该将它搅拌均匀，揉得细滑，然后再放进圈子里制成铸。放在席子上晾晒成黄色，所以这里面有花铸、有大龙、有小龙，品种不同，它的名称也很不同，主要是按照贡茶的要求制作。""采茶的时间，应该在清晨，不可等到太阳出来。早晨由于夜间的露水还没有干，茶芽肥大而湿润；见到了太阳受到了阳光的侵害，就会使茶芽里面的内蕴耗尽，茶放进水里面颜色不鲜明。所以每天常常于五更的时候召集一群人到凤凰山[山上有伐鼓亭，每天需要使用二百二十二个人。]监采官每人给一个牌子，入山以后到了辰时，就重新鸣锣聚拢，恐怕他们一味贪多而导致超过时间多采了没有用。大多数的采茶人都必须知道怎样采茶，招募人员的时候一定要选择当地懂茶的人，不但要懂茶叶的习性，还要知道采茶的要求。"

"茶叶有小芽、中芽、紫芽、白合、乌蒂，不能不认真分辨。小芽就像鹰爪一样小。最初的时候造的是龙团胜雪、白茶，将茶芽先蒸熟，放进水盆中，挑选出其中的精英，小的像针一样，被称为水芽，它是小芽中最好的品种；中芽，古代叫作一枪二旗；紫芽，叶子是紫色的；白合，就是两片抱着小芽生长的叶子；乌蒂，就是带头的茶叶。所有的茶叶当中，水芽是最好的，小芽稍微差一点，中芽更差。紫芽、白合、乌蒂，根本就不要。只要精心挑选，那样茶的颜色和味道都没有不好的。万一挑拣不净，就会看起来不均匀，颜色浑浊味道太重。""惊蛰时节万物开始萌生。每年常在节前两三日开始焙茶，遇到闰年的时候就往后推一点，这是因为气候有点迟的缘故。蒸芽要反复洗涤，让它变得清洁干净，然后再放进瓯里装起来，等水开了之后再蒸。然而蒸芽就怕过熟、不熟。过熟颜色就会变黄而且味道很清淡，不熟颜色就泛青而且

容易沉积下去,还带有草木的气息。所以只有火候合适才行。茶叶蒸熟,就叫茶黄,必须先要淋洗几遍,[让它变冷]才放进小榨里面,主要是去掉中间的水分,再放进大榨里面,为了使汁出来。[水芽就用高榨压,因为它的芽比较嫩。]榨的时候先用布帛包起来,用竹皮捆绑,然后放进大榨里面压着,到半夜再取出来揉均匀,重新放进榨里面再榨,叫作翻榨。通宵击打,到榨干之后才可以。建茶的味道深远厚重,这不是江茶可以相比的。江茶怕榨得太干,建茶怕榨不干,如果膏不尽的话,那茶的颜色就变得浑浊而味道就很重了。"

"茶过黄之后,放进烈火里面烘焙,然后再放进开水里面,这样重复三次,再放在火上烘焙一夜,到了第二天,再过烟烘焙,火候不要过大,过大就会导致外面肿胀颜色很黑。还不要被烟熏了,烟熏了就会失去香味而带焦味。用温火就可以了。火的强弱,要看锫的厚薄而定。如果锫是厚的,那就用十到十五的火;如果是薄的,就用六到八成的火候,火候够了之后,再过汤去色。出色之后,放进密室里面,赶紧用扇子扇风,这样颜色就自然变得很光洁了。""研茶的器具,用木杵、瓦盆为好,分团过滤的水,都有一定的规定。胜雪、白茶这样的好茶用十六的水,拣芽这样的茶叶用六分水,小龙凤用四,大龙凤用二,其余都用十二。十二水往上的,研一团。从六水往下的,研三到七团。每次用水来研的时候,必须等到水干茶熟了才行。水不干,茶就不会熟,看起来就显得不够均匀,煎试的时候很容易会有沉淀。所以研的器具必须是强有力的东西。这是天下一样的道理,哪有不长胡须就成人的呢?先有北苑的茶叶,然后才有龙井的水。龙井的水清澈甘甜,昼夜酌之都不会干涸,北苑制茶都用它。此泉水比蜀江的水好,井水不可能有这么好,不要不相信。"

姚宽在《西溪丛语》中说:"建州焙茶的地方面向北方,所以叫北苑。有一眼泉水特别的清淡,被称为御泉。用这个池子里面的水泡茶,就会破坏茶叶的味道。只有龙团胜雪、白茶两种可以,被称为水芽。先蒸然后再挑拣。每一片茶芽先去掉外面的两片小叶子,那就是被叫作乌蒂的东西。然后又取出两片嫩叶子,叫作白合。小心地将茶芽放置在水里,被称为水芽。聚多一点,就研制成两种,就是龙团胜雪和白茶。最好的茶,都是从这里出产的。每铸计算工价差不多二十千,其他的都是先挑拣然后再蒸研,越来味道越差。茶叶有十纲,第一纲第二纲太嫩了,第三纲最好,从第六到第十纲,小团到大团为止。"

黄儒在《品茶要录》中记载:"制茶在惊蛰前开始,采下的芽像鹰爪一样细小。开始制造的时候叫试焙,又叫第一火,后面的为二火。二火的茶叶,已经比一火的差了。所以市场上的茶叶,只有在三火以前出来的茶叶才是最好的。尤其喜欢有一点点冷,气候虽阴冷但还

(元)龙泉窑贴花龙凤纹盖罐

不至于冻的时候。芽出的时候最畏惧风霜,有的在一火二火遇到了风霜,到了三火霜已经没有了,那么三火的茶叶就要好一些。天晴太阳还没出来,茶芽吸收养分而渐渐生长,采摘的人要仔细挑选。只要是试制的时候颜色显得很鲜白的,都是因为经历过薄雾,最佳时机采摘的。有的在雨水多的时候制作,颜色就会显得昏暗,或者说气候非常炎热,采摘人的手汗沾染在上面,摘下来的就不大干净,虽然制造出来的很多,也都是很普通的茶叶。试的时候如果颜色不是鲜白的,水脚有一点泛红,这是因为时间太长的毛病。""开始采摘茶芽很少,不过刚好装满筐子罢了,都是为了要趋时争新的缘故。采摘回来以后就蒸,蒸了之后再研,如果没有蒸熟的话,即使是精芽也会受损。如果试的时候带有桃仁气息,那就是没有蒸熟的毛病。只有正好熟了的味道才显得甜美。""蒸芽要看火气,不可以不谨慎注意。试的时候如果颜色泛黄而且有很大的粟纹的,这是因为太熟的毛病,然而过熟比不熟要好,甘甜和香味要强一些。所以君谟谈论颜色,认为青白比黄白好。而我说论味道,黄白比青白好。"

"蒸茶的时候不可以时间太长,时间长就过熟,容易导致水干了出现焦

中华茶道

烂的气味。蒸茶的人灭火加水来弥补,是导致蒸坏而使茶叶变黄的重要原因。试的时候颜色昏暗,气味有些焦恶,都是蒸烂的缘故。建人称它为热锅气。”“茶本来是用茶芽上棬模来制作的。既然出了棬模就应该放在圈上去烘焙,用火的时候务必要使它全部变热,再将茶叶覆盖在它的上面,使它的中间变空,以便透出火气。但是茶民不喜欢用实炭,称为冷火。新茶饼带有湿气,急于弄干出售,所以用火常常带有火焰。火焰过大,如果稍微没有照看好的话,肯定会导致熏坏茶叶。如果试的时候颜色是昏红的,那是因为没有烘焙好的缘故。”“茶叶先呈黄色而后又变得很阴润的,那就是榨的不干了。榨的时候应该将它的膏去尽,膏尽就像干竹叶一样。有人只表面弄得干并不榨干,以便于多卖钱。试的时候,如果它的颜色虽鲜白,但带有苦味,这是因为不干的原因。”

“茶的颜色干净鲜明,那么香气和味道都好。所以采摘上好茶叶的人,常常是在半夜的时候顶着云雾而出,或者在瓷罐里面灌上新汲的泉水放在胸前,采摘了之后立即放进水里,这是为了保持它的新鲜。如果等到太阳出来阳光照射,茶芽暴长,加工不及时,采摘来的茶芽已经陈放而来不及去蒸,蒸了又赶不上研,研了之后又要等到第二天再制作,试茶时颜色不鲜明,味薄带有臭蛋味,那是因为压黄了的缘故。”“茶叶中的精品,称为斗、亚斗,其次拣芽、茶芽,斗品虽然最好,一个园户或许只有一棵。所以说天材之间也有差异,不能都是这样。而且物体的变化无常,而人的耳朵和眼睛能力有限,所以制作出斗品的人家,有以前好而今天差,前面不好而后面要强一些的。虽然人的力量有的能达到,有的不能,这也是造化推移而不能够改变的。他们制造时候的一火为斗,二火为亚斗,也不过十几铸而已。拣芽就不是这样了,那就是在整个园子里面选择其中的精英。其间或有一味贪多,又为加重颜色,把白合、盗叶掺杂在里面。试茶时如果颜色鲜白而味道苦涩清淡,就是其中掺杂有白合、盗叶的缘故。”[凡是像鹰爪那样的小芽,有两片很小的叶子合抱在一起生长的,就是白合了。新的枝条和叶子开始生长出来的时候是白色的,就是盗叶。制造拣芽的人,只是拣取中间的鹰爪,连白合都不用,何况是盗叶呢?]"任何东西里面都不可以掺假,何况是饮食之物,那就更加不可以了。茶中如果有其他的杂草,建人称之为入杂。茶中有加入柿叶的,一般的品种有放入桴槛叶的,两种叶子容易混淆,又能够滋润颜色,茶民就这样欺售而多得利。如果没有粟纹而且不甘香,杯子的水面浮散,就像是微小的细毛一样,或者像天上的星星一样的,都是加入了杂质的缘故。善于品茶的人,将茶杯侧过来看,加入的多少,由此就都可以知道了。所有的品种里面都有掺假,即使列入銙茶的,也或许有。"

(明)刘俊《雪夜访普图》

《万花谷》:"龙焙泉在建安城的东面凤凰山上,又叫御泉。北苑制造贡茶,茶芽细小如针。用这里的水研造,每片计工钱四万分。如果它的颜色白的像乳的话,那就是最好的了。"

《文献通考》中记载:"宋朝的人制造茶叶有两种,分为片和散。所谓片,就是龙团旧法;所谓的散,就是不蒸自干,就像今天的茶叶一样。这样才知道从南渡之后,茶叶以不蒸才算好。"

《学林新编》:"好的茶叶,造在社前;其次在火前,就是寒食节的前面;再次就是雨前,就是谷雨节的前面。唐僧齐己有诗说:高人爱惜藏岩里,白甄对题封火前。所说火前,那是因为他不知道社前的是最好的。唐人于茶来说,虽然有陆羽的《茶经》,然而里面的观点也不太精确。到了本朝蔡君谟的《茶录》,论述就很精通了。"

《苕溪诗话》中说:"北苑,是官府焙茶的地方,漕司每年都要向皇上进贡;壑源,是私自焙茶的地方,那里的人也将它用来进贡,但是那是次要的。

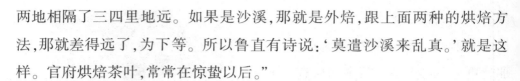
两地相隔了三四里地远。如果是沙溪,那就是外焙,跟上面两种的烘焙方法,那就差得远了,为下等。所以鲁直有诗说:'莫遣沙溪来乱真。'就是这样。官府烘焙茶叶,常常在惊蛰以后。"

朱翌在《猗觉寮记》中记载:"唐代制造茶叶跟现在不同,现在采茶的人采茶后立即蒸熟再焙干,唐代的时候则是即采即炒。刘梦得《试茶歌》中说:'自傍芳丛摘鹰嘴,斯须炒成满室香。'又说'向阳的山崖和背阴的山岭不一样,不如竹子下面长满苔藓的地方。'生长在竹林间的茶叶最好。"

《武夷志》中记载:"通仙井在御茶园里面,水特别甘洌,每当制造茶叶的时候,井水就会自然溢满,以便使用。"

《金史》中记载:"泰和五年的春天,废除了造茶的限制。"

张源在《茶录》中说:"茶的妙处,在于开始制造时候的精良,贮藏得当,泡茶的方法得当。好坏最重要的是开始的时候,清浊关键是在后面的火上。""火烈就有清香,能够防寒祛除疲劳;火大容易烘焦,柴小失去翠色;时间长就太熟,时间短还是生的;熟了就会泛出黄色,生的就呈现黑色。带白点没关系,一点不焦的最好。""储藏茶叶的地方千万不要在风口、靠近火的地方。通风容易致冷,靠近火容易使茶变黄。应该放置在我们经常坐卧的地方,靠近人气,就会保持温热而不寒冷。必须是板房,不适合土房子。木板房子温暖干燥,土室里面潮湿蒸热。而且还要透气,不要放在过于隐蔽的地方,那样不仅容易潮湿,而且还容易忘记查看。"

谢肇淛《五杂俎》:"古代的人造茶,大多数将它舂细,然后再蒸。唐代诗中的'家童隔竹敲茶臼'说的就是这个。到了宋朝的时候才开始用碾。将它揉在一起烘焙,那是从本朝才开始的。但是揉的茶,恐怕没有细末经得住收藏。""现在造茶团的方法没有留传下来,而建茶的质量,也远远在吴会其他品种之下。其武夷、清源两种,虽然能与那些上好的品种相抗衡,然而所产不多,十之八九是假货,所以才让它的身价萎靡不振。"福建的方山、太姥、支提,都出产好茶叶,而制造不得,所以名气还没有传播出去。我曾经经过松萝,遇见一个制茶的和尚,询问他的诀窍,他说:'茶叶的香味,本来相差并不太多,只是烘焙的时候火候特别难以把握。茶叶尖部太嫩,而蒂部却老。到火候调和的时候,尖部已经焦枯,而根部还没有熟。两者掺杂在一起,茶叶怎么会好呢?'制造松萝的时候,每片叶子都要剪它的尖部和蒂部,只留下它中间的部位,这样茶就是一样的了。只是在刀工方面过于繁琐,所以价格就很高。闽人急于卖出赚钱,每斤不过卖百钱,怎么会去费这么多的周折呢?如果价格太高,那就可能没有人来买。所以近来建茶一直不好。"

罗廪在《茶解》中说:"采茶和制茶的时候,最忌讳手上有汗水,身体有异味、口臭、多鼻涕,不干净的人和月经期妇人,更忌讳酒气。这是因为茶和酒的性质不合,所以采摘茶叶制茶,最忌讳的就是喝醉了酒。茶容易沾染其它的东西,所以无论是腥秽还是有其他异味的东西都不适合于接近,即使是很著名的香也不适合靠近。"

许次杼在《茶疏》中说:"岕茶不是夏天之前不要采摘。最初开始采摘的时候,被称为开园,采摘到正夏的时候,就称为春茶。如果那里的气候稍微冷一点的话,那就需要等一段时间。但是又不要犯太迟的毛病。以前没有在秋天采摘的,近几年开始有了。七八月的时候再采摘一次,被称为早春,它的质量很好,不过就是有点少。有的山上为了追求利益,大多去摘梅茶,这是因为它在梅雨的时候采摘的缘故。梅茶有些苦涩,而且会影响秋天采摘,好的品种要忌讳摘梅茶。开始采摘的茶叶,香气没有完全散发,必须要借助火力使它的香气散发出来。然而茶叶的本性耐不住劳顿,炒的时间不应该过长。如果放太多在锅里,那样手上用的力气就不均匀。放在锅里面的时间过长,造成过熟香气就散尽了。炒茶的锅最忌讳的就是新铁。必须准备一口锅专在炒茶的时候用,不能炒别的东西。又有的说经常煮饭的最好,既没有铁的腥味,也没有油脂的腻味。炒茶用的柴火,只能用树枝,不能用干叶子。因为干容易导致火力过猛,叶子容易产生火焰、很快燃烬。锅必须要洗干净再炒。一锅里面,只能放进四两,先用文火将它炒软,然后再用武火来催化。用手加木指快速翻炒,到半熟为止,有一点香味散发出来,就已经到了火候了。""清明的时候太早,立夏又太迟了,谷雨的前后,时间刚

好适中。如果再迟一两天的话，等它的气力足够、香气更好的时候，就适合于收藏了。""将茶叶藏在庋阁的里面，它的底部用砖垫上几层，四周用砖围起来，就像火炉一样，越大越好，不要靠近土墙。把瓮放在它的上面，随时将灶下的灰弄掉，等冷却了之后放在瓮的旁边。半尺以外，仍然时常用火灰围起来，令里面的灰能够长期保持干燥，以避免风和潮气。却千万不能让火气进入瓮里面，这样能使茶叶变黄。日常要用的茶，储存到小磁瓶里面，也应该用箬叶包起来，千万不要见到风。而且适宜于放在案头，不要接近有气味的物体，也不可以用纸包。因为茶的本性很怕纸，纸是从水中来的，所受的水气很多。在纸里面裹了一个晚上，茶叶的味道就没有了，如果再烘焙一次，一会儿就变潮了。雁宕等山的茶叶，首先容易患上这个毛病。纸贴在了它的上面，还怎么能变的好呢？""茶叶的味道很清淡，而且性质很容易转变，贮藏的方式喜欢温暖干燥而讨厌冷湿，喜欢清凉而讨厌蒸热，喜欢清淡而忌讳香气。用火烘焙了之后收藏，不能用太阳去晒。大家多用竹器来装茶，虽然加上了竹叶来保护，但是竹叶有力道，不怎么伏帖，风和湿气容易侵入。至于放在地炉中，那就千万不可以了。有的人用竹器来装茶，放在笼中，用火就会变黄，没有火就会潮，千万不要！千万不要！"

闻龙《茶笺》："曾经考证《茶经》，里面详细介绍焙茶的方法。我认为现在不必完全用这个方法。我造了一个用来烘茶的房间，高不超过一寻，长不过一丈，纵深和长相同。四周以及顶部用绵纸糊得很细密，没有一点缝隙。放了三四个火缸在里面，把新的竹筛放在缸里面，预先洗一片新的麻布放在上面，将所炒的茶叶散放在上面，关上窗户来烘焙。上面不能盖上东西，因为茶叶还很湿润，一旦盖上就会导致气息不通、颜色变黄，必须烘焙两三个小时，等到湿润的气息尽了的时候，然后再在上面盖上竹箕，烘焙的非常干的时候取出，等冷了之后放进器具里面。收藏之后再加以烘焙，也用这个办法，那么香气和味道都没有太大的变化。""各种名茶大多用炒，只有罗岕适合于蒸焙，味道蕴藉在里面，世上的人都很珍惜它。即使顾渚、阳羡、密迩洞山，不仿照此法。我想这种方法只适宜于岕茶吧，不可把它使用在其他的茶叶上面。然而《茶经》上已经说了：'蒸之焙之'，那么这种说法已经有很长时间了。""吴地的人特别重视芥茶，往往将黑色的竹叶夹杂在里面，这是有大错的。我每次收藏茶叶的时候，一定要让年轻的樵民到山里面去采摘箭竹的叶子，擦拭干净然后烘干，护在茶缸的四周，留一半剪细了拌进茶叶的里面，过了一年再来打开，还像新的时候一样青翠。""吴兴的姚叔度说，茶如果多烘焙一次，香味就会减一次。我验证之后果然是这样。但是开始烘焙的时候，烘焙的特别干燥，多用炭和竹叶，想办法牢固封存，即使下了很长时间的雨，仍然显得非常干燥。只有频频打开坛子来取，才容易使它变得潮湿，不得不再次烘焙了。从四月到八月，最容易发生这样的事情。九月以后，天气渐渐干爽，就不怕打开了，虽然是这样，如果不经常开取的话那就更好了。""炒茶的时候需要一个人在旁边扇风，以便于祛除热气，否则茶的颜色和香味都会受到损害，这是我亲自试验过的。扇了的话，颜色显得青翠，如果不扇的话颜色就是黄的。炒好出锅之后，放进大的瓷盆里面，仍然需要用力地扇，这样就会让热气能够稍微消退一些。再用手揉它，然后放入锅里面，用文火干炒。如果揉的话那么它就容易上浮，倒水的时候香味就容易散发出来。田子艺认为生晒不炒不揉的最好，这个办法还没有试过。"

《群芳谱》中说："用花来拌茶，显得很别致。像梅花、木樨、茉莉、玫瑰、蔷薇、兰花、蕙、金橘、栀子、木香这些，都适合入茶。应当在这些花的香气很全的时候摘下来拌在一起，三份茶叶，一份花，收起来放在瓷罐里面，一层茶叶一层花相隔着填满，用纸和竹片封好放进干净的锅里面，再放进汤里面去煮，取出来等冷却之后，再用纸封裹起来，放在火上焙干贮存起来待用。但是上好的细芽茶，不必用花香，这样反而会夺走它本来的味道。只有平常的茶叶才适合。"

《云林遗事》中记载："莲花茶：生长在池沼里面，在早饭之前、太阳刚刚出来的时候选择稍微绽放的莲花蕊，用手指拨开，将里面放满茶叶，用麻丝捆扎起来。过一夜，第二天早上和花一起采摘，用茶叶纸包起来晾晒，如此反复三次。用锡制的罐子装起来，把口封好收藏。"

邢士襄《茶说》："带着露水又没有云,是采摘的最好时机。太阳出来很暖和,是采摘差一点的时候。太阳被云遮住的阴天,不知道是否适合。"

田艺衡《煮泉小品》里记载："茶芽用火做的还不算好,晒干的最好,也更接近于自然的本色,而且没有烟火的气息。况且工人的手和器具不干净,火候不合适,都能破坏茶叶的香味和颜色。生晒的茶叶放在瓯里面,那样旗枪就显得舒畅,青翠鲜明,又香又干比火炒的好,更加可爱。"

(宋)磁州窑划花缸

《洞山茶系》："岕茶采摘下来烘焙的时间定在立夏后的三天,如果是阴雨又需要多几天。世人都说"雨前真岕",或者并不知道有关茶的事情。茶园开了之后,到山里面卖草枝的,每天不少于两三百石。山里的农民收下来,用假来乱真。谨慎的人家亲自去看护,采摘和烘焙的时候看视的很严格,多半能够得到真正的茶叶。人们竞相用高价来买,一家不过两三斤。近来有采摘嫩叶而去掉叶尖和叶蒂的、抽出细筋来烘焙,也被称为片茶;如果不去掉尖和筋,炒了之后再烘焙,就会干枯得像叶子一样,被称为摊茶,也很少见。还有等茶市快完的时候,采摘剩余的叶子来烘焙,又叫修山茶,虽然香味很足但是颜色却显得很老,就像现在各地所卖的岕片,大多是南岳的片子,可以把它叫作"骗茶"了。通常有很多茶叶商人等着购茶,本岕也没有办法得到。哎!怎么对得起陆龟蒙在九京的时候,跟之赓作《茶人》诗呢?茶人都有卖钱的心理,现在我们只能仰望着真茶而已。所以我在烦闷的时候,就念着姚合的《乞茶诗》过去了。"

《月令广义》中说:"炒茶的时候一锅不能超过半斤,先干炒,而后再在上面洒水,用布卷起来揉做。""挑出干净的茶叶稍微蒸一下,等到颜色变了再摊开,扇去湿热之气。揉好之后,再用火烘焙干净,用竹叶包起来。有人说:'会蒸不如会炒,会晒不如会烘焙。'盖茶叶炒后烘焙是最好的。"

　　《农政全书》说："采茶在四月。嫩茶对人有益,太过粗糙对人有损害。茶的作用在于祛除内脏里面滞留的东西,让人少睡消除疲劳,功劳可大了。如果采摘贮藏不讲方法,碾细煎煮又没有把握好分寸,即使是建茶、浙茗,也只能做很平常的品种。这种制作方法,真应该多讲。"

　　冯梦桢在《快雪堂漫录》中记载:"炒茶的锅应该干净,茶叶要少,火势要猛烈,用手去拌炒,等它软了的时候取出来摊开,放进匾里,稍微用手揉揉。揉去已经变焦的茶梗,冷定之后再炒,炒到完全干燥为止。之后不要立即就放进瓶子里面,放置在干净远离潮湿的地方。一两天之后再放进锅里面去炒,等干燥、冷却之后再加以收藏。""贮藏茶叶的瓶子,先用水煮过烘干,将烧红的栗炭放进里面,盖上之后使它变黑。去掉炭和灰,倒入一半茶叶,将冷炭放进去,再放茶叶,快满的时候再装进干竹叶塞实,用很厚的纸封住瓶口。再包上干燥没有气味的砖石压在上面,放在干燥通风的高处,不能靠着墙壁以及有泥土的地方。"

　　屠长卿《考盘余事》中记载:"茶叶适合用竹叶而害怕香叶,喜欢温暖干燥而怕又冷又湿的地方。所以收藏的办法,先在清明的时候收买一些竹叶。拣最青的预先烘焙干燥,用竹丝编制起来,每四片编成一块,留着待用。又买宜兴新坚可容纳十斤以上茶叶的大瓶,洗干净烘干备用。山中采焙过的茶叶,回来再烘焙一次,去掉里面的茶籽、老叶、梗屑以及焦枯的东西,用大盆装着生炭,放在灶里面敲细之后点火,红火既不生烟,又不容易火过大。把火放在茶焙下面烘焙,大约一次烘焙两斤。另将炭火放进大炉里面,将瓶架在上面,烘到干燥的时候为止。先用编好的竹叶放在下面,茶叶烘焙干燥以后,扇冷才放进去。茶叶的干燥以捻起成为粉末为标准。边焙好边立即放进里面,满了之后将竹叶覆盖在茶叶的上面,每一斤茶叶大约需要用二两竹叶。瓶口用尺八大小干燥的纸封紧,大约有六七层,压上一块白色的木板,也取烘干了的。然后在明朗而干净的室内藏在高阁的上面。用的时候用干燥的宜兴的小瓶子、大约可以放进四五两茶叶的,另外贮存。取用之后立即包起来整理好。夏至以后三天再烘焙一次,秋分以后三天又焙一次,重阳以后三天又焙一次,连山中一起总共焙了五次。从此以后直到新茶到来的时候,颜色和味道都始终如一。如果瓶子里的茶不满,要用干燥的竹叶填满,存放很久也不会潮湿。""还有一个办法,用中坛盛茶,一瓶大约有十斤。每年烧稻草灰放进大桶里面,将茶瓶放进大桶,将桶的四周填上灰,瓶子的上面用灰筑实。用的时候拨开灰打开瓶子,取出少量的茶叶,仍然封上茶瓶盖上灰,那就

(宋)吉州窑奔鹿纹盖罐

再也没有蒸坏的顾虑了。第二年再换上新灰。""还有一个办法,在空楼中悬上一个架子,将茶瓶的口朝着下面放,那样就不会受到蒸热。因为蒸热的气息是从上往下走的缘故。""采茶的时候先自己带锅进山,另外租用一间房子,挑选采茶技术非常好的工人,用双倍的工价雇佣。注意不要用手搓摩,不要使茶叶生硬,避免过焦,慢慢炒干燥了之后,扇冷了再贮藏到瓶中。""采的茶不能过细,太细茶芽刚长出来味道还不足;不能太青,青就说明叶子已经老了味道欠嫩。必须要在谷雨的前后,找梗带叶子的成梗,微绿色团状而且很厚的最好。天色晴明的时候采摘才好。像闽广岭南多有瘴疠之气,必须等到太阳出山,雾瘴之气散尽之后,才可以采摘。"

冯可宾《岕茶笺》:"茶叶,雨水之前还没有生长完全,夏至之后梗叶就显得太粗了,所以以细嫩的为好。必须等到春夏交替,风和日丽的时候,晚上的露水刚开始收敛,亲自采摘到篮子里面。如果是在烈日下,应该防止篮子里面太过蒸热,又需要用伞遮盖,到家之后立即倒进干净的匾里摊开,仔细挑出枯枝、病叶、蛸丝、青牛这些东西,一一去掉,才可以称为干净。""蒸茶需要观察叶子的老嫩,来决定蒸的时间的长短,以皮梗破碎而颜色带一点赤红为度。如果太热,那就不新鲜了。锅内的水必须时常更换,因为热水能够夺掉茶叶的味道。"

陈眉公《太平清话》中记载:"吴地的人在十月的时候采摘小春茶,此时

不光花枝逗漏，而且日光晴暖。因为此时错过，就是霜凄雁冻，不堪忍受了。"

眉公说："采摘茶叶应该精细，贮藏茶叶应该干燥，烹制茶水应该清洁。"

吴拭说："山中的采茶歌凄清委婉，声音悠长，仿佛声音是从云际中飘来的，未尝不让人潸然泪下。即使是吴歌也不能让人这样感动。"

熊名遇在《岕山茶记》中说："要将茶叶贮存在器具里面，需先用生炭火煅烧瓶子，在烈日中间晒过，火灭后，再将茶叶倒在里面，封好瓶口，在上面压上新砖块，放在高爽接近人的地方。下雨天的时候千万不要打开，必须要等到天晴的时候再开取。取茶后瓶子不满，应当用竹叶填满，像以前一样封闭起来，这样才能使茶保持的时间更为长久。"

(明)德化窑白釉带把八棱瓷杯

《雪蕉馆记谈》："明朝玉珍、子升，在重庆取涪江青蟆石来当茶磨，让宫里的人以武隆雪锦茶碾，加进大足县香霏亭的海棠花来烘焙，焙出的茶味道比平常的茶好得多。海棠本来没有香味，只有这个地方的海裳花香，用它来焙茶尤其好。"

《诗话》："顾渚有涌金泉，每年造茶的时候，太守先祭拜，然后水才开始冒出来。造完了贡茶之后，水就变少了，到了供堂的茶造完了的时候，水流已经减少了大半，太守造好茶后，水就变得干涸了。北苑的龙焙泉也是这样。"

《紫桃轩杂缀》中说："天下本来有好茶，却被普通人加工坏了；有好的山水，却被凡夫俗子玷污了；有好的子弟，却被平庸的老师教坏了。真是无可奈何啊！""匡庐的山顶出产茶叶，在云雾缭绕的衬托下，特别有韵致。而和尚烘焙的技术太糟糕，泡出茶来像红卤，哪里还能有好茶呢？戊戌的春天在东林住了一段时间，同门的董献可、曹不随、万南仲亲手烘焙茶叶，有'浅碧从教如冻柳，清芬不遣杂花飞'的句子。制成了之后，色香味特别的好。"

"顾渚是前朝茶叶中著名的品种,正是用采摘初芽的方法加以制造,所谓的'罄一亩之入,仅充半环',取的多是精华,自然美妙。今天众多的茶叶之中,就像菜蔬一样,哪有出色的呢?""金华仙洞与闽中的武夷,都是很好的材料,结果却被烘焙坏了。""埭头的本草卖溪庵施舍的品种,近有苏焙的人,以颜色稍青为由,也就混同一般的价格了。"

《岕茶汇钞》中记载:"岕茶叶不炒,放在甑中蒸热,然后再烘焙。这是因为它摘取的比较迟,枝叶有一点老,炒了之后不能变软,只是变得枯碎了而已。也有一种细炒岕茶,是别的山上炒焙的茶叶,用来欺骗好奇的人的。岕中的人爱惜茶叶,绝对不忍心采嫩叶而伤了树的根本。我认为其他山采茶,也应该像岕茶一样摘迟一点蒸老一些,似乎也没有什么不可以的。但是没有经过尝试,不敢随便乱说。""茶叶在雨水前刚刚出来的为最好,只有罗岕在立夏的时候开园。吴地所尊崇的叶子粗厚的,有竹叶的气息,还是在立夏前六七天的时候出的。像雀舌这样的品种,最不容易得到。"

《檀几丛书》:"岳南的贡茶,是天子所用的,不敢买来品用。县官选好贡期在晴明的时候到山里面去祭祀,这才开始开园采造。像松萝、虎丘颜色和香味很丰美,自然是天家清供的,起名片茶。开始的时候也是按照岕茶的制作方法,万历年间丙辰的时候,和尚稠荫游览到松萝,才开始仿制为片。"

冯时可在《滇行记略》中记载:"云南城外的石马井水,跟惠泉没有什么区别,感通寺的茶叶不比天池、伏龙茶差,只是这里的人不善于焙制罢了。徽州松萝以前也没有听说制茶,偶尔虎丘有一位僧人到松萝庵,按照虎丘的方法焙制,才开始让天下的人喜欢松萝茶。只是遗憾这里的泉水没有碰到陆羽,这里的茶叶没有遇上虎丘和尚啊!"

《湖州记》:"长兴县城啄木岭的金沙泉,唐朝的时候是每年制造茶叶的地方。在湖、常两郡交界的地方,泉水在沙中,经常没有水。要造茶的时候,两郡的太守都到了,举行仪式,拜祭泉水,立刻就发出了水源。其夕清澈溢出,供御用完毕之后,水随即就减少,等供堂的用完,水已经只有一半了;太守造茶完了之后,水就干了。太守或者还旃祈祷,就会出现风雷这样的变化，或者见到了惊蛰的野兽、毒蛇、木魅、阳眣这类的东西。商家也多半用顾渚的水来造茶，没有沾染金沙的。今天的紫笋，就是用顾渚水来制造的，也很不错。"

高濂《八笺》："储藏茶叶的方法，是将箬竹叶封裹起来放进茶焙中，两三天一次，火的温度应该像人的体温，而湿气自然就去掉了。如果火太大的话，茶叶就会变得焦枯而不可以食用。"

(明)陈洪绶《高贤读书图》

陈眉公《太平清论》记载："武夷劳峁、紫帽、龙山都出产茶叶。和尚不善于烘焙，采了以后先蒸而后才烘焙，所以颜色中含有很多紫赤的成分，只能供宫里面洗漱用了。近来有用松萝的办法来制造的，试了之后，颜色和香味也很充足，但十几天过后仍然和以前一样紫赤。原来制茶的是几个当地和尚，告诉他们三吴的方法，转转相效仿，又恢复了原来的样子。就必须像以前的人说的弹琵琶的方法一样，让他很多年都不接近，完全忘掉以前的方法，然后用三吴的方法来做，或许还行。""徐茂吴说：'把茶叶放在瓮的底下，把竹叶放在瓮口，封闭之后倒放起来，夏天过了也不会变黄，它的气味也不会往外泄露。'子晋说：'应该倒放在有盖的缸里面。缸应该是砂底，那就不会发潮而干燥。密封起来储存，不适合见到太阳，见到太阳就容易出毛病而味道有损害。储藏又不适合放在很热的地方。新茶不适合立即就用，储藏进了黄梅季节，它的味道才好。'"

张大复《梅花笔谈》："松萝的香味很浓郁，庙后茶味道清淡，顾渚的香气扑鼻，牙颊间感受不同，很长时间都不能忘记。然而茶精妙的地方在于制造，大凡天下地道的产品，性质都很相似，而习性却不同。我深夜的时候醉

酒,于是打开张震封所留的顾渚,连喝几杯就清醒了。"

宗室文昭《古瓻集》:"桐花味道很清新,因此将它的花拿来熏茶,称为桐茶。有"长泉细火夜煎茶,觉有桐香入齿牙"这样的句子。"

王草堂《茶说》:"武夷的茶叶从谷雨的时候采摘到立夏,被称为头春。大约过了二旬之后再采摘,就称为二春。又隔二旬再采摘,称为三春。头春的茶叶粗壮味道浓,二春三春的茶叶渐渐变细,味道渐渐变淡,而且带有苦味。夏末秋初的时候又采摘一次,名为秋露,香气更加浓烈,味道也更好了,但是为了来年打算,可惜不能过多地采摘。茶叶采摘下来之后,均匀地铺在竹筐上面,架在风口之中,叫晒青。青色渐渐变淡,然后再加以炒焙。阳羡的芥片只蒸而不炒,用火烘焙而成。松萝、龙井都是用炒而不用烘焙,所以颜色很纯。只有武夷的茶叶有烘焙和炒两种方式,烹制出来的时候半青半红,青的是炒的颜色,红的是烘焙而成的颜色。采摘茶叶要摊开,摊开之后要搵,香气散发出来之后立即就炒,过了或者不及时都不可。炒了或者烘焙了之后,再拣去其中的老叶和枝蒂,使茶的品质成为一样的。释超全诗中说:'如梅斯馥兰斯馨,心闲手敏工夫细。'形容很贴切。"

王草堂《节物出典》:"《养生仁术》中说:'谷雨的时候采摘茶叶,炒制和贮藏的方法得当,能够去痰和治疗百病。'"

《随见录》:"茶叶见了太阳就会失去它的味道,只有武夷的茶叶喜欢日晒。""武夷制造茶叶,岩茶以寺庙里所制造的最为得法。把茶叶采摘回来后时候,逐片挑出背上有白毛的,另外炒焙,称为白毫,又叫寿星眉;采摘刚开始发出的茶芽,一旗没有展开的,被称为莲子心;和二寸长的枝条一起剪下来烘焙的,被称为凤尾或龙须。要是和这样的方法不一样,就是为了欺人谋利,实在是不足取的。"

四、茶之器

【原文】

《御史台记》："唐制御史有三院：一曰台院，其僚为侍御史；二曰殿院，其僚为殿中侍御史；三曰察院，其僚为监察御史。察院厅居南。会昌初，监察御史郑路所茸礼察厅，谓之松厅，以其南有古松也。刑察厅谓之魇厅，以寝于此者多梦魇也。兵察厅主掌院中茶，其茶必市蜀之佳者，贮于陶器，以防暑湿。御史辄躬亲缄启，故谓之茶瓶厅。"

《资暇集》："茶托子，始建中蜀相崔宁之女，以茶杯无衬，病其熨指，取楪子承之。既啜而杯倾。乃以蜡环楪子之央，其杯遂定，即命工匠以漆代蜡环，进于蜀相。蜀相奇之，为制名而话于宾亲，人人为便，用于当代。是后传者更环其底，愈新其制，以至百状焉。""贞元初，青郓油缯为荷叶形，以衬茶碗，别为一家之楪。今人多云托子始此，非也。蜀相即今升平崔家，讯则知矣。"

《大观茶论·茶器》："罗、碾。碾以银为上，熟铁次之。槽欲深而峻，轮欲锐而薄。罗欲细而面紧。碾必力而速。惟再罗，则入汤轻泛，粥面光凝，尽茶之色。""盏须度茶之多少，用盏之大小。盏高茶少，则掩蔽茶色；茶多盏小，则受汤不尽。惟盏热，则茶发立耐久。""筅以筋竹老者为之，身欲厚重，筅欲疏劲，本欲壮而末必眇，当如剑脊之状。盖身厚重，则操之有力而易于运用。筅疏劲如剑脊，则击拂虽过，而浮沫不生。""瓶宜金银，大小之制惟所裁给。注汤利害，独瓶之口嘴而已。嘴之口差大而宛直，则注汤力紧而不散。嘴之末欲圆小而峻削，则用汤有节而不滴沥。盖汤力紧则发速有节，不滴沥则茶面不破。""勺之大小，当以可受一盏茶为量。有余不足，倾勺烦数，茶必冰矣。"

蔡襄《茶录·茶器》："茶焙，编竹为之，裹以箬叶。盖其上以收火也，隔其中以有容也。纳火其下，去茶尺许，常温温然，所以养茶色香味也。""茶笼,茶不入焙者,宜密封裹,以箬笼盛之,置高处,切勿近湿气。""砧椎,盖以碎茶。砧,以木为之,椎则或金或铁,取于便用。""茶钤,屈金铁为之,用以炙茶。""茶碾,以银或铁为

（宋）鎏金银荷花托盏

之。黄金性柔,铜及鍮石皆能生鉎［音星］,不入用。""茶罗,以绝细为佳。罗底用蜀东川鹅溪绢之密者,投汤中揉洗以罩之。""茶盏,茶色白,宜黑盏。建安所造者绀黑,纹如兔毫,其坯微厚,燲之久热难冷,最为要用。出他处者,或薄或色紫,不及也。其青白盏,斗试自不用。""茶匙要重,击拂有力。黄金为上,人间以银铁为之。竹者太轻,建茶不取。""茶瓶要小者,易于候汤,且点茶注汤有准。黄金为上,若人间以银铁或瓷石为之。若瓶大啜存,停久味过,则不佳矣。"

孙穆《鸡林类事》:"高丽方言,茶匙曰茶戌。"

《清波杂志》:"长沙匠者,造茶器极精致,工直之厚,等所用白金之数,士大夫家多有之,置几案间,但知以侈靡相夸,初不常用也。凡茶宜锡,窃意以锡为合,适用而不侈。贴以纸,则茶味易损。张芸叟云:吕申公家有茶罗子,一金饰,一棕栏。方接客索银罗子,常客也;金罗子,禁近也;棕栏,则公辅必矣。家人常挨排于屏间以候之。"

《黄庭坚集·同公择咏茶碾》诗:"要及新香碾一杯,不应传宝到云来。碎身粉骨方余味,莫厌声喧万壑雷。"

陶谷《清异录》:"富贵汤当以银铫煮之,佳甚。铜铫煮水,锡壶注茶,次之。"

《苏东坡集·扬州石塔试茶》诗:"坐客皆可人,鼎器手自洁。"

《秦少游集·茶臼》诗:"幽人耽茗饮,刳木事捣撞。巧制合臼形,雅音伴枳栚。"

《文与可集·谢许判官惠茶器图》诗:"成图画茶器,满幅写茶诗。会说

工全妙,深谙句特奇。"

谢宗可《咏物诗·茶筅》:"此君一节莹无瑕,夜听松声漱玉华。万里引风归蟹眼,半瓶飞雪起龙芽。香凝翠发云生脚,湿满苍髯浪卷花。到手纤毫皆尽力,多因不负玉川家。"

《乾淳岁时记》:"禁中大庆会,用大镀金整,以五色果簇钉龙凤,谓之绣茶。"

《演繁露》:"《东坡后集二·从驾景灵宫》诗云:'病贪赐茗浮铜叶。'按今御前赐茶皆不用建盏,用大汤整,色正白,但其制样以铜叶汤整耳。铜叶色黄褐色也。"

周密《癸辛杂志》:"宋时长沙茶具精妙甲天下。每副用白金三百星或五百星,凡茶之具悉备。外则以大缨银合贮之。赵南仲丞相帅潭,以黄金千两为之,以进尚方。穆陵大喜,盖内院之工所不能为也。"

杨基《眉庵集·咏木茶炉》诗:"绀绿仙人炼玉肤,花神为曝紫霞腴。九天清泪沾明月,一点芳心托鹧鸪。肌骨已为香魄死,梦魂犹在露团枯。嫦娥莫怨花零落,分付余醺与酪奴。"

张源《茶录》:"茶铫,金乃水母,银备刚柔,味不咸涩,作铫最良。制必穿心,令火气易透。""茶瓯以白瓷为上,蓝者次之。"

闻龙《茶笺·茶镵》:"山林隐逸,水铫用银尚不易得,何况镵乎。若用之恒,归于铁也。"

罗廪《茶解》:"茶炉,或瓦或竹皆可,而大小须与汤铫称。凡贮茶之器,始终贮茶,不得移为他用。"

李如一《水南翰记》:"韵书无整字,今人呼盛茶酒器曰整。"

《檀几丛书》:"品茶用瓯,白瓷为良,所谓'素瓷传静夜,芳气满闲轩'也。制宜弇口邃肠,色浮浮而香不散。"

《茶说》:"器具精洁,茶愈为之生色。今时姑苏之锡注,时大彬之沙壶,汴梁之锡铫,湘妃竹之茶灶,宣成窑之茶盏,高人词客、贤士大夫,莫不为之珍重。即唐宋以来,茶具之精,未必有如斯之雅致。"

《闻雁斋笔谈》:"茶既就筐,其性必发于日,而遇知己于水。然非煮之茶灶、茶炉,则亦不佳。故曰饮茶富贵之事也。"

《雪庵清史》:"泉洌性驶,非局以金银器,味必破器而走矣。有馈中泠泉于欧阳文忠者,公讶曰:'君故贫士,何为致此奇贶?'徐视馈器,乃曰:'水味尽矣。'噫!如公言,饮茶乃富贵事耶。尝考宋之大小龙团,始于丁谓,成于蔡襄。公闻而叹曰:'君谟士人也,何至作此事。'东坡诗曰:'武夷溪边粟粒芽,前丁后蔡相笼加,吾君所乏岂此物,致养口体何陋耶。'此则二公又为茶败坏多矣。故余于茶瓶而有感。""茶鼎,丹山碧水之乡,月涧云龛之品,涤烦消渴,功诚不在芝术下。然不有似泛乳花浮云脚,则草堂暮云阴,松窗残雪明,何以勺之野语清。噫!鼎之有功于茶大矣哉。故日休有'立作菌蠢势,煎为潺湲声',禹锡有'骤雨松风入鼎来,白云满碗花徘徊',居仁有'浮花原属三昧手,竹斋自试鱼眼汤',仲淹有'鼎磨云外首山铜,瓶携江上中泠水',景纶有'待得声闻俱寂后,一瓯春雪胜醍醐'。噫!鼎之有功于茶大矣哉。虽然,吾犹有取庐仝'柴门反关无俗客,纱帽笼头自煎吃',杨万里'老夫平生爱煮茗,十年烧穿折脚鼎'。如二君者,差可不负此鼎耳。"

冯时可《茶录》:"芘莉,一名篣筤,茶笼也。牺,木勺也,瓢也。"

《宜兴志·茗壶》:"陶穴环于蜀山,原名独山,东坡居阳羡时,以其似蜀中风景,改名蜀山。今山椒建东坡祠以祀之,陶烟飞染,祠宇尽黑。"

冒巢民云:"茶壶以小为贵,每一客一壶,任独斟饮,方得茶趣。何也?壶小则香不涣散,味不耽迟。况茶中香味,不先不后,恰有一时。太早或未足,稍缓或已过,个中之妙,清心自饮,化而裁之,存乎其人。"

周高起《阳羡茗壶系》:"茶至明代,不复碾屑和香药制团饼,已远过古人。近百年中,壶黜银锡及闽豫瓷,而尚宜兴陶,此又远过前人处也。陶曷取诸?取其制以本山土砂,能发真茶之色香味,不但杜工部云'倾金注玉惊人眼',高流务以免俗也。至名手所作,一壶重不数两,价每一二十金,能使土与黄金争价。世日趋华,抑足感矣。考其创始,自金沙寺僧,久而逸其名。又提学颐山吴公,读书金沙寺中,有青衣供春者,仿老僧法为之。粟色暗暗,敦庞周正，指螺纹隐隐可按，允称第一，世作龚春，误也。""万历间，有四大家：董翰、赵梁、玄锡、时朋。朋即大彬父也。大彬号少山，不务妍媚，而朴雅坚栗，妙不可思，遂于陶人擅空群之目矣。此外则有李茂林、李仲芳、徐友泉；又大彬徒欧正春、邵文金、邵文银、蒋伯荂四人；陈用卿、陈信卿、闵鲁生、陈光甫；又婺源人陈仲美，重镂叠刻，细极鬼工；沈君用、邵盖、周后溪、邵二孙、陈俊卿、周季山、陈和之、陈挺生、承云从、沈君盛、陈辰辈，各有所长。徐友泉所自制之泥色，有海棠红、朱砂紫、定窑白、冷金黄、淡墨、沉香、水碧、榴皮、葵黄、闪色、梨皮等名。大彬镌款，用竹刀画之，书法闲雅。""茶洗，式如扁壶，中加一盎，鬲而细窍其底，便于过水漉沙。茶藏，以闭洗过之茶者。陈仲美、沈君用各有奇制。水杓、汤铫，亦有制之尽美者，要以椰瓢锡缶为用之恒。""茗壶宜小不宜大，宜浅不宜深。壶盖宜盎不宜砥。汤力茗香俾得团结氤氲，方为佳也。""壶若有宿杂气，须满贮沸汤涤之，乘热倾去，即没于冷水中，亦急出水泻之，元气复矣。"

许次杼《茶疏》："茶盒以贮日用零茶，用锡为之，从大坛中分出，若用尽时再取。""茶壶，往时尚龚春，近日时大彬所制，极为人所重。盖是粗砂制成，正取砂无土气耳。"

臞仙云："茶瓯者，予尝以瓦为之，不用磁。以笋壳为盖，以檞叶赞覆于上，如箬笠状，以藏其尘。用竹架盛之，极清无比。茶匙以竹编成，细如笊篱样，与尘世所用者大不凡矣，乃林下出尘之物也。煎茶用铜瓶不免汤锃，用砂铫亦嫌土气，惟纯锡为五金之母，制铫能益水德。"

谢肇淛《五杂俎》："宋初闽茶，北苑为最。当时上供者，非两府禁近不得赐，而人家亦珍重爱惜。如王东城有茶囊，惟杨大年至，则取以具茶，他客莫敢望也。"

《支廷训集》有《汤蕴之传》，乃茶壶也。

文震亨《长物志》："壶以砂者为上，既不夺香，又无熟汤气。锡壶有赵良璧者亦佳。吴中归锡，嘉禾黄锡，价皆最高。"

《遵生八笺》："茶铫、茶瓶，瓷砂为上，铜锡次之。瓷壶注茶，砂铫煮水

为上。茶盏惟宣窑坛为最,质厚白莹,样式古雅有等,宣窑印花白瓯,式样得中,而莹然如玉。次则嘉窑,心内有茶字小盏为美。欲试茶,色黄白,岂容青花乱之。注酒亦然,惟纯白色器皿为最上乘,余品皆不取。""试茶以涤器为第一要。茶瓶、茶盏、茶匙生锃,致损茶味,必须先时洗洁则美。"

曹昭《格古要论》:"古人吃茶、汤用擎,取其易干不留滞。"

陈继儒《试茶》诗,有"竹炉幽讨""松火怒飞"之句。[竹茶炉出惠山者最佳。]

《渊鉴类函·茗碗》:"韩诗'茗碗纤纤捧'"。

徐葆光《中山传信录》:"琉球茶瓯,色黄,描青绿花草,云出土噶喇。其质少粗无花,但作水纹者,出大岛。瓯上造一小木盖,朱黑漆之,下作空心托子,制作颇工。亦有茶托、茶帚。其茶具、火炉与中国小异。"

葛万里《清异论录》:"时大彬茶壶,有名钓雪,似带笠而钓者。然无牵合意。"

《随见录》:"洋铜茶铫,来自海外。红铜荡锡,薄而轻,精而雅,烹茶最宜。"

【译文】

《御史台记》:"唐代将御史分为三院:一是台院,这里的官僚是侍御史。二是殿院,这里的官僚为殿中侍御史。三是察院,这里的官僚是监察御史。察院大厅在南边。会昌初年,监察御史郑路修葺的礼察厅被称为松厅,这是因为它的南面有古松的缘故。刑察厅被称为魇厅,因为在这里睡觉的人大多会梦见魔鬼。兵察厅主要掌管院中的茶叶,他们的茶叶必须是蜀地市场上最好的,把它们贮存在陶器里面,防止高温潮湿。御史曾经亲自为它封口,所以称这里为茶瓶厅。"

《资暇集》:"茶托子是由建中年间蜀国丞相崔宁的女儿兴起的,因为茶杯没有什么可以衬托,所以烫伤了她的手指,拿板子托住,再喝茶的时候杯子却倒了。把它放在蜡黄色的圆形木板中间,她的杯子才稳定了下来,随即让工匠用油漆来代替蜡黄色,进献给丞相。丞相觉得很惊奇,为它取名并且告诉了宾客亲友，每个人都认为它很方便，从那时就开始用了。只是后来继承者将它的底部弄得更圆，做法更加新奇，以至于有上百种形状。贞元初年，青郓人把它装饰成荷叶的形状，用来衬托茶碗，成为独一无二的风格。现在的人大多说托盘从这里开始，其实不是。蜀国的丞相就是崔升家，你们现在知道了吧！"

《大观茶论·茶器》："罗、碾。碾用银器最好，熟铁差一点，槽内应该尽量深一些，轮子最好薄而锋利。罗筛适宜小巧致密，碾的时候必须快速用力。只有一再筛罗，茶放入开水的时候就会浮在水面之上，色泽光艳，极尽茶的颜色。""一杯茶所用茶叶的多少决定于茶杯的大小，杯子高茶少，就会掩盖茶叶的颜色；茶叶多而杯子小，就会造成只有杯子是热的而茶水却不能完全接受热量。如果只是杯子热了的话，那么茶叶泡开就需要很长时间。""刷洗工具应该用老竹来做，竹子应该厚实，刷子应该扎结实，上粗下细，应当像剑脊一样，因为身体厚重，需要用力拿它，用起来更得手。刷子疏劲有力跟剑背一样，那样的话，即使用力拂过桌面也不容易产生泡。""瓶子适合用金银铸造，至于大小，只有根据实际情况而定。倒茶的关键只是瓶口而已。瓶嘴大而近于直的话，倒茶力道紧凑就不容易泼掉。嘴小而峻削，倒茶时不会滴沥。""勺子的大小应当以一杯茶为标准。有的太小，多次用勺，茶就容易凉了。"

蔡襄在《茶录·茶器》中记载："茶焙，用竹子编织而成，在外面裹上一层竹叶。盖在上面，是为了使它更加耐火，将它的中间隔开，是为了增大里面的空间。在它的下面烧火，放上一定的茶水，就能使它保持温热的状态，这是为了保护茶清香的本色。""茶笼。茶叶如果不煮，就应该密封包裹起来，用竹笼装着它，放在高处，千万不要接近潮湿的地方。""椎和砧板，是用来碾碎茶叶的。砧板，是用木头制成的。椎可以是金可以是铁取决于如何更方便使用。""茶钤，可以弯曲金铁来做，是用来煮茶的。""茶碾，用银或铁做成。黄金是柔性的，铜和瑜石又容易生锂，不能用。""茶罗，越细密越好。罗底用蜀地东川细密的鹅溪绢，把它放进水里洗了之后再罩在上面。""茶

杯,茶的颜色很白,容易把茶杯弄脏。建安年间制造的都是黑色的,上面的文理就像兔毛一样,它的内壁稍微有点厚,能够保持温度不至于很快就冷却了,这是最重要的。其他地方出产的,不是太薄了就是颜色太深了,青白色的杯子,不能跟它比。斗试的时候不用。""茶匙要重,这样适合用力,黄金最好,普通的用银铁制造。竹子太轻了,建茶不怎么提倡。""茶瓶要小的,容易煮茶,而且往杯子里面倒茶的时候能够更加准确。黄金最好,不过大家都用银铁或者瓷器来做。如果瓶子大了就要留着慢慢喝,放置过久味道就会变,那就不好了。"

孙穆《鸡林类事》:"高丽的方言,把茶匙说成是茶戊。"

《清波杂志》:"长沙的工匠制作茶器特别精致,工钱之高与所用的白金数量差不多,仕宦人家大多有这种东西,把它放在茶几案头,只是用来炫耀财富的,起初并不常用。凡是茶都应该用锡,我为什么说要用锡才合适呢?主要是因为这样既适用又不显得过于奢侈。贴上纸的话,茶味就容易受损。张云老先生说:吕申家里有茶罗子,一个是金的一个是棕榈的。如果用银罗子接待客人,说明这只是一个普通的朋友;如果用金罗子,那就表示是很亲近的朋友;如果用棕榈的话,吕申肯定在一旁相陪。家里的下人常在屏风的后面伺机上前伺候。"

《黄庭坚集·同公择咏茶碾》有诗云:(译略)

陶谷《清异录》:"富贵汤应该用银制的铫子来煮,那就很好了。如果用铜铫子煮水,锡壶倒茶的话,那就要差一点。"

《苏东坡集·扬州石塔试茶》诗云:"坐客皆可人,鼎器手自洁。"

《秦少游集·茶臼》诗云:"幽人耽茗饮,刳木事捣撞。巧制合臼形,芽音伴枳栝。"

《文与可集·谢许判官惠茶器图》诗云:"成图画茶器,满幅写茶诗。会说工全妙,深谙句特奇。"

谢宗可《咏物诗·茶筅》:(译略)

《乾淳岁时记》:"皇宫里面举行重大庆祝活动的时代用镀金的大整,用

五色果拼成龙凤的形状,叫作绣茶。"

《演繁露》:"《东坡后集二·从驾景灵宫》诗中写道:'病贪赐茗浮铜叶。而今御赐茶水都不用建安时期的茶杯,用大的汤氅,颜色纯白,只是它的式样跟铜叶汤氅一样。铜叶色,就是黄褐色。'"

周密在《癸辛杂志》中记载:"宋朝时期湖南长沙的茶具天下最为精妙。每副茶具用三百星或者五百星的白金,只要是茶器都备齐。外面就用大银盒子装起来。丞相赵南仲曾经用上千两黄金来制作,然后把它进献给皇上,皇上非常喜欢,因为这些都是大内里面的工匠所不能制作的。"

杨基《眉庵集·咏木茶炉》诗:(译略)

张源《茶录》记载:"茶铫子,金属于水母,银则刚柔相济,味道又不咸涩,用它来做铫子最好。制作的时候必须在中间打眼,这样火就容易穿透了。'茶瓯用白色的瓷器最好,蓝色相对来说差一点。'"

闻龙在《茶笺·茶镀》记载:"隐居在山林里面的隐士,用银制作的水铫子都不大容易得到,何况是金呢? 如果要用,只好用铁了。"

罗廪在《茶解》中说:"茶炉,瓦的和竹的都可以,大小可以跟汤铫子相配套。凡是用来装茶的器具,只能用来装茶,不能用作其他的用途。"

李如一《水南翰记》中写道:"韵书里面没有氅这个字,现在的人把装茶和酒的器具称为氅。"

《檀几丛书》:"品茶用的瓯,白瓷的最好,正所谓'素瓷传静夜,芳气满闲轩'。样式应该是口小腹大,色浮浮而香气却不会轻易散去。"

《茶说》:"如果器具洁净的话,茶也因此显得更加出色。今天姑苏的锡具,当时大彬的沙壶,汴梁的锡铫子,湘妃竹做成的茶灶,宣成窑里的茶杯,文人墨客、仕宦官员没有不珍惜的。从唐宋以来,茶具的精妙之处,未必有这样雅致的。"

《闻雁斋笔谈》:"茶叶既然已经装进了筐里面,它的本味在很短的时间就容易散去,而茶的知己是水。但是如果不是煮茶的灶、炉来煮,那也不怎么好。所以说饮茶是一件富贵的事情。"

《雪庵清史》："泉水甘洌容易走味,如果不是用金银器具来封存的话,味道很快就散失了。有人送中泠泉水给欧阳修,他惊讶地说:'君故贫士,但也不至于送这样奇怪的礼啊!'注视送水的器具,说:'水味已经没有了。'哎! 如果像他这样说的话,喝茶真正是一件富贵的事情。有人考证得知宋朝的茶叶大龙团和小龙团都是从丁谓开始,到蔡襄时期才渐渐成熟。欧阳修听说过后叹息道:'君谟是贤士,为什么做出这样的事情呢?'东坡也在诗中说:'武夷山小溪边长有茶叶,丁谓和蔡襄先后加以培育,我们所缺少的岂是这些东西,为了满足口腹之欲而有这样的陋习啊!'这两人是由茶之弊端而发呀! 因此我对着茶瓶发出感慨。""茶鼎,山清水秀的地方,出产月涧云龛的东西,能够消除疲劳解除饥渴,功劳的确不在医术之下。如果没有飘着乳花浮着云脚的香茶,那么草堂暮色里,松窗残雪的月夜,又哪来的野语清谈的雅兴呢。哎! 鼎的功劳对于茶来说实在是太大了。所以皮日休有'立作菌蠢势,煎为潺湲声',刘禹锡有'骤雨松风入鼎来,白云满碗花徘徊',居仁有'浮华原属三昧手,竹斋自试鱼眼汤',范仲淹有'鼎磨云外首山铜,瓶携江上中泠水',景纶有'待得声闻俱寂后,一瓯春雪胜醍醐'。哎,鼎对于茶的功劳多大呀。现在我仍然记得庐仝的那句'柴门反关无俗客,纱帽笼头自煎吃',杨万里'老夫平生爱煮茗,十年烧穿折脚鼎'。像这两个人一样,才真正是不辜负这个鼎啊。"

据冯时可《茶录》记载:"芘莉,又叫篣筤,就是茶笼;牺,就是木勺或者说是瓢。"

《宜兴志·茗壶》:"陶穴在蜀山里。原名为独山,苏东坡在阳羡的时候,因为它跟蜀中的风景很相似,所以将其改名为蜀山。现在山椒建有东坡祠堂用来祭祀他,因为制陶的黑烟熏染,祠堂里面都变黑了。"

冒巢民说:"茶壶越小越好,每一位客人一壶,随便你独自斟饮,才能得到其中的乐趣。这是为什么呢? 茶壶小的话香气就不容易散失,味道就不容易变坏。何况茶中的香味不能早不能迟,只能保持一个时辰。太早就会显得不足,稍微慢点那就可能已经过了最美妙的时刻。静下心来自斟自饮,品味消化都在于个人了。"

　　周高起《阳羡茗壶系》："茶到了明代，不再碾成细屑和着香料制成饼状了，这比以前的人先进。最近百年来，壶淘汰了银锡和闽豫的瓷器，而又开始崇尚宜兴陶器，这又比古人先进多了。陶取它什么呢？取其用本山的砂土来制造，能够保持茶叶真正的香味，不怪杜工部说'倾金注玉惊人眼'，高雅的人士也免不了落入世俗啊！著名的手艺人所做的壶，重不过几两，每一个值一二十两黄金，能使土变得和黄金一样贵重。现在的生活越来越奢华，也足以让人感叹了。考究壶的创始，始创于金山寺的和尚，时间长了名气就越来越大了。提学吴颐山在金沙寺中读书，青色的供春茶壶，按照老和尚的方法做，颜色很暗，沉实端正，隐隐约约的螺纹可以用手指去按，称得上第一，世人把它叫作龚春，这可能是错误的叫法。""万历年间，有四大家：董翰、赵梁、玄锡、时朋。时朋就是大彬的父亲。大彬号少山，不喜欢妍媚而崇尚朴雅，制作的陶器好得不可思议，擅长制陶的人也没有见过。此外还有李茂林、李仲芳、徐友泉；大彬的徒弟欧阳春、邵文金、邵文银、蒋伯荂四个人；陈用卿、陈信卿、闵鲁生、陈光甫；还有婺源人陈仲美善于雕刻，细致的就像鬼斧神工一般；沈君用、邵盖、周后溪、邵二孙、陈俊卿、周季山、陈和之、陈挺生、承云从、沈君盛、陈辰之辈，各有自己的长处。徐友泉所自制的泥色，有海棠色、朱砂紫色、定窑白色、金黄色、淡墨色、沉香色、水碧色、榴皮色、葵黄色、闪色、梨皮等色。大彬镌刻落款，用竹刀在上刻画，书法娴熟高雅。""茶洗，样子像扁壶一样，中间有一个盎鬲能够探到它的底部，以便过水滤沙。茶藏，用来装洗过的茶叶。陈仲美、沈君用各有自己的奇特制品处。水勺、汤铫子也有制作的特别好的。要是用椰瓢和锡制作能够用的更长久"，"茶壶宜小不宜大，宜浅不宜深，壶盖应该满而不应该平。这样茶水清香馥郁氤氲其中，才是好的。"壶里面如果留有其他的杂气，就需要用热水加以清洗，乘热倒掉立刻放到冷水里面，再赶快拿出水面倒掉，气味就不会再存在了。"

　　许次纾《茶疏》："茶盒是用来放置每天所用的零星少许茶叶的，用锡来做，从大坛中分出少量的，如果用完了的话那就再去取。""往时的茶壶崇尚龚春,近来时大彬所制作的茶壶特别为人们所重视。那是用粗砂做成的,主要是因为粗砂没有泥土的气息。"

瞿仙说:"茶瓯,我近来曾经尝试用瓦来做,而不用磁。用笋壳做盖子,把瞿叶聚拢放在上面,像斗笠一样,用来遮挡灰尘。再用竹架支起来,清幽无比。茶匙用竹子编制而成,像笊篱一样细小,与一般人所用的那些有很大的区别,因为它是林子里面出来的东西。煎茶的时候用铜瓶不免汤有异味,用砂铫子的话,又显得有些土气,只有纯锡才是五金之母,做铫子对茶水有好处。"

谢肇浙《五杂俎》:"宋朝初年时候的闽茶,北苑的最好。当时向皇上进贡的,不是两府的亲信根本就不可能得到赏赐,而他们也更加珍重爱惜,像王东城有茶囊,只有杨大年到了的时候,才拿出来以备茶用,其他的客人根本就不可能享受到这样的待遇。"

《支廷训集》里有《汤蕴之传》,就是茶壶。

文震亨《长物志》中记载:"茶壶以砂壶为最好,既不会夺去它的香气,也没有热水的味道。锡壶有赵良璧的也很好,吴中归锡、嘉禾黄锡的锡器,价钱都非常高。"

《遵生八笺》中记载:"制造茶铫子、茶瓶,磁砂是最好的,铜锡稍微差一点。瓷壶泡茶,砂铫子煮茶最好。茶杯只有宣窑坛的最好,内壁厚实白色光洁,式样古雅有致。宣窑里有着白色印花的茶瓯,式样中等,但是也像玉一样光洁。差一点的还有嘉窑的里面写有小字的茶杯是最好的。如果想试茶的话,茶色黄白,怎么能够容忍青色、花色在里面掺和。倒酒也是这样,只有纯白色的器皿才是最好的,其他的都不可取。试茶洗净器具最为重要。茶瓶、茶杯、茶匙这些容易生异味,以致损害茶的香味,必须先洗涤干净才能使茶的味道比较美好。"

曹昭《格古要论》:"古时候的人喝茶、汤用擎,因为它容易变干而不留滞。"

陈继儒《试茶》诗中有"竹炉幽讨""松火怒飞"的句子。[竹茶炉惠山出

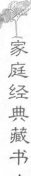

产的最好。]

《渊鉴类函·茗碗》中载有韩诗:"茗碗纤纤捧。"

徐葆光《中山传信录》:"中国台湾的茶瓯,是黄色的,上面描绘着青绿的花草,说是从噶喇那里出土的。它的质地中没有粗糙的花纹,如果是有水纹的,那是大岛上出的。瓯上造一木盖,漆成深红色,下面是一个空心托子,制作精致。还有茶托、茶帚等小配件。它的茶具和火炉跟中国其他地方没有什么两样。"

葛万里《清异论录》:"时大彬的茶壶,有个名字叫钓雪,就像是戴着斗笠的钓鱼人,然没有牵合的意思。"

《随见录》:"洋铜茶铫,是从海外过来的。红铜外面包着锡,又薄又轻巧,精致又雅致,最适合煮茶了。"

五、茶之煮

【原文】

唐陆羽《六羡歌》:"不羡黄金罍,不羡白玉杯;不羡朝入省,不羡暮入台;千羡万羡西江水,曾向竟陵城下来。"

唐张又新《水记》:"故邢部侍郎刘公讳伯刍,于又新丈人行也。为学精博,有风鉴称。较水之与茶宜者,凡七等:扬子江南零水第一;无锡惠山寺石水第二;苏州虎丘寺石水第三;丹阳县观音寺井水第四;大明寺井水第五;吴淞江水第六;淮水最下第七。余尝具瓶于舟中,亲挹而比之,诚如其说也。客有熟于两浙者,言搜访未尽,余尝志之。及刺永嘉,过桐庐江,至严濑,溪色至清,水味甚冷,煎以佳茶,不可名其鲜馥也。愈于扬子、南零殊远。及至永嘉,取仙岩瀑布用之,亦不下南零,以是知客之说信矣。陆羽论水次第凡二十种:庐山康王谷水帘水第一;无锡惠山寺石泉水第二;蕲州兰溪石下水第三;峡州扇子山下虾蟆口水第四;苏州虎丘寺石泉水第五;庐山招贤寺下方桥潭水第六;扬子江南零水第七;洪州西山瀑布泉第八;唐州桐柏县淮水

1477

源第九；庐州龙池山岭水第十；丹阳县观音寺水第十一；扬州大明寺水第十二；汉江金州上游中零水第十三［水苦］；归州玉虚洞下香溪水第十四；商州武关西洛水第十五；吴淞江水第十六；天台山西南峰千丈瀑布水第十七；柳州圆泉水第十八；桐庐严陵滩水第十九；雪水第二十［用雪不可太冷］。"

唐顾况《论茶》："煎以文火细烟，煮以小鼎长泉。"

苏廙《仙芽传》第九卷载"作汤十六法"谓："汤者，茶之司命。若名茶而滥汤，则与凡味同调矣。煎以老嫩言，凡三品；注以缓急言，凡三品；以器标者，共五品；以薪论者，共五品。一得一汤，二婴汤，三百寿汤，四中汤，五断脉汤，六大壮汤，七富贵汤，八秀碧汤，九压一汤，十缠口汤，十一减价汤，十二法律汤，十三一面汤，十四宵人汤，十五贱汤，十六魔汤。"

丁用晦《芝田录》："唐李卫公德裕，喜惠山泉，取以烹茗。自常州到京，置驿骑传送，号曰'水递'。后有僧某曰：'请为相公通水脉。盖京师有一眼井与惠山泉脉相通，汲以烹茗，味殊不异。'公问：'井在何坊曲？'曰：'昊天观常住库后是也。'因取惠山、昊天各一瓶，杂以他水八瓶，令僧辨晰。僧止取二瓶井泉，德裕大加奇叹。"

《事文类聚》："赞皇公李德裕居廊庙日，有亲知奉使于京口，公曰：'还日，金山下扬子江南零水与取一壶来。'其人敬诺。及使回举棹日，因醉而忘之，泛舟至石头城下方忆，乃汲一瓶于江中，归京献之。公饮后，叹讶非常，曰：'江表水味有异于顷岁矣，此水颇似建业石头城下水也。'其人即谢过，不敢隐。"

《河南通志》："庐仝茶泉在济源县。仝有庄，在济源之通济桥二里余，茶泉存焉。其诗曰：'买得一片田，济源花洞前。自号玉川子，有寺名玉泉。'汲此寺之泉煎茶，有《玉川子饮茶歌》，句多奇警。"

《黄州志》："陆羽泉在蕲水县凤栖山下，一名兰溪泉，羽品为天下第三泉也。尝汲以烹茗，宋王元之有诗。"

无尽法师《天台志》："陆羽品水，以此山瀑布泉为天下第十七水。余尝试饮，比余幽溪、蒙泉殊劣。余疑鸿渐但得至瀑布泉耳。苟遍历天台，当不取金山为第一也。"

《海录》:"陆羽品水,以雪水第二十,以煎茶滞而太冷也。"

陆平泉《茶寮记》:"唐秘书省中水最佳,故名秘水。"

《檀几丛书》:"唐天宝中,稠锡禅师名清晏,卓锡南岳涧上,泉忽迸石窟间,字曰真珠泉。师饮之清甘可口,曰:'得此瀹吾乡桐庐茶,不亦称乎!'"

《大观茶论》:"水以轻清甘洁为美,用汤以鱼目蟹眼连络迸跃为度。"

《咸淳临安志》:"栖霞洞内有水洞深不可测,水极甘冽。魏公尝调以瀹茗。又莲花院有三井,露井最良,取以烹茗,清甘寒冽,品为小林第一。"

王氏《谈录》:"公言茶品高而年多者,必稍陈。遇有茶处,春初取新芽轻炙,杂而烹之,气味自复在。襄阳试作甚佳,尝语君谟,亦以为然。"

欧阳修《浮槎水记》:"浮槎与龙池山皆在庐州界中,较其味不及浮槎远甚。而又新所记,以龙池为第十,浮槎之水弃而不录,以此知又新所失多矣。陆羽则不然,其论曰:'山水上,江次之,井为下,山水乳泉石池漫流者上。'其言虽简,而于论水尽矣。"

蔡襄《茶录》:"茶或经年,则香色味皆陈。煮时先于净器中以沸汤渍之,刮去膏油[去声]。一两重即止。乃以钤钳之,用微火炙干,然后碎碾。若当年新茶,则不用此说。碾时,先以净纸密裹捶碎,然后熟碾。其大要旋碾则色白,如经宿则色昏矣。""碾毕即罗。罗细则茶浮,粗则沫浮。""候汤最难,未熟则沫浮,过熟则茶沈。前世谓之蟹眼者,过熟汤也。沉瓶中煮之不可辨,故曰候汤最难。""茶少汤多则云脚散,汤少茶多则粥面聚。[建人谓之云脚、粥面。]钞茶一钱七,先注汤,调令极匀。又添注入,环回击拂。汤上盏,可四分则止,观其面色鲜白,著盏无水痕为绝佳。建安斗试,以水痕先退者为负,耐久者为胜,故校胜负之说,曰相去一水两水。""茶有真香,而入贡者微以龙脑和膏,欲助其香。建安民间试茶,皆不入香,恐夺其真也。若烹点之际,又杂以珍果香草,其夺益甚,正当不用。"

陶谷《清异录》:"馔茶而幻出物像于汤面者,茶匠通神之艺也。沙门福全生于金乡,长于茶海,能注汤幻茶成一句诗,如并点四瓯,共一首绝句,泛

于汤表。小小物类,唾手办尔。檀越日造门,求观汤戏。全自咏诗曰:'生成盏里水丹青,巧画工夫学不成;却笑当时陆鸿渐,煎茶赢得好名声。'""茶至唐而始盛。近世有下汤运匕,别施妙诀,使汤纹水脉成物像者,禽兽、虫鱼、花草之属,纤巧如画,但须臾即就散灭,此茶之变也。时人谓之'茶百戏'。""又有漏影春法。用缕纸贴盏,糁茶而去纸,伪为花身。别以荔肉为叶,松实、鸭脚之类珍物为蕊,沸汤点搅。"

《煮茶·泉品》:"予少得温氏所著《茶说》,尝识其水泉之目,有二十焉。会西走巴峡,经虾蟆窟,北憩芜城,汲蜀冈井,东游故都,绝扬子江,留丹阳酌观音泉,过无锡斟慧山水。粉枪末旗,苏兰薪桂,且鼎且缶,以饮以歠,莫不瀹气涤虑,蠲病析酲,祛鄙悋之生心,招神明而还观。信乎!物类之得宜,臭味之所感,幽人之佳尚,前贤之精鉴,不可及已。昔郦元善于《水经》,而未尝知茶;王肃癖于茗饮,而言不及水表,是二美吾无愧焉。"

魏泰《东轩笔录》:"鼎州北百里有甘泉寺,在道左,其泉清美,最宜瀹茗。林麓回抱,境亦幽胜。寇莱公谪守雷州,经此酌泉,志壁而去。未几丁晋公窜朱崖,复经此,礼佛留题而行。天圣中,范讽以殿中丞安抚湖外,至此寺睹二相留题,徘徊慨叹,作诗以志其旁曰:'平仲酌泉方顿辔,谓之礼佛继南行;层峦下瞰岚烟路,转使高僧薄宠荣。'"

张邦基《墨庄漫录》:"元祐六年七夕日,东坡时知扬州,与发运使晁端彦、吴倅晁无咎,大明寺汲塔院西廊井,与下院蜀井二水校其高下,以塔院水为胜。""华亭县有寒穴泉,与无锡惠山泉味相同,并尝之不觉有异,邑人知之者少。王荆公尝有诗云:'神震洌冰霜,高穴雪与平;空山渟千秋,不出鸣咽声;山风吹更寒,山月相与清;北客不到此,如何洗烦醒。'"

罗大经《鹤林玉露》:"余同年友李南金云:'《茶经》以鱼目、涌泉连珠为煮水之节。然近世瀹茶,鲜以鼎镬,用瓶煮水,难以候视。则当以声辨一沸、二沸、三沸之节。又陆氏之法,以末就茶镬,故以第二沸为合量而下末。若今以汤就茶瓯瀹之,则当用背二涉三之际为合量也。'乃为声辨之诗曰:'砌虫唧唧万蝉催,忽有千车捆载来。听得松风并涧水,急呼缥色绿磁杯。'其论固已精矣。然瀹茶之法，汤欲嫩而不欲老。盖汤嫩则茶味甘，老则过苦矣。若声如松风涧水而遽瀹之，岂不过于老而苦哉。惟移瓶去火，少待其沸止而瀹之，然后汤适中而茶味甘。此南金之所未讲也。因补一诗云：'松风桂雨到来初，急引铜瓶离竹炉。待得声闻俱寂后，一瓯春雪胜醍醐。'"

赵彦卫《云麓漫钞》："陆羽别天下水味，各立名品，有石刻行于世。《列子》云：孔子：'淄渑之合，易牙能辨之。'易牙，齐威公大夫。淄渑二水，易牙知其味，威公不信，数试皆验。陆羽岂得其遗意乎？"

《黄山谷集》："泸州大云寺西偏崖石上，有泉滴沥，一州泉味皆不及也。"

林逋《烹北苑茶有怀》："石碾轻飞瑟瑟尘，乳花烹出建溪春。人间绝品应难识，闲对《茶经》忆故人。"

《东坡集》："予顷自汴入淮泛江，溯峡归蜀，饮江淮水盖弥年。既至，觉井水腥涩，百余日然后安之。以此知江水之甘于井也，审矣。今来岭外，自扬子始饮江水，及至南康，江益清驶，水益甘，则又知南江贤于北江也。近度岭入清远峡，水色如碧玉，味益胜。今游罗浮，酌泰禅师锡杖泉，则清远峡水又在其下矣。岭外惟惠州人喜斗茶，此水不虚出也。""惠山寺东为观泉亭，堂曰漪澜，泉在亭中，二井石甃相去咫尺，方圆异形。汲者多由圆井，盖方动圆静，静清而动浊也。流过漪澜，从石龙口中出，下赴大池者，有土气，不可汲。泉流冬夏不涸，张又新品为天下第二泉。"

《避暑录话》："裴晋公诗云：'饱食缓行初睡觉，一瓯新茗侍儿煎。脱巾斜倚绳床坐，风送水声来耳边。'公为此诗必自以为得意，然吾山居七年，享此多矣。"

冯璧《东坡海南烹茶图》诗："讲筵分赐密云龙，春梦分明觉亦空。地恶九钻黎火洞，天游两腋玉川风。"

《万花谷》："黄山谷有《井水帖》云：'取井傍十数小石，置瓶中，令水不浊。'故《咏慧山泉》诗云'锡谷寒泉椭[音妥]。石俱，是也。石圆而长曰椭，所以澄水。'""茶家碾茶，须碾着眉上白，乃为佳。曾茶山诗云：'碾处须看眉

1481

上白，分时为见眼中青。'"

《舆地纪胜》："竹泉，在荆州府松滋县南。宋至和初，苦竹寺僧浚井得笔。后黄庭坚谪黔过之，视笔曰：'此吾虾蟆碚所坠。'因知此泉与之相通。其诗曰：'松滋县西竹林寺，苦竹林中甘井泉。巴人谩说虾蟆碚，试裹春茶来就煎。'"

周辉《清波杂志》："余家惠山，泉石皆为几案间物。亲旧东来，数问松竹平安信。且时致陆子泉，茗碗殊不落寞。然顷岁亦可致于汴都，但未免瓶盎气。用细砂淋过，则如新汲时，号拆洗惠山泉。天台竹沥水，彼地人断竹稍屈而取之盈瓮，若杂以他水则亟败。苏才翁与蔡君谟比茶，蔡茶精用惠山泉煮。苏茶劣用竹沥水煎，便能取胜。此说见江邻几所著《嘉祐杂志》。果尔，今喜击拂者，曾无一语及之何也？双井因山谷乃重，苏魏公尝云：'平生荐举不知几何人，惟孟安序朝奉岁以双井一瓮为饷。'盖公不纳苞苴，顾独受此，其亦珍之耶。"

《东京记》："文德殿两腋有东西上阁门，故杜诗云：'东上阁之东，有井泉绝佳。'山谷《忆东坡烹茶》诗云：'阁门井不落第二，竟陵谷帘空误书。'"

陈舜俞《庐山记》："康王谷有水帘，飞泉破岩而下者二三十派。其广七十余尺，其高不可计。山谷诗云：'谷帘煮甘露'是也。

孙月峰《坡仙食饮录》："唐人煎茶多用姜，故薛能诗云：'盐损添常戒，姜宜著更夸。'据此，则又有用盐者矣。近世有此二物者，辄大笑之。然茶之中等者，用姜煎，信佳。盐则不可。"

冯可宾《岕茶笺》："茶虽均出于岕，有如兰花香而味甘，过霉历秋，开坛烹之，其香愈烈，味若新沃。以汤色尚白者，真洞山也。他巇初时亦香，秋则索然矣。"

《群芳谱》："世人情性嗜好各殊，而茶事则十人而九。竹炉火候，茗碗清缘。煮引风之碧云，倾浮花之雪乳。非借汤勋，何昭茶德。略而言之，其法有五：一曰择水，二曰简器，三曰忌混，四曰慎煮，五曰辨色。"

《吴兴掌故录》："湖州金沙泉，至元中，中书省遣官致祭，一夕水溢，溉田千亩,赐名瑞应泉。”

《职方志》:“广陵蜀冈上有井,曰蜀井,言水与西蜀相通。茶品天下水有二十种,而蜀冈水为第七。”

《遵生八笺》:“凡点茶,先须熁盏令热,则茶面聚乳,冷则茶色不浮。熁音胁,火迫也。”

陈眉公《太平清话》:“余尝酌中泠,劣于惠山,殊不可解。后考之,乃知陆羽原以庐山谷帘泉为第一。《山疏》云:‘陆羽《茶经》言,瀑泻湍激者勿食。今此水瀑泻湍激无如矣,乃以为第一,何也?又云液泉在谷帘侧,山多云母,泉其液也,洪纤如指,清冽甘寒,远出谷帘之上,乃不得第一,又何也?又碧琳池东西两泉,皆极甘香,其味不减惠山,而东泉尤冽。’”“蔡君谟‘汤取嫩而不取老’,盖为团饼茶言耳。今旗芽枪甲,汤不足则茶神不透,茶色不明。故茗战之捷,尤在五沸。”

徐渭《煎茶七类》:“煮茶非漫浪,要须其人与茶品相得,故其法每传于高流隐逸,有烟霞泉石磊魂于胸次间者。”“品泉以井水为下。井取汲多者,汲多则水活。”“候汤眼鳞鳞起,沫饽鼓泛,投茗器中。初入汤少许,俟汤茗相投即满注,云脚渐开,乳花浮面,则味同。盖古茶用团饼碾屑,味易出。叶茶骤则乏味,过熟则味昏底滞。”

张源《茶录》:“山顶泉清而轻,山下泉清而重,石中泉清而甘,砂中泉清而冽,土中泉清而厚。流动者良于安静,负阴者胜于向阳。山削者泉寡,山秀者有神。真源无味,真水无香。流于黄石为佳,泻出青石无用。”“汤有三大辨:一曰形辨,二曰声辨,三曰捷辨。形为内辨,声为外辨,捷为气辨。如虾眼、蟹眼、鱼目、连珠,皆为萌汤,直至涌沸如腾波鼓浪,水气全消,方是纯熟;如初声、转声、振声、骇声,皆为萌汤,直至无声,方是纯熟;如气浮一缕、二缕、三缕,及缕乱不分,氤氲缭绕,皆为萌汤,直至气直冲贯,方是纯熟。”“蔡君谟因古人制茶碾磨作饼,则见沸而茶神便发。此用嫩而不用老也。今时制茶,不假罗碾,全具元体,汤须纯熟,元神始发也。”“炉火通红,茶铫始上。扇起要轻疾,待汤有声,稍稍重疾,斯文武火候也。若过乎文,则水性

柔,柔则水为茶降;过于武,则火性烈,烈则茶为水制,皆不足于中和,非茶家之要旨。""投茶有序,无失其宜。先茶后汤,曰下投;汤半下茶,复以汤满,曰中投;先汤后茶,曰上投。夏宜上投,冬宜下投,春秋宜中投。""不宜用恶木、敝器、铜匙、铜铫、木桶、柴薪、烟煤、麸炭、粗童、恶婢、不洁巾帨,以及各色果实香药。"

谢肇淛《五杂俎》:"唐薛能《茶诗》云:'盐损添常戒,姜宜著更夸'。煮茶如是,味安佳？此或在竟陵翁未品题之先也。至东坡《和寄茶》诗云:'老妻稚子不知爱,一半已入姜盐煎。'则业觉其非矣,而此习犹在也。今江右及楚人,尚有以姜煎茶者,虽云古风,终觉未典。""闽人苦山泉难得,多用雨水,其味甘不及山泉,而清过之。然自淮而北,则雨水苦黑,不堪煮茗矣。惟雪水,冬月藏之,入夏用,乃绝佳。夫雪固雨所凝也,宜雪而不宜雨,何哉？或曰:北方瓦屋不净,多用秽泥涂塞故耳。""古时之茶,曰煮,曰烹,曰煎。须汤如蟹眼,茶味方中。今之茶惟用沸汤投之,稍著火即色黄而味涩,不中饮矣。乃知古今煮法亦自不同也。""苏才翁斗茶用天台竹沥水,乃竹露,非竹沥也。若今医家用火逼竹取沥,断不宜茶矣。"

顾元庆《茶谱》:"煎茶四要:一择水,二洗茶,三候汤,四择品。点茶三要:一涤器,二熁盏,三择果。"

熊明遇《齐山茶记》:"烹茶,水之功居大。无山泉则用天水,秋雨为上,梅雨次之。秋雨冽而白,梅雨醇而白。雪水,五谷之精也,色不能白。养水须置石子于瓮,不惟益水,而白石清泉,会心亦不在远。"

《雪庵清史》:"余性好清苦,独与茶宜。幸近茶乡,恣我饮啜。乃友人不辨三火三沸法,余每过饮,非失过老,则失之太嫩,致令甘香之味荡然无存,盖误于李南金之说耳。如罗玉露之论,乃为得火候也。友曰:'吾性惟好读书,玩佳山水,作佛事,或时醉花前,不爱水厄,故不精于火候。昔人有言:释滞消壅。一日之利暂佳,瘠气耗精,终身之害斯大,获益则归功茶力,贻害则不谓茶灾。甘受俗名,缘此之故。'噫！茶冤甚矣。不闻秃翁之言:释滞消壅,清苦之益实多,瘠气耗精,情欲之害最大,获益则不谓茶力,自害则反谓茶殃。且无火候，不独一茶。读书而不得其趣，玩山水而不会其情，学佛而不破其宗，好色而不饮其韵，皆无火候者也。岂余爱茶而故为茶吐气哉，亦欲以此清苦之味，与故人共之耳！""煮茗之法有六要：一曰别，二曰水，三曰火，四曰汤，五曰器，六曰饮。有粗茶，有散茶，有末茶，有饼茶；有研者，有熬者，有炀者，有舂者。余幸得产茶方，又兼得烹茶六要，每遇好朋，便手自煎烹。但愿一瓯常及真，不用撑肠拄腹文字五千卷也。故日饮之时，义远矣哉。"

田艺蘅《煮泉小品》："茶，南方嘉木，日用之不可少者。品固有嫩恶，若不得其水，且煮之不得其宜，虽佳弗佳也。但饮泉觉爽，啜茗忘喧，谓非膏粱纨裤可语。爱著《煮泉小品》，与枕石漱流者商焉。""陆羽尝谓：'烹茶于所产处无不佳，盖水土之宜也'。此论诚妙。况旋摘旋瀹，两及其新耶。故《茶谱》亦云'蒙之中顶茶，若获一两，以本处水煎服，即能祛宿疾'，是也。今武林诸泉，唯龙泓入品，而茶亦惟龙泓山为最。盖兹山深厚高大，佳丽秀越，为两山之主。故其泉清寒甘香，雅宜煮茶。虞伯生诗：'但见瓢中清，翠影落群岫；烹煎黄金芽，不取韵雨后。'姚公绶诗：'品尝顾渚风斯下，零落《茶经》奈尔何。'则风味可知矣，又况为葛仙翁炼丹之所哉。又其上为老龙泓，寒碧倍之，其地产茶为南北两山绝品。鸿渐第钱塘天竺灵隐者为下品，当未识此耳。而《郡志》亦只称宝云、香林、白云诸茶，皆未若龙泓之清馥隽永也。""有水有茶，不可以无火，非谓其真无火也，失所宜也。李约云：'茶须活火煎'，盖谓炭火之有焰者。东坡诗云'活水仍将活火烹'，是也。余则以为山中不常得炭，且死火耳，不若枯松枝为妙。遇寒月，多拾松实房蓄，为煮茶之具，更雅。""人但知汤候，而不知火候。火然则水干，是试火当先于试水也。《吕氏春秋》伊尹说汤五味，'九沸九变，火为之纪'。"

许次杼《茶疏》："甘泉旋汲，用之斯良，丙舍在城，夫岂易得。故宜多汲，贮以大瓮，但忌新器，为其火气未退，易于败水，亦易生虫。久用则善，最嫌他用。水性忌木，松杉为甚。木桶贮水，其害滋甚，挈瓶为佳耳。""沸速，则鲜嫩风逸。沸迟，则老熟昏钝。故水入铫，便须急煮。候有松声，即去盖，

以息其老钝。蟹眼之后，水有微涛，是为当时。大涛鼎沸，旋至无声，是为过时。过时老汤，决不堪用。""茶注、茶铫、茶瓯，最宜荡涤。饮事甫毕，余沥残叶，必尽去之。如或少存，夺香败味。每日晨兴，必以沸汤涤过，用极熟麻布向内拭干，以竹编架覆而庋之燥处，烹时取用。"

"味若龙泓，清馥隽永甚。余尝一一试之，求其茶泉双绝，两浙罕伍云。""山厚者泉厚，山奇者泉奇，山清者泉清，山幽者泉幽，皆佳品也。不厚则薄，不奇则蠢，不清则浊，不幽则喧，必无用矣。""江，公也，众水共入其中也。水共则味杂，故曰江水次之。其水取去人远者，盖去人远，则湛深而无荡漾之漓耳。""严陵濑，一名七里滩，盖沙石上曰濑、曰滩也，总谓之浙江。但潮汐不及，而且深澄，故入陆品耳。余尝清秋泊钓台下，取囊中武夷、金华二茶试之，固一水也，武夷则黄而燥冽，金华则碧而清香，乃知择水当择茶也。鸿渐以婺州为次，而清臣以白乳为武夷之右，今优劣顿反矣。意者所谓离其处，水功其半者耶。""去泉再远者，不能日汲。须遣诚实山僮取之，以免石头城下之伪。苏子瞻爱玉女河水，付僧调水符以取之，亦惜其不得枕流焉耳。故曾茶山《谢送惠山泉》诗有'旧时水递费经营'之句。"

"汤嫩则茶味不出，过沸则水老而茶乏。惟有花而无衣，乃得点瀹之候耳。"

"三人以上，止热一炉。如五六人，便当两鼎炉，用一童，汤方调适。若令兼作，恐有参差。""火必以坚木炭为上。然木性未尽，尚有余烟，烟气入汤，汤必无用。故先烧令红，去其烟焰，兼取性力猛炽，水乃易沸。既红之后，方授水器，乃急扇之。愈速愈妙。毋令手停。停过之汤，宁弃而再烹。""茶不宜近阴室、厨房、市喧、小儿啼、野性人、僮奴相哄、酷热斋舍。"

罗廪《茶解》："茶色白，味甘鲜，香气扑鼻，乃为精品。茶之精者，淡亦白，浓亦白，初泼白，久贮亦白。味甘色白，其香自溢，三者得则俱得也。近来好事者，或虑其色重，一注之水，投茶数片，味固不足，香亦窅然，终不免水厄之诮，虽然，尤贵择水"。"香以兰花为上，蚕豆花次之。""煮茗须甘泉，次梅水。梅雨如膏，万物赖以滋养，其味独甘。梅后便不堪饮。大瓮满贮，投伏龙肝一块以澄之，即灶中心干土也，乘热投之。""李南金谓，当背二涉三之际为合量。此真赏鉴家言。而罗鹤林惧汤老，欲于松风涧水后，移瓶去火，少待沸止而瀹之。此语亦未中窾。殊不知汤既老矣，虽去火何救哉？""贮水瓮须置于阴庭，覆以纱帛，使昼挹天光，夜承星露，则英华不散，灵气常存。假令压以木石，封以纸箬，暴于日中，则内闭其实，外耗其精，水神敝矣，水味败矣。"

《考盘余事》："今之茶品与《茶经》迥异，而烹制之法，亦与蔡、陆诸人全不同矣。""始如鱼目微微有声为一沸，缘边涌泉如连珠为二沸，奔涛溅沫为三沸。其法非活火不成。若薪火方交，水釜才炽，急取旋倾，水气未消，谓之嫩。若人过百息，水逾十沸，始取用之，汤已失性，谓之老。老与嫩皆非也。"

《夷门广牍》："虎丘石泉，旧居第三，渐品第五。以石泉渟泓，皆雨泽之积，渗窦之潢也。况阖庐墓隧，当时石工多闷死，僧众上栖，不能无秽浊渗入。虽名陆羽泉，非天然水。道家服食，禁尸气也。"

《六砚斋笔记》："武林西湖水，取贮大缸，澄淀六七日。有风雨则覆，晴则露之，使受日月星之气。用以烹茶，甘淳有味，不逊慧麓。以其溪谷奔注，涵浸凝渟，非复一水，取精多而味自足耳。以是知凡有湖陂大浸处，皆可贮以取澄，绝胜浅流。阴井昏滞腥薄，不堪点试也。""古人好奇，饮中作百花熟水，又作五色饮，及冰蜜、糖药种种各殊。余以为皆不足尚。如值精茗适乏，细劚松枝瀹汤，漱咽而已。"

《竹懒茶衡》："处处茶皆有，然胜处未暇悉品。姑据近道日御者：虎丘气芳而味薄，乍入盎，菁英浮动，鼻端拂拂如兰初析，经喉吻亦快然，然必惠麓水，甘醇足佐其寡薄。龙井味极腴厚，色如淡金，气亦沉寂，而咀咽之久，鲜腴潮舌，又必借虎跑空寒熨齿之泉发之，然后饮者，领隽永之滋，无昏滞之恨耳。"

松雨斋《运泉约》："吾辈竹雪神期，松风齿颊，暂随饮啄人间，终拟逍遥物外。名山未即，尘海何辞。然而搜奇炼句，液沥易枯；涤滞洗蒙，茗泉不废。月团三百，喜拆鱼缄；槐火一篝，惊翻蟹眼。陆季疵之著述，既奉典刑；

张又新之编摩,能无鼓吹。昔卫公宦达中书,颇烦递水;杜老潜居夔峡,险叫湿云。今者,环处惠麓,逾二百里而遥;问渡松陵,不三四日而致。登新捐旧,转手妙若辘轳;取便费廉,用力省于桔槔。凡吾清士,咸赴嘉盟。运惠水:每坛偿舟力费银三分,水坛坛价及坛盖自备不计。水至,走报各友,令人自抬。每月上旬敛银,中旬运水。月运一次,以致清新。愿者书号于左,以便登册,并开坛数,如数付银。某月某日付。松雨斋主人谨订。"

《岕茶汇钞》:"烹时先以上品泉水涤烹器,务鲜务洁。次以热水涤茶叶,水若太滚,恐一涤味损,当以竹箸夹茶于涤器中,反复洗荡,去尘土、黄叶、老梗既尽,乃以手搦干,置涤器内盖定。少刻开视,色青香冽,急取沸水泼之。夏先贮水入茶,冬先贮茶入水。""茶色贵白,然白亦不难。泉清、瓶洁、叶少、水洗,旋烹旋啜,其色自白,然真味抑郁,徒为目食耳。若取青绿,则天池、松萝及岕之最下者,虽冬月,色亦如苔衣,何足为妙。若余所收真洞山茶,自谷雨后五日者,以汤荡浣,贮壶良久,其色如玉。至冬则嫩绿,味甘色淡,韵清气醇,亦作婴儿肉香。而芝芬浮荡,则虎丘所无也。"

《洞山茶系》:"岕茶德全,策勋惟归洗控。沸汤泼叶,即起洗鬲,敛其出液。候汤可下指,即下洗鬲,排荡沙沫。复起,并指控干,闭之茶藏候投。盖他茶欲按时分投,惟岕既经洗控,神理绵绵,止须上投耳。"

《天下名胜志》:"宜兴县湖汶镇,有于潜泉,窦穴阔二尺许,状如井。其源沇流潜通,味颇甘冽,唐修茶贡,此泉亦递进。""洞庭缥缈峰西北,有水月寺,寺东入小青坞,有泉莹澈甘凉,冬夏不涸。宋李弥大名之曰'无碍泉'。""安吉州碧玉泉为冠,清可鉴发,香可瀹茗。"

徐献忠《水品》:"泉甘者,试称之必厚重,其所由来者远大使然也。江中南零水,自岷江发源数千里,始澄于两石间,其性亦重厚,故甘也。""处士《茶经》,不但择水,其火用炭或劲薪。其炭曾经燔为腥气所及,及膏木败器,不用之。古人辨劳薪之味,殆有旨也。""山深厚者,雄大者,气盛丽者,必出佳泉。"

张大复《梅花笔谈》:"茶性必发于水,八分之茶遇十分之水,茶亦十分矣。八分之水试十分之茶,茶只八分耳。"

《岩栖幽事》:"黄山谷赋:'汹汹乎,如涧松之发清吹;浩浩乎,如春空之行白云。'可谓得煎茶三昧。""扫叶煎茶乃韵事,须人品与茶相得。故其法往往传于高流隐逸,有烟霞泉石磊块胸次者。"

《涌幢小品》:"天下第四泉,在上饶县北茶山寺。唐陆鸿渐寓其地,即山种茶,酌以烹之,品其等为第四。邑人尚书杨麒读书于此,因取以为号。""余在京三年,取汲德胜门外水烹茶,最佳。""大内御用井,亦西山泉脉所灌,真天汉第一品,陆羽所不及载。""俗语'芒种逢壬便立霉',霉后积水烹茶,甚香冽,可久藏,一交夏至便迥别矣。试之良验。""家居苦泉水难得,自以意取寻常水煮滚,入大磁缸,置庭中避日色。俟夜天色皎洁,开缸受露,凡三夕,其清澈底。积垢二三寸,亟取出,以坛盛之,烹茶与惠泉无异。"

闻龙《它泉记》:"吾乡四陲皆山,泉水在在有之,然皆淡而不甘。独所谓它泉者,其源出自四明,自洞抵埭,不下三数百里。水色蔚蓝。素砂白石,粼粼见底。清寒甘滑,甲于郡中。"

《玉堂丛语》:"黄谏常作京师泉品,郊原玉泉第一,京城文华殿东大庖井第一。后谪广州,评泉以鸡爬井为第一,更名学士泉。""吴栻云:'武夷泉出南山者,皆洁冽味短。北山泉味迥别。盖两山形似而脉不同也。'予携茶具共访得三十九处,其最下者亦无硬冽气质。"

王新城《陇蜀余闻》:"百花潭有巨石三,水流其中,汲之煎茶,清冽异于他水。"

《居易录》:"济源县段少司空园,是玉川子煎茶处。中有二泉,或曰玉泉,去盘谷不十里;门外一水曰潆水,出王屋山。按《通志》,玉泉在泷水上,庐全煎茶于此,今《水经注》不载。"

《分甘余话》:"一水,水名也。郦元《水经注·渭水》:'又东会一水,发源吴山。'《地里志》:'吴山,古汧山也,山下石穴,水溢石空,悬波侧注。'按此即一水之源,在灵应峰下,所谓"西镇灵湫"是也。余丙子祭告西镇,常品茶于此,味与西山玉泉极相似。"

《古夫于亭杂录》:"唐刘伯刍品水,以中泠为第一,惠山虎丘次之。陆羽则以康王谷为第一,而次以惠山。古今耳食者,遂以为不易之论。其实二子所见,不过江南数百里内之水,远如峡中虾蟆碚,才一见耳。不知大江以北如吾郡,发地皆泉,其著名者七十有二。以之烹茶,皆不在惠泉之下。宋李文叔格非,郡人也,尝作《济南水记》,与《洛阳名园记》并传。惜《水记》不存,无以正二子之陋耳。谢在杭品平生所见之水,首济南趵突,次以益都孝妇泉[在颜神镇]。青州范公泉,而尚未见章丘之百脉泉,右皆吾郡之水,二子何尝多见。予尝题王秋史苹二十四泉草堂云:'翻怜陆鸿渐,跬步限江东',正此意也。"

陆次云《湖壖杂记》:"龙井泉从龙口中泻出。水在池内,其气恬然。若游人注视久之,忽波澜涌起,如欲雨之状。"

张鹏翩《奉使日记》:"葱岭乾涧侧有旧二井,从旁掘地七八尺,得水甘冽,可煮茗。字之曰'塞外第一泉。'"

《广舆记》:"永平滦州有扶苏泉,甚甘冽。秦太子扶苏尝憩此。""江宁摄山千佛岭下,石壁上刻隶书六字,曰:'白乳泉试茶亭'。""钟山八功德水,一清、二冷、三香、四柔、五甘、六净、七不饐、八蠲疴。""丹阳玉乳泉,唐刘伯刍论此水为天下第四。""宁州双井在黄山谷所居之南,汲以造茶,绝胜他处。""杭州孤山下有金沙泉,唐白居易尝酌此泉,甘美可爱。视其地沙光灿如金,因名。""安陆府沔阳有陆子泉,一名文学泉。唐陆羽嗜茶,得泉以试,故名。"

《增订广舆记》:"玉泉山,泉出石罅间,因凿石为螭头,泉从口出,味极甘美。潴为池,广三丈,东跨小石桥,名曰玉泉垂虹。"

《武夷山志》:"山南虎啸岩语儿泉,浓若停膏,泻杯中鉴毛发,味甘而溥,啜之有软顺意。次则天柱三敲泉,而茶园喊泉可伯仲矣。北山泉味迥别。小桃源一泉,高地尺许,汲不可竭,谓之高泉,纯远而逸,致韵双发,愈啜愈想愈深,不可以味名也。次则接笋之仙掌露,其最下者,亦无硬冽气质。"

《中山传信录》:"琉球烹茶,以茶末杂细粉少许入碗,沸水半瓯,用小竹帚搅数十次,起沫满瓯面为度,以敬宾。且有以大螺壳烹茶者。"

《随见录》:"安庆府宿松县东门外,孚玉山下福昌寺旁井,曰龙井,水味清甘,瀹茗甚佳,质与溪泉较重。"

【译文】

唐朝的陆羽在《六羡歌》中写道:"不羡慕黄金做的壶,不羡慕白玉做成的杯子,不羡慕朝入官府晚入高台的生活。只羡慕西江的水,曾经从竟陵城下流过。"

唐朝张又新在《水记》中记载:"以前的刑部侍郎刘公讳,学问精博,有风鉴之称,比较适合茶的水有七个等级:扬子江南零的水第一;无锡惠山寺的石水第二;苏州虎丘寺石水第三;丹阳县观音寺井水第四;大明寺的井水第五;吴淞江水第六;淮水最差第七。我曾经把瓶子放在船上,亲自采集评比,果然跟他所说的吻合。有熟悉两浙的人说搜访的不全面,我曾经记下来了。后来到了永嘉,经过桐庐江,到达岩濑,溪水的颜色特别清,水的味道很冷,用它来煎制好茶叶,其清香的韵味难以名状,跟扬子江南零的水很不同。到永嘉之后,用仙岩瀑的水拿来煎茶,也不比南零差,由此才知道别人所说的是真实的。陆羽论水的名次有二十种:庐山康王谷水第一;无锡惠山寺石泉水第二;蕲州兰溪石下的水为第三;峡州扇子山下虾蟆口的水第四;苏州虎丘寺石泉水第五;庐山招贤寺下方的桥潭水第六;扬子江南零水第七;洪州西山瀑布泉水第八;唐州桐柏县淮水源第九;庐州龙池山岭水第十;丹阳县观音寺水第十一;扬州大名寺水第十二;汉江金州上游中零水第十三[水苦];归州玉虚洞下面的香溪水第十四;商州武关西面的洛水第十五;吴淞江水第十六;天台山西南峰千丈瀑布水第十七;柳州圆泉水第十八;桐庐严陵滩水第十九;雪水第二十[用雪不可以太冷]。"

唐代顾况《论茶》:"用文火去煎茶,用小鼎长泉去煮。"

苏廙《仙芽传》第九卷中记载有"做汤的十六种方法":"水是煮茶的关键,如果好茶没有好水,那就跟普通茶的味道没有什么两样。以水煮的老嫩分为三种;用倒入的快慢来说,也有三种;根据器具来分,共有五种;以煮茶用的柴分为五种。一得一汤,二是婴汤,三是百寿汤,四是中汤,五是断脉汤,六是大壮汤,七是富贵汤,八是秀碧汤,九是压一汤,十是缠口汤,十一是减价汤,十二是法律汤,十三是一面汤,十四是宵人汤,十五是贱汤,十六是魔汤。"

丁用晦在《芝田录》中说:"唐朝的李卫,喜欢惠山的泉水,取来煮茶。从常州到京城,用驿马来传送,被称为'水递'。后来有和尚说:我愿意为你们打通水脉。京师里面有一眼井水跟惠山泉的水脉相通,取来煮茶,味道跟惠山泉没有什么不同。李卫说:'井在什么地方呢?'答曰:'昊天观常住的仓库后面就是。'因此取来惠山和昊天的水各一瓶,加上其他地方的水八瓶,让和尚来辨别。和尚只取出这两瓶水,李卫大为惊叹。"

《事文类聚》中记载:"赞皇公李德裕住在廊庙的时候,有亲知奉旨出京城,他说:'你回来的时候,取一壶金山下的扬子江水回来。'此人答应了。等回来的时候,因为喝醉了酒而忘记了,船到了石头城下才想起这件事情,于是此人取了一瓶江中的水,回到京城献给他。李德裕喝了之后,非常惊讶说:'水味跟往年的不大一样啊。这个水很像建业石头城下面的水。'此人立即上前谢罪,如实相告,不敢隐瞒。"

《河南通志》中记载:"卢仝茶水的源泉在济源县。卢仝有一处庄园在离济源县通济桥两里路远的地方,泉水就在那里。他的诗中说:'买得一片田,济源花洞前,自号玉川子,有寺名玉泉。'他汲取寺中的泉水来煎茶,有《玉川子饮茶歌》,很多句子非常奇警。"

《黄州志》记载:"陆羽泉在蕲水县凤栖山下,又叫兰溪泉。陆羽曾经汲水来煮茶,把它评为天下第三泉水。宋朝的王元之有诗记载。"

无尽大师在《天台志》中说:"陆羽品水,认为这座山上的瀑布水排行为天下第十七。我曾经试着去喝,比我幽溪蒙泉水要差一点。我怀疑陆羽只到了瀑布泉而已。如果走遍了天台,应该不会把金山的水列为第一吧。"

《海录》中记载:"陆羽品水,认为雪水可以排在第二十位,用它来煎茶太冷了。"

陆平泉《茶寮记》中说："唐朝秘书省的水最好，所以又叫秘水。"

《檀几丛书》："唐朝天宝年间，稠锡禅师有个叫清晏的，站在南岳山石上用锡杖一顿，泉水突然从石窟中间迸发出来，名叫真珠泉，大师喝了之后清香可口，说：'将这个水拿来泡我们家乡的桐庐茶，不是很合适吗？'"

《大观茶论》："水以清幽甘甜洁净为最好，煮到水沸腾起来，气泡像鱼和蟹子的眼睛一样迸跃正好。"

《咸淳临安志》："栖霞洞里面有水洞深不可测，水的味道特别甘冽。魏公曾经用它来烹制茶水。另外莲花院里面有三口井，露天的井水最好，取出来煮茶，感到很清冽甘甜，被评为小林第一。"

王氏《谈录》："都说好茶叶时间长了一定要稍微陈旧一点。我在产茶的地方看到，春初取出新的茶叶炒，把陈茶夹杂在一起煮，气味自然还在。襄阳试过很好，曾经跟蔡君谟说，他也这样认为。"

欧阳修在《浮槎水记》中说："浮槎和龙池山都在庐州的界限内，但龙池水的味道较浮槎相差甚远。而又新的记载，认为龙池水为第十，浮槎的水放弃而不加以录入，由此可见又新所忽略的地方太多了。陆羽就不一样了，他说："山上的水最好，江水差一点，井水最差，山水乳泉由石池漫流而下的最好。"他的话虽然简单，但是就论水来说却很全面。"

蔡襄《茶录》："茶叶如果放置的时间超过了一年，香色味都有点陈旧。煮的时候先放进干净的器具中用开水洗一遍，去掉一两重的膏油就可以了。再用钳子夹着，用小火烘干，然后碾碎。如果是当年的新茶，那就不需要用这个办法。碾的时候先用干净的纸包起来捣碎，然后再碾，要领是碾到颜色变白，如果过夜颜色就会变昏暗。""碾完了之后再罗。罗得细冲茶时茶叶就会浮起来，罗得粗茶末就会浮在上面。""候汤最难，没有熟的话碎末就浮在上面，过熟茶叶就沉下去了。前人所说的蟹眼，就是过熟的汤水。在瓶子里面煮不能辨别出来，所以说候汤最难。""茶叶少水多就会导致云脚涣散，水少茶叶多就会聚在水面上。［建人称之为云脚、粥面。］炒茶一钱七分，先加水，调和的非常均匀。再加入水，来回搅拌。水倒进杯子，只要倒到四成满

就可以了,看其颜色鲜白,杯子上没有水的痕迹为最好。建安时期大家比试,以水痕先退的为输,耐久的为胜,所以论输赢有一说法,叫相去一水两水。""茶叶有真香,而作为贡品的稍微加一点龙脑掺在水里,为了使它的香气更浓。建安民间试茶的时候,都不放入香料,主要是怕夺走了茶叶真正的香味。如果在烹制的时候,又加入了果实香草,它们夺取香味很厉害,严格地讲是不应该用的。"

陶谷《清异录》记载:"冲茶的时候在茶水的表面幻化出物体的形象的,是茶匠精湛手艺使然。沙门福全生于金乡,长在茶海,注水入茶时能在水里面上幻化成一句诗。如果一起倒上四瓯,那就能形成一首绝句,漂浮在表面上。小小的物体,能够清晰地辨认。檀越日那天造门,人们希望能看水中的戏,全自咏诗说:'生成盏里水丹青,巧画工夫学不成。却笑当时陆鸿渐,煎茶赢得好名声'。""茶到唐代才开始盛行。近来有在汤水里面运用调羹,施加秘诀,使水的纹路形成物体的形象,禽兽、虫鱼、花草这样的东西,精巧得像画卷一样,但是一会儿就散失了,这是茶水的变化。有人称它为'茶百戏'。""还有漏影春法。用镂空的纸贴在茶杯里面,加水去纸,现出图案,加上荔枝的肉为叶子,松实、鸭脚之类珍稀的物品为蕊,注开水搅拌。"

《煮茶品泉》:"我少时读过温氏所著《茶说》,从中得知有名的泉水二十多处。我曾经往西到过巴峡,经过虾蟆窟;往北在芜城歇息,汲取过蜀冈井的水;往东游览过故都,一直走到扬子江,在丹阳停留,喝过观音泉的水,还经过无锡品尝过慧山的水。用粉枪末旗这样的好茶,用兰草桂木这样的佳薪,一边烹煮,一边品尝,那真是回肠荡气,百病全消,抑郁烦躁挥之而去,神清气爽充满全身。这才理解什么叫相得宜彰,那美好气息的感染,那幽静的感觉,即使前辈贤士精湛的说法,也不能企及啊。过去郦元善著过《水经》,但却不知道茶叶;王肃热衷于喝茶,却从未言及于水。要说出茶及水这二者的美好,我可以说当之无愧。"

魏泰《东轩笔录》:"鼎州往北百里远的地方有一座甘泉寺,在路左有泉水清澈美味,最适合泡茶。四周绿荫环抱,环境也很幽雅。寇莱公被贬到雷州的时候,经过这里喝水,在墙壁上题字而去。没过多久丁晋公又经过这里,拜佛题字而走。天圣年间,范讽以殿中丞的身份来安抚湖外,到这座寺观看了上面题留的文字,徘徊感叹,作诗在旁边说:'平仲酌泉方顿辔,谓之礼佛继南行。层峦下瞰岚烟路,转使高僧薄宠荣。'"

张邦基《墨庄漫录》中记载:"元祐六年七夕的时候,苏东坡在扬州任职,跟发运使晁端彦、吴倅、晁无咎等人,取大明寺塔院西廊井水与下院蜀井的水比较高下,认为塔院的水比较好。"华亭县有寒穴泉,跟无锡惠山泉水的味道相同,放在一起来品尝,没觉得有什么不同,当地人知道的很少。王荆公曾经有诗说:"神震洌冰霜,高穴雪与平。空山淳千秋,不出呜咽声。山风吹更寒,山月相与清。北客不到此,如何洗烦醒。"

罗大经《鹤林玉露》:"我的同年好友李南金说:'《茶经》里记载水开到像鱼的眼睛、像连珠一样往上冒为度,然而近来煮茶,很少用鼎镬,如果用瓶子来煮水的话,很难看到这些。那就应当用声音来分辨水一开、二开、三开的程度。另外陆羽的方法,是放茶末在鼎镬里煮,所以放茶叶应在水第二沸时比较合适。如果像现在这样把开水冲进茶壶里泡茶,那就应该在二沸和三沸之间,才比较合适。'为此赋诗说:'砌虫唧唧万蝉催,忽有千车捆载来。听得松风并涧水,急呼缥色绿磁杯。'这种说法固然很精确,然而对于茶来说,水应该嫩而不应老。如果汤嫩的话茶叶的味道就很甜,太老味道就显得很苦。如果声音像松风涧水一样再冲茶,岂不过于老苦了吗?只有移掉瓶子去火,等它停止沸腾之后再说,那样水适中茶叶的味道就很甜美。这是南金所没有讲的。因此补充一首诗:'松风桂雨到来初,急引铜瓶离竹炉。待得声闻俱寂后,一瓯春雪胜醍醐。'"

赵彦卫《云麓漫钞》:"陆羽将天下水的味道,分别列出了有名的品种,刻在石头上流传后代。《列子》说:孔子所说的'淄渑之合,易牙能辨之。'易牙,是齐威公的大夫。淄渑这两种水,易牙知道它们的味道,威公不相信,多次试探都很灵验。陆羽能够得到他所遗留的意韵吗?"

《黄山谷集》:"泸州大云寺偏西的崖石上,有泉水往下滴,四周的泉水

味道都比不上它。"

林逋《烹北苑茶有怀》:(译略)

《东坡集》:"我从汴京到淮水,逆流往上到蜀地,喝了江淮的水很多年了。到了这里,觉得井水显得很腥涩,上百天之后才好一点。由此知道江水比井水要甘甜一些。现在来到岭外,自扬子江开始喝江水,到了南康,江水更加清澈,水也更加甘甜,于是又知道南方的江水比北方的江水要好。近来到了清远峡,水的颜色就像碧玉一样,味道更好了。现在游览到了罗浮,喝泰禅师锡杖泉水,清远峡的水又不如它了。岭外只有惠州的人喜欢比试茶水,此水名不虚传。""惠山寺的东面是观音泉,有亭子被称为漪澜,泉水在亭中间,二井相隔很近,一圆一方两种形状。取水的多是由圆井,因为方动而圆静,不动水自然显得清澈,而动就会使水变得浑浊。流过漪澜,从石制的龙口中出来,往下流到大池的水,有泥土的气息,不可汲取,泉水整年都不干涸,张又新称它为天下第二泉。"

《避暑录话》:"裴晋公诗中说:'饱食缓行初睡觉,一瓯新茗待儿煎。脱巾斜倚绳床坐,风送水声来耳边。'他作这首诗的时候可能还自以为得意,然而我在山里面居住了七年,这种享受已经很长时间了。"

冯璧《东坡海南烹茶图》诗中说:(译略)

《万花谷》:"黄山谷中有《井水帖》说:取井旁十几颗小石子放进瓶子里面,让水不浑浊,所以《咏慧山泉》诗中说'锡谷寒泉椭[音妥],石俱'是也。石头长而圆的叫椭,所以能澄清水源。茶家碾茶,必须碾着上面现出白色来,才是最好的。曾茶山诗中说:'碾处须看眉上白,分时为见眼中青'。"

《舆地纪胜》:竹泉在荆州府松滋县的南面。宋代至和年初,苦竹寺的和尚淘井时得到一支笔。后来黄庭坚被贬贵州从这里经过,看到笔说:"这是我在虾蟆碚那里丢失的。"由此可知这两个泉水是相通的。他的诗中说:"松滋县西竹林寺,苦竹林中甘井泉。巴人谩说虾蟆碚,试裹春茶来就煎。"

周辉《清波杂志》中记载:"我住在惠山,泉水和石头都是几案上摆放的东西。亲戚朋友东来,多次询问松竹的情况。到了陆子泉,好茶是少不了的。虽然取了惠山泉水很快就能够到汴京，但是未免觉得瓶子中水气不纯。如果把水用细砂滤过，就和新汲取的一样了，被称为拆洗惠山泉。天台山的竹沥水，是那个地方的人砍断竹子弄弯将水装在瓶子里，如果夹杂其他的水就不好了。苏才翁和蔡君谟比茶，蔡君谟的茶好，用惠山泉的水煮，苏才翁茶不好，用竹沥水煮，苏才翁却取胜了。这种说法在江邻几所写的《嘉祐杂志》可以看到。果真这样的话，今天喜欢茶事的，怎么没有一句说到这点呢？双井因为山谷所以才被重视，苏魏公曾经说：'我一生不知荐举了多少人，只有孟安序朝奉的时候曾经送给我一瓮双井里的水。'苏魏公从不接受礼物，唯独接受这瓮水，可见是珍惜它的。"

《东京记》：文德殿的两旁有东西上阁门，所以杜诗中说："东上阁之东，有井泉绝佳。"山谷《忆东坡烹茶》诗中说："阁门井不落第二，竟陵谷帘空误书。"

陈舜俞《庐山记》："康王谷里面有水帘，泉水从岩石上飞下有二三十个分流。大约有七十多尺宽，高不可测。山谷诗中说"谷帘煮甘露"就是指此水。"

孙月锋《坡仙食饮录》："唐代的人煎茶多用姜，所以薛能诗中说：'盐损添常戒，姜宜著更夸。'根据这种说法，那又有用盐的了。现在如果有用这两种东西的，应该被人大笑。然而中等的茶，用姜煎应该很好，盐就不可以。"

冯可实《岕茶笺》："茶叶虽然都是出自岕，有像兰花一样香甜的味道，过了雷雨经历了秋天之后，打开坛子烹煮，它的香味更加浓烈，味道就像新茶一样，颜色很白，这是真正的洞山。其他的品种刚开始的时候也很香，但是到了秋天就索然无味了。"

《群芳谱》："世上的人喜欢各种不同的事物，而对于茶来说十个人有九个人喜欢。不过是竹炉火候，好茶碗清水。煮了之后有水汽上升，上面浮着白色的水花。不是借助水的功劳，哪来这么好的茶呢？简单说来，煮茶有五种方法：一是选择水，二是用器，三是忌讳混杂，四是要小心的蒸煮，五是分辨颜色。"

《吴兴掌故录》："湖州的金沙泉，到了元朝中，中书省派官员祭拜，一会儿水就溢出来了，灌溉了良田千亩，将它赐名为瑞应泉。"

《职方志》："广陵蜀冈上有井，叫作蜀井，据说水与西蜀相通。品天下水有二十种，而蜀冈的水为第七。"

《遵生八笺》："凡是泡茶，先必须把杯子燲热，那样茶就会在表面聚拢，冷则茶的颜色不浮。燲音胁，就是火烤的意思。"

陈眉公《太平清话》："我曾经喝中泠水，比惠山的水差，不明白为什么。后来考证，才知道陆羽原来是把庐山谷帘泉的水列为第一。《山疏》中说：'陆羽《茶经》中说，泻下很急的瀑布水不要食用。而这里的瀑布流的十分湍急，却把它列为第一名，这是为什么呢？另外云液泉在谷帘的旁边，山上多云母石，泉水是它的汁水，流的很急，清冽甘冷，远远胜过谷帘，却得不到第一，这是为什么呢？还有碧琳池的东南方向有两眼泉水，都特别甘甜清香，味道都不比惠山差，而东面的泉水更好'。""蔡君谟所说的'水应该取嫩而不取老'都是对团饼的茶叶而言。现在的旗芽枪甲，如果汤水不好茶叶的神韵就不能完全散发出来，茶叶的颜色不分明。所以斗茶要取胜，关键在水开的度。"

徐渭《煎茶七类》："煮茶并不是一件随便的事情，须要煮茶人的人品与茶品相当。所以它的办法传到高流隐逸者那里，就像是烟霞泉水石块都藏在心中一样。""品水认为井水是最次的。井水应该取汲水者多的，汲水的人多的话，水就是活水。""等水煮到起了泡泡，上面泛出了泡沫，将茶叶放进器具里面。开始放进少许水，等汤茶相合的时候把水注满，云脚渐渐就开了，上面浮着乳花，味道自然不同一般。其实以前人们把茶叶做成团饼碾成屑来用，味道容易出来。茶叶少就会导致乏味，过熟的话味道就不清爽，而且容易沉积在底部。"

张源《茶录》："山顶的泉水清而轻，山下的泉水清而重，岩石下流出的水清而甘甜，砂中的泉水清而冷冽，土中的泉水清而厚重。流动的水好过静止的，被阴的水胜过向阳的。山势峻峭泉水少，山峻秀的有神灵。真源无味,真水无香。在黄石中流出来的水最好,从青石中泻出来的没有用。""煮水有三种分辨的方法:一是辨形;二是辨声;三是辨捷。形是从里面辨认,声音是从外面辨认,而捷是根据气来分辨。像虾眼、蟹眼、鱼目、连珠都是水刚开的样子,直到水开的像波浪一样翻滚的时候,水气全部没有,才算纯熟了。像初声、转身、振声、骇声都是水刚开时鼓荡的声音,直到没有声音的时候,才算是真正的熟了。如果气浮成一缕、二缕、三缕,到了最后分辨不清,烟雾缭绕,都是刚开,直到气息贯通,才算真正熟了。蔡君谟因为古代的人把茶叶碾磨成饼状,则认为水开了茶的神韵就散发出来了。这就是用嫩而不用老的缘故。今天制造茶叶,不用罗碾,保持原来的形状,水必须很开,茶的内蕴才能完全散发出来。""炉火通红的时候,茶铫子才开始放上去,扇风的时候要轻快,等到开水发出声音,才扇重一点,这就是指文武的火候。如果太文的话,水性容易太柔软,太柔水就会被茶所降伏;过于武,火性太烈茶就会受制于水,都不足以称之为调和,没有得到泡茶的要领。""放茶叶要按一定的次序,不要失去时宜。先茶后水,叫作下投;在一半水中放茶,再加满水叫中投,先加水后投茶被称为上投。夏天适合上投,冬天适合下投,春秋适合中投。""不适合用腐朽的木头、不好的器具、铜调羹、铜铫子、木桶、柴薪、烟煤、麸炭、粗鲁的童子、凶恶的女婢、不干净的毛巾等来事茶,也不要各种果实和香药。"

谢肇淛《五杂俎》:"唐朝薛能在《茶诗》中说:'盐损添常戒,姜宜著更夸。'这样煮茶,怎么会有好味道呢? 这或许是陆羽没有品茶之前吧。到了东坡《和寄茶》诗中说:'老妻稚子不知爱,一半已入姜盐煎。'当时已经觉得这样做不对了,而这种习惯仍然还在。今天江右和楚人,还有用姜煎茶的,虽说是古代的风气,终觉不合规矩。""闽人苦于难得山泉,多用雨水,它的味道比不上山泉,但是却比山泉清。然而自淮水往北,雨水苦而黑,不能用来煮茶。只有雪水,冬天的时候藏起来,到了夏天用,才是最好的。虽然雪也是雨水凝固而成的,但是雪适合而雨水却不适合,这是为什么呢? 或者说北方的屋瓦不干净,多用很脏的泥土涂在上面的缘故。""古时候的茶,被称之为煮、烹、煎。必须水开的像蟹眼一样，茶味才正宗。今天的茶叶只有用开水冲进去，稍微沾上火颜色就会变黄而味道苦涩，不适合饮用。才知道古代和现在煮茶的方法也不相同。""苏才翁斗茶用天台的竹沥水，其实是竹露，不是竹沥。如果像今天的医生用火烤从竹子里面取沥，那就肯定不适合茶了。"

顾元庆《茶谱》："煎茶的四个要诀：一是选择水，二是洗茶，三是候汤，四是择品。点茶的三大要求是：一是洗涤干净器具，二是烧热杯，三是选择果子。"

熊明遇《岕山茶记》："烹茶主要是水的功劳。没有山泉就用天上的水，秋雨最好，梅雨差一点。秋雨冽而白，梅雨醇而白。雪水是五谷的精华，颜色不可能白。养水需要将石子放进瓮里面，不只对水有益处，而白色的石头和清澈的泉水，也会觉得会心不在远。"

《雪庵清史》："我生性喜欢清苦，唯独与茶相宜。幸好靠近茶乡，能够让我随意饮用。我的朋友不能分辨三火三沸的做法，我每次过去饮茶，不是太老了，就是太嫩了，致使这样香甜的味道荡然无存，这都是被李南金的说法所误的。像罗玉露那样的说法，才能够把握好火候。朋友说：'我只喜欢读书，游玩山水，作佛事，有时候还醉倒在花前，不喜欢水厄，所以对火候不精通。前人有言：去掉体内阻滞和疲劳，一天都有好处；消耗了精气，终身的危害才算大。获益就说是茶的功劳，得到害处就不说是茶。甘受俗名，就是因为这个缘故。'哎！茶实在是冤枉啊。难道没有听和尚说吗：去掉体内阻滞和疲劳，清苦的好处很多；消耗精气，情欲的危害最大。获益的时候不说是因为茶，自己害自己的时候反而说是因为茶才遭殃。如果不懂得把握好火候，不单是茶。读书如果不能得到里面的趣味，赏玩山水不能领会其中的情致，学习佛法而不能理解它的根本，好色而不能理解其中的韵味，都是不讲火候的。不是我爱茶所以才为茶吐一口气，而是想用这样清苦的味道，和好朋友一起共享。"

"煮茶的方法有六个要诀：一是辨别，二是水，三是火，四是汤，五是器具,六是饮。茶有粗茶,有散茶,有末茶,有饼茶之分;有研茶、熬茶、炀茶、舂茶等做法。我很幸运得到了做茶的方法,又得到了烹茶的六大要点,一遇到好朋友,便亲自烹煎。但愿一瓯喝得其真谛,不用五千卷文字撑肠拄腹。所以说饮茶的意义是深远的。"

田艺蘅《煮泉小品》:"茶叶,是南方的嘉木,每天不可缺少的用品。品质虽然有差别,若是没有好水,煮的时候方法不得当,即使上好茶也会不好。喝泉水的时候觉得清爽,喝茶的时候忘记了喧嚣,那就不是纨绔子弟可以领悟的。我写《煮泉小品》,是为了与枕石漱流的雅士商榷。""陆羽曾经说:'在出产茶叶的地方煮茶没有不好的,这是因为水土适宜。'这种说法很对,因为边采摘、边制作,二者都是新的。所以《茶谱》中说:'蒙山之中最好的茶,如果得到一两,用当地的水煎服,能够去掉积存很久的疾病。'是啊,现在武林那些泉水,只有龙泓还可以,而茶叶也只有龙泓山的最好。因为此山山高林密,山川秀丽,是两山之中最好的。所以那里的水清寒而且甘香,适合于煮茶。虞伯生诗中说:'但见瓢中清,翠影落群岫。烹煎黄金芽,不取韵雨后。'姚公绶诗中说:'品尝顾渚风斯下,零落《茶经》奈尔何。'那样就知道风味了,否则怎么能做葛仙翁炼丹的地方呢? 比这个地方好的是老龙泓的,寒碧更甚于它,这个地方所出产的茶叶是南北两山的绝品。陆鸿渐认为钱塘天竺灵隐寺的水最差,我没有尝试过。而《郡志》里面也只说宝云、香林、白云等茶,都不如龙泓清香隽永。"

"有水有茶,不可以没有火,并不是说真的没有火,只是说适合的问题。李约说'茶必须用活火煎',活火是说有焰炭火的。东坡的诗中说'活水仍将活火烹',是这样啊。而我认为山中如果不是经常有炭的话,那都是死火,不如用枯枝更好。遇到很冷的天气,多拾点松枝放在房子里面存起来,用它来煮茶更好。""人们只知道候汤,而不知道火候。火烧能令水干,所以试火应该在试水的前面。《吕氏春秋》中伊尹说汤有五种味道:'九沸九变,关键在于火候的把握。'"

许次杼《茶疏》:"随时取用甘甜的泉水,用的时候才好,可是家住城里,

又怎么能够随时得到呢？所以说应该多汲取一点，放在大瓮里面贮存起来，但是不要用新的器具，因为它的火气还没有褪尽，容易败坏水质，也容易生虫。器具用久的好，最怕的就是用作其他的用途。水最忌讳木头，尤其是松杉。用木桶储存水，它的危害很快就滋生出来了，瓶是最好的。""水开的快，就显得鲜嫩风逸。水开的迟，则容易太熟昏钝。所以水放进锅子里面，就需要赶紧去煮。等到有像松涛一样的声音发出，就去掉它的盖子，用来平息它的老钝。泛出蟹眼般的气泡之后，水翻腾起来，这是最恰当的时候。声音鼎沸，然后没有声音，那就是过时了。过了时间的老汤，绝对不能用。"

"茶注、茶铫、茶瓯，最好常洗涤。饮用完毕以后，喝剩下的残叶，必须全部去掉。如果还有的留在里面，再用时就会夺走茶的香气败坏茶的味道。每天早晨起来，一定要用开水洗过，用特别软的麻布擦干杯子的里面，扣在竹架子上面晾干，烹茶的时候拿出来用。""味道如同龙泓泉水，清香隽永。我曾经一一试过，求其茶叶和水都是很好的，是两浙一带的泉水所罕见的。""山厚的泉水也厚，山奇水也奇，山清水也清，山幽水也幽，都是很好的品种。不厚就薄，不奇就蠢，不清就浑浊，不幽静就喧哗，肯定是没有用的。""江，是公共的，所有的水都汇入到里面。汇集成的水味道就很杂，所以说饮用江水差一点。取水应取离人远的，离人越远，水越清湛而没有杂物飘浮。""严陵濑，又叫七里滩，这是因为沙石上被称为濑、滩，总称为浙江。但江的潮汐影响不到这里，故水深而清，所以被陆羽品为好水。我曾经于清秋的时候将船停在钓台下，取出囊中的武夷、金华两种茶出来比试。虽然是同一种水，武夷茶显得黄而燥冽，金华就显得碧绿而清香，才知道选择水也应当选择茶。鸿渐认为婺州差一点，而清臣认为白乳比武夷要差一点，现在这种优劣已经倒过来了。如果把它分开来说的话，水的功劳占到了一半。""如果离泉水太远，那就不能天天去汲取了。就需要让很诚实的山里孩子去取，以免又发生像石头城下取水充数的事情。苏子瞻喜欢玉女河里的水，让和尚拿调水符去取，仍因为不能听着水泉睡觉而觉得惋惜。所以曾茶山在《谢送惠山泉》诗中有'旧时水递费经营'这样的句子。"

"如果水不够开的话茶的味道出不来,水开得太过了茶就老。只有开到恰到好处才行。"

"三人以上,只需要一炉。如果是五六个人,就应当用两个鼎炉,用一个童子专门来做,才能调出好茶来。如果让人兼做,就会出现差池。""烧火用坚木炭是最好的,如果木头没有烧透,还有剩余的烟味,烟气到了汤里面,汤就给毁了。所以先将木柴烧红,去掉里面的烟焰,加上火力很猛烈的话,水才容易沸腾。炭红了之后,才开始放上烧水的器具,赶快用扇子去扇,越快越好,手不要停歇。停过火的汤,宁愿放弃之后再烹制。""茶叶不适合接近阴暗的房间、厨房、喧闹的地方、小儿啼哭的地方、性格很粗犷的人、仆人打闹、很热的房子等这些地方。"

罗廪《茶解》:"茶叶的颜色发白,味道甘鲜,香气扑鼻,是很好的品种。茶叶中的精品,淡也白,浓也白,刚做出来的时候是白色,放置时间长了仍然是白色的,它的香味四处飘溢,色香味三者要有就都有了。近来有好事者担心茶颜色太重,一注之水只放几片茶叶,味道不足,香气也不够,难免不被讥讽是水的灾难。尽管这样,选择水还是很重要。""香味以兰花的最好,蚕豆花差一点。煮茶必须用很甜美的泉水,其次才是雨水。梅雨就像膏一样,所有的物体都依赖它生长,它的味道特别甘甜。梅雨之后就不能喝了。把梅雨用大瓮装起来,放一片伏龙肝在里面澄清它,也就是灶中心的干土块,乘热的时候放进去。""李南金说,水在二沸和三沸中间的时候最合适。这是真正的行家的话。而罗鹤林怕汤老了,所以在水大沸之后,移瓶去火,等到停止沸腾的时候再说。这样的说法也未必准确。要知道汤已经老了,即使去了火又怎么能够挽救呢?""储水瓶必须放在阴暗的屋子里面,上面盖上纱布,遮挡白天的阳光,承接夜晚的露水,那样茶的英华就不会消散,灵气就能长期保留。假如在上面压上木石,封上纸和竹叶,在日头底下晒,那样里面就封闭,外面就会耗尽它的精气,水的神韵没有了,水的味道就坏了。"

《考盘余事》:"今天茶叶的品种跟《茶经》里面所说的完全不同,而烹制的方法,也跟蔡襄、陆羽这些人所说的都不相同。""开始有像鱼的眼睛一样的气泡,微微沸腾的声音是一沸,锅的边缘涌出像连珠一样的气泡是二沸,奔腾溅出为三沸。这种方法不是活火是没有办法做成的。如果柴火刚点着,锅才烧热,急忙取来泡茶,水气还没有消散,被称为嫩。如果人休息好了,水已经过了十沸,才开始取用,汤就已经失去了灵性,已经老了。老和嫩都不好。"

《夷门广牍》:"虎丘的石泉,以前排在第三位,陆羽将它排为第五。石泉里面贮存的水,都是由雨水积存起来,渗透而形成的。何况当时盖墓道,石工多半被闷死了;这么多和尚住在山上,不可能没有污秽渗透进去。虽然名叫陆羽泉,其实并不是天然的水。道家服用,最忌讳的就是有尸气。"

《六砚斋笔记》:"武林的西湖水,取来之后贮存在大缸里面,放置六七天。有风雨的时候就盖上,晴天的时候就打开,使它受到日月星辰的灵气。用它来烹茶,觉得甘醇美味,不比慧麓的逊色。因为溪谷里面的水流的很快,能够浸润,不只一处水源,取了很多处的精华,味道自然很好。由此可知凡是有湖泊浸润的地方,都可以取水储藏起来澄清,绝对胜过浅流阴井的水。那些水带有异味,不堪泡茶饮用。""古人因为好奇,饮用的时候放很多

周臣《春泉小隐图》

花在水里面,还有一种叫作五色饮,放进冰蜜、糖药各种不同的东西,我以为都不足以提倡。如果没有好茶叶的话,用松枝烧水泡汤,能喝就行。"

《竹懒茶衡》："处处都有茶叶，只是茶的好处没能够都品辨出来。暂且按近几天道士所说的：虎丘的气味芳香而且有点淡，刚放进杯中时上面浮动着青色的叶子，鼻端飘拂淡淡的兰花香味，喝的时候也很舒服，然而必须是惠麓的水，甘醇足以辅佐它的清淡。龙井的味道很浓厚，颜色淡黄，气味也不怎么显露，而喝下去之后，才觉得非常鲜腴润滑，又必须借深山里的冷泉，喝下去才会觉得隽永滋润，没有昏滞的感觉。"

松雨斋《运泉约》："在下雪后的竹林中，阵阵松风吹着脸颊，我们暂且放饮人间，终日逍遥物外。没有到名山，怎么能告别世俗的生活呢？然而搜集提炼奇警的句子，汗体淋漓思绪枯竭，因此洗去迟滞昏蒙，甘泉香茗不断。有月团三百，高兴地拆开包茶叶的鱼纸封缄，燃起一堆槐枝烧成的篝火，把泉水煮到翻起蟹眼。陆羽的论述，已经奉为经典；张又新的主张也不能够不加鼓吹。以前卫公官至中书，特别怕递水；杜老潜居在夔峡，其险叫作湿云。今天离惠麓山超不过两百里远的路程，在松陵渡口雇一条船，不用三四天就到了。登新弃旧，转手就像辘轳一样，取用方便价钱便宜，比用吊杆打水还省力。像我们这样的清士，都赶着去赴嘉盟。运惠水：每一坛要付船工三分的银钱，水坛和坛盖的价钱还不在内。取到水之后，通知各位朋友，让人来抬。每月的上旬收钱，中旬运水。每个月运一次，以便让水清新。愿意的人把名字写在左面，以便于登记注册，并写明所要的坛数，按照数量付银子。某月某日付款。松雨斋主人谨订。"

《岕茶汇钞》："烹茶的时候先用上好的泉水洗涤烹制的器具，一定要新鲜干净。然后用热水洗涤茶叶。水如果太开了，恐怕一洗就容易损害它的味道，应该用竹制的筷子在洗涤的器具中反复的洗荡，将尘土、黄叶、老梗这些东西全部去掉，再用手拧干，放在洗涤的器具里面盖上。一会儿再打开来看，颜色清香甘冽，立即取开水泼在上面。夏天先放水后放茶叶，冬天先放茶叶后倒水。""茶叶的颜色重要的是要白，但是白也不难。水清、瓶子干净、叶子好、用水洗、烹煮之后立即就加以饮用，它的颜色是白色，然而味道却不能知道，只是中看而已。如果取青绿色，那天池、松萝及岕茶是最不好的，虽

然是冬天，颜色仍然像苔衣一样，难以说好。像我所收藏的真洞山茶叶，从谷雨后五天的，用开水煮过晾干，储存在壶里很长时间，它的颜色就像白玉一样。到了冬天就显得嫩绿，味甘色白，气味甘醇，也像婴儿的体香。而上面浮荡的芳香，则是虎丘茶所没有的。"

《洞山茶系》："岕茶是品性很全面的，关键在于洗控。水开了之后浇在茶叶上，立刻拿出来，沥干了水，等开水可以下指的时候，立即放下去洗涤，洗净里面的沙子和粉末。再拿起来，用指捏干，盖在容器中等着冲泡。只不过其他的茶叶应该按照时间分别投煮，只有岕茶既然经过洗涤之后，文理都显得很清晰，只需立即冲泡即可。"

《天下名胜志》："宜兴县的湖汶镇，有一眼地下泉水，洞穴阔有二尺多，形状就像井一样。它的源头跟水源相通，味道很甘洌，唐代的时候准备贡茶，就用这里的泉水。""洞庭缥缈峰的西北，有一座水月寺，寺的东面入小青坞处，有泉水清澈甘凉，长年不干涸，宋朝的李弥大将它命名为无碍泉。""安吉州的碧玉泉最好，清澈得可以看见头发，香味可以比得上煮茶。"

徐献忠《水品》：甘甜的泉水，如果尝试去称量它必定很厚重。是因为源远流长的缘故。江中的南零水，从岷江开始发源有几千里，在两石之间才开始澄清，它的性质也很厚重，所以很甜美。""处士的《茶经》讲，茶事不但要选择水，烧火要用炭或硬木。如果炭曾经被腥气所沾染，或柴是朽木败器，都不用。古代的人辨别柴火的气味，也是有要领的。""山雄伟高大，挺拔秀丽的，一定会出佳泉。"

张大复《梅花笔谈》：茶叶的内蕴必须从水里面发散出来，八分的茶叶遇到十分的水，茶也就变成了十分；八成的水去泡十分的水，茶叶也只有八分了。

《岩栖幽事》："黄山谷有赋说：'那种汹汹的气势，就像清风吹过松林一样。浩大的样子，就像白云在天空走过。'可以说是得到了煎茶的要诀。""扫叶煎茶也是很雅致的事情，必须要人品和茶品相得益彰。所以它的方法多半传给高人雅士，胸怀烟霞山川的人。"

《涌幢小品》："天下第四泉在上饶县的北面茶山寺。唐代陆羽居住在那里,在山上种茶,用泉水烹制之后喝,将泉水评为第四。当地人尚书杨麟曾经在这里读书,所以用以为号。""我在京城三年,汲取德胜门外面的水烹茶最好。""皇宫里面用的井水,也是西山泉水的水脉,真是天下第一品种,陆羽却没有记载。""俗话说:'芒种逢壬便立霉'。梅雨之后积水烹茶,味道香洌,可以长久贮藏,一到了夏至就不同了。尝试之后很灵验。""家里面苦于泉水很难得到,所以就用普通的水煮开,装在大磁缸里面,放在院中避免光照。等月亮皎洁的时候,打开磁缸接受露水,只要三个晚上,它就变得清澈见底了。下面积存有两三寸厚的污垢,随即取出来,把水用坛子装起来,用它来煮茶跟惠泉的水没什么两样。"

闻龙《它泉记》:我们的家乡四面都是山,泉水到处都有,只是都淡然而不甘甜。只有被称为它泉的,源头出自四明,自洞流下超过三百多里,水的颜色蔚蓝。素净的砂子白色的石头,水清澈得可以见底,水质清寒甘滑,是郡中最好的。

《玉堂丛语》："黄谏常认为京师有品味的泉水,郊外的玉泉是其中之一,京城文华殿里的东大庖井是其中之一。后谪守广州,品泉认为鸡爬井也是一个,于是将它更名为学士泉。""吴栻说:武夷南山的泉水,味道甘洌但太淡。北山泉水的味道就完全不同了。两座山虽然看起来很相像其实有着本质上的区别。我曾经携带茶具一共访到了三十九处泉水,就是最下等的也没有硬冽的气质。"

王新城《陇蜀余闻》："百花潭里有三块巨石,水在里面流淌,汲取上来煎茶,清洌的味道跟其他的水不一样。"

《居易录》："济源县段少司空园,是玉川子煎茶的地方。其中有两处泉水,或者叫玉泉,距离盘谷不到十里,门外有一条河叫作漭水,流自屋山。"按照《通志》记载,玉泉在泷水的上游,庐全曾经在这里煎茶,现在的《水经注》里面没有记载。

《分甘余话》："一水,是水的名字。"郦道元在《水经注·渭水》里面记载："东会有一条河叫一水"，发源于吴山。《地里志》中记载："吴山，就是古代的汧山，山下有石头洞穴，水从石头的空隙里面流出来，水源很猛烈。"这样说来这就是一水的起源了，在灵应峰下，所谓的"西镇灵湫"就是了。我丙子年祭告西镇的时候，常在这里品茶，味道跟西山玉泉水很相似。

《古夫于亭杂录》："唐代的刘伯刍品水，认为中泠最好，惠山虎丘差一点。陆羽则认为康王谷的水是最好的，惠山的水排在它的后面。从古到今的人，都认为这是定论。其实两人所见，不过只是江南几百里内的水而已，最远的也只到虾蟆碚，仅仅一见而已。不知道大江的北面像我们这里，到处都是泉水，其中著名的就有七十二处。用它们来烹茶，都不在惠泉之下。宋代的李文叔字格非，本郡人，曾经作《济南水记》，当时和《洛阳名园记》齐名。可惜《水记》没有存留下来，不能补充这两人的疏漏。谢在杭品评平生所见的水里面，济南趵突泉水最好，其次是益都孝妇泉 [在颜神镇]、青州的范公泉，但是没有看见章邱的百脉泉。这都是我郡的水，刘伯刍和陆羽两人何曾见过呢！我曾经为王秋史评二十四泉草堂题诗：'翻怜陆鸿渐，硅步限江东。' 正是这个意思。"

陆次云在《湖壖杂记》中记载："龙井泉从龙口中泻出。水在池子里面，气息很平静。如果游人看的时间长的话，就会发现有时候它会突然泛出波澜，就像要下雨的样子。"

（宋）耀州窑提梁倒灌壶

张鹏翮《奉使日记》："葱岭乾涧的旁边有两口旧井，从旁边往地下掘七八尺，得到的水很甘冽，可以煮茶喝。被人称为'塞外第一泉'。"

《广舆记》："永平滦州有扶苏泉，特别甘冽。秦朝的太子扶苏曾经在这里休息。""江宁摄山千佛岭的下面,石壁上刻着六个隶书大字:'白乳泉试茶亭'。""钟山水的八种作用在于:一是清,二是冷,三是香,四是柔,五是甘,六是净,七是不馍,八是去病。""丹阳的玉乳泉,唐代的刘伯刍称此水是天下第四。""宁州的双井在黄山谷的南面,汲取它来做茶,绝对比其他地方的要好。""杭州孤山的下面有金沙泉,唐代的白居易曾经品尝过这里的泉水,觉得甘美可爱。看到这里地上的沙子光灿灿的就像金子一样,所以这样命名。""安陆府沔阳有陆子泉,又称为文学泉。唐代的陆羽喜欢喝茶,曾品尝此泉,其名由此而来。"

《增订广舆记》:"玉泉山的水是从石头罅缝之间流出来的,因开凿石头作为龙头,泉水就从龙口中流出来,味道特别的甘美,将水流下的地方塑造成池,方圆三丈,东面横跨一座小石桥,名叫玉泉垂虹。"

《武夷山志》:"山南面的虎啸岩语儿泉,浓的就像停止在那里的膏体,放在杯子里面可以看的见毛发,味道特别甘甜,喝下去有柔顺的感觉。其次就是天柱的三敲泉,而茶园的喊泉又跟它差不多。北山的泉水味道很特别。名为小桃源的泉水,高出地面差不多有一尺,怎么汲取都不会干涸,被称为高泉。味道纯远,韵味十足,越喝意味越深远,简直没有办法说的清楚。其次就是相连的仙掌露,这里最差的泉,也没有硬冽的气息。"

《中山传信录》:"中国台湾泡茶业,往碗里放进少许的茶末。开水半瓯,用小扫帚在里面搅拌几十次,泡沫充满了整个瓯面的时候为止,用来敬献给客人。而且有用大螺壳来煮茶的。"

《随见录》:"安庆府宿松县东门外的玉孚山下福昌寺旁边的井,被称为龙井。水的味道特别清甜,用它来泡茶比较好,只是水质与溪泉相比比较重而已。"

六、茶之饮

【原文】

庐仝《茶歌》："日高丈五睡正浓，军将扣门惊周公。口传谏议送书信，白绢斜封三道印。开缄宛见谏议面，手阅月团三百片。闻道新年入山里，蛰虫惊动春风起。天子未尝阳羡茶，百草不敢先开花。仁风暗结珠蓓蕾，先春抽出黄金芽。摘鲜焙芳旋封裹，至精至好且不奢。至尊之余合王公，何事便到山人家。柴门反关无俗客，纱帽笼头自煎吃。碧云引风吹不断，白花浮光凝碗面。一碗喉吻润；二碗破孤闷；三碗搜枯肠，惟有文字五千卷；四碗发轻汗，平生不平事，尽向毛孔散；五碗肌骨清；六碗通仙灵；七碗吃不得也，惟觉两腋习习清风生。"

唐冯贽《记事珠》："建人谓斗茶曰茗战。"

《荈赋》云："茶能调神、和内、解倦、除慵。"

《续博物志》："南人好饮茶，孙皓以茶与韦曜代酒，谢安诣陆纳，设茶果而已。北人初不识此，唐开元中，泰山灵岩寺有降魔师教学禅者以不寐法，令人多作茶饮，因以成俗。"

《大观茶论》："点茶不一，以分轻清重浊，相稀稠得中，可欲则止。《桐君录》云：'茗有饽，饮之宜人，虽多不为贵也'。""夫茶以味为上，香甘重滑为味之全。惟北苑、壑源之品兼之。卓绝之品，真香灵味，自然不同。""茶有真香，非龙麝可拟。要须蒸及熟而压之，及干而研，研细而造，则和美具足。入盏则馨香四达，秋爽洒然。""点茶之色，以纯白为上真，青白为次，灰白次之，黄白又次之。天时得于上，人力尽于下，茶必纯白。青白者，蒸压微生。灰白者，蒸压过熟。压膏不尽则色青暗。焙火太烈则色昏黑。"

《苏文忠集》："予去黄十七年，复与彭城张圣途、丹阳陈辅之同来院。僧梵英葺治堂宇，比旧加严洁，茗饮芳洌。予问：'此新茶耶？'英曰：'茶性新旧交则香味复。'予尝见知琴者言，琴不百年，则桐之生意不尽，缓急清浊常与雨旸寒暑相应。此理与茶相近,故并记之。""王焘集《外台秘要》有《代茶饮子》诗云。格韵高绝,惟山居逸人乃当作之。予尝依法治服,其利膈调中,信如所云。而其气味乃一贴煮散耳,与茶了无干涉。""《月兔茶》诗:环非环,玦非玦,中有迷离玉兔儿,一似佳人裙上月。月圆还缺缺还圆,此月一缺圆何年。君不见,斗茶公子不忍斗小团,上有双衔绶带双飞鸾。"

(辽)张文藻墓壁画"造茶图"

坡公尝游杭州诸寺,一日,饮酽茶七碗,戏书云:"示病维摩原不病,在家灵运已忘家。何须魏帝一丸药,且尽卢仝七碗茶。"

《侯鲭录》:"东坡论茶。除烦已腻,世固不可一日无茶,然暗中损人不少,故或有忌而不饮者。昔人云,自茗饮盛后,人多患气、患黄,虽损益相半,而消阴助阳,益不偿损也。吾有一法,常自珍之,每食已,辄以浓茶漱口,颊腻既去,而脾胃不知。凡肉之在齿间,得茶漱涤,乃尽消缩,不觉脱去,毋须挑刺也。而齿性便苦,缘此渐坚密,蠹疾自已矣。然率用中茶,其上者亦不常有。间数日一啜,亦不为害也。此大是有理,而人罕知者,故详述之。"

白玉蟾《茶歌》:"味如甘露胜醍醐,服之顿觉沉疴苏。身轻便欲登天衢,不知天上有茶无。"

唐庚《斗茶记》:"政和三年三月壬戌,二三君子相与斗茶于寄傲斋。予为取龙塘水烹之,而第其品。吾闻茶不问团铤,要之贵新;水为问江井,要之贵活。千里致水,伪固不可知,就令识真,已非活水。今我提瓶走龙塘,无数千步。此水宜茶,昔人以为不减清远峡。每岁新茶,不过三月至矣。罪戾之余,得与诸公从容谈笑于此,汲泉煮茗,以取一时之适,此非吾君之力欤?"

蔡襄《茶录》:"茶色贵白,而饼茶多以珍膏油[去声]。其面,故有青黄

紫黑之异。善别茶者,正如相工之视人气色也,隐然察之于内,以肉理润者为上。既已末之,黄白者受水昏重,青白者受水详明,故建安人斗试,以青白胜黄白。"

张淏《云谷杂记》:"饮茶不知起于何时。欧阳公《集古录跋》云:'茶之见前史,盖自魏晋以来有之。'予按《晏子春秋》,婴相齐景公时,食脱粟之饭,炙三弋五卵,茗菜而已。又汉王褒《僮约》有'五阳[一作武都]买茶'之语,则魏晋之前已有之矣。但当时虽知饮茶,未若后世之盛也。考郭璞注《尔雅》云:'树似栀子,冬生,叶可煮作羹饮。'然茶至冬味苦,岂可作羹饮耶?饮之令人少睡,张华得之,以为异闻,遂载之《博物志》。非但饮茶者鲜,识茶者亦鲜。至唐陆羽著《茶经》三篇,言茶甚备,天下益知饮茶。其后尚茶成风。回纥入朝,始驱马市茶。德宗建中间,赵赞始兴茶税。兴元初虽诏罢,贞元九年,张滂复奏请,岁得缗钱四十万。今乃与盐酒同佐国用,所入不知几倍于唐矣。"

《品茶要录》:"余尝论茶之精绝者,其白合未开,其细如麦,盖得青阳之轻清者也。又其山多带砂石,而号佳品者,皆在山南,盖得朝阳之和者也。余尝事闲,乘暑景之明净,适亭轩之潇洒,一一皆取品试。既而神水生于华池,愈甘而新,其有助乎。""昔陆羽号为知茶,然羽之所知者,皆今之所谓茶草。何哉?如鸿渐所论蒸笋并叶,畏流其膏,盖草茶味短而淡,故常恐去其膏。建茶力厚而甘,故惟欲去其膏。又论福建为未详,往往得之,其味极佳。由是观之,鸿渐其未至建安欤。"

谢宗《论茶》:"候蟾背之芳香,观虾目之沸涌。故细沤花泛,浮饽云腾,昏俗尘劳,一啜而散。"

《黄山谷集》:"品茶一人得神,二人得趣,三人得味,六七人是名施茶。"

沈存中《梦溪笔谈》:"芽茶古人谓之雀舌、麦颗,言其至嫩也。今茶之美者,其质素良,而所植之土又美,则新芽一发,便长寸余,其细如针。惟芽长为上品,以其质干、土力皆有余故也。如雀舌、麦颗者,极下材耳。乃北人不识,误为品题。予山居有《茶论》,且作《尝茶》诗云:'谁把嫩香名雀舌,定

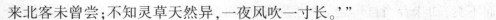

来北客未曾尝;不知灵草天然异,一夜风吹一寸长。'"

《遵生八笺》:"茶有真香,有佳味,有正色。烹点之际,不宜以珍果香草杂之。夺其香者,松子、柑橙、莲心、木瓜、梅花、茉莉、蔷薇、木樨之类是也。夺其色者,柿饼、胶枣、火桃、杨梅、橘饼之类是也。凡饮佳茶,去果方觉清绝,杂之则味无辨矣。若欲用之,所宜则惟核桃、榛子、瓜仁、杏仁、榄仁、栗子、鸡头、银杏之类,或可用也。"

徐渭《煎茶七类》:"茶入口,先须灌漱,次复徐啜,俟甘津潮舌,乃得真味。若杂以花果,则香味俱夺矣。""饮茶宜凉台静室,明窗曲几,僧寮道院,松风竹月,晏坐行吟,清谈把卷。""饮茶宜翰卿墨客,缁衣羽士,逸老散人,或轩冕中之超轶世味者。""除烦雪滞,涤醒破睡,谭渴书倦,是时茗碗策勋,不减凌烟。"

许次杼《茶疏》:"握茶手中,俟汤入壶,随手投茶,定其浮沉,然后泻啜,则乳嫩清滑,而馥郁于鼻端。病可令起,疲可令爽。""一壶之茶,只堪再巡。初巡鲜美,再巡甘醇,三巡则意味尽矣。余尝与客戏论,初巡为婷婷袅袅十三余,再巡为碧玉破瓜年,三巡以来,绿叶成阴矣。所以茶注宜小,小则再巡已终,宁使余芬剩馥尚留叶中,犹堪饭后供啜嗽之用。""人必各手一瓯,毋劳传送。再巡之后,清水涤之。""若巨器屡巡,满中泻饮,待停少温,或求浓苦,何异农匠作劳但资口腹,何论品赏,何知风味乎?"

《煮泉小品》:"唐人以对花啜茶为杀风景,故王介甫诗云'金谷千花莫漫煎'。其意在花,非在茶也。余意以为金谷花前,信不宜矣;若把一瓯对山花啜之,当更助风景,又何必羔儿酒也。""茶如佳人,此论最妙,但恐不宜山林间耳。昔苏东坡诗云'从来佳茗似佳人',曾茶山诗云'移人尤物众谈夸',是也。若欲称之山林,当如毛女麻姑,自然仙风道骨,不浼烟霞。若夫桃脸柳腰,乌宜屏诸销金帐中,毋令污我泉石。""茶之团者、片者,皆出于碾硙之末,既损真味,复加油垢,即非佳品。总不若今之芽茶也,盖天然者自胜耳。曾茶山《日铸茶》诗云'宝铸自不乏,山芽安可无',苏子瞻《壑源试焙新茶》诗云'要知玉雪心肠好,不是膏油首面新',是也。且末茶瀹之有屑,滞

而不爽,知味者当自辨之。""煮茶得宜,而饮非其人,犹汲乳泉以灌蒿莸,罪莫大焉。饮之者一吸而尽,不暇辨味,俗莫甚焉。""人有以梅花、菊花、茉莉花荐茶者,虽风韵可赏,究损茶味。如品佳茶,亦无事此。今人荐茶,类下茶果,此尤近俗。是纵佳者能损茶味,亦宜去之。且下果则必用匙,若金银,大非山居之器,而铜又生铦,皆不可也。若旧称北人和以酥酪,蜀人入以白土,此皆蛮饮,固不足责。"

罗廪《茶解》:"茶通仙灵,然有妙理。""山堂夜坐,汲泉煮茗,至水火相战,如听松涛,倾泻入杯,云光潋滟。此时幽趣,故难与俗人言矣。"

顾元庆《茶谱》:"品茶八要:一品,二泉,三烹,四器,五试,六候,七侣,八勋。"

张源《茶录》:"饮茶以客少为贵,众则喧,喧则雅趣乏矣。独啜曰幽,二客曰胜,三四曰趣,五六曰泛,七八曰施。""酾不宜早,饮不宜迟。酾早则茶神未发,饮迟则妙馥先消。"

《云林遗事》:"倪元镇素好饮茶,在惠山中,用核桃、松子肉和真粉成小块如石状,置于茶中饮之,名曰清泉白石茶。"

闻龙《茶笺》:"东坡云:"蔡君谟嗜茶,老病不能饮,日烹而玩之。可发来者之一笑也。"孰知千载之下有同病焉。余尝有诗云:"年老耽弥甚,脾寒量不胜。"去烹而玩之者几希矣。因忆老友周文甫,自少至老,茗碗薰炉,无时暂废。饮茶日有定期;旦明、晏食、禺中、晡时、下春、黄昏,凡六举,而客至烹点不与焉。寿八十五,无疾而卒。非宿植清福,乌能毕世安享?视好而不能饮者,所得不既多乎。尝蓄一龚春壶,摩挲宝爱,不啻掌珠。用之既久,外类紫玉,内如碧云,真奇物也,后以殉葬。"

《快雪堂漫录》:"昨同徐茂吴至老龙井买茶,山民十数家,各出茶。茂吴以次点试,皆以为赝,曰:真者甘香而不洌,稍洌便为诸山赝品。得一二两以为真物,试之,果甘香若兰。而山民及寺僧反以茂吴为非,吾亦不能置辨。伪物乱真如此。茂吴品茶,以虎丘为第一,常用银一两余购其斤许。寺僧以茂吴精鉴,不敢相欺。他人所得虽厚价,亦赝物也。子晋云:本山茶叶微带

中華茶道

黑,不甚青翠。点之色白如玉,而作寒豆香,宋人呼为白云茶。稍绿便为天池物。天池茶中杂数茎虎丘,则香味迥别。虎丘其茶中王种耶?岕茶精者,庶几妃后,天池、龙井便为臣种,其余则民种矣。"

熊明遇《岕山茶记》:"茶之色重、味重、香重者,俱非上品。松萝香重;六安味苦,而香与松萝同;天池亦有草莱气,龙井如之。至云雾则色重而味浓矣。尝啜虎丘茶,色白而香似婴儿肉,真称精绝。"

邢士襄《茶说》:"夫茶中着料,碗中着果,譬如玉貌加脂,蛾眉染黛,翻累本色矣。"

冯可宾《岕茶笺》:"茶宜无事、佳客、幽坐、吟咏、挥翰、倘佯、睡起、宿醒、清供、精舍、会心、赏鉴、文僮。茶忌不如法、恶具、主客不韵、冠裳苛礼、荤肴杂陈、忙冗、壁间案头多恶趣。"

谢在杭《五杂俎》:"昔人谓:'扬子江心水,蒙山顶上茶。'蒙山在蜀雅州,其中峰顶尤极险秽,虎狼蛇虺所居,采得其茶,可蠲百疾。今山东人以蒙阴山下石衣为茶当之,非矣。然蒙阴茶性亦冷,可治胃热之病。""凡花之奇香者,皆可点汤。《遵生八笺》云:'芙蓉可为汤。'然今牡丹、蔷薇、玫瑰、桂、菊之属,采以为汤,亦觉清远不俗,但不若茗之易致耳。""北方柳芽初苗者,采之入汤,云其味胜茶。曲阜孔林楷木,其芽可以烹饮。闽中佛手、柑、橄榄为汤,饮之清香,色味亦旗枪之亚也。又或以绿豆微炒,投沸汤中倾之,其色正绿,香味亦不减新茗。偶宿荒村中觅茗不得者,可以此代也。"

《谷山笔尘》:"六朝时,北人犹不饮茶,至以酪与之较,惟江南人食之甘。至唐始兴茶税。宋元以来,茶目遂多,然皆蒸干为末,如今香饼之制,乃以入贡,非如今之食茶,止采而烹之也。西北饮茶不知起于何时。本朝以茶易马,西北以茶为药,疗百病皆瘥,此亦前代所未有也。"

《金陵琐事》:"思屯乾道人,见万镒手软膝酸,云:'系五藏皆火,不必服药,惟武夷茶能解之。'茶以东南枝者佳,采得烹以涧泉,则茶竖立,若以井水即横。"

《六研斋笔记》:"茶以芳冽洗神,非读书谈道,不宜亵用。然非真正契

道之士,茶之韵味,亦未易评量。尝笑时流持论,贵嘶声之曲,无色之茶。嘶近于哑,古之绕梁遏云,竟成钝置。茶若无色,芳冽必减,且芳与鼻触,冽以舌受,色之有无,目之所审。根境不相摄,而取衷于彼,何其悖耶,何其谬耶!"虎丘以有芳无色,擅茗事之品。顾其馥郁不胜兰芷,与新剥豆花同调,鼻之消受,亦无几何。至于入口,淡于勺水,清泠之渊,何地不有,乃烦有司章程,作僧流棰楚哉。"

《紫桃轩杂缀》:"天目清而不醨,苦而不螫,正堪与缁流漱涤。笋蕨、石濑则太寒俭,野人之饮耳。松萝极精者方堪入供,亦浓辣有余,甘芳不足,恰如多财贾人,纵复蕴藉,不免作蒜酪气。分水贡芽,出本不多。大叶老根,泼之不动,入水煎成,番有奇味。荐此茗时,如得千年松柏根作石鼎薰燎,乃足称其老气。""'鸡苏佛'、'橄榄仙',宋人咏茶语也。鸡苏即薄荷,上口芳辣。橄榄久咀回甘。合此二者,庶得茶蕴,曰仙、曰佛,当于空玄虚寂中,嘿嘿证入。不具是舌根者,终难与说也。""赏名花不宜更度曲,烹精茗不必更焚香,恐耳目口鼻互牵,不得全领其妙也。""精茶不宜泼饭,更不宜沃醉。以醉则燥渴,将灭裂吾上味耳。精茶岂止当为俗客吝?倘是日汩汩尘务,无好意绪,即烹就,宁俟冷以灌兰,断不令俗肠污吾茗君也。""罗山庙后岕精者,亦芬芳回甘。但嫌稍浓,乏云露清空之韵。以兄虎丘则有余,以父龙井则不足。""天地通俗之才,无远韵,亦不致呕秽寒月。诸茶晦黯无色,而彼独翠绿媚人,可念也。""屠赤水云:'茶于谷雨候、晴明日采制者,能治痰嗽、疗百疾。'"

《类林新咏》:"顾彦先曰:'有味如腫,饮而不醉。无味如茶,饮而醒焉。'醉人何用也。"

徐文长《秘集致品》:"茶宜精舍,宜云林,宜磁瓶,宜竹灶,宜幽人雅士,宜纳子仙朋,宜永昼清谈,宜寒宵兀坐,宜松月下,宜花鸟间,宜清流白石,宜绿藓苍苔,宜素手汲泉,宜红妆扫雪,宜船头吹火,宜竹里飘烟。"

《芸窗清玩》:"茅一相云:'余性不能饮酒,而独耽味于茗。清泉白石可以濯五脏之污,可以澄心气之哲。服之不已,觉两腋习习,清风自生。吾读

《醉乡记》，未尝不神游焉。而间与陆鸿渐、蔡君谟上下其议，则又爽然自释矣。'"

《三才藻异》："雷鸣茶产蒙山顶，雷发收之，服三两换骨，四两为地仙。"

《闻雁斋笔记》："赵长白自言：'吾生平无他幸，但不曾饮井水耳。'此老于茶，可谓能尽其性者。今亦老矣，甚穷，大都不能如曩时，犹摩挲万卷中作《茶史》，故是天壤间多情人也。"

(唐)琉璃茶碗托子

袁宏道《瓶花史》："赏花，茗赏者上也，谭赏者次也，酒赏者下也。"

《茶谱》："《博物志》云：'饮真茶令人少眠。'此是实事，但茶佳乃效，且须末茶饮之。如叶烹者，不效也。"

《太平清话》："琉球国亦晓烹茶。设古鼎于几上，水将沸时投茶末一匙，以汤沃之。少顷奉饮，味清香。"

《藜床沈余》："长安妇女有好事者，曾侯家睹彩笺曰：'一轮初满，万户皆清。若乃狎处衾帏，不惟辜负蟾光，窃恐嫦娥生妒。涓于十五、十六二宵，联女伴同志者，一茗一炉，相从卜夜，名曰'伴嫦娥'。凡有冰心，伫垂玉允。朱门龙氏拜启。'"[陆浚原]

沈周《跋茶录》："樵海先生真隐君子也。平日不知朱门为何物，日偃仰于青山白云堆中，以一瓢消磨灭半生。盖实得品茶三昧，可以羽翼桑苎翁之所不及，即谓先生为茶中董狐可也。"

王晫《快说续记》："春日看花，郊行一二里许，足力小疲，口亦少渴。忽逢解事僧邀至精舍，未通姓名，便进佳茗，踞竹床连啜数瓯，然后言别，不亦快哉。"

卫泳《枕中秘》："读罢吟余，竹外茶烟轻扬；花深酒后，铛中声响初浮。个中风味谁知，庐居士可与言者；心下快活自省，黄宜州岂欺我哉。"

江之兰《文房约》："诗书涵圣脉，草木栖神明。一草一木，当其含香叶艳,倚槛临窗,真足赏心悦目,助我幽思。亟宜烹蒙顶石花,悠然啜饮。扶舆沉瀣,往来于奇峰怪石间,结成佳茗。故幽人逸士,纱帽笼头,自煎自吃。车声羊肠,无非火候,苟饮不尽,且漱弃之,是又呼陆羽为茶博士之流也。"

高士奇《天禄识余》:"饮茶或云始于梁天监中,见《洛阳伽蓝记》,非也。按《吴志·韦曜传》:'孙皓每宴飨,无不竟日,曜不能饮,密赐茶荈以当酒。'如此言,则三国时已知饮茶矣。逮唐中世,榷茶遂与煮海相抗,迄今国计赖之。"

《中山传言录》:"琉球茶瓯颇大,斟茶止二三分,用果一小块贮匙内。此学中国献茶法也。"

王复礼《茶说》:"花晨月夕,贤主嘉宾,纵谈古今,品茶次第,天壤间更有何乐。奚俟脍鲤包羔,金罍玉液,痛饮狂呼,始为得意也?范文正公云:'露芽错落一番荣,缀玉含珠散嘉树。斗茶味兮轻醍醐,斗茶香兮薄兰芷。"沈心斋云:"香含玉女峰头露,润带珠帘洞口云。"可称岩茗知己。

陈鉴《虎丘茶经注补》:"鉴亲采数嫩叶,与茶侣汤愚公小焙烹之,真作豆花香。昔之鬻虎丘茶者,尽天池也。"

陈鼎《滇黔纪游》:"贵州罗汉洞,深十余里,中有泉一泓,其色如黔。甘香清冽。煮茗则色如渥丹,饮之唇齿皆赤,七日乃复。

《瑞草论》云:茶之为用味寒,若热渴、凝闷胸、目涩、四肢烦、百节不舒,聊四五啜,与醍醐甘露抗衡也。"

《本草拾遗》:"茗味苦微寒,无毒,治五脏邪气,益意思,令人少卧,能轻身、明目、去痰、消渴、利水道。""蜀雅州名山茶有露铰芽、篯芽,皆云火之前者,言采造于禁火之前也。火后者次之。又有枳壳芽、枸杞芽、枇杷芽,皆治风疾。又有皂荚芽、槐芽、柳芽,乃上春摘其芽,和茶作之。故今南人输官茶,往往杂以众叶,惟茅芦、竹箬之类,不可以入茶。自余山中草木、芽叶,皆可和合,而椿柿叶尤奇。真茶性极冷,惟雅州蒙顶出者,温而主疗疾。"

李时珍《本草》:"服葳灵仙、土茯苓者,忌饮茶。"

《群芳谱》:"治疗方:'气虚、头痛,用上春茶末,调成膏,置瓦盏内覆转,以巴豆四十粒，作一次烧，烟熏之，晒干乳细，每服一匙。别入好茶末，食后煎服立效。又赤白痢下，以好茶一斤炙捣为末，浓煎一二盏，服久痢亦宜。又二便不通，好茶、生芝麻各一撮，细嚼，滚水冲下，即通。屡试立效。如嚼不及，擂烂滚水送下。'"

《随见录》："《苏文忠集》载，宪宗赐马总治泄痢、腹痛方：以生姜和皮切碎如粟米，用一大钱并草茶相等煎服。元祐二年，文潞公得此疾，百药不效，服此方而愈。"

【译文】

卢仝《茶歌》："日头很高了我却还在熟睡之中，将军敲门惊醒了我的美梦。下人传言谏议来送书信，白绢上面斜斜地盖了三个大封印，打开就像是见到了谏议的人一样，用手抚摸三百片月团新茶。信中说新年之后进到山里面去，天上开始打雷刮春风，连皇上都还没有尝过阳羡茶，百草都不敢擅自开花。好风吹过蓓蕾暗结，刚开春已抽出了黄金芽。趁新鲜摘下来焙好封裹，又精致又美好，而且显得不奢侈。王公贵族这样的人士，为了什么事情来到普通人家呢？反关柴门不让俗气的客人进来，纱帽还戴在头上就自己煎茶吃起来，清风吹拂之下，茶的白花浮在碗的上面像有一层光似的。一碗能够滋润人的喉咙；两碗能够消除人的孤寂；三碗能够激发人的灵感，搜索枯肠只有五千字的文章；四碗能够让人发出一点汗水，生平所有的不平之事，都从毛孔里面散发出去了；五碗能够使筋骨清爽；六碗简直可以通仙境；七碗就再也不能吃了，只觉得两边腋下习习清风生。"

唐冯贽《记事珠》里记载："建人把斗茶叫作茗战。

《荈赋》中说：'喝茶能够调节精神、和解脾胃、解除困乏、祛除慵懒。'"

《续博物志》记载："南方的人喜欢喝茶。孙皓以茶水给韦曜代酒。谢安去造访陆纳，只摆出茶水和水果。北方的人开始的时候不懂喝茶。唐朝开元年间，泰山灵岩寺有降魔法师教学禅的人不睡觉的方法，就是叫人多喝茶，因此就成了风俗。"

《大观茶论》："泡的茶水不一样，可以分为轻、清、重、浊，如果看起来稀稠适中,那就可以了。《桐君录》中说:喝茶对于人来说有好处,而且也很便宜。""对于茶来说味道最重要,香、甘、重、滑就算是五味俱全了,只有北苑、壑源这样的品种才有。出色的品种,是真正的香味,当然就不同了。茶真正的香味,不是龙麝的香味可以比的。需要蒸熟来压它,等到干了的时候再加以碾细,碾细之后再进行制作,那样一来就很调和美味了。放进杯子里面到处都弥漫着醉人的香

(明)陈洪绶《蕉林酌酒图》

气,令人感到非常清爽。泡的茶水,颜色纯白是最好的,青白的稍微差一点,灰白比青白差,黄白就更不如了。上得天时,下尽人力,茶叶必定纯白。如果是青白,蒸压的有点生。灰白的,蒸压的就过了。如果蒸压的茶叶膏不尽的话,颜色就变得青暗。如果焙火烧的太大,颜色就会变得昏黑。"

《苏文忠集》里载有:"我到黄冈十七年,和彭城张圣、丹阳的陈辅之一起来到寺院。和尚梵英修整的屋子,比以前的更加干净了,茶水芳香清冽。我问:'这是新茶叶吗?'英说:'茶叶如果是新旧交替之间的话香味就更浓。'我曾经听懂琴的人说,琴不过百年,桐木生机没有失尽,琴的音色常跟天气和季节的变化相呼应。这个道理跟茶很相近,所以一起记了下来。""王焘收集了《外台秘要》,有一首《代茶饮子》的诗,格调的高雅,只有隐居的雅士才能够这样做。我曾经按照这个方法来做,它的确能调和机理,我才相信了这种说法。而它的气味只要一次就煮得散失了,跟茶没有什么关系。""《月兔茶》诗中说:(译略)"

苏东坡曾经游览过杭州各个寺庙,一天,喝了七碗浓茶,然后就写下了:

"示病维摩原不病,在家灵运已忘家。何须魏帝一丸药,且尽庐仝七碗茶。"

《侯鲭录》:"东坡说茶,认为可除去烦恼和油腻。虽然世上不可以一天没有茶,但是暗中也害了不少人,所以就有人因为顾及这个而不去饮茶。前人说:自从喝茶这种风气盛行之后,人们就容易患上呼吸和气色上的疾病,虽说损益参半,然而消阴壮阳,益不偿损。我有一个办法,常常自己珍惜自己。每次吃饭之后,就用浓茶漱口,夹杂的油腻也一并没有了,而脾脏和肠胃却没有感觉。如果牙齿之间还残留有肉等杂物的话,经过茶的过滤,就全部消缩,不知不觉就脱去了,不需再来挑了。这样一来牙齿就变成苦性的了,因此越来越坚固致密,里面的疾病就可以痊愈了。一般就用普通的茶,最好的茶也不常有。隔几天喝一次,也没有什么危害。这很有好处,但是知道的人却很少,所以详细地记述在这里。"

白玉蟾在《茶歌》中说:"味道像甘露一样,简直比醍醐还好,服下之后顿时觉得其他的杂物都沉积下去了。一身清爽飘飘欲仙,不知道天上有没有茶叶。"

唐庚《斗茶记》记载:"政和三年三月壬戌之时,几个人相约到寄傲斋去斗茶。我特意取来了龙塘水烹煮,以提高茶的品味,我听说茶从来不重视团,主要是要求新茶;不用江水,只要活水。到千里之外去弄水,这样做固然不知道可不可行,但是就算是真的,也已经不是活水了。现在我提着瓶子走到龙塘,还没有千步远的距离。这里的水适合泡茶,古人认为不比清远峡的水差。每年的新茶上市,三月就开始了。罪戾之余,能够和各位在这里从容谈笑,打水煮茶,以博得一时的痛快,这其实并非吾君之力,而是由于茶的缘故啊!"

蔡襄在《茶录》中说:"茶叶难得的是白色,但是饼状的茶叶大多用珍膏涂在它的上面,所以有青黄紫黑这些颜色的变化。善于识别茶的人,就像相士辨别人的气色一样,默然观察它的内部,有肉理那样滋润的为上品。其他的都比这些差。黄白色的受水之后变得昏重,青白色的受水之后颜色就变得很清晰。所以建安时期的人比试茶叶,以青白胜过黄白。"

据张滂《云谷杂记》记载："喝茶不知道是从什么时候才兴起的。欧阳修《集古录跋》里说：'历史上有茶的记载，是从魏晋之后才有的。'"我根据《晏子春秋》所记，婴相齐景公的时候，吃的也只是米饭、鸡蛋、蔬菜和茶水。另外，汉朝王褒的《僮约》里面有"五阳[有的说是武都]买茶"这句话，这样说来，魏晋之前就已经有茶了。但是当时虽然知道饮茶，却没有后来这么风行。考证到郭璞注释的《尔雅》里有这样的句子："树似栀子，冬生，叶可煮作羹饮。"然而，茶叶到了冬天味道就会变苦，又怎么可以作为汤饮用呢？喝茶之后，能够让人减少睡眠，张华得到茶叶以后，认为是奇闻，于是就把它写入了《博物

姜隐《芭蕉美人图》

志》。这说明当时不但喝茶的人少，就是能够认识茶叶的人也很少。到唐代陆羽著作《茶经》三篇，说茶能够滋补身体，天下的人才渐渐知道饮茶了。乃至后来慢慢成了风气。回纥人到京城来，开始以马换茶。德宗建中年间，从赵赞开始兴起了茶税。兴元初年皇上准奏罢免茶税，贞元九年，张滂再上奏恢复，一年就得到茶税钱四十万两。现在茶税与盐酒税一起交给国家使用，所得到的收入不知道是唐朝的多少倍啊？

《茶品要录》中说："我曾经说到茶叶最精绝的，白色的叶子还没有开，像麦芽一样细，是因为青阳轻清的缘故。又因为那里的山大多是砂石为土的，而能称为上等茶叶的，都在山的南面，有充足的阳光照耀。我曾经乘空闲的时候找到一处很明净的地方，到亭轩里面歇息，将茶拿来一一品尝。感

觉从华池来的水，又甘甜又清澈，有助于茶性。""以前听说陆羽精通茶，然而陆羽所知道的茶，都是今天所说的茶草。为什么呢？如果像陆羽说的那样蒸煮茶笋和叶子，不要使它里面的汁水流失，这是因为茶草的味道很淡，所以常常怕去除了它里面的汁水。建茶后劲很足而且很甘甜，所以只有去掉它里面的汁水。福建的茶知道的不大详细，得到它的，味道都很好。这样看来，陆羽并没有到过建安。"

谢宗《论茶》：等到水如蟾背发出芳香之后，看起来泛出虾眼大的水泡。水花泛起，云气蒸腾。所有的烦恼和疲惫，喝一口香茶就消散了。

《黄山谷集》中记载："一个人品茶能够品得其中的神韵，两个人能够品得茶的趣味，三个人能够品得茶的味道，六七个人那就叫作喝茶了。"

沈括在《梦溪笔谈》中说："古人把茶叶叫作雀舌、麦颗，这是说它非常鲜嫩。现在的好茶，质量非常好，加上种植茶叶的土地很肥沃，只要新芽一出来，就有一寸多长，像针一样细。只有芽长的茶才是最好的，这和它的水分、土地的状况都有关系。像雀舌、麦颗这样的，只不过是最下等的罢了。只是北方的人不会辨别茶叶，误认为它是上好的茶叶才这样说了。我居住山里曾做过《茶论》，而且还有《尝茶》诗："谁把嫩香名雀舌，定来北客未曾尝。不知灵草天然异，一夜风吹一寸长。"

《遵生八笺》记载："茶叶特别香，味道也很好，有很好的颜色，烹煮泡茶的时候，不应该将里面夹杂上水果。能夺走它的香味的东西有松子、柑橙、莲心、木瓜、梅花、茉莉、蔷薇、木樨等。会污染它的颜色的东西像柿饼、胶枣、火桃、杨梅、橘饼之类。凡是想喝好茶的，去除了果子才觉得清爽，掺杂了其他的东西味道就没有办法辨认了。如果实在想用，也只有核桃、榛子、瓜仁、杏仁、榄仁、栗子、鸡头、银杏这些东西，或者还可以用。"

徐渭在《煎茶七类》中说："茶叶入口的时候，先要用来漱口，然后再喝。这样才能品出它真正的味道。如果夹杂有其他花果，香味就会被侵夺了。""喝茶适合在凉台静室内，窗明几净，和尚和道士居住的地方，有风中松林和月下的竹影，端座伴唱，读书清谈。""喝茶适宜于文人雅士，脱离尘世的修练之人,潇洒闲逸之人,或是满腹诗书的超凡脱俗者。"除烦消滞,运除疲倦,解渴提神,都是茶的功劳,那时的雅兴不比唐时'天子画读烟云阁'差啊!"

许次杼在《茶疏》说:"手中拿着茶叶,等把开水倒进了壶中,随手也把茶叶放进去。等它沉淀到底下去了之后,再倒出来喝,那样就显得茶水很清爽,香气萦绕在鼻子的周围。能够去病,也能够消除疲劳。""一壶茶,只能泡两次,第一次味道鲜美,第二次味道甘醇,第三次味道就已经尽了。我曾经跟客人戏言第一次就像是婷婷袅袅的十三岁少女一样,第二次就好比是刚嫁为人妇的小家碧玉;三次以后就好比生了一堆孩子,已绿叶成荫了。所以泡茶每次应该少泡,少的话再喝就没有了,宁愿使残留的香味留在叶子当中,还可以等到饭后漱口用。""一人一个茶杯,不需要传送。喝过第二遍之后,用清水洗干净。""如果装茶的器具太大的话,倒满了不容易喝完,放置的时间过长就已经冷了,味道难免浓苦,跟农民劳作累了之后为了解渴又有什么区别呢? 那还如何能够谈的上品尝,又怎么能够知道它的味道呢?"

《煮茶小品》中记载:"唐代的人认为对着花喝茶是煞风景,所以王介甫有这样的诗:'金谷千花莫漫煎'。用心在花而不是茶,我认为这种说法不值得赞同。如果拿着茶杯对着山花品赏,应当更有助于风景,又何必还要喝酒呢?""茶就好比是美人,这种比喻很好,但只恐怕不适合山林间。以前苏东坡曾经有诗:'从来佳茗似佳人',曾茶山有诗说:'移人尤物众谈夸',都是这样的意思。如果这样的比喻用在山野林间,那就只有像尼姑那样的人,仙风道骨,不会玷污烟霞了。如果是桃脸柳腰的女子,那就赶快放进销金帐中去吧,不要污染了我的泉石。""茶叶中的团、片都出自碾碎后的粉末,既损失了它真正的味道,再加上油垢,不是好茶。无论如何也比不上今天的茶叶,以天然品质为胜。曾茶山有诗《日铸茶》这样说:'宝銙自不乏,山芽安可无',苏子瞻《壑源试焙新茶》诗中说:'要知玉雪心肠好,不是膏油首面新',说的就是这个意思。如果是不好的茶,冲的时候有细末,喝起来口感不清爽,懂得喝茶的人应当注意分辨。""茶煮的好而喝茶的不懂得品尝,那就好比把甘甜的泉水浇灌野草,罪过就大了。如果喝茶的人一饮而尽,不去辨别它的味道,那就实在是太俗气了。""有人用梅花、菊花、茉莉花放在茶中,虽然风韵还值得欣赏,终究还是有损茶的味道。如果想品味真正的好茶,不要做这样的事情。现在的人烹茶还有放果子的,这尤其近俗,就是再好的东西只要有损茶的味道,也应该去除。而且放果子在里面,必须用勺子,如果是金银的话,又不是山里人可以用的器具,然而铜又容易生腥气,都不可以用。如果像以前的北方人那样在里面加进酥酪,或者像蜀地的人那样里面加上白土,都是野蛮的饮法,不值得批评。"

(清)青花仿永宣云龙纹大天球瓶

罗廪《茶解》中说:"茶简直有仙人的灵气,的确有很奇妙的道理。""晚上坐在依山而居的屋子里面,打水煮茶。这样一来水火相互作用,就像听着松涛的声音一样,倒入杯中,云光激艳。此时情趣的幽雅,是没法与俗人说清楚的。"

顾元庆《茶谱》中说:"品茶有八大要素:一是品,二是水,三是烹,四是器具,五是试茶,六是火候,七是茶伴,八是功劳。"

张源在《茶录》里说:"喝茶的时候以人少为最好,人多了就显得有些喧哗,一旦喧哗,那就一点点情调都没有了。一个人喝茶可以称之为幽,两个人可以称之为胜,三四个人称为趣,五六个人就觉得多了,七八个的话那就是喝茶了。倒茶的时候不应该太早,喝的时候不适宜太迟,过早的话,茶的神韵都没有发出来,喝迟了的话那些美妙的味道已经散尽了。"

《云林遗事》中记载:倪元镇向来喜欢喝茶,在惠山的时候,用核桃、松子肉加上真粉一起弄成像石头一样的块状,放进茶叶里面饮用,取名叫清泉白石茶。

闻龙《茶笺》里记载:苏东坡说:"蔡君谟喜欢喝茶,老了之后因为病痛的原因不能喝茶,每天烹茶把玩,可以博得来客一笑。"哪里知道千年之后有人跟他同病相怜呢!我曾经有这样的诗:"年老耽弥甚,脾寒量不胜。"煮茶为了玩的人很少。因此想起了老友周文甫，从小时候到现在，茶碗熏炉，几乎没有停过。每天喝茶有定时：天明、早餐、上午、中餐、下午、黄昏，这六个时候必定烹茶，客人来了泡茶在外。活到了八十五岁，无病而终。如果不是整天享受这样的清福，又怎么能够安享晚年呢？看着茶好但却不能喝的，所得到的不也是很多吗？他曾经有一个供春茶壶，平时爱不释手，如同掌上明珠。用得久了，外面像紫玉，里面像碧玉一样，真是很奇特的物品啊！后来跟着他一起殉葬了。

《快雪堂漫录》："昨天和徐茂吴一起到老龙井去买茶叶，那里几十家山民都出产茶叶。茂吴依次品尝，都是赝品，他说：真的甘甜清香却不洌，稍微有一点洌的就是这些山上的赝品。得到了一二两真的茶叶试过，果然甘甜香美像兰花一样。但是山民和寺庙里的和尚都说茂吴说的是错误的，我也不能辨别谁对谁错。假的东西就能够冒充到这种程度。茂吴品味茶叶，认为虎丘最好，常常花一两多银子买一斤左右的茶叶。寺庙中的和尚知道茂吴善于鉴定真假，都不敢欺骗他。别人所得的虽然价格也很贵，但是仍然是假货。子晋说：'本山的茶叶稍微带着一点黑色，不是特别的青翠。泡了之后颜色白的像玉一样，叫作寒豆香，宋朝的人叫它为白云茶，再绿的就是天池。在天池茶中夹杂一些虎丘茶香味就显得很特别。虎丘茶难道是茶中的王种吗？茶中的精品，简直可以称之为茶叶中的皇后，天池、龙井都是臣种，其余的就好比是普通的老百姓。'"

熊明遇《岕山茶记》中记载："茶叶的颜色太深、味道太重、香气太浓的，都不是上好的品种。松萝的茶香气很重；六安的茶味道很苦，但是香气却跟松萝一样；天池中仍有丛生的野草的气味；龙井跟它一样；至于云雾的颜色就太深而且味道很浓了。曾经喝过虎丘茶，颜色又白又香就像婴儿的肉体一样，简直可以称为绝品了。"

邢士襄《茶说》："如果茶叶中放有调料，碗中放有果子，就像在美丽的外表上涂脂抹粉，描眉画目，反而失去了本色。"

冯可宾《岕茶笺》中记载："喝茶适合在空闲时，有尊贵的客人时，单独坐着,吟诗的时候,写字的时候,徜徉的时候,刚睡起的时候,睡觉之前,清供的时候,在精美的房子里,心情好的时候,鉴赏的时候,写文章的时候。喝茶最忌讳的是不得要领、粗俗的茶具、主人和客人不相投、衣冠不整、荤菜杂放、繁忙的时候、房间案头都是庸俗的东西。"

　　谢在杭在《五杂俎》中说:"前人曾经说'扬子江心水,蒙山顶上茶。'蒙山在蜀地的雅州,它的峰顶最为险峻,老虎、豺狼、毒蛇都喜欢居住在那里,采到那里的茶,有益于治病,现在的山东人用蒙阴山下的石衣充当茶叶,其实那不是。而且蒙阴茶性质很冷,可以治愈胃热的毛病。""凡是特别香的花,都可以泡成茶水。《遵生八笺》说:'芙蓉可以为汤'。像牡丹、蔷薇、玫瑰、桂、菊之类的花,采摘下来泡茶,也觉得清远不俗,但是不像茶叶那样容易泡出香味来。""北方的柳芽初发时,采摘之后煮水,据说味道比茶还好。曲阜孔林里的楷木,它的新芽也可以泡茶喝。福建的佛手、柑、橄榄都可以制作茶水,喝下之后感觉味道清香,颜色和味道也不比旗枪差。另外,把绿豆微微翻炒,放到开水之中,它的颜色很绿,香味也不比新茶差。偶尔在荒村里找不到茶叶的时候可以用这个来代替。"

　　《谷山笔尘》记载:"六朝的时候,北方的人还不喜欢喝茶,都是用酪来代替,只有江南的人喝了觉得很甘甜。一直到唐代才开始兴起饮茶。宋代和元代以来,茶叶的品种逐渐变得多了,然而都是把它蒸干成为粉末,现在制造的这种饼制的茶叶,都是用来作贡品的,并不像今天我们喝的茶,只要采来就可以食用。西北地方的人不知道是什么时候开始饮茶的。我朝用茶叶去换马,而西北却把茶当药,能够治很多病,这是以前所没有过的。"

　　《金陵琐事》中记载:"思屯乾道长,看见万镒手软膝酸,就说:'那是因为你五脏里面都是火气,不需要服用药物,只需要用武夷的茶叶就可以化解了。'长在东南方向的茶叶最好,采来用山涧里的水煮,茶叶就会竖立起来,如果用井水煮就横起来。"

　　《六研斋笔记》记载:"茶因为芳香纯洌能够修养精神,不是读书养神,不应该随便亵渎去用。就是真正地能够悟道的人,茶的韵味,也不应该做轻

易地评论。如果笑谈时流言论,喜欢喧闹的音乐,茶也显得没有颜色了。嘶声近于哑,即使古代绕梁遏云的高声也会停住。茶叶如果没有颜色,香气必然会减少,而且香气是用鼻子来闻的,味道是用舌头来感受的,有没有颜色,那是要用眼睛来看的。互相之间排斥的,如果把它们放在一起的话,多么的反常、多么的荒谬啊!""虎丘因为有香味而没有颜色,是茶叶中的出众者。它的芳香比不上兰芷,和新剥的豆花放在一起调制,鼻子闻起来,也差不了什么。至于到了口中,像水一样淡,清冷的水,哪里没有呢?还要劳烦这样繁琐的程序,僧流棰楚呢!"

《紫桃轩杂缀》里这样说:"天目茶清而不淡,苦却不涩人,正好可以用来漱洗。笋蕨、石濑就太寒酸了,那是乡下人喝的玩意。松萝茶的精品可以当作贡品,不过茶味太浓,甘香不足,就像很有钱财的商贾,即使再怎么掩饰,也难免会有铜臭气。分水贡芽,出产的不多。大叶的老根,用开水泼它它也不动,放进水里面去煎,别有一番风味。制造这种茶叶的时候,如果得到了千年的松柏根来薰烧石鼎,才可以烹出茶叶的老气来。""'鸡苏佛'、'橄榄仙',宋朝的人这样赞叹茶。鸡苏就是薄荷,进口之后显得有些香辣。橄榄多咀嚼一会儿就变得甘甜。把这两样合起来,才算得到了茶叶蕴藏的风味。要说仙啊、佛的应当在很玄妙孤寂的时候,默默求证的,不都是舌头根部的感觉,很难说清楚的。""欣赏名花不适合同时演奏音乐,煮茗茶不必烧香。主要是怕耳朵、眼睛、嘴巴、鼻子互相牵制,不能够领略其中最美妙的地方。""好茶不适合烧饭,更不适合大醉的时候饮用。因为醉酒之后干燥口渴,肯定要毁掉好茶的味道。上好的茶岂止是对一般的客人吝啬呢?如果整天忙碌在世俗的事务当中,没有好的情绪,即使煮好了茶,宁愿让它冷却了之后来浇灌兰花,千万不可以让凡夫俗子玷污了茶君。""罗山庙后的茶是茶中的精品,也同样芬芳甘甜。但是过浓了一点,缺乏白云、露水这样的神韵。跟它的兄弟虎丘相比要好,而如果跟它的父亲龙井相比那就不行了。""天地之间通俗的东西没有雅趣,但也不至于弄脏了寒月。其他的茶叶都晦暗无色,而它却独独翠绿动人,令人感叹啊。""屠赤水说:'茶叶在谷雨、晴月时采摘的,能够治疗多痰、咳嗽、有益于百病。'"

《类林新咏》:顾彦先说:"有味的东西如肉汤,喝了之后也不会醉;无味的如茶,喝了之后能够使人头脑清醒。"喝醉了的人还有什么用。

徐文长在《秘集致品》中说:"喝茶应该在精舍、云林中,用瓷瓶、竹灶,适合文人雅士、很要好的朋友一起通宵清谈,也可以独坐寒夜,在松树月光下、花鸟间,适宜清澈的河水,洁白的石头,绿色的苔藓,用干净的手去汲取泉水,浓妆之后去扫雪,在船头上吹火,竹子里面飘烟。"

《芸窗清玩》里记载:"茅一相说:'我生性不能喝酒,却沉迷于品茶。清泉白石可以洗清五脏里面的污垢,可

(明) 沈颢《闭户著书图》

以澄清心气里面的浮躁。喝了之后,感觉两边的腋下习习生风。我读《醉乡记》,未尝不神游其间,与陆羽、蔡君谟这些人一起议论,又觉得很畅快。'"

《三才藻异》里记载:"雷鸣茶出产于蒙山的顶部,春雷之后采下它,喝下三两就觉得像脱胎换骨了一样,四两简直就可以做地仙了。"

《闻雁斋笔记》记载:"赵长白自言自语道:'我生平没有别的幸事,就是没有喝过井水。'他对于茶,可以说是尽得其性。现在他已经老了,而且还很穷,大多数时候不能跟以前一样,仍然从许多书中整理而作《茶史》,所以是天地之间的多情之人。"

袁宏道《瓶花史》中说:"对于赏花来说,喝着茶赏花是最好的,清谈差一点,喝酒是最不好的了。"

《茶谱》中记载:"《博物志》中说:'喝真正的茶能够减少人的睡眠。'这是真实的事情,但是必须是好茶才有效果,并且要碾碎了饮用,烹煮叶子的,没有效果。"

《太平清话》:"台湾人也知道煮茶。将古鼎放在茶几上面,水开了之后再放进一调羹茶末,用开水来调制。过了一会儿再倒出来喝,就觉得味道非常清香了。"

《藜床沈余》中记载:"长安有好事的妇女,在王侯家看到彩色的请柬上说:'月亮满了的时候,所有的地方都很明亮。如果到我们那里去玩耍,就不算辜负大好的时光了,就是怕天上的嫦娥也会嫉妒。请于十五、十六两天的晚上,和女伴一起,一茶一炉,相伴来过夜,名叫'伴嫦娥'。如果你不嫌弃的话,还请答应,朱门姓龙的邀请。'"[陆浚原]

沈周在《跋茶录》中说:"樵海先生是真正的瘾君子。平时不理会富贵是什么东西,每天看着青山白云,以喝茶来消磨时间,实在是得到了茶中真正的韵味。可以说连陆羽都比不上他,所以就把他称为茶中的董狐。"

王晫在《快说续记》说:"我春天看花,往野外走两三里,脚步有些疲惫,口中也有点渴。忽然遇上好心的和尚邀请到了他所居住的地方,还没有通姓名,就上了好茶,坐在竹床上接连喝了几杯,然后道别出来,不亦快哉。"

卫泳《枕中秘》:"读书之外的空闲时候,竹子外面的茶烟轻轻飞扬,鲜花深处喝酒之后,锅中的声音开始响起,这中间的风味又有谁能够知道呢?庐居士是可以领会的;心里面的快乐自德,黄宜州怎么能够比得上我呢?"

江之兰《文房约》中说:"诗书之中包含着很深刻的道理,草木中也藏着神明。一草一木,当它含着香气开放,倚靠着栏杆靠着窗户,真的可以称之为赏心悦目,有助于我内心的思绪。此情此景非常适合煮了蒙顶石花这样的好茶,悠然啜饮。""乘着车子顶着露水,穿行在奇峰怪石之间,为了好茶叶。所以隐士贤人,头上戴着帽子,自己煎茶自己来喝,车子走在羊肠般的小道上,也不讲究什么火候,如果不能喝完的话,那就把它倒掉。这些是叫陆羽为茶博士之类的人。"

　　高士奇在《天禄识余》中说："有人说喝茶开始于梁朝天监中，见《洛阳伽蓝记》，其实不是。按照《吴志·韦曜传》所说：'孙皓每天都要宴请客人，没有一天间隔，由于韦曜不会喝酒，孙皓暗中赐茶代酒。'"按照这样的说法，那么三国的时候，就已经知道喝茶了。

　　《中山传言录》记载："台湾的茶瓯非常大，倒茶只倒十分之二三，将一小块果子放在调羹上，这是学习我们这里献茶的方法。"

(辽) 黄釉托盏

　　王复礼《茶说》中记载："花晨月下，贤明的君主和这样好的客人，一起纵论古今，品味茶叶的好坏，天地之间还有什么别的乐趣呢？难道非要脍鱼炖肉，金樽美酒，痛饮狂欢，才算得意吗？"范仲淹说："露芽错落一番荣，缀玉含珠散嘉树。斗茶味兮轻醍醐，斗茶香兮薄兰芷。"沈心斋说："香含玉女峰头露，润带珠帘洞口云。"可以说是岩茶的知己。

　　陈鉴所著《虎丘茶经注补》记载："我亲自采摘一些鲜嫩的茶叶和茶友汤愚公一起用小火来煮，发出了豆花一样的香味。以前卖虎丘茶的，尽是天池了。"

　　陈鼎在《滇黔纪游》中说："贵州的罗汉洞，有十几里深，中间有一汪清泉，颜色很黑，气味香甜甘洌。煮出的茶水颜色就像渥丹一样，喝了之后唇部和牙齿都变黑了，一个星期之后才能恢复。"

　　《瑞草论》中说："茶叶的味道微寒，如果燥热口渴，胸闷，目光清涩，四肢乏力，身体不适，姑且喝下四五杯，能够与甘露相抗衡。"

　　《本草拾遗》中说："茶叶味道稍微有点苦寒，没有什么毒害，可以调治五脏里面的邪气，有益于身心。能够让人减少睡眠，能够使人浑身轻松、眼睛明亮，去痰、解渴、利尿。""蜀地雅州著名的茶叶有露锭芽、篯芽，都说是火前茶，也就是说采摘在禁火之前。火后茶要差一点。还有枳壳芽、枸杞芽、

1531

枇杷芽,都能够治疗风疾。还有皂荚芽、槐芽、柳芽,开春摘下它的芽,跟茶叶一起制作。所以今天南方送官茶的人,通常夹杂一点其他的叶子,只有茅庐、竹叶这些东西,不可以加进茶的里面。其他的像什么山中的草木、芽叶,都可以和在一起,尤其是椿树柿树的叶子更加奇特。真正的茶叶是凉性的,只有雅州蒙顶山出产的茶叶,才是暖性,可以治疗疾病。"

李时珍在《本草纲目》中说:"服用了葳灵仙、土茯苓以后,不能喝茶。"

《群芳谱》里面记载有这样治病的方子:"气虚、头痛,用春天的茶末,调制成膏,放在瓦罐里面反复翻转,用四十粒巴豆,一次烧了,用烟熏它,晒干碾细,每次服用一调羹。要是用好的茶叶,吃饭后煎了服用很快就能见效。又赤白痢下,将一斤好茶叶捣成碎末,煎成很浓的一两杯,服用了之后,病很快就好了。如果是大小便不通的话,用好茶叶、生芝麻各一小撮,慢慢咀嚼,用开水送下去立刻见效。多次试着服用都很有效。如果来不及咀嚼,捣烂和开水一起服也行。"

《随见录》:"《苏文忠集》中记载有宪宗赐给马总治泻痢、腹痛的方法:用生姜和皮一起切碎成粟米一样大小,用一大钱和同样多的草茶一起煎服。元祐二年,文潞得了这个病,所有的药都不见效,服用这个方子马上就好了。"

七、茶之事

【原文】

《晋书》:"温峤表遣取供御之调,条列真上茶千片,茗三百大薄。"

《洛阳伽蓝记》:王肃初入魏,不食羊肉及酪浆等物,常饭鲫鱼羹,渴饮茗汁。京师士子道肃一饮一斗,号为漏卮。后数年,高祖见其食羊肉酪粥甚多,谓肃曰:"羊肉何如鱼羹?茗饮何如酪浆?"肃对曰:"羊者是陆产之最,鱼者乃水族之长,所好不同,并各称珍,以味言之,甚是优劣。羊比齐鲁大邦,鱼比邾莒小国,惟茗不中,与酪作奴。"高祖大笑。彭城王勰谓肃曰:"卿不重齐鲁大邦,而爱邾莒小国,何也?"肃对曰:"乡曲所美,不得不好。"彭城王复谓曰:"卿明日顾我,为卿设邾莒之食,亦有酪奴。"因此呼茗饮为酪奴,时给事中刘缟慕肃之风,专习茗饮。彭城王谓缟曰:"卿不慕王侯八珍,而好苍头水厄。海上有逐臭之夫,里内有学颦之妇,以卿言之,即是也。"盖彭城王家有吴奴,故以此言戏之。后梁武帝子西丰侯萧正德归降时,元乂欲为设茗,先问:"卿于水厄多少?"正德不晓乂意,答曰:"下官生于水乡,而立身以来,未遭阳侯之难。"元乂与举坐之客皆笑焉。

《海录碎事》:"晋司徒长史王濛,字仲祖,好饮茶,客至辄饮之。"士大夫甚以为苦,每欲候濛必云:"今日有水厄。"

《续搜神记》:"桓宣武有一督将,因时行病后虚热,更能饮,复茗一斛二斗乃饱,才减升合,便以为不足,非复一日。家贫,后有客造之,正遇其饮复茗,亦先闻世有此病,仍令更进五升,乃大吐,有一物出如升大,有口,形质缩皱,状似牛肚。客乃令置之于盆中,以一斛二斗复浇之,此物噏之都尽,而止觉小胀。又增五升,便悉混然从口中涌出。既吐此物,其病遂瘥,或问之:'此何病?'客答云:'此病名斛茗瘕。'"

《潜榷类书》:进士权纾文云:"隋文帝微时,梦神人易其脑骨,自尔脑痛不止。后遇一僧曰:'山中有茗草,煮而饮之当愈。'帝服之有效,由是人竞采啜。因为之赞,其略曰:'穷春秋,演河图,不如载茗一车。'"

《唐书》:"太和七年,罢吴蜀冬贡茶。太和九年,王涯献茶,以涯为榷茶使,茶之有税自涯始。十二月,诸道盐铁转运榷茶使令狐楚奏:'榷茶不便于民。'从之。""陆龟蒙嗜茶,置园顾渚山下,岁取租茶,自判品第。张又新为《水说》七种,其二惠山泉、三虎丘井、六淞江水。人助其好者,虽百里为致之。日登舟设蓬席,赍束书、茶灶、笔床、钓具往来。江湖间俗人造门,罕觏其面。时谓江湖散人,或号天随子、甫里先生,自比涪翁、渔父、江上丈人。后以高士征,不至。"

《国史补》:"故老云,五十年前多患热黄,坊曲有专以烙黄为业者。灞浐诸水中,常有昼坐至暮者,谓之浸黄。近代悉无,而病腰脚者多,乃饮茶所

致也。""韩晋公滉闻奉天之难,以夹练囊盛茶末,遣健步以进。""常鲁使西番,烹茶帐中,番使问:'何为者?'鲁曰:'涤烦消渴,所谓茶也。'番使曰:'我亦有之。'取出以示曰:'此寿州者,此顾渚者,此蕲门者。'"

唐赵磷《因话录》:"陆羽有文学,多奇思,无一物不尽其妙,茶术最著。始造煎茶法,至今鬻茶之家,陶其像,置炀突间,祀为茶神,云:宜茶足利。巩县为瓷偶人,号'陆鸿渐',买十茶器得一鸿渐,市人沽茗不利,辄灌注之。复州一老僧是陆僧弟子,常诵其《六羡歌》,且有《追感陆僧》诗。"

唐吴晦《摭言》:"郑光业策试,夜有同人突入,吴语曰:'必先必先,可相容否?'光业为辍半辅之地。其人曰:'仗取一勺水,更托煎一碗茶。'光业欣然为取水、煎茶。居二日,光业状元及第,其人启谢曰:'既烦取水,更便煎茶。当时不识贵人,凡夫肉眼;今日俄为后进,穷相骨头。'"

唐李义山《杂纂》:"富贵相:捣药碾茶声。"

唐冯贽《烟花记》:"建阳进茶油花子饼,大小形制各别,极可爱。宫嫔缕金于面,皆以淡妆,以此花饼施于鬓上,时号北苑妆。

唐《玉泉子》:崔蠡知制诰丁太夫人尤,居东都里第时,尚苦节啬,四方寄遗茶药而已,不纳金帛,不异寒素。"

《颜鲁公贴》:"廿九日南寺通师设茶会,咸来静坐,离诸烦恼,亦非无益。足下此意,语虞十一,不可自外耳。颜真卿顿首顿首。"

《开元遗事》:"逸人王休居太白山下,日与僧道异人往还。每至冬时,取溪冰敲其晶莹者煮建茗,共宾客饮之。"

《李邺侯家传》:"皇孙奉节王好诗,初煎茶加酥椒之类,遗泌求诗,泌戏赋云:'旋沫翻成碧玉池,添酥散出琉璃眼。'奉节王即德宗也。"

《中朝故事》:"有人授舒州牧,赞皇公德裕谓之曰:'到彼郡日,天柱峰茶可惠数角。'其人献数十斤,李不受。明年罢郡,用意精求,获数角投之。李阅而受之曰:'此茶可以消酒食毒。'乃命烹一瓯,沃于肉食内,以银合闭之。诘旦视其肉,已化为水矣。众服其广识。"

段公路《北户录》:"前朝短书杂说,呼茗为薄,为夹。又梁《科律》有薄茗、千夹云云。”

唐苏鹗《杜阳杂编》：“唐德宗每赐同昌公主馔，其茶有绿华、紫英之号。”

《凤翔退耕传》：“元和时，馆阁汤饮待学士者，煎麒麟草。”

温庭筠《采茶录》：“李约字存博，汧公子也。一生不近粉黛，雅度简远，有山林之致。性嗜茶，能自煎，尝谓人曰：‘当使汤无妄沸，庶可养茶。始则鱼目散布，微微有声；中则四际泉涌，累累若贯珠；终则腾波鼓浪，水气全消。此谓老汤三沸之法，非活火不能成也。’客至不限瓯数，竟日燕火，执持茶器弗倦。曾奉使行至陕州硖石县东，爱其渠水清流，旬日忘发。”

（清）粉彩夔凤小盘

《南部新书》：“杜豳公悰，位极人臣，富贵无比。尝与同列言平生不称意有三，其一为澧州刺史，其二贬司农卿，其三自西川移镇广陵，舟次瞿塘，为骇浪所惊，左右呼唤不至，渴甚，自泼汤茶吃也。”“大中三年，东都进一僧，年一百二十岁。宣皇问服何药而至此？僧对曰：‘臣少也贱，不知药。性本好茶，至处惟茶是求，或出日过百余碗，如常日亦不下四五十碗。’因赐茶五十斤，令居保寿寺，名饮茶所曰茶寮。”“有胡生者，失其名，以钉铰为业，居雪溪而近白苹洲。去厥居十余步有古坟，胡生每瀹茗必奠酹之。尝梦一人谓之曰：‘吾姓柳，平生善为诗而嗜茗。及死，葬室在于今居之侧，常衔子之惠，无以为报，欲教子为诗。’胡生辞以不能，柳强之曰：‘子但率言之，当有致矣。’既寤，试构思，果若有冥助者。厥后遂工焉，时人谓之‘胡钉铰诗’。柳当是柳恽也。又一说，列子终于郑，今墓在效薮，谓贤者之迹，而或禁其樵牧焉。里有胡生者，性落魄。家贫，少为洗镜、镂钉之业。遇有甘果名茶美醍，辄祭于列御寇之祠垄，以求聪慧而思学道，历稔忽梦一人，取刀划其腹，以一卷书置于心腑。及觉，而吟咏之意，皆工美之词，所得不由于师友也。既成

1535

卷轴,尚不弃于猥贱之业,真隐者之风。远近号为'胡钉铰'云。"

张又新《煎茶水记》:"代宗朝,李季卿刺湖州,至维扬逢陆处士鸿渐。李素熟陆名,有倾盖之欢,因之赴郡,泊扬子驿,将食,李曰:'陆君善于茶,盖天下闻名矣,况扬子南零水又殊绝。今者二妙,千载一遇,何旷之乎?'命军士谨信者操舟挈瓶,深诣南零。陆利器以俟之。俄水至,陆以勺扬其水曰:'江则江矣,非南零者,似临岸之水。'使曰:'某操舟深入,见者累百,敢虚给乎?'陆不言,既而倾诸盆,至半,陆遽止之,又以勺扬之曰:'自此南零者矣。'使蹑然大骇,伏罪曰:'某自南零赍至岸,舟荡覆半,至惧其少,挹岸水增之,处士之鉴,神鉴也,其敢隐乎。'李与宾从数十人皆大骇愕。"

《茶经》本传:"羽嗜茶,著经三篇。时鬻茶者,至陶羽形置炀突间,祀为茶神。有常伯熊者,因羽论,复广著茶之功。御史大夫李季卿宣慰江南,次临淮,知伯熊善煮茗,召之。伯熊执器前,季卿为再举杯。其后尚茶成风。"

《金銮密记》:"金銮故例,翰林当直学士,春晚人困,则日赐成像殿茶果。"

《梅妃传》:"唐明皇与梅妃斗茶,顾诸王戏曰:'此梅精也,吹白玉笛,作惊鸿舞,一座光辉,斗茶今又胜吾矣。'妃应声曰:'草工之戏,误胜陛下。设使调和四海,烹饪鼎鼐,万乘自有宪法,贱妾何能较胜负也。'上大悦。"

杜鸿渐《送茶与杨祭酒书》:"顾渚山中紫笋茶两片,一片上太夫人,一片充昆弟同歠,此物但恨帝未得尝,实所叹息。"

《白孔六帖》:"寿州刺史张镒,以饷钱百万遗陆宣公贽。公不受,止受茶一串,曰:'敢不承公之赐。'"

《海录碎事》:"邓利云:'陆羽,茶既为癖,酒亦称狂。'"

《侯鲭录》:"唐右补阙綦毋煛[音英],博学有著述才,性不饮茶,尝著《伐茶饮序》,其略曰:'释滞消壅,一日之利暂佳;瘠气耗精,终身之累斯大。获益则归功茶力,贻患则不咎茶灾。岂非为福近易知,为祸远难见欤。'煛在集贤,无何以热疾暴终。"

《苕溪渔隐丛话》:"义兴贡茶非旧也。李栖筠典是邦,僧有献佳茗,陆羽以为冠于他境，可荐于上。栖筠从之，始进万两。"

《合璧事类》："唐肃宗赐张志和奴婢各一人，志和配为夫妇，号渔童、樵青。渔童捧钓收纶，芦中鼓枻；樵青苏兰薪桂，竹里煎茶。"

《万花谷》：《顾渚山茶记》云："山有鸟如鸲鹆而小，苍黄色，每至正二月作声云'春起也'，至三四月作声云'春去也。'采茶人呼为报春鸟。"

董逌《陆羽点茶图跋》："竟陵大师积公嗜茶久，非渐儿煎奉不向口。羽出游江湖四五载，师绝于茶味。代宗召师入内供奉，命宫人善茶者烹以饷，师一啜而罢。帝疑其诈，令人私访，得羽召入。翌日，赐师斋，密令羽煎茗遗之，师捧瓯喜动颜色，且赏且啜，一举而尽。上使问之，师曰：'此茶有似渐儿所为者。'帝由是叹师知茶，出羽见之。"

《蛮瓯志》："白乐天方斋，刘禹锡正病酒，乃以菊苗蕰、芦菔鲊馈乐天，换取六斑茶以醒酒。"

《诗话》："皮光业字文通，最耽茗饮。中表请尝新柑，筵具甚丰，簪绂丛集。才至，未顾尊罍，而呼茶甚急，径进一巨觥，题诗曰：'未见甘心氏，先迎苦口师。'众噱云：'此师固清高，难以疗饥也。'"

《太平清话》："庐仝自号癖王，陆龟蒙自号怪魁。"

《潜榷类书》："唐钱起，字仲文，与赵莒为茶宴，又尝过长孙宅，与朗上人作茶会，俱有诗纪事。"

《湘烟录》："闵康侯曰：'羽著《茶经》，为李季卿所慢，更著《毁茶论》。其名疾，字季疵者，言为季所疵也。事详传中。'"

《吴兴掌故录》："长兴啄木岭，唐时吴兴、毗陵二太守造茶修贡，会宴于此，上有境会亭，故白居易有《夜闻贾常州崔湖州茶山境会欢宴》诗。"

包衡《清赏录》："唐文宗谓左右曰：'若不甲夜视事，乙夜观书，何以为君。'尝召学士于内庭，论讲经史，较量文章，宫人以下侍茶汤饮馔。"

《名胜志》："唐陆羽宅在上饶县东五里。羽本竟陵人，初隐吴兴苕溪，自号桑贮翁，后寓新城时，又号东冈子。刺史姚骥尝诣其宅，凿沼为溟渤之状，积石为嵩华之形。后隐士沈洪乔葺而居之。"

《饶州志》:"陆羽茶灶在余干县冠山石峰。羽尝品越溪水为天下第二，故思居禅寺，凿石为灶，汲泉煮茶，曰丹炉，晋张氲作，大德时总管常福生，从方士搜炉下，得药二粒，盛以金盒，及归开视，失之。"

《续博物志》:"物有异体而相制者，翡翠屑金，人气粉犀，北人以针敲冰，南人以线解茶。"

《太平山川记》:"茶叶寮，五代时于履居之。"

《类林》:"五代时，鲁公和凝，字成绩，在朝率同列，递日以茶相饮，味劣者有罚，号为汤社。"

《浪楼杂记》:"天成四年，度支奏，朝臣乞假省觐者，欲量赐茶药，文班自左右常侍至侍郎，宜各赐蜀茶三斤，蜡面茶二斤，武班官各有差。"

马令《南唐书》:"丰城毛炳好学，家贫不能自给，入庐山与诸生留讲，获锱即市酒尽醉。时彭会好茶，而炳好酒，时人为之语曰：'彭生作赋茶三片，毛氏传诗酒半升。'"

《十国春秋·楚王马殷世家》:"开平二年六月，判官高郁请听民售茶，北客收其征以赡军，从之。秋七月，王奏运茶河之南北，以易缯纩、战马，仍岁贡茶二十五万斤，诏可。由是属内民得自摘山造茶而收其算，岁入万计。高另置邸阁居茗，号曰八床主人。"

《荆南列传》:"文了，吴僧也，雅善烹茗，擅绝一时。武信王时来游荆南，延住紫云禅院，日试其艺，王大加欣赏，呼为汤神，奏授华亭水大师。人皆目为乳妖。"

《谈苑》:"茶之精者北苑，名白乳头。江左有金蜡面。李氏别命取其乳作片，或号曰'京挺''的乳'二十余品。又有研膏茶，即龙品也。"

释文莹《玉壶清话》:"黄夷简雅有诗名，在钱忠懿王俶幕中，陪樽俎二十年。开宝初，太宜赐俶'开吴镇越崇文耀武功臣制诰'。俶遣夷简入谢于朝，归而称疾，于安溪别业保身潜遁。著《山居》诗，有'宿雨一番蔬甲嫩，春山几焙茗旗香'之句。雅喜治宅，咸平中，归朝为光禄寺少卿，后以寿终焉。"

《五杂俎》:"建人喜斗茶，故称茗战。钱氏子弟取雪上瓜，各言其中子之的数,剖之以观胜负,谓之瓜战。然茗犹堪战,瓜则俗矣。"

《潜榷类书》:"伪闽甘露堂前,有茶树两株,郁茂婆娑,宫人呼为清人树。每春初,嫔嫱戏于其下,采摘新芽,于堂中设倾筐会。"

《宋史》:"绍兴四年初,命四川宣抚司支茶博焉。""旧赐大臣茶有龙凤饰,明德太后曰:'此岂人臣可得。'命有司别制入香京挺以赐之。"

《宋史·职官志》:"茶库掌茶,江浙荆湖建剑茶茗,以给翰林诸司赏赉出鬻。"

《宋史·钱俶传》:"太平兴国三年,宴俶长春殿,令刘鋹、李煜预坐。俶贡茶十万斤,建茶万斤,及银绢等物。"

《甲申杂记》:"仁宗朝,春试进士集英殿,后妃御太清楼观之。慈圣光献出饼角以赐进士,出七宝茶以赐考官。"

《玉海》:"宋仁宗天圣三年,幸南御庄观刈麦,遂幸玉津园,燕群臣,闻民合机杼,赐织妇茶彩。"

陶谷《清异录》:"有得建州茶膏,取作耐重儿八枚,胶以金缕,献于闽王曦,遇通文之祸,为内侍所盗,转遗贵人。""苻昭远不喜茶,尝为同列御史会茶,叹曰:'此物面目严冷,了无和美之态,可谓冷面草也。'""孙樵《送茶与焦邢部书》云:'晚甘侯十五人遣侍斋阁。此徒皆乘雷而摘,拜水而和。盖建阳丹山碧水之乡,月涧云龛之品,慎勿贱用之。'""汤悦有《森伯颂》,盖名茶也。方饮而森然严乎齿牙,既久,而四肢森然,二义一名,非熟乎汤瓯境界者谁能目之。""吴僧梵川,誓愿燃顶供养双林。传大士自往蒙顶山上结庵种茶,凡三年,味方全美。得绝佳者,曰'圣杨花'、'吉祥蕊',共不逾五斤,持归供献。""宣城何子华邀客于剖金堂,酒半,出嘉阳严峻所画陆羽像悬之,子华因言:'前代惑骏逸者为马癖,泥贯索者为钱癖,爱子者有誉儿癖,耽书者有《左传》癖,若此叟溺于茗事,何以名其癖?'杨粹仲曰:'茶虽珍,未离草也,宜追目陆氏为甘草癖。'一座称佳。"

《类苑》:"学士陶谷得党太尉家姬,取雪水烹团茶以饮,谓姬曰:'党家应不识此?'姬曰:'彼粗人安得有此,但能于销金帐中浅斟低唱,饮羊膏儿酒耳。'陶深愧其言。'"胡峤《飞龙涧饮茶》诗云:'沾牙旧姓余甘氏,破睡当封不夜侯。'陶谷爱其新奇,令犹子彝和之。彝应声云:'生凉好唤鸡苏佛,回味宜称橄榄仙。'彝时年十二,亦文词之有基址者也。"

《延福宫曲宴记》:"宣和二年十二月癸巳,召宰执亲王学士曲宴于延福宫,命近侍取茶具,亲手注汤击拂。少顷,白乳浮盏面,如疏星淡月,顾诸臣曰:'此自烹茶。'饮毕,皆顿首谢。"

《宋朝纪事》:"洪迈选成《唐诗万首绝句》,表进,寿皇宣谕:'阁学选择甚精,备见博洽,赐茶一百铧,清馥香一十贴,董香二十贴,金器一百两。'"

《乾淳岁时纪》:"仲春上旬,福建漕司进第一纲茶,名'北苑试新',方寸小铧,进御止百铧,护以黄罗软盏,借以青箬,裹以黄罗,夹复臣封朱印,外用朱漆小匣镀金锁,又以细竹丝织笈贮之,凡数重。此乃雀舌水芽,所造一铧之值四十万,仅可供数瓯之啜尔。或以一二赐外邸,则以生线分解转遗,好事以为奇玩。"

《南渡典仪》:"车驾幸学,讲书官讲讫,御药传旨宣坐赐茶。凡驾出,仪卫有茶酒班殿侍两行,各三十一人。"

《司马光日记》:"初除学士待诏李尧卿宣召称:'有敕。'口宣毕,再拜,升阶。与待诏坐,啜茶。盖中朝旧典也。"

欧阳修《龙茶录后序》:"皇祐中,修《起居注》,奏事仁宗皇帝,屡承天问,以建安贡茶并所以试茶之状谕臣,论茶之舛谬。臣追念先帝顾遇之恩,览本流涕,辄加正定,书之于石,以永其传。"

《随手杂录》:"子瞻在杭时,一日中使至,密谓子瞻曰:'某出京师辞官家,官家曰:辞了娘娘来。某辞太后殿,复到官家处,引某至一柜子旁,出此一角密语曰:赐与苏轼,不得令人知。'遂出所赐,乃茶一斤,封题皆御笔。子瞻具札,附进称谢。""潘中散适为处州守,一日作醮,其茶百二十盏皆乳花,内一盏如墨,诘之,则酌酒人误酌茶中。潘焚香再拜谢过,即成乳花,僚吏皆惊叹。"

《石林燕语》故事:"建州岁贡大龙凤、团茶各二斤,以八饼为斤。仁宗時,蔡君谟知建州,始别择茶之精者为小龙团,十斤以献,斤为十饼。仁宗以非故事,命劾之,大臣为请,因留而免劾,然自是遂为岁额。熙宁中,贾清为福建运使,又取小团之精者为密云龙,以二十饼为斤,而双袋谓之双角团茶。大小团袋皆用绯,通以为赐也。密云龙独用黄盖,专以奉玉食。其后又有瑞云翔龙者。宣和后,团茶不复贵,皆以为赐,亦不复如向日之精。后取其精者为铦茶,岁赐者不同,不可胜纪矣。"

《春渚记闻》:"东坡先生一日与鲁直、文潜诸人会,饭既,食骨䮾儿血羹。客有须薄茶者,因就取所碾龙团遍啜坐客。或曰:"使龙茶能言,当须称屈。"

魏了翁《先茶记》:"眉山李君铿,为临邛茶官,吏以故事,三日谒先茶。君诘其故,则曰:'是韩氏而王号,相传为然,实未尝请命于朝也。'君曰:'饮食皆有先,而况茶之为利,不惟民生食用之所资,亦马政、边防之攸赖。是之弗图,非忘本乎!'于是撤旧祠而增广焉,且请于郡上神之功状于朝,宣赐荣号,以侈神赐。而驰书于靖,命记成役。"

《扪掌录》:"宋自崇宁后复榷茶,法制日严。私贩者固已抵罪,而商贾官券清纳有限,道路有程。纤悉不如令,则被击断,或没货出告。昏愚者往往不免,其侪乃目茶笼为草大虫,言伤人如虎也。"

《苕溪渔隐丛话》:"欧公《和刘原父扬州时会堂绝句》云:'积雪犹封蒙顶树,惊雷未发建溪春。中州地暖萌芽早,入贡宜先百物新。'注:时会堂,造贡茶所也。余以陆羽《茶经》考之,不言扬州出茶,惟毛文锡《茶谱》云:'扬州禅智寺,隋之故宫,寺傍蜀冈,其茶甘香,味如蒙顶焉。'第不知入贡之因,起何时也。"

《卢溪诗话》:"双井老人以青沙蜡纸裹细茶寄人,不过二两。"

《青琐诗话》:"大丞相李公昉尝言,唐时目外镇为粗官,有学士贻外镇茶,有诗谢云:'粗官乞与真虚掷,赖有诗情合得尝;'"[外镇即薛能也。]

《玉堂杂记》:"淳熙丁酉十一月壬寅,必大轮当内直,上曰:'卿想不甚饮,比赐宴时,见卿面赤。赐小春茶二十铦,叶世英墨五团,以代赐酒。'"

陈师道《后山丛谈》："张忠定公令崇阳,民以茶为业。公曰:'茶利厚,官将取之,不若早自异也。'命拔茶而植桑,民以为苦。其后榷茶,他县皆失业,而崇阳之桑皆已成,其为绢而北者,岁百万匹矣。""文正李公既薨,夫人诞日,宋宣献公时为侍从。公与其僚二十余人诣第上寿,拜于帘下,宣献前曰:'太夫人不饮,以茶为寿。'探怀出之,注汤以献,复拜而去。"

张芸叟《画墁录》："有唐茶品,以阳羡为上供,建溪、北苑未著也。贞元中,常衮为建州刺史,始蒸焙而研之,谓研膏茶。其后稍为饼样,而穴其中,故谓之一串。陆羽所烹,惟是草茗尔。迨本朝建溪独盛,采焙制作,前世所未有也,士大夫珍尚鉴别,亦过古先。丁晋公为福建转运使,始制为凤团,后为龙团,贡不过四十饼,专拟上供,即近臣之家,徒闻之而未尝见也。天圣中,又为小团,其品迥嘉于大团。赐两府,然止于一斤,惟上大斋宿两府,八人共赐小团一饼,缕之以金。八人析归,以侈非常之赐,亲知瞻玩,赓唱以诗,故欧阳永叔有《龙茶小录》。或以大团赐者,辄刲方寸,以供佛、供仙、奉家庙,已而奉亲并待客享子弟之用。熙宁末,神宗有旨,建州制密云龙,其品又加于小团。自密云龙出,则二团少粗,以不能两好也。予元祐中详定殿试,是年分为制举考第,各蒙赐三饼,然亲知分遗,殆将不胜。""熙宁中,苏子容使北,姚麟为副,曰:'盍载些小团茶乎?'子容曰:'此乃供上之物,畴敢与北人。'未几,有贵公子使北,广贮团茶以往,自尔北人非团茶不纳也,非小团不贵也。彼以二团易蕃罗一匹,此以一罗酬四团,少不满意,即形言语。近有贵貂守边,以大团为常供,密云龙为好茶云。"

《鹤林玉露》:岭南人以槟榔代茶。彭乘《黑客挥犀》:"蔡君谟,议茶者莫敢对公发言,建茶所以名重天下,由公也。后公制小团,其品尤精于大团。一日,福唐蔡叶丞秘教召公啜小团,坐久,复有一客至,公啜而味之曰:'此非独小团,必有大团杂之。'丞惊呼童诘之,对曰:'本碾造二人茶,继有一客至,造不及,即以大团兼之。'丞神服公之明审。""王荆公为小学士时,尝访君谟,君谟闻公至,喜甚,自取绝品茶,亲涤器,烹点以待公,冀公称赏。公于夹袋中取消风散一撮,投茶瓯中,并食之。君谟失色,公徐曰:'大好茶味'。君谟大笑,且叹公之真率也。"

鲁应龙《闲窗括异志》:"当湖德藏寺有水陆斋坛,往岁富民沈忠建每设斋,施主虔诚,则茶现瑞花,故花俨然可睹,亦一异也。"

周辉《清波杂志》:"先人尝从张晋彦觅茶,张答以二小诗云:'内家新赐密云龙,只到调元六七公。赖有山家供小草,犹堪诗老荐春风。''仇池诗里识焦坑,风味官焙可抗衡。钻余权幸亦及我,十辈遣前公试烹。'诗总得偶病,此诗俾其子代书,后误刊《于湖集》中。焦坑产庾岭下,味苦硬,久方回甘,如"浮石已干霜后水,焦坑新试雨前茶",东坡《南还回至章贡显圣寺》诗也。后屡得之,初非精品,特彼人自以为重,包裹钻权幸,亦岂能望建溪之胜。"

《东京梦华录》:"旧曹门街北山子茶坊内,有仙洞、仙桥,士女往往夜游,吃茶于彼。"

《五色线》:"骑火茶,不在火前,不在火后故也。清明改火,故曰骑火茶。"

《梦溪笔谈》:"王城东素所厚惟杨大年。公有一茶囊,惟大年至,则取茶囊具茶,他客莫与也。"

《华夷花木考》:"宋二帝北狩,到一寺中,有二石金刚并拱手而立。神像高大,首触桁栋,别无供器,止有石盂、香炉而已。有一胡僧出入其中,僧揖坐问:'何来?'帝以南来对。僧呼童子点茶以进,茶味甚香美。再欲索饮,胡僧与童子趋堂后而去。移时不出,入内求之,寂然空舍。惟竹林间有一小室,中有石刻胡僧像,并二童子侍立,视之俨然如献茶者。"

马永卿《懒真子录》:"王元道尝言:陕西子仙姑,传云得道术,能不食,年约三十许,不知其实年也。陕西提刑阳翟李熙民逸老,正直刚毅人也,闻人所传甚异,乃往青平军自验之。既见道貌高古,不觉心服,因曰:'欲献茶一杯可乎?'姑曰:'不食茶久矣,今勉强一啜。'既食,少顷垂两手出,玉雪如也。须臾,所食之茶从十指甲出,凝于地,色犹不变,逸老令就地刮取,且使尝之,香味如故,因大奇之。"

《朱子文集·与志南上人书》："偶得安乐茶，分上廿瓶。"

《陆放翁集·同何元立蔡肩吾至丁东院汲泉煮茶》诗云："云芽近自峨眉得，不减红囊顾渚春。旋置风炉清樾下，他年奇事属三人。"

《周必大集·送陆务观赴七闽提举常平茶事》诗云："暮年桑苎毁《茶经》，应为征行不到闽。今有云孙持使节，好因贡焙祀茶人。"

《梅尧臣集》："晏成续太祝遗双井茶五品，茶具四枚，近诗六十篇，因赋诗为谢。"

《黄山谷集》，有《博士王扬休碾密云龙，同事十三人饮之戏作》。

《晁补之集·和答曾敬之秘书招能赋堂烹茶》诗："一碗分来百越春，玉溪小暑却宜人。红尘他日同回首，能赋堂中偶坐身。"

《苏东坡集》：《送周朝议守汉川诗》云："茶为西南病，岷俗记二李。何人折其锋，矫矫六君子。"[注：二李，杞与稷也。六君子谓师道与侄正儒、张永徽、吴醇翁、吕元钧、宋文辅也。盖是时蜀茶病民，二李乃始敝之人，而六君子能持正论者也。]"仆在黄州，参寥自吴中来访，馆之东坡。一日，梦见参寥所作诗，觉而记其两句云：'寒食清明都过了，石泉槐火一时新。'后七年，仆出守钱塘，而参寥始仆居西湖智果寺院，院有泉出石缝间，甘冷宜茶。寒食之明日，仆与客泛湖自孤山来谒参寥，汲泉钻火烹黄蘗茶，忽悟所梦诗，兆于七年之前。众客皆惊叹，知传记所载，非虚语也。"

东坡《物类相感志》："芽茶得盐，不苦而甜。"又云："吃茶多腹胀，以醋解之。"又云："陈茶烧烟，蝇速去。"

《杨诚斋集·谢傅尚书送茶》："远饷新茗，当自携大瓢，走汲溪泉，束涧底之散薪，然折脚之石鼎，烹玉尘，啜香乳，以享天上故人之惠。愧无胸中之书传，但一味搅破菜园耳。"

郑景龙《续宋百家诗》："本朝孙志举，有《访王主簿同泛菊茶》诗。"

吕元中《丰乐泉记》："欧阳公既得酿泉，一日会客，有以新茶献者。公敕汲泉沦之。汲者道仆覆水，伪汲他泉。公知其非酿泉，诘之，乃得是泉于幽谷山下，因名丰乐泉。"

《侯鲭录》："黄鲁直云：'烂蒸同州羊，沃以杏酪，食之以匕，不以箸。抹南京面作槐叶冷淘，掺以襄邑熟猪肉，饮共城香稻，用吴人鲙松江之鲈。既饱，以康山谷帘泉烹曾坑斗品。少焉，卧北窗下，使人诵东坡《赤壁》前后赋，亦足少快。'"

《苏舜钦传》："有兴则泛小舟出盘、阊二门，吟啸览古，渚茶野酿，足以消忧。"

《过庭录》："刘贡父知长安，妓有茶娇者，以色慧称。贡父惑之，事传一时。贡父被召至阙，欧阳永叔去城四十五里迓之，贡父以酒病未起。永叔戏之曰：'非独酒能病人，茶亦能病人多矣。'"

《合璧事类》："觉林寺僧志崇制茶有三等：待客以惊雷荚，自奉以萱草带，供佛以紫茸香。凡赴茶者，辄以油囊盛余沥。""江南有驿官，以干事自任。白太守曰：'驿中已理，请一阅之'。刺史乃往，初至一室为酒库，诸酝皆熟，其外悬一画神，问：'何也？'曰：'杜康。'刺史曰：'公有余也。'又至一室为茶库，诸茗毕备，复悬画神，问：'何也？'曰：'陆鸿渐。'刺史益喜。又至一室为菹库，诸俎咸具，亦有画神，问：'何也？'曰：'蔡伯喈。'刺史大笑，曰：'不必置此。'""江浙间养蚕，皆以盐藏其茧而缲丝，恐蚕蛾之生也。每缲毕，即煎茶叶为汁，捣米粉搜之，筛于茶汁中煮为粥，谓之洗缸粥。聚族以啜之，谓益明年之蚕。"

《经钼堂杂记》："松声、涧声、禽声、夜虫声、鹤声、琴声、棋声、落子声、雨滴阶声、雪洒窗声、煎茶声，皆声之至清者。"

《松漠纪闻》："燕京茶肆设双陆局，如南人茶肆中置棋具也。"

《梦粱录》："茶肆列花架，安顿奇松、异桧等物于其上，装饰店面，敲打响盏。又冬月添卖七宝擂茶、馓子葱茶。茶肆楼上专安着妓女，名曰花茶坊。"

《南宋市肆记》："平康歌馆，凡初登门，有提瓶献茗者。虽杯茶，亦犒数千，谓之点花茶。""诸处茶肆，有清乐茶坊、八仙茶坊、珠子茶坊、潘家茶坊、连三茶坊、连二茶坊等名。""谢府有酒名胜茶。"

宋《都城纪胜》:"大茶坊皆挂名人书画,人情茶坊本以茶汤为正。水茶坊,乃娼家聊设果凳,以茶为由,后生辈甘于费钱,谓之干茶钱。又有提茶瓶及龊茶名色。"

《臆乘》:"杨炫之作《洛阳伽蓝记》,曰食有酪奴,盖指茶为酪粥之奴也。"

《琅环记》:"昔有客遇茅君,时当大暑,茅君于手巾内解茶叶,人与一叶,客食之五内清凉。茅君曰:'此蓬莱穆陀树叶,众仙食之以当饮。'又有宝文之蕊,食之不饥,故谢幼贞诗云:'摘宝文之初蕊,拾穆陀之坠叶。'"

(清)青花开光粉彩山水花盆

杨南峰《手镜》载:"宋时姑苏女子沈清友,有《续鲍令晖香茗》。"

孙月峰《坡仙食饮录》:"密云龙茶极为甘馨。宋廖正,一字明略,晚登苏门,子瞻大奇之。时黄、秦、晁、张号苏门四学士,子瞻待之厚,每至必令侍妾朝云取密云龙烹以饮之。一日,又命取密云龙,家人谓是四学士,窥之乃明略也。山谷诗有'乔云龙',亦茶名。"

《嘉禾志》:"煮茶亭在秀水县西南湖中,景德寺之东禅堂。宋学士苏轼与文长老尝三过湖上,汲水煮茶,后人因建亭以识其胜。今遗址尚存。"

《名胜志》:"茶仙亭在滁州琅琊山,宋时寺僧为刺史曾肇建,盖取杜牧《池州茶山病不饮酒》诗'谁知病太守,犹得作茶仙'之句。子开诗云:'山僧独好事,为我结茆茨。茶仙榜草圣,颇宗樊川诗。'盖绍圣二年肇知是州也。

陈眉公《珍珠船》:"蔡君谟谓范文正曰:'公《采茶歌》云:'黄金碾畔绿尘飞,碧玉瓯中翠涛起。今茶绝品,其色甚白,翠绿乃下者耳,欲改为'玉尘飞''素涛起',如何?'希文曰:'善。'又,蔡君谟嗜茶,老病不能饮,但把玩而已。"

《潜榷类书》:"宋绍兴中,少卿曹戬之母喜茗饮。山初无井,戬乃斋戒祝天,斫地才尺,而清泉溢涌,因名孝感泉。大理徐恪,建人也,见贻乡信铤子茶,茶面印文曰'玉蝉膏',一种曰'清风使'。""蔡君谟善别茶,建安能仁

中華茶道

院有茶生石缝间,盖精品也。寺僧采造得八饼,号石岩白。以四饼遗君谟,以四饼密遣人走京师遗王内翰禹玉。岁余,君谟被召还阙,过访禹玉,禹玉命子弟于茶笥中选精品碾以待蔡,蔡捧瓯未尝,辄曰:‘此极似能仁寺石岩白,公何以得之?’禹玉未信,索帖验之,乃服。”

《月令广义》:“蜀之雅州名山县蒙山有五峰,峰顶有茶园,中顶最高处曰上清峰,产甘露茶。昔有僧病冷且久,尝遇老父询其病,僧具告之。父曰:‘何不饮茶?’僧曰:‘本以茶冷,岂能止乎?’父曰:‘是非常茶,仙家有所谓雷鸣者,而亦闻乎?’僧曰:‘未也。’父曰:‘蒙之中顶有茶,当以春分前后多构人力,俟雷之发声,并手采摘,以多为贵,至三日乃止。若获一两,以本处水煎服,能祛宿疾。服二两,终身无病。服三两,可以换骨。服四两,即为地仙。但精洁治之,无不效者。’僧因之中顶筑室,以俟及期,获一两余,服未竟而病瘥。惜不能久住博求。而精健至八十余岁,气力不衰。时到城市,观其貌若年三十余者,眉发绀绿。后入青城山,不知所终。今四顶茶园不废,惟中顶草木繁茂,重云积雾,蔽亏日月,鸷兽时出,人迹罕到矣。”

《太平清话》:“张文规以吴兴白苎、白苹洲、明月峡中茶为三绝。文规好学,有文藻。苏子由、孔武仲、何正臣诸公,皆与之游。”

夏茂卿《茶董》:“刘煜,字子仪,尝与刘筠饮茶,问左右:‘汤滚也未?’众曰:‘已滚。’筠云:‘金曰鲦哉。’煜应声曰:‘吾与点也。’”“黄鲁直以小龙团半铤,题诗赠晁无咎,有云:‘曲几蒲团听煮汤,煎成车声绕羊肠。鸡苏胡麻留渴羌,不应乱我官焙香。’东坡见之曰:‘黄九恁地怎得不穷。’”

陈诗教《灌园史》:“杭妓周韶有诗名,好蓄奇茗,尝与蔡公君谟斗胜,题品风味,君谟屈焉。”“江参,字贯道,江南人,形貌清癯,嗜香茶以为生。”

《博学汇书》:司马温公与子瞻论茶墨云:“茶与墨二者正相反,茶欲白,墨欲黑;茶欲重,墨欲轻;茶欲新,墨欲陈。”苏曰:“上茶妙墨俱香,是其德同也;皆坚,是其操同也。”公叹以为然。

元耶律楚材诗《在西域作茶会值雪》,有“高人惠我岭南茶,烂赏飞花雪没车”之句。

《云林遗事》:"光福徐达左,构养贤楼于邓尉山中,一时名士多集于此。元镇为尤数焉,尝使童子入山担七宝泉,以前桶煎茶,以后桶濯足。人不解其意,或问之,曰:'前者无触,故用煎茶,后者或为泄气所秽,故以为濯足之用。'其洁癖如此。"

陈继儒《妮古录》:"至正辛丑九月三日,与陈征君同宿愚庵师房,焚香煮茗,图石梁秋瀑,翛然有出尘之趣。黄鹤山人王蒙题画。"

周叙《游嵩山记》:"见会善寺中有元雪庵头陀茶榜石刻,字径三寸,道伟可观。"

钟嗣成《录鬼簿》:"王实甫有《苏小郎夜月贩茶船》传奇。"

《吴兴掌故录》:"明太祖喜顾渚茶,定制岁贡止三十二斤,于清明前二日,县官亲诣采茶,进南京奉先殿焚香而已,未尝别有上供。"

《七修汇藁》:"明洪武二十四年,诏天下产茶之地,岁有定额,以建宁为上,听茶户采进,勿预有司。茶名有四:探春、先春、次春、紫笋,不得碾揉为大小龙团。"

杨维桢《煮茶梦记》:"铁崖道人卧石床,移二更,月微明,及纸帐梅影,亦及半窗,鹤孤立不鸣。命小芸童汲白莲泉,燃槁湘竹,授以凌霄芽为饮供,乃游心太虚,恍兮入梦。"

陆树声《茶寮记》:"园居敞小寮于啸轩坤垣之西,中设茶灶,凡瓢汲、罂、注、濯、拂之具咸庀。择一人稍通茗事者主之,一人佐炊汲。客至,则茶烟隐隐起竹外。其禅宾过从予者,与余相对结跏趺坐,啜茗汁,举无生活。时抄秋既望,适园无净居士,与五台僧演镇、终南僧明亮,同试天池茶于茶寮中。漫记。"

《墨娥小录》:"千里茶,细茶一两五钱,孩儿茶两,柿霜一两,粉草末六钱,薄荷叶三钱。右为细末调匀,炼蜜丸如白豆大,可以代茶,便于行远。"

汤临川《题饮茶录》:"陶学士谓"汤者,茶之司命",此言最得三昧。冯祭酒精于茶政,手自料涤,然后饮客。客有笑者,余戏解之云:'此正如美人,又如古法书名画,度可着俗汉手否!'"

陆钺《病逸漫记》："东宫出讲，必使左右迎请讲官。讲毕，则语东宫官云：'先生吃茶'"。

《玉堂丛语》："愧斋陈公，性宽坦，在翰林时，夫人尝试之。会客至，公呼：'茶！'夫人曰：'未煮。'公曰：'也罢。'又呼曰：'干茶！'夫人曰：'未买。'公曰：'也罢。'客为捧腹，时号'陈也罢'。"

沈周《客坐新闻》："吴僧大机所居古屋三四间，洁净不容唾。善沦茗，有古井清冽为称。客至，出一瓯为供饮之，有涤肠湔胃之爽。先公与交甚久，亦嗜茶，每入城必至其所。"

沈周《书岕茶别论后》："自古名山，留以待羁人迁客，而茶以资高士，盖造物有深意。而周庆叔者为《岕茶别论》，以行之天下。度铜山金穴中无此福，又恐仰屠门而大嚼者未必领此味。庆叔隐居长兴，所至载茶具。邀余素瓯黄叶间，共相欣赏。恨鸿渐、君谟不见庆叔耳，为之覆茶三叹。"

冯梦祯《快雪堂漫录》："李于鳞为吾浙按察副使，徐子与以岕茶之最精饷之。比遇子与于昭庆寺问及，则已赏皂役矣。盖岕茶叶大梗多，于鳞北士，不遇宜也。纪之以发一笑。"

闵元衡《玉壶冰》："良宵燕坐，篝灯煮茗，万籁俱寂，疏钟时闻，当此情景，对简编而忘疲，彻衾枕而不御，一乐也。"

《瓯江逸志》："永嘉岁进茶芽十斤，乐清茶芽五斤。瑞安、平阳岁进亦如之。""雁山五珍：龙湫茶、观音竹、金星草、山药、官香鱼也。茶即明茶。紫色而香者，名玄条，共味皆似天池而稍薄。"

王世懋《二酉委谭》："余性不耐冠带，暑月尤甚。豫章天气蚤热，而今岁尤甚。春三月十七日，觞客于滕王阁，日出如火，流汗接踵，头涔涔几不知所措。归而烦闷，妇为具汤沐，便科头裸身赴之。时西山云雾新茗初至，张右伯适以见遗，茶色白大，作豆子香，几与虎邱埒。余时浴出，露坐明月下，亟命侍儿汲新水烹尝之。觉沆瀣入咽，两腋风生。念此境味，都非宦路所有。琳泉蔡先生老而嗜茶，尤甚于余。时已就寝，不可邀之共啜。晨起复烹遗之，然已作第二义矣。追忆夜来风味，书一通以赠先生。"

《涌幢小品》:"王琏,昌邑人,洪武初,为宁波知府。有给事来谒,具茶。给事为客居间,公大呼:'撤去!'给事惭而退。因号'撤茶太守'。"

《临安志》:"栖霞洞内有水洞,深不可测,水极甘洌,魏公尝调以沦茗。"

《西湖志余》:"杭州先年有酒馆而无茶坊,然富家燕会,犹有尊供茶事之人,谓之茶博士。"

《潘子真诗话》:"叶涛诗极不工而喜赋咏,尝有《试茶》诗云'碾成天上龙兼凤,煮出人间蟹与虾。'好事者戏云:'此非试茶,乃碾玉匠人尝南食也。'"

董其昌《容台集》:"蔡忠惠公进小团茶,至为苏文忠公所讥,谓与钱思公进姚黄花同失士气。然宋时君臣之际,情意蔼然,犹见于此。且君谟未尝以贡茶干宠,第点缀太平世界一段清事而已。东坡书欧阳公滁州二记,知其不肯书《茶录》。余以苏法书之,为公忏悔。否则蛰龙诗句,几临汤火,有何罪过。凡持论不大远人情可也。""金陵春卿署中,时有以松萝茗相贻者,平平耳。归来山馆得啜尤物,询知为闵汶水所蓄。汶水家在金陵,与余相及,海上之鸥,舞而不下,盖知希为贵,鲜游大人者。昔陆羽以精茗事,为贵人所侮,作《毁茶论》,如汶水者,知其终不作此论矣。"

李日华《六研斋笔记》:"摄山栖霞寺有茶坪,茶生榛莽中,非经人剪植者。唐陆羽入山采之,皇甫冉作诗送之。

《紫桃轩杂缀》:泰山无茶茗,山中人摘青桐芽点饮,号女儿茶。又有松苔,极饶奇韵。

《钟伯敬集》:"《茶讯》诗云:'犹得年年一度行,嗣音幸借采茶名。'伯敬与徐波元叹交厚,吴楚风烟相隔数千里,以买茶为名,一年通一讯,遂成佳话,谓之

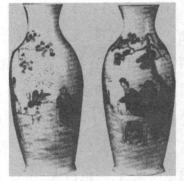

(民国)粉彩山水观音瓶

茶讯。""尝见钱谦益《茶供说》云:娄江逸人朱汝圭,精于茶事,将以茶隐,欲求为之记,愿岁岁采渚山青芽,为余作供。余观楞严坛中设供,取白牛乳、砂

糖、纯蜜之类。西方沙门婆罗门，以葡萄、甘蔗浆为上供，未有以茶供者。鸿渐长于苾刍者也，杼山禅伯也，而鸿渐《茶经》、杼山《茶歌》俱不云供佛。西土以贯花燃香供佛，不以茶供，斯亦供养之缺典也。汝圭益精心治办茶事，金芽素瓷，清净供佛，他生受报，往生香国。经诸妙香而作佛事，岂但如丹丘羽人饮茶，生羽翼而已哉。余不敢当汝圭之茶供，请以茶供佛。后之精于茶道者，以采茶供佛，为佛事，则自余之谂汝圭始，爰作《茶供说》以赠上。"

《五灯会元》："摩突罗国有一青林枝叶茂盛地，名曰优留茶。""僧问如宝禅师曰：'如何是和尚家风？'师曰：'饭后三碗茶。'僧问谷泉禅师曰：'未审客来，如何祗待？'师曰：'云门胡饼赵州茶。'"

《渊鉴类函》："郑愚《茶诗》：'嫩芽香且灵，吾谓草中英。夜臼和烟捣，寒炉对雪烹。'因谓茶曰草中英。""素馨花曰裨茗，陈白沙《素馨记》以其能少裨于茗耳。一名那悉茗花。"

《佩文韵府》：元好问诗注："唐人以茶为小女美称。"

《黔南行记》："陆羽《茶经》纪黄牛峡茶可饮，因令舟人求之。有媪卖新茶一笼，与草叶无异，山中无好事者故耳。""初余在峡州问士大夫黄陵茶，皆云粗涩不可饮。试问小吏，云：'惟憎茶味善。'令求之，得十饼，价甚平也，携至黄牛峡，置风炉清樾间，身自候汤，手擩得味。既以享黄牛神，且酹元明尧夫，云：'不减江南茶味也。'乃知夷陵士大夫以貌取之耳。"

《九华山录》："至化城寺，谒金地藏塔，僧祖瑛献土产茶，味可敌北苑。"

冯时可《茶录》："松郡佘山亦有茶，与天池无异，顾采造不如。近有比丘来，以虎丘法制之，味与松萝等。老衲亟逐之曰：'毋为此山开膻径而置火坑。'"

冒巢民《岕茶汇钞》："忆四十七年前，有吴人柯姓者，熟于阳羡茶山。每桐初露白之际，为余入岕，箬笼携来十余种，其最精妙者，不过斤许数两耳。味老香深，具芝兰金石之性。十五年以为恒。后宛姬从吴门归余，则岕片必需半塘顾子兼，黄熟香必金平叔，茶香双妙，更入精微。然顾、金茶香之供，每岁必先虞山柳夫人、吾邑陇西之旧姬与余共宛姬，而后他及。""金沙于

中華茶道

像明携岕茶来,绝妙。金沙之于精鉴赏,甲于江南,而岕山之棋盘顶,久归于家,每岁其尊人必躬往采制。今夏携来庙后、棋顶、涨沙、本山诸种,各有差等,然道地之极真极妙,二十年所无。又辨水候火,与手自洗,烹之细洁,使茶之色香性情,从文人之奇嗜异好,一一淋漓而出。诚如丹丘羽人所谓,饮茶生羽翼者,真衰年称心乐事也。""吴门七十四老人朱汝圭,携茶过访,与像明颇同,多花香一种。汝圭之嗜茶自幼,如世人之结斋于胎年,十四入岕,迄今,春夏不渝者百二十番,夺食色以好之。有子孙为名诸生,老不受其养。谓不嗜茶,为不似阿翁。每辣骨入山,卧游虎虎,负笼入肆,啸傲瓯香。晨夕涤瓷洗叶,啜弄无休,指爪齿颊与语言激扬赞颂之津津,恒有喜神妙气与茶相长养,真奇癖也。"

《岭南杂记》:"潮州灯节,饰姣童为采茶女,每队十二人或八人,手挈花蓝,迭进而歌,俯仰抑扬,备极妖研。又以少长者二人为队首,擎彩灯,缀以扶桑、茉莉诸花。采女进退作止,皆视队首。至各衙门或巨室唱歌,赍以银钱、酒果。自十三夕起至十八夕而止。余录其歌数首,颇有《前溪》《子夜》之遗。"

郎瑛《七修类稿》:"歙人闵汶水,居桃叶渡上,予往品茶其家,见其水火皆自任,以小酒盏酌客,颇极烹饮态,正如德山担青龙钞,高自矜许而已,不足异也。秣陵好事者,尝诮闽无茶,谓闽客得闽茶咸制为罗囊,佩而嗅之以代旃檀。实则闽不重汶水也,闽客游秣陵者,宋比玉、洪仲韦辈,类依附吴儿强作解事,贱家鸡而贵野鹜,宜为其所诮欤。三山薛老亦秦淮汶水也。薛尝言汶水假他味作兰香,究使茶之真味尽失。汶水而在,闻此亦当色沮。薛尝住焦峒,自为剪焙,遂欲驾汶水上。余谓茶难以香名,况以兰定茶,乃咫尺见也,颇以薛老论为善。""延邵人呼制茶人为碧竖,富沙陷后,碧竖尽在绿林中矣。""蔡忠惠《茶录》石刻在瓯宁邑庠壁间。予五年前拓数纸寄所知,今漫漶不如前矣。""闽酒数郡如一,茶亦类是。今年予得茶甚伙,学坡公义酒事,尽合为一,然与未合无异也。"

李仙根《安南杂记》:交趾称其贵人曰翁茶。翁茶者,大官也。

《虎丘茶经补注》：“徐天全自金齿谪回，每春末夏初，入虎丘开茶社。”“罗光玺作《虎丘茶记》，嘲山僧有‘替身茶’。”“吴匏庵与沈石田游虎丘，采茶手煎对啜，自言有茶癖。”

　　《渔洋诗话》：“林确斋者，亡其名，江右人。居冠石，率子孙种茶，躬亲畚锸负担，夜则课读《毛诗》《离骚》。过冠石者，见三四少年，头着一幅布，赤脚挥锄，琅然歌出金石，窃叹以为古图画中人。”

　　《尤西堂集》有《戏册茶为不夜侯制》。

　　朱彝尊《日下旧闻》：“上巳后三日，新茶从马上至，至之日宫价五十金，外价二三十金。不一二日，即二三金矣。见《北京岁华记》。”

　　《曝书亭集》：“锡山听松庵僧性海，制竹火炉，王舍人过而爱之，为作山水横幅，并题以诗。岁久炉坏，盛太常因而更制，流传都下，群公多为吟咏。顾梁汾典籍仿其遗式制炉，及来京师，成容若侍卫以旧图赠之。丙寅之秋，梁汾携炉及卷过余海波寺寓，适姜西溟、周青士、孙恺似三子亦至，坐青藤下，烧炉试武夷茶，相与联句成四十韵，用书于册，以示好事之君子。”

　　蔡方炳《增订广舆记》：“湖广长沙府攸县，古迹有茶王城，即汉茶陵城也。”

　　葛万里《清异录》：“倪元镇饮茶用果按者，名清泉白石。非佳客不供。有客请见，命进此茶。客渴，再及而尽，倪意大悔，放盏入内。”“黄周星九烟梦读《采茶赋》，只记一句云：施凌云以翠步。”

　　《别号录》：“宋曾几吾甫，别号茶山。明许应元子春，别号茗山。”

　　《随见录》：“武夷五曲朱文公书院内有茶一株，叶有臭虫气，及焙制出时，香逾他树，名曰臭叶香茶。又有老树数株，云系文公手植，名曰宋树。”

　　《西湖游览志》：“立夏之日，人家各烹新茗，配以诸色细果，馈送亲戚比邻，谓之七家茶。”“南屏谦师妙于茶事，自云得心应手，非可以言传学到者。”

　　刘士亨有《谢璘上人惠桂花茶》诗云：“金粟金芽出焙篝，鹤边小试兔丝瓯。叶含雷信三春雨，花带天香八月秋。味美绝胜阳羡种，神清如在广寒游。玉川句好无才续,我欲逃禅问赵州。"

李世熊《寒支集》:"新城之山有异鸟,其音若箫,遂名曰箫曲山。山产佳茗,亦名箫曲茶。因作歌纪事。"

《禅玄显教编》:"徐道人居庐山天池寺,不食者九年矣。畜一墨羽鹤,尝采山中新茗,令鹤衔松枝烹之。遇道流,辄相与饮几碗。"

张鹏翀《抑斋集》有《御赐郑宅茶赋》云:"青云幸接于后尘,白日捧归乎深殿。从容步缓,膏芬齐出螭头;肃穆神凝,乳滴将开蜡面。用以濡毫,可媲文章之草;将之比德,勉为精白之臣。"

【译文】

《晋书》:"温峤上表奏请调取御用所需要的茶叶,上面列举了真正上好的茶叶上千片,茗三百大薄。"

《洛阳伽蓝记》:"王肃最初到魏的时候,因为不吃羊肉和酪浆之类的东西,常常将鲫鱼羹当饭吃,渴了喝茶水。京师里面的人说王肃一喝就是一斗,被称为漏卮。几年后,高祖看见他吃羊肉和酪粥很多,就对肃说:"羊肉跟鱼羹相比怎么样呢? 茶跟酪浆相比怎么样呢?"王肃回答说:'羊是陆地上所出产最好的,而鱼是水中的灵长,两者的特长不同,并且各有自己珍贵的地方,根据味道来说,那就有很大的区别了。羊就好比是齐鲁大邦,鱼就好比邾莒小国,只有茗不重用,所以才成为了酪的奴隶。'高祖大笑。彭城的王勰回答王肃说:'你不重视齐鲁大邦,却偏偏爱邾莒小国,这是为什么呢?'王肃回答说:'故土才是最重要的。'彭城的王回答说:'你明日来看我,我为你设邾营之宴,也有酪奴。'因此称呼茗饮为酪奴,那时候给事中刘缟因为仰慕王肃的为人,因此专门学习他也来喝茶。彭城王对缟说:'你不仰慕王侯将相的珍馐佳肴,却去爱好什么苍头的水厄。海上有追逐臭味的人,市井有效颦的妇人,你就是这样的人。'因为彭城王家里有吴地的奴隶,所以才出此戏言。后来梁武帝之子西丰侯萧正德归降,那时元乂想为他设置茶水,先问他:'你需要多少水厄呢?'正德不明白乂话中所包含的意思,回答说:'下官生于水乡,但是自立身以来,从来就没有遭受阳侯这样的灾难。'元乂和在座所有的客人都笑了起来。"

《海录碎事》:"晋朝的司徒长史王濛,字仲祖,喜欢喝茶,来了客人动不动就饮茶。士大夫觉得喝茶很苦,每次要去见王濛的时候就会说:'今天有水灾了。'"

《续搜神记》:"桓宣武有一个督将,因生病后身体虚热,更能够喝茶了,要喝一斛二斗才够,如果减少一点的话,就觉得没有喝足,已经不止一天了。家贫后,有客人造访,正好碰见他正在喝茶,在此之前客人已听说了他有这种毛病,便让他再喝五升,于是大吐,吐出了一个像升那样大的物体,而且还长着嘴巴,看起来全身收缩褶皱,就像牛的肚子一样。客人吩咐把它放进盆中,再加上一斛二斗的水,这东西都将它喝干了,还只觉得才有些涨,再增加五升,那就再也喝不下去了。等吐出了这个东西之后,他的病很快就好了,有人问:'这是什么病呢?'客人回答说:'这种病的名字就叫作"斛茗瘕"。'"

《潜榷类书》:进士权纾文说:"隋文帝早年时,梦见神人改变了他的脑骨,从此脑袋开始不断地疼痛。后来遇见了一个和尚说:'山里面有一种茗草,煮了喝之后应该可以痊愈'。隋文帝饮用之后果然有效,于是大家就竞相去采摘饮用。因此有人写诗赞叹,说:'穷春秋,演河图,不如载茗一车。'"

《唐书》记载:"太和七年,取消了吴蜀冬天进贡的茶叶。太和九年,王涯献茶,于是就用王涯为榷茶使,茶叶收税就是从他开始的。十二月,盐铁转运榷茶使令狐楚奏告:'对茶叶征税对老百姓不利。'皇上就听从他的建议。""陆龟蒙喜欢喝茶,在顾渚山下置办了园子,每年从茶叶中收取租茶,等级自己评判。张又新做了《水说》七种,第二是惠山泉,第三是虎丘井,第六是松江水。有的人为了满足他的嗜好,即使是百里远的地方也为他送水来。每天在船上搭蓬,将书、茶灶、笔床、钓具互相赠送。普通人来造访他,很少有能够见到他的。那时候称他为江湖散人,或者称为天随子、甫里先生,自比为涪翁、渔夫、江上丈人。后来官府以他为高士召集,他不去。"

《国史补》:"老人们说:五十年前很多人患热黄病,民间有专门以烙黄为业的人。瀰沪这条水系河中，经常有人从早坐到晚，叫作浸黄。近代没有了，而得腰腿病的人却多了，这都是喝茶闹的。""韩晋公滉听说奉天之难，就以夹练囊盛茶末，派遣人很快进献上去。""常鲁出使西番的时候，在帐篷中煮茶，番人问：'这是什么？'常鲁说：'去烦止渴，这就是茶。'番人说：'我也有。'取出茶叶给他看，说：'这是寿州的，这是顾渚的，这是蕲门的。'"

唐赵璘《因话录》：陆羽有文采，多奇思妙想，没有一件事不精通，尤其精通茶术。他发明了煎茶的方法，至今卖茶的人家，还把他的陶像供奉在灶龛，当茶神祭祀，说：能保佑茶好多赚钱。巩县出产一种瓷偶人，就叫"陆鸿渐"，买十件茶器送一个瓷鸿渐，商人茶卖得不好，就往瓷人里灌注。镀州一个老和尚是陆羽的弟子，经常背诵陆羽的《六羡歌》，还作有《迫感陆僧》的诗。"

唐代吴晦《摭言》："郑光业参加策试时，夜里有同人闯进来，用吴地的方言说：'必先必先，能不能容我住下？'光业为他腾出半铺的地方。此人又说：'既然借取了一瓢水，就请再代煎一碗茶吧。'光业欣然为他取水煎茶。住了两天，光业考了个状元，这个人开始道谢说：'既麻烦你为我取水，还让你煎茶。当时不识贵人，真是凡夫肉眼；今天立刻就成后进，骨子里都是穷相。'"

(明)《杜菫玩古图》

唐代李义山所著《杂纂》说："富贵人家的标志：就是有捣药碾茶的声音。"

唐代冯贽《烟花记》记载："建阳向宫中进献了茶油花子饼，大小形状都不一样,特别可爱。宫中的嫔妃描金在脸上,都是淡妆,把这种茶油花子饼插在鬓角上,当时叫北苑妆。"

唐《玉泉子》一书记载:"崔蠡知制诰丁太夫人尤,住在东都里的府第时,生活清苦节俭,各地寄送的物品只有药品和茶叶而已,不接受金银锦缎,生活一直清寒素朴。"

《颜鲁公贴》说:"二十九日南寺的通师大师举行茶会,都来静坐,祛除烦恼,也不是没有好处。足下的意思,语虞十一,不要把自己当外人啊。颜真卿顿首顿首。"

《开元遗事》记载:"逸人王休居住在太白山下,每天与和尚道士异人来往。每到冬天,敲取晶莹的溪冰煮建茶,与宾客一同饮用。"

《李邺侯家传》记载:"皇帝的孙子奉节王喜好诗歌,开始煎茶加酥椒之类的东西,送给泌去求诗,泌作诗取笑他说:'旋沫翻成碧玉池,添酥散出琉璃眼。'奉节王就是德宗。"

《中朝故事》:"有人任舒州牧,赞皇公德裕对他说:'等你到了任上,天柱峰的茶叶可以给我惠赠一点。'那个人向他进献了几十斤,李德裕不肯接受。第二年让郡里的人精益求精,送给他几角。李德裕欣然接受,说:'这种茶叶可以解除酒的危害。'于是让人烹煮了一瓯,放在肉食里面,用银盒子封闭起来。第二天再来看肉,已经化成水了。众人都佩服赞皇公的见识。"

段公路《北户录》:"前朝有一些文章把茗称为薄,为夹。又有梁《科律》中称它为薄茗、千夹等。"

唐苏鹗《杜阳杂编》:"唐德宗每次赏赐给同昌公主饮食,其中有叫作绿华、紫英的茶叶。"

《凤翔退耕传》:"元和年间,馆阁煎麒麟草来款待学士。"

温庭筠《采茶录》:"李约字存博,是李汧的公子。他一生不近女色,风度优雅,有山林的雅致。特别喜欢喝茶,能够自己煎煮,曾经对人说:"不要使水一味地沸腾,才可以养茶。开始的时候水泡就像是散布在上面的鱼目,有微微的声音;然后四围就像泉水喷涌,泛起成串的珠子一样;最后就像澎湃的波浪，水汽全部消散了。这就是所谓的老汤三沸的办法，不是活火是不能成功的。"客人来的时候不限制瓯数，整天烧火，拿着茶器都不觉得疲倦。曾经奉使经过陕州硖石县东，因为爱那里清澈的渠水，十几天都忘记出发。"

《南部新书》："杜㵑公悰，位极人臣，富贵无比。曾与同人说起平生不如意的事情有三：一是为澧州的刺史，第二是被贬为司农卿，第三是从西川到广陵，船经过瞿塘的时候，被大风浪所惊吓，却没有办法呼唤到任何人，特别得渴，于是自己煎茶吃了。""大中三年，东都来了一个和尚，有一百二十岁。宣皇问他服用了什么药这样长寿？和尚回答说：'我出身低贱，一生喜欢喝茶，到处化求茶水，有的时候一天超过了上百碗，就是最平常的时候也不少于四五十碗。'因此宣皇赐给他五十斤茶叶，让他居住在保寿寺，将喝茶的地方称为茶寮。""有姓胡的人，他的名字已经不知道了，以做钉子、剪子为职业，居住在云溪靠近白苹洲的地方。距离他家十几步有一古坟，胡生每次喝茶必定要对古坟奠祭一杯。后来梦到一个人对他说：'我姓柳，善于作诗而喜欢喝茶。死了之后，葬在你现在居所的旁边，经常得到你的恩惠，我没有什么可以回报的，想教你作诗。'胡生推辞说他不行，柳坚持说：'你到时候就行了。'醒了之后，尝试着去构思，果然觉得好像有人在暗中帮助一样。以后的诗写得很工整，后来的人称他为'胡钉铰诗'。这里所指的柳应该是柳恽。还有一种说法是，列子在郑国去世，现在他的墓地在郊外杂草丛生的地方，作为贤者，不允许人到那里砍柴放牧。当地有一个姓胡的人，生性落魄。家里很贫穷，小的时候从事洗镜、做钉子的工作。有甘甜的果子、好的茶水和美味佳肴，就把它拿到列子的祠堂里面去祭祀，以求变得聪明而懂道理。有一天，忽然梦见一个人，用刀剖开他的腹部，将一卷书放在他的心肺里面。等到醒来，感觉有作诗的冲动，结果作出来都是极其工美的词句，都不是从老师和朋友那里学来的。他既具备了这样的才华，也不放弃低贱的工作，真是具有隐者的风度。远近的人都称他为胡钉铰。"

张又新在《煎茶水记》中说："代宗的时候，李季卿任湖州的刺史，到维阳碰到了陆羽。李季卿向来对陆羽的名字很熟，有仰慕之意，因此前去拜访。在扬子驿馆，快要吃饭的时候，李说：'陆君善于茶水，这是天下闻名的，何况扬子南零的水又很特别。现在遇到这两种妙处，真是千载难逢的好机会，怎么能错过呢?' 于是让军中亲信拿着瓶子划着船，去取南零的水。陆羽准备好器具等着。一会儿水到了，陆羽用勺子舀起水说：'江水倒是江水，只是并不是南零的水，好像是岸边的水。' 使者说：'我划船深入到里面，见到的人超过上百，难道还有假吗?' 陆羽不说话，然后把水往盆子里倒，倒到一半的时候，陆羽才停住，又用勺子扬起水来说：'从这里开始才是南零的水了。' 使者顿时大惊，认罪说：'我从南零运水到岸边时，船一晃洒掉了一半，因为怕太少，于是将岸边的水加到了里面，处士的鉴别，真是神明，我怎么还敢隐瞒呢!' 李季卿和他的随从几十人都感到很惊愕。"

《茶经》本传："陆羽喜欢喝茶，著有《茶经》三篇。当时喜欢煮茶的人，将陆羽的陶像放在灶龛间，供奉为茶神。有个叫常伯熊的，因为受陆羽的影响，也写文章说茶的好处。御史大夫李季卿到江南的时候，到了淮水，知道伯熊善于煮茶，于是把他叫来。伯熊在茶器前煮茶，季卿喝了好几杯。后来喝茶就成了风气。"

《金銮密记》："金銮以前的惯例，翰林院值班的学士，春天的傍晚人容易犯困，于是每天赐给成像殿茶果。"

《梅妃传》："唐明皇与梅妃斗茶，对各位王爷开玩笑说：'这人是梅精，吹白玉制成的笛子，像惊鸟一样舞蹈，使满座生辉，现在斗茶又赢了我。' 妃子回答说：'草木这样的游戏，误打误撞才胜了陛下。假若论治理天下，关乎国家大事，万岁自然有自己的好办法，我就不能和你比较胜负了。' 皇上听了十分开心。"

杜鸿渐《送茶与杨祭酒书》："顾渚山里面的紫笋茶叶两片，一片给太夫人，一片给你，这种东西只恨皇上没有品尝，实在有些令人叹息。"

《白孔六帖》："寿州刺史张镒，送给陆宣公百万两银钱。他不接受，只接受了一串茶叶说：'怎么敢不接受你的赏赐呢?'"

《海录碎事》：邓利说："陆羽，茶上既然为癖，酒上也称狂。"

中华茶道

《侯鲭录》："唐代的右补阙綦毋熙，博学多才，不喜欢喝茶，曾经著有《伐茶饮序》，他在书中说：'消除体内阻滞和疲劳，一天的好处还只是暂时的；消耗精气，累及终身的危害才算大。只要是好处就归功于茶，获得坏处却不去追究茶叶。难道不是福近容易知道，祸远却难以看到。'熙十分贤明，却因为热疾而暴病身亡。"

《苕溪渔隐丛话》："义兴的贡茶并不是过去就有的。李栖筠在此当官的时候，有和尚进献上好的茶叶，陆羽认为比其他的品种要好，可以作为贡品。李栖筠采纳了他的说法，才开始进贡万两贡茶。"

《合璧事类》："唐肃宗赐给张志和一奴一婢，志和将他们配为夫妇，号为渔童、樵青。渔童负责整理渔具，芦中划船；樵青主要负责砍柴伐薪，竹林中煎茶。"

《万花谷》：《顾渚山茶记》中说："山中有像鸲鹆一样的小鸟，苍黄色的，每到二月发出'春起也'的叫声，到三四月的时候发出'春去也'的叫声。采茶人把它叫作报春鸟。"

董逌在《陆羽点茶图跋》中说："竟陵大师积公喜欢茶已经很久了，不是陆羽煎的茶他尝都不尝。陆羽出游江湖四五年，大师拒绝喝茶。代宗将大师请进大内，让宫里善于煮茶的人烹煮好茶给他尝试，竟陵大师喝一口就不理会了。皇上怀疑他有诈，让人私自去寻访，将陆羽召进宫中。第二天，暗中命令将陆羽所煎制的茶水给他，大师捧着茶瓯喜形于色，一边欣赏一边喝，一下子就喝完了。皇上让人去问他，大师说：'这茶好像是陆羽所泡的啊。'皇上于是赞叹大师对茶有研究，让陆羽出来和他相见。"

《蛮瓯志》记载："白乐天到的时候，刘禹锡还在醉酒之中，于是用菊苗虀、芦菔干送给白乐天，以换取六斑茶叶来醒酒。"

《诗话》："皮光叶字文通，最喜欢喝茶。中表请他品尝新的柑橘，筵席很丰富，很多有身份的人都到了。文通一到，不看酒杯就大声叫茶，于是主人就抬进来一个很大的茶杯，题诗说：'没见甘心氏，先迎苦口师。'众人都说：'此师固清高，难以疗饥也。'"

《太平清话》中记载:"庐仝自号为癖王,陆龟蒙自号为怪魁。"

《潜榷类书》:"唐钱起,字仲文,跟赵莒一起举行茶宴,又曾经到长孙家,跟朗上人一起作茶会,都有诗记载这些事情。"

《湘烟录》:"闵康侯说:'陆羽著作《茶经》,被李季卿所看不起,还著有《毁茶论》。名疾,字季疵的,就是说为季所疵。此事详细记在他的传里面。'"

《吴兴掌故录》:"长兴的啄木岭,唐朝时候有吴兴、毗陵两太守造贡茶,曾经在这里举行宴会,上面有境会亭,所以白居易有《夜闻贾常州崔湖州茶山境会欢宴》诗。"

茶圣陆羽像

包衡《清赏录》中说:"唐文宗对左右的人说:'如果不甲夜处理事情,乙夜看书,怎么可以为君王呢?'曾经招学士在内庭,谈论经史,比试文章,宫里的下人服侍他们喝茶吃饭。"

《名胜志》:"唐朝陆羽的屋子在上饶县东面五里左右的地方。陆羽本来是竟陵人,开始的时候隐居在吴兴苕溪,自号为桑苎翁,后来住在新城时,又号为东冈子。刺史姚骥曾经看过他的宅子,内有人工开凿的湖,垒石而成的假山。后来隐士绅洪乔修葺之后居住在里面。"

《饶州志》:"陆羽的茶灶在余干县冠山石峰。陆羽曾经把越溪的水评为天下第二,所以想居住在禅寺里面,将石头凿成灶,汲泉煮茶。有一个炉

子被称为丹炉的,是晋朝时期的张氲制作的,元朝大德时期的总管常福生,跟从方士搜寻炉下,得到了两粒丹药,盛在金盒子里面。回家再打开来看的时候,已经不见了。"

《续博物志》:"不同的物体有时候可以相互制约,翡翠可以屑金,人气可以粉犀,北方的人用针来敲冰,南方的人用线将茶叶分解开。"

《太平山川记》:"茶叶寮,五代时期的于履曾经居住在里面。"

《类林》:"五代时候,鲁公和凝,字成绩,在朝率领同僚,整天喝茶,味道不好的要加以处罚,被称为汤社。"

《浪楼杂记》:"天成四年,宫中开排支出的奏章中说,朝臣请假省亲的,要适当地赐给茶药。文官自左右常侍到侍郎,每个人赏赐蜀茶三斤,蜡面茶叶二斤,武官也都有。"

马令《南唐书》中记载:"丰城的毛炳好学,家里贫穷到不能养活自己,到庐山教书,获得钱财就到市集上去买酒喝,直到醉了为止。那时的彭会喜欢茶而毛炳却喜欢酒,所以人们说:'彭生作赋茶三片,毛氏传诗酒半升。'"

《十国春秋·楚王马殷世家》:"开平二年六月,判官高郁请求让老百姓买卖茶叶,对北方商人收税以养活军队,结果这个意见被采纳。七月的时候,王奏请在南北之间通过水路去运送茶叶,来换取丝绸、战马,每年仍然进贡茶叶二十五万斤,皇上准许。从此以后,管辖之内的百姓到山里去制造茶叶,按照他们的收入来征税,每年收入以万计。高郁另建房屋放茶,号八床主人。"

《荆南列传》:"吴国和尚文了,烹煮茶叶的雅致,可以称为一时之绝。武信王正好到荆南来游玩,住在紫云禅院,每天看他的茶艺,大加赞赏,把他称为汤神,奏请将他授封为华亭水大师。别人都把他看成了乳妖。"

《谈苑》:"茶叶最好的产自北苑,名叫白乳头。江左有茶叶金蜡面。李氏命人制作成茶片,称为'京挺''的乳'等二十多个品种。还有研膏茶,就是所谓的龙品。"

释文莹《玉壶清话》中说:"黄夷简有很雅致的诗名,在钱忠懿王俶府中，做幕僚二十年。开宝初年，太祖赐王俶为'开吴镇越崇文耀武功臣制诰'。王俶派夷简到朝上去谢恩，回来之后称患病了，到安溪那里隐居起来修养身心。著有《山居》诗，有'宿雨一番蔬甲嫩，春山几焙茗旗香'这样的句子。他喜欢治办宅邸，咸平年间，归朝，被封为光禄寺少卿，以寿终年。"

《五杂俎》："建人喜欢斗茶，所以称为茗战。姓钱的子弟摘取蔓上的瓜，各自说出其中瓜子的数目，剖开之后来分辨胜负，被称为瓜战。然而茗可以战，瓜就显得有些俗气了。"

《潜榷类书》："在伪闽王宫甘露堂的前面，有两棵茶树，茂盛婆娑，宫里的人把它叫作清人树。每年初春的时候，宫中的女官都在它的下面嬉戏，采摘新发出的芽，到屋子里面去开设倾筐会。"

《宋史》："绍兴四年初，让四川的宣抚司支出了很多茶叶。""以前封赐给大臣的茶叶上面有龙凤的装饰，明德太后说：'这哪是人臣可以得到的呢？'命令有司另外制作叫京挺的茶送进宫中以赐给大臣们。"

《宋史·职官志》："茶库负责掌茶，江浙荆湖建剑茶茗，以便赏赐给诸位翰林。"

《宋史·钱俶传》："太平兴国三年，皇上在长春殿设宴款待钱俶，命令刘鋹、李煜陪坐在那里。钱俶进献贡茶十万斤，建茶万斤，以及银钱布匹等东西。"

《甲申杂记》："仁宗年间，春试的时候进士齐聚在大殿之上，后妃们在楼上观看。太后拿出饼角来赏赐进士，拿七宝茶来赏赐考官。"

《玉海》："宋仁宗天圣三年，皇上到南御庄看割麦，随后到了玉津园，宴请群，臣老百姓听说后就放下手中的活计出来，皇上赏赐茶叶给织布的妇女们。"

陶谷《清异录》："有得到建州茶膏的，取来做成八枚小块，在上面贴上金丝，献给闽王曦，后来发生通文之祸，被内侍偷走，转送给贵人。""符昭远不喜欢喝茶，御史们举行茶会，他说：'这种东西面目最为冷峻，看起来没有丝毫的和美之意，可以称为冷面草了。'""孙樵在《送茶与焦刑部书》中说：

'晚上甘侯十五人派到侍斋阁。这些都是乘着雷去采来的,水才能使它和美。建阳是丹山碧水的地方,月涧云龛的品种,千万不要将它贱用。'""汤悦著作有《森伯颂》,说的都是名茶。才饮时觉得口中森严,时间长了之后四肢就觉得很清爽,一种茶有两种感觉,如果不是熟悉汤瓯的人谁能够分辨的出来呢?""吴地的和尚梵川,发誓要在蒙山顶种茶树。让大士往蒙顶盖庵房,种茶叶三年,才开始散发出非常美好的味道。得到最好的,被称为'圣阳花'、'吉祥蕊',总共不超过五斤,拿回来进献。""宣城何子华邀请客人到剖金堂,酒喝到一半的时候,拿出嘉阳严峻所画的陆羽像挂起来,子华因此说:'前代爱好马的是马癖,喜欢泥贯索的是钱癖,喜爱儿子的是誉儿癖,爱书的人有《左传》癖,像这个人沉溺于茗事,那应该叫什么癖呢?'杨粹仲说:'茶叶虽然好,但是仍然离不开草木的本质,应该将陆羽追奉为甘草癖。'满座的人都认为很好。"

《类苑》:"学士陶谷得到了党太尉家的家姬,取雪水烹煮团茶来喝,对姬说:'党家应该没有见过这个东西。'姬说:'他们那些粗人怎么会有这些东西呢?只能在销金帐中浅斟低唱,喝羊膏酒罢了。'陶谷为自己的话感到深深的愧疚。""胡峤在《飞龙涧饮茶》诗说:'沾牙旧姓余甘氏,破睡当封不夜侯。'陶谷喜爱这新奇的句子,让侄子彝来对诗。彝应声说:'生凉好唤鸡苏佛,回味宜称橄榄仙。'彝那时候十二岁,文词已有了一定的基础。"

《延福宫曲宴记》:"宣和二年十二月癸巳,皇上召集宰相、执事、亲王、学士到延福宫里参加宴席,命令身边的侍从取来茶具,皇上亲手泡茶。过了一会儿,杯子上面浮现出了白色的泡沫,像流星淡月一样,皇上对大臣们说:'这是自己煮的茶。'喝完之后,大臣们都顿首谢恩。"

《宋朝纪事》:"洪迈选编成了《唐诗万首绝句》,上表进献,寿皇称赞他:'阁学选择得很精练,评点广博恰当,赏赐茶叶一百銙,清馥香十帖,薰香二十帖,金器一百两。'"

《乾淳岁时纪》:"仲春上旬,福建漕运司进献第一批茶,名为"北苑试新",方寸大小的銙,进贡给皇上的也只有百銙,将它们放在黄罗里面,盖上

陆羽烹茶图(局部)

青色的竹叶,在外面裹上黄罗,再盖上大红封印,用红漆小盒子装上,又加了一把镀金锁,用细竹丝织的箱子储存,一般都要经过这些步骤。这就是所说的雀舌水芽,早出来的一铸能值四十万,却只能喝几瓯而已。皇上偶尔赏赐一点给外面的官员,则用生线将茶分开来送,好事的人认为是奇特的玩意。"

《南渡典仪》:"皇上驾临学堂,讲学官讲完了之后,御药传圣旨让讲学官坐下并赐茶。只要圣驾出来,司仪卫队中就有茶酒班的殿侍分侍在两旁,各有三十一个人。"

《司马光日记》中记载:"开始学士待诏李尧卿宣召,'有敕。'宣召完毕,再拜,走上台阶。与待诏坐在一起,喝茶。这些都是中朝的旧典。"

欧阳修《龙茶录后序》:"皇祐年间,编撰《起居注》,向仁宗皇帝奏请事情的时候,多次被皇上询问,皇上还告诉我建安贡茶和为什么试茶的原因,论及关于茶叶的谬误。我想起先帝知遇之恩,看到批阅后的文本感激落泪,于是加以更正,将它写在石头上,以便能够永远流传下去。"

《随手杂录》:"子瞻在杭州的时候,有一天中使到了,悄悄对他说:'我出京师时向皇上辞行,皇上说:辞了娘娘再来。我辞别了太后,再来到皇上

那里,皇上把我拉到一个柜子的旁边,给我一件东西悄悄说:将这个赏赐给苏轼,不能让别的人知道。'于是拿出所赏赐的东西,是一斤茶叶,上面封题都是御笔亲题。苏轼写了一封信,交附中使向皇上道谢。""潘中散当时为处州守,一天作祭礼,一百二十杯茶里都是水花,中间有一杯是黑色的,责问下人,原来是倒酒的人误放进了茶里面。潘焚香再拜谢过,茶水就成了白色的水花,手下的人都惊叹。"

《石林燕语》:"以前,建州每年进贡大龙凤、团茶各两斤,八块为一斤。仁宗的时候,蔡君谟任建州知府,才开始采摘茶叶之中的精品,制造成小龙团十斤进献,十块为一斤。仁宗认为有违惯例,要处罚,大臣们为他请命,因此才免于处罚。然而从那以后就变成每年进贡的物品。熙宁年间,贾清做福建转运使,又挑出小团之中上好的制作成密云龙,用二十块为一斤,分双袋,被称为双角团茶。大小团袋都用绯红色的,可以作为赐物。密云龙只用黄色的盖子,专门用它来供奉皇上食用。后来又有瑞云翔龙的品种。宣和年间之后,团茶不再那么昂贵,都用它来作为赠送的物品,也没有以前那么精致。后来将团茶好的挑选出来制成銙茶,每年赏赐的人不一样,简直没有办法记录下来。"

《春渚记闻》:"东坡先生有一天与鲁直、文潜等人相会,吃完饭后,再吃骨头血羹。有客人需要薄茶的,于是就取出碾细的龙团茶分给在坐的各位饮用。有人说:'要是龙团能说话,必定要叫屈。'"

魏了翁在《先茶记》中记载:"眉山的李君铿是临邛的茶官,官吏说按规矩,新茶三天内必须先进献朝廷。李君铿问他缘故,他说:'韩氏为王时传下来的惯例,但从来没有请命于朝廷。'李君铿说:'饮食都为先,何况茶叶这种东西,不只是百姓衣食所依靠,就是马政、边防对它都有依赖。这些不顾,难道不是忘本吗?'于是,将以前的祠堂拆掉再加大,而且将郡上神灵的功劳奏请到朝廷,希望能够赏赐一个名号,以此来告慰神灵。于是快速记下,写成了这篇文章。"

《拊掌录》:"宋朝从崇宁年间之后开始专营茶叶,管理非常严格。私自贩运的人虽然已经抵罪,而官府对商贾的清纳是有限的,道路很长不好管理,但是如果有知道而不遵从法令的,就会被截下,将货物没收并出示布告。昏愚的人往往免不了遭殃,他们的同类把茶笼称为草大虫,意思是说伤人如虎。"

《苕溪渔隐丛话》:"欧公在《和刘原父扬州时会堂绝句》中说:'积雪犹封蒙顶树,惊雷未发建溪春。中州地暖萌芽早,入贡宜先百物新。'注释说:'当时的会堂,是造贡茶的地方。'我用陆羽的《茶经》来考证,没有说过扬州出产茶叶,只有毛文锡在《茶谱》里面说:'扬州禅智寺,是隋朝的故宫,寺庙依傍着山冈,茶味甘甜清香,味道就跟蒙顶一样。'就是不知道入贡的起因,是从什么时候开始的。"

《庐溪诗话》:"双井老人将细茶包裹在青沙蜡纸里面寄给别人,也不过二两。"

《青琐诗话》:"大丞相李公昉曾经说过,唐朝的时候别人把外镇看成是粗官,有学士赠外镇茶叶,因此有诗说:'粗官乞与真虚掷,赖有诗情合得尝。'"[外镇就是薛能。]

《玉堂杂记》:"淳熙丁酉年十一月壬寅,必大轮在大内值班,皇上说:'你应该是不大会喝酒,赏赐宴席的时候,我看见你面色赤红。赏赐你小春茶二十銙,叶世英墨五团,用它来代替酒。'"

陈师道在《后山丛谈》中说:"张忠定公任崇阳令的时候,老百姓种茶为业。公说:'茶叶的利润很丰厚,官府就要收取,不如早点改种其他的东西。'下令拔掉茶叶种植桑树,老百姓认为深受其苦。后来治理茶叶的时候,其它地方的百姓都失业了,而崇阳的桑已经成了绢卖到了北方,每年上万匹。""李文正去世以后,夫人过生日,宋宣献公那时是侍从。他与自己的同僚二十几个人一起去为她祝寿,在帘外跪拜,宣献上前说:'太夫人不喝酒,现在我就用茶祝寿。'从怀里面拿出茶来,冲水献上,再拜辞而去。"

张芸叟在《画墁录》中说:"唐朝的茶叶当中,以阳羡的最好,建溪、北苑的还不怎么著名。贞元年间,常衮任建州刺史的时候,才开始蒸焙碾细它,

被称为研膏茶。后来做成饼的样子,而在中间穿上洞,所以称为一串。陆羽所烹煮的,只不过是草茗。到了本朝建溪时期才开始变得兴盛起来,采摘烘焙制作,是以前所没有见过的,士大夫珍惜茶关注鉴别茶的好坏,也是从前没有过的。丁晋公任福建转运使的时候,才开始制造凤团,后来是龙团,每年贡品也只有四十块,专门用来上贡,就是近臣之家,也只是听说而没有见过。天圣年间,又制造了小团,这个品种更好于大团。赏赐给两府的,也只有一斤,只有皇上大斋宿两府,八个人才总共赏赐一块小团,在上面用金丝装饰起来。八个人分开拿回去,认为这是非常珍贵的赏赐,把它看成是很珍稀的观赏物品,用诗歌来赞美它,所以欧阳修有《龙茶小录》。有的赏赐的是大团,也只是割取一点用来供佛、供仙、供奉家庙,然后用来招待亲友、客人和赏给自己的后人用。熙宁末年,神宗有旨,建州制造密云龙,它的质量又比小团好。自从白色的密云龙出来之后,两团就显得有点粗糙了,因为不能做到两好。我在元祐年间制定殿试,那一年分为制举考第,各自蒙皇上赏赐得到三块茶饼,然而分送的亲知送完了都不够。”“熙宁年间,苏子容出使北方的时候,姚麟为副手,说:‘你带了小团茶叶吗?’子容说:‘这是进贡给皇上的物品,怎么能赠送给北方的人呢?’过了不久有贵公子出使到北方,大量进购团茶带去,从此以后,北方的人非团茶不收,不是团茶就不觉得珍贵。他们用二团换一匹蕃马,而这里却一匹蕃马换四团,嫌少不满意,立即就翻脸吵起来。近来有贵貂驻守边关,将大团为常用,说密云龙是好茶等。”

《鹤林玉露》:岭南人用槟榔来代替茶叶。彭城《黑客挥犀》:“蔡君谟,议论茶的人在他的面前不敢发言,建茶之所以名满天下,都是因为他的缘故。后来他制造的小团,又比大团要好。有一天,福唐蔡叶丞暗中让人去叫他来喝小团,坐了很长时间,又有一个客人来了,蔡君谟喝了茶说:‘这里面不只有小团,一定还夹杂有大团。’蔡叶丞立即把童子叫来责问,回答说:‘本来只碾造了两个人的茶叶,后来又来了一个客人,再来制造已经来不及了,于是就在里面掺杂上了大团。’蔡叶丞为他的神明判断而折服不已。”“王荆公为小学士的时候,曾经拜访过蔡君谟,蔡君谟听说他来了,非常高兴,自己取来上等的好茶,亲自洗干净器具,煮水泡茶来招待他,希望得到冀公的赞赏。冀公从夹袋里面取出一撮消风散,放进茶杯中,一起喝了下去。蔡君谟大惊失色,他却慢慢说:'茶叶的味道真好。'蔡君谟大笑,感叹王荆公实在是很率真。"

鲁应龙《闲窗括异志》:"当湖德藏寺有水陆斋坛,以前的富民沈忠建每次来这里设斋,施主虔诚,茶水就会呈现出祥瑞的花纹,而且里面的花仿佛还能够看得见,这也是一种很奇怪的现象。"

周辉在《清波杂记》中记载:"我的先人曾从张晋彦那里找茶叶,张晋彦用两首小诗来回答他:'内家新赐密云龙,只到调元六七公。赖有山家供小草,犹堪诗老荐春风。''仇池诗里识焦坑,风味官焙可抗衡。钻余权幸亦及我,十辈遣前公试烹。'那时候张晋彦病了,这首诗是让他的儿子代写的,后来误刊在了《于湖集》里面。焦坑茶出产于庾岭下面,味道苦硬,时间长了味道才变得甘甜,就像是'浮石已干霜后水,焦坑新试雨前茶',东坡《南还回至章贡显圣寺》诗中所说的一样。后来多次得到它,开始的时候并不是精品,但是那里的人都觉得很珍重,把它包裹起来送给有权势的人,那怎么能比建溪的好呢?"

《东京梦华录》:"旧曹门街北山子茶坊里面有仙洞、仙桥,士女晚上往往到那里来喝茶游玩。"

《五色线》记载:"之所以被称为骑火茶,是因为它不在火前,也不在火后的缘故。清明时期改火,所以称为骑火茶。"

《梦溪笔谈》中记载:"王城东一向只对杨大年比较器重。他有一个茶囊,只有大年到了的时候,才把茶囊拿出来泡茶,其他的客人是不可能享受得到这种待遇的。"

《华夷花木考》:"宋二帝到北面去狩猎,来到一所寺庙的旁边,有两个石制的金刚拱手站立在那里。神像十分高大,头部都快碰到了屋顶的横木,没有其他的贡器,只有石盂和香炉。有一个胡僧从里面出来,作揖问:'你从哪里来呢?'皇上用南来回答他。和尚让童子泡茶,茶水的味道十分香美。

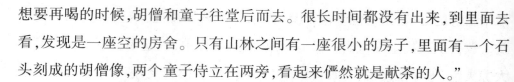

想要再喝的时候,胡僧和童子往堂后而去。很长时间都没有出来,到里面去看,发现是一座空的房舍。只有山林之间有一座很小的房子,里面有一个石头刻成的胡僧像,两个童子侍立在两旁,看起来俨然就是献茶的人。"

马永卿《懒真子录》:"王元道曾经说:'陕西的子仙姑,据说得到了法术,能够不进食,大约有三十多岁,不知道她实际的年龄。陕西提刑阳翟李熙民逸老,是一位正直刚毅的人,听别人说得很奇异,于是亲自到青平军去查证。看到她道貌高古,不觉心里折服,'因此说:'我想献给你一杯茶可以吗?'仙姑说:'很久没有喝茶了,今天暂且喝一下吧!'喝了之后,垂下两手,手指白如玉雪一样。过了一会,所喝的茶水都从十指之间流出,滴落到了地上凝住,颜色还没有改变。逸老让人就地刮起来,再尝试之后,觉得香味跟以前一样,因此觉得非常惊奇。"

《朱子文集·与志南上人书》:"偶尔得到了安乐茶,分上二十瓶。"

《陆放翁集·同何元立蔡肩吾至丁东院汲泉煮茶》诗中说:"云芽近自峨眉得,不减红囊顾渚春。旋置风炉清樾下,他年奇事属三人。"

《周必大集·送陆务观赴七闽提举常平茶事》诗中说:"暮年桑苎毁《茶经》,应为征行不到闽。今有云孙持使节,好因贡焙祀茶人。"

《梅尧臣集》:"晏成绩太祝留下双井茶叶五种,四枚茶具,将近六十首诗,因此作诗为谢。"

《黄山谷集》中有《博士王扬休碾密云龙,同事十三人饮之戏作》。

《晁补之集·和答曾敬之秘书见招能赋堂烹茶》诗中说:"一碗分来百越春,玉溪小暑却宜人。红尘他日同回首,能赋堂中偶坐身。

《苏东坡集》:《送周朝议守汉川诗》中说:"茶为西南病,岷俗记二李。何人折其锋,矫矫六君子。"[注:二李指的是杞与稷。六君子指的是师道和正儒、张永徽、吴醇翁、吕元钧、宋文辅。这就是蜀地当时患上了茶病的人,二李是最初的人,而六君子是能保持正确言论的人。]"我在黄州,参寥从吴中来访,招待了东坡。一天,梦见参寥作的诗句,醒来还记得其中的两句:'寒食清明都过了,石泉怀火一时新。'七年后,我到钱塘去任职,而参寥当时居住在西湖智果寺院,院子里面的石缝中间有泉水流出来,味道甘冷很适合泡茶。寒食节的第二天,我与客人一起从湖中坐船来看望参寥,汲取泉水放在火上烹煮黄蘖茶,忽然想起以前梦见的诗,那是发生在七年以前的事情。在座的客人都感觉到非常吃惊,知道传记上所记载的,并不是虚构的。"

东坡《物类相感志》中记载:"茶芽中放进盐,不苦反而会显得很甜。"又说:"喝茶容易导致腹部胀痛,用醋可以解掉这种症状。"又说:"用陈茶叶烧烟,能驱赶苍蝇。"

《杨诚斋集·谢傅尚书送茶》:"到远处去尝试新茶,应该自己携带大瓢,汲取溪底的泉水,将散柴火放在水的下面,用有脚的石鼎,烹煮这样香甜的茶水,用来享受天上仙人的恩惠。可惜胸中没有书可以流传,只是一味在菜园里面翻腾而已。"

郑景龙《续宋百家诗》:"本朝的孙志举,作有《访王主薄同泛菊茶》诗。"

吕元中《丰乐泉记》:"欧阳修得到酿泉,一天会客人的时候,有人送给他新茶叶。欧阳修让仆人汲取泉水来泡茶叶。汲水的人半路把水洒了,便用其他泉水代替。欧阳修知道他汲取的不是酿泉的水,责问他,才知道水是幽谷山下的,因此把它叫作丰乐泉。"

《侯鲭录》:黄鲁直说:"把同州羊蒸烂,在上面浇上杏酪,用刀子作为工具来吃,不用筷子。把南京面和槐树的叶子一起冷淘,掺以襄邑的熟猪肉,加上共城的香稻,用吴人制作松江的鲈鱼。饱了之后,用康王谷帘泉烹煮曾坑斗品茶。一会儿,卧在北窗下,让人来诵读东坡的前后《赤壁》,也是件愉快的事情。"

《苏舜钦传》:"有兴致的时候就乘小船出盘、阊两道门,谈古论今,煮茶野酿,足以消忧了。"

《过庭录》:"刘贡父在长安任职的时候,妓女当中有叫茶娇的,以美色和聪慧而著称。贡父因此受到了迷惑,事情过了一段时间,贡父被召至京城,欧阳修出城四十五里去迎接他,贡父因为喝醉酒没有起来。永叔戏说他:'不但酒能醉人,茶也能让人迷惑很长时间啊。'"

中华茶道

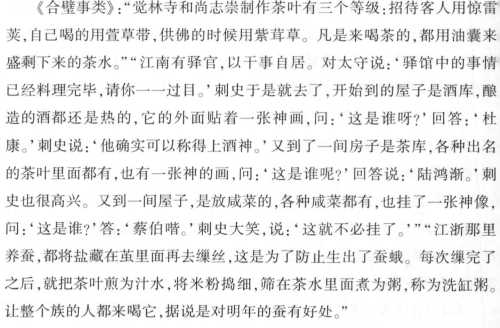

《合璧事类》:"觉林寺和尚志崇制作茶叶有三个等级:招待客人用惊雷荚,自己喝的用萱草带,供佛的时候用紫茸草。凡是来喝茶的,都用油囊来盛剩下来的茶水。""江南有驿官,以干事自居。对太守说:'驿馆中的事情已经料理完毕,请你一一过目。'刺史于是就去了,开始到的屋子是酒库,酿造的酒都还是热的,它的外面贴着一张神画,问:'这是谁呀?'回答:'杜康。'刺史说:'他确实可以称得上酒神。'又到了一间房子是茶库,各种出名的茶叶里面都有,也有一张神的画,问:'这是谁呢?'回答说:'陆鸿渐。'刺史也很高兴。又到一间屋子,是放咸菜的,各种咸菜都有,也挂了一张神像,问:'这是谁?'答:'蔡伯喈。'刺史大笑,说:'这就不必挂了。'""江浙那里养蚕,都将盐藏在茧里面再去缫丝,这是为了防止生出了蚕蛾。每次缫完了之后,就把茶叶煎为汁水,将米粉捣细,筛在茶水里面煮为粥,称为洗缸粥。让整个族的人都来喝它,据说是对明年的蚕有好处。"

《经钼堂杂记》:"松声、涧声、禽声、夜虫声、鹤声、琴声、棋声、落子声、雨滴台阶的声音、雨洒窗声、煎茶声,都是至清的声音。

《松漠记闻》:北京的茶肆里面设置了双陆局,如果是南方人的茶肆那就准备了棋具。"

《梦粱录》:"茶肆黎民设置了花架,把奇松、异桧等东西放在上面,用它来装饰门面,敲打响杯子。到了冬月的时候添上卖七宝擂茶、馓子葱茶。茶肆的楼上还专门安置有妓女,名叫花茶坊。"

《南宋市肆记》:"平康歌馆里面,凡是初次登门的,都有人提着瓶子来献茶。虽然是一杯茶,也要犒劳几千钱,被称为点花茶。""各地方的茶肆,有清乐茶坊、八仙茶坊、珠子茶坊、潘家茶坊、连三茶坊、连二茶坊等名称。""谢府有酒名叫胜茶。"

宋朝《都城纪胜》:"大茶坊里面都挂有名人的书画,人情茶坊,本来是以茶水为主。水茶坊是娼家所设置的地方,简单放些果盘座椅,以茶为由,后生辈心甘情愿付钱,被称为干茶钱。还有提茶瓶和龊茶各色的。"

《臆乘》:"杨炫之作的《洛阳伽蓝记》,说食有酪奴,指的就是茶为酪粥之奴。"

　　《瑯环记》："以前有人遇到茅君,那时候正是最炎热的大暑,茅君在手巾里面拿出茶叶,每个人给一点茶叶,客人吃了之后五脏六腑都觉得很清凉。茅君说:'这是蓬莱穆陀树的叶子,仙人吃它当饭。'还有宝文之蕊,吃了它不会感到饥饿,所以谢幼贞诗中说:'摘宝文之初蕊,拾穆陀之坠叶。'"

　　杨南峰《手镜》载,宋朝时期的姑苏女子沈清友,有《续鲍令晖香茗》。

　　孙月峰《坡仙食饮录》："密云龙茶特别甘甜清馨。宋廖正,又字明略,晚年才到苏府,苏轼觉得特别惊奇。那时黄、秦、晁、张号称是苏门四学士,苏轼待他们很好,每次来的时候必定要让侍妾朝云取密云龙烹饮。一天,又取来密云龙,家里的人以为是招待四学士,偷看了之后才知是明略。山谷诗中有'裔云龙',也是茶叶的名字。"

(元) 青花花卉盖罐

　　《嘉禾志》："煮茶亭在秀水县西南湖中,景德寺的东禅堂。宋学士苏轼与文长老曾经三次经过湖上,汲取湖水煮茶,后人因此建造亭子作为标志。今天遗址仍然存在。"

　　《名胜志》："茶仙亭在滁州的琅琊山,宋朝时期的和尚为刺史曾肇所建造,这是取自杜牧《池州茶山病不饮酒》诗里面的"谁知病太守,犹得作茶仙"这样的句子。子开的诗中说:'山僧独好事,为我结茆茨。茶仙榜草圣,颇宗樊川诗。'绍圣二年肇知州作。"

　　陈眉公《珍珠船》："蔡君谟对范文正说:你在《采茶歌》中说:黄金碾畔绿尘飞,碧玉瓯中翠涛起。现在茶叶之中上好的品种,颜色很白,翠绿是最糟糕的。因此想改成'玉尘飞'、'素涛起''怎么样?'范文正说太好了。""还有,蔡君谟好茶,到了老年病得不能喝茶,只好把玩了。"

　　《潜榷类书》："宋朝绍兴年间,少卿曹戬的母亲喜欢喝茶。山中开始的

时候并没有井,曹戬虔诚地向上天祈祷,在底上挖了才一尺,而清澈的水立即溢满奔涌了出来,因此把它叫作孝感泉。大理的徐恪,是建地的人,见面就送家乡的信铤子茶,茶叶的上面印着文字说是'玉蝉膏',另一种叫'清风使'。""蔡君谟善于辨别茶叶,建安能仁院有生长在石缝之间的茶叶,那是精品。寺庙里的和尚采摘制作了八块,叫作石岩白。将四块给蔡君谟,将四块暗中派人到京城送给内翰王禹玉。一年之后,蔡君谟被召回了朝廷,过访禹玉,禹玉让子弟在茶筒中精选好的茶叶来招待蔡君谟,蔡君谟捧着茶瓯没有喝就说:'这像是能仁寺的石岩白,你是怎么得到的呢?'禹玉不信,把帖子拿过来检验,才折服。"

《月令广义》:"蜀地的雅州名山县蒙山有五座山峰,峰顶有茶园,中顶最高的地方被称为上清峰,出产甘露茶。曾经有和尚患上冷病已经很久了,曾遇见我的父亲,父亲询问他的病,和尚将病情据实相告。父亲说:'为什么不喝茶呢?'和尚说:'茶水本身就是凉性的,又怎么能治病呢?'父亲回答说:'不是一般的茶叶,仙家所说的雷鸣茶,你听说过吗?'和尚说:'没有。'父亲说:'蒙山的中顶有茶,应当在春分前后多叫一些人力,等有雷声之后,再用手去采摘,越多越好,到三日后就要停止。如果获得了一两,用本地的水煎服,能够祛除积存很长时间的病痛。得到二两的话,全身就没有病痛了。如果服食了三两,简直可以被称为脱胎换骨。服四两,就可以为地仙了。只要清洁的茶治之,没有不见效的。'和尚因此在中顶上建造房屋,等到那个时候,获得了一两多,没有服用完,病就已经痊愈了。只可惜不能在那里久住多求。而身体康健到八十多岁,气力仍旧没有变得衰弱。那时他到城里来,看他的长相就像是三十多的样子,眉毛和头发都呈黑绿色。后里进了青城山,不知道最后到了哪里。现在四顶茶园仍然还在,只有中顶草木繁茂,上面有重重的积雾,遮挡住了日月,时常有猛兽出没,是人迹罕至的地方。"

《太平清话》:"张文规认为吴兴白苎、白苹洲、明月峡中的茶叶为三绝。文规好学,很有文采。苏子由、孔武仲、何正臣等人,都与他一起游玩。"

夏茂卿《茶董》："刘煜,字子仪,曾经跟刘筠一起喝茶,问左右的人:'水开了吗?'众人说:'开了。'刘筠说:'都说开了。'刘煜应声说:'我来点。'""黄鲁直在半块小龙团上题诗赠送给晁无咎,说:'曲几薄团听煮汤,煎成车声绕羊肠。鸡苏胡麻留渴羌,不应乱我官焙香。'东坡见了之后说:'黄九这样怎么能够不穷呢?'"

陈诗教《灌园史》："杭州的妓女周韶善为诗,特别喜欢储存好茶,曾经与蔡君谟比试,题品茶的风味,蔡君谟认输。""江参,字贯道,江南人,相貌清癯,嗜好香茶就像是自己的生命一样。"

《博学汇书》:司马温跟子瞻讨论茶叶和墨说:"茶与墨二者正相反,茶要白,而墨要黑;茶要重,而墨却要轻;茶要新,而墨却要陈的。"苏子瞻说:"好的茶和好的墨都很香,都很坚硬,因此它们有着相同的本质。"司马温也觉得是这样。

元朝耶律楚材的诗《在西域作茶会值雪》中,有"高人惠我岭南茶,烂赏飞花雪没车"这样的句子。

《云林遗事》："光福徐达在邓尉山中建造了养贤楼,一时间很多有名的人士集聚在这里。元镇为尤其出名,他曾经派童子到山里面去担七宝泉的水,用前面桶里的水煎茶,用后面桶里的水洗脚。别人不理解他的意思,有人问他,他回答说:'前面的没有任何东西接触过,所以用来煎茶;后面的水可能被挑水人排出来的气息所污染,因此用它来洗脚。'他就爱干净到了这种程度。"

陈继儒《妮古录》："正辛丑年九月三日,与陈征一起住在姑庵里,焚香煮茶,画山石和秋瀑,悠然有脱离尘世的情趣。黄鹤山人王蒙题画。"

周叙在《游嵩山记》中记载:"记得会善寺里面有元雪庵头陀茶榜石刻,字长三寸,笔迹苍劲,有力值得欣赏。"

钱嗣成《录鬼簿》："王实甫有《苏小郎夜月贩茶船》传奇。"

《吴兴掌故录》："明朝太祖喜欢喝顾渚茶,规定每年只需要进贡三十二斤,清明节前两日,县官亲自去指挥采茶,也只是到南京奉先殿去焚香而已,没有到别的地方去上供。"

《七修汇藁》:"明朝洪武二十四年,昭告天下采茶的地方,每年都有一定的数额,以建宁的最好,让茶户采摘,不准随便干预。茶叶有四种名字:探春、先春、次春、紫笋,不得碾揉制成大小龙团。"

杨维桢《煮茶梦记》:"铁崖道人卧在石床上,到了二更,月亮有一点明朗,帐子上面显现出了梅花的影子,照在半扇的窗户上,野鹤孤立不鸣。让小云童子汲取白莲泉水,点燃枯槁湘竹,把凌霄芽煮了喝,这才收敛心神,渐渐进入了梦乡。"

陈树声《茶寮记》:"有一个小茶寮在啸轩矮墙的西面,敞开的园子里面中间设置有茶灶,瓢、罂、注、濯、拂这些东西都有。选出一个稍微懂一点有关茶的事情的人来管理它,另一个帮着烧火汲水。客人来了,茶烟隐隐升起在竹林的外面。如果是出家人来到这里,就和我一起相对而坐,喝着茶水,就不会有什么见外的话了。正是秋天快到的时候,正好无净居士来了,和五台的和尚演镇,终南的和尚明亮,一起在茶寮中品尝天池茶。所以记了下来。"

《墨娥小录》:"千里茶,细茶一两五钱,孩儿茶一两,柿霜一两,粉草末六钱,薄荷叶三钱,碾成细末调匀,炼成像白豆那样大的蜜丸,可以用来代替茶叶,方便于出远门。"

汤临川《题饮茶录》:陶学士说:"汤,是茶叶的灵魂。"这种说法最得要领。冯祭酒精通茶艺,亲手烹煮,让客人饮用。客人当中有笑他的,我开玩笑说:"这就像美人一样,又像古代的书画,怎么可以让俗人的手所玷污呢?"

陆钒《病逸漫记》:"太子上课,必定让左右人迎请讲官。讲完了以后,则对讲官说:'先生吃茶。'"

《玉堂丛语》:"愧斋陈公,性格宽厚坦白,在翰林的时候,他的夫人曾经试探过他。客人来了,他喊:'茶!'夫人回答说:'还没有煮。'他说:'也罢。'又喊:'干茶!'夫人回答:'没有买。'他说:'也罢。'客人笑的捧腹,因此将他叫作'陈也罢'。"

沈周《客坐新闻》："吴地的和尚大机所居住的古屋三四间,干净得不容许你在那里吐唾沫。善于茶事,有甘冽的古井供他使用。客人来的时候,拿出一瓯来供人喝,能够洗涤肠胃,令人非常清爽。先公跟他交往的时间很长,也喜欢喝茶,每次到城里去必定要到他那里。"

沈周《书岕茶别论后》："自古以来名山是留给旅客游人的,而茶是给高雅之士的,所以造物是有着一定的深意的。而周庆叔著《岕茶别论》,传遍天下。我猜想住在铜山金穴里的人没有这种福气,恐怕吃大鱼大肉的人未必能领略到其中的意味。庆叔隐居在长兴,走到哪里都带着茶具。他邀请我在素瓯黄叶之间,共同欣赏。只可惜鸿渐、君谟没有看见庆叔啊,为此我盖上茶长叹。"

冯梦桢《快雪堂漫录》："李于鳞在浙江做按察副使的时候,徐子与用岕茶之中最精致的来赠送给他。等到子与在昭庆寺遇到他问到这件事情,他已经赏赐给皂役们了。因为岕茶大梗的多,对于李于鳞这样的北方人来说,不容易见到好的。记下来以发一笑。"

闵元衡《玉壶冰》："坐在这么好的夜晚,烧火煮茶,四周十分静寂,远处的钟声时常传来,此情此景,看书而不知道疲劳,即使不睡觉也不觉得疲惫,不是很愉快的事情吗?"

《殴江逸志》："永嘉年间,进献茶芽十斤,乐清茶芽五斤。瑞安、平阳年间进贡的也是一样。""雁山五珍指的是:龙湫茶、观音竹、金星草、山药、官香鱼。茶就是明茶。紫色而带着香气的,就叫玄茶,它的味道跟天池很相近,只是稍微淡一点。"

王世懋《二酉委谭》："我就是戴不住帽子,尤其是暑天的时候。豫章的天气燥热,而今年更为突出。今春三月十七日,和客人一起在滕王阁喝酒,太阳出来像火一样,汗流到了脚跟,头上涔涔的汗水让人不知所措。回来之后非常烦闷,妻子为我烧水沐浴,于是就裸着身体进去。正好西山的云雾新茶到了,张右伯留下来给我,茶叶白而大,发出豆子一样的香味,几乎跟虎丘差不多。我正好出浴,坐在外面的明月下面,让服侍的童子汲取新水来烹煮

茶叶,只觉得喝下去之后,两边腋下就像生了风一样。想到这样的意境,连官场前途都不能跟它比。琳泉蔡先生老了之后喜欢喝茶,比我还要厉害,可惜已经到了睡觉的时间,不能和他一起来喝茶。早晨起来再烹煮送给他,已经是不同的意味。回想起昨天晚上的风味,因此书写下来赠给他。"

《涌幢小品》:"王琎,昌邑人,洪武初年,任宁波知府。有给事来拜访,准备好了茶。给事作为客人坐在中间,王琎大呼:'撤去'!给事因为惭愧而退下。因此被称为'撤茶太守'。"

《临安志》记载:"栖霞洞里面有水洞,深不可测,水特别甘洌,魏公曾经将它调试用来泡茶。"

《西湖志余》:"杭州以前有酒馆而没有茶坊,然而富贵人家聚会,有专门负责茶事的人,被称为茶博士。"

《潘子真诗话》:"叶涛的诗特别不工整而又偏偏喜欢吟咏,曾经有《试茶》诗说:'碾成天上龙兼凤,煮出人间蟹与虾。'好事的人开玩笑说:'这不是试茶,是碾玉的工匠品尝南方的食品。'"

(清)青花八仙大碗

董其昌《容台集》:"蔡忠惠进献小团茶,最后被苏文忠公所议论,说他跟钱思公进献姚黄花一样有失士气。然而宋朝时期的君臣之间,情意非常浓厚,在这里可以体现出来。而且君谟也曾经用贡茶求得皇上恩宠,点缀出一段太平世界的清事。东坡写欧阳公在滁州的两篇文章,知道他不肯写《茶录》。我以苏的办法写去,为欧阳公忏悔。否则蛰龙的诗句,几乎靠近了汤火,有什么过错呢?只要所持的言论不要跟人情相隔太远就行了。'金陵春卿的府上,日常有人送给他松萝茶叶,很普通。回来住在山馆喝到了特别好的茶,询问之后才知道是闵汶水所蓄的。汶水的家在金陵,与我很近,海上的鸥鸟,飞着不下来,才知稀为贵,很少被大人得到。以前陆羽因为精通茶事,被贵人所忤逆,作《毁茶经》。像汶水这样的人,知道他肯定不会这样说了。'"

　　李日华《六研斋笔记》："摄山栖霞寺中有茶坪,茶叶生长在杂草中间,没有经过人工的处理。唐代的陆羽到山上去采摘,皇甫冉写诗来送他。"

　　《紫桃轩杂缀》："泰山没有茶叶,山中的人采摘青桐芽泡着喝,叫作女儿茶。还有松苔,韵味特别的好。

　　《钟泊敬集》："《茶讯》诗中说:'犹得年年一度行,嗣音幸借采茶名。'伯敬与徐波元交往很深厚,吴楚之间相隔千里,以买茶为名,一年通一次消息,于是就成了佳话,被称为茶讯。""曾看到钱谦著《茶供说》中说:娄江飘逸人士朱汝圭,对茶事非常精通,每年采摘渚山中的青芽,送给我作为供品。我看楞岩坛中所设置的供品,取白牛乳、砂糖、纯蜜这些东西。西方的沙门婆罗门,用葡萄、甘蔗浆作为上供的物品,没有用茶来进贡的。鸿渐是擅长香草的人,杼山是修禅的人,而鸿渐的《茶经》、杼山的《茶歌》都没有说过供佛的事情。西方用贯花燃香供佛,不用茶供,用茶供养说来是没有根据的。朱汝圭一向对茶的事情很细心,很好的茶芽,素净的瓷器,清静供佛,来生能够得到回报,往生到天国去。用这么多的好香来作佛事,难道不是跟丹丘羽人喝茶,生出了羽翼一样吗。我不敢当汝圭的茶供,后来精通茶道的人,采茶来供佛、作佛事,那就是从汝圭开始的,所以我写《茶供说》送给他。"

　　《五灯会元》："摩突罗国有一块林木茂盛的地方,名叫优留茶。""和尚问宝禅师说:'什么是和尚的家风?'师傅回答说:'饭后三碗茶。'和尚问谷泉禅师说:'如果有客人来的话,怎么接待?'师父说:'云门胡饼赵州茶。'"

　　《渊鉴类函》："郑愚《茶诗》:'嫩芽香且灵,吾谓草中英。夜臼和烟捣,寒炉对雪烹。'因此说茶是草中的英灵。""素馨花被称为神茗,陈白沙《素馨记》以其能少神于茗。又叫那悉茗花。"

　　《佩文韵府》:元好问的诗注:"唐代的人以茶作为小女的美称。"

　　《黔南行记》："陆羽的《茶经》里面记载有黄牛峡的茶可以饮用,因此让船家去求取。有妇女卖新茶一笼,跟草叶没有什么两样,这是因为山中没有好茶事的人。""开始的时候,我在峡州问士大夫黄陵茶叶,都说味道粗涩不

1579

可以喝。试着问小吏，说：'只有和尚的茶好。'让他去弄来，最后得到了十块，价格不贵，带到黄牛峡，放在清凉树荫下的风炉上，自己来候汤，味道很好。既然得到了黄牛的神韵，元明尧喝了之后说：'不比江南的茶味道差。'这才知道夷陵的士大夫只是以貌取物而已。"

《九华山录》："到至化城寺，拜访金地藏塔，和尚祖瑛献上当地的土茶，味道可以敌过北苑。"

冯时可《茶录》："松郡佘山也有茶叶，与天池没有什么不同，只是采摘和制作比不上天池。近来有和尚来了，用虎丘的方法来制造，味道跟松萝差不多。老和尚把他赶走了说：'不要用这种方法把这座山推到火坑里面去。'"

冒巢氏《岕茶汇钞》："记得四十七年前，有吴地姓柯的人，对阳羡的茶叶很熟悉。每次茶树初次露出白色的时候，进入茶园，用竹笼带回来十几种，其中最好的，不过只有一斤几两。味道清香，具备了芝兰金石的性质。十五年一直如此。后来宛姬从吴门到我这里来，岕片必需要加进一半的顾子，黄熟香必需要有金平叔，茶香双妙，更细致入微了。从提供此顾、金茶香，每年必须按照虞山柳夫人、我们家乡陇西的旧姬、我和宛姬，然后再是其他人这样的顺序。""金沙的于像明携带着岕茶而来，真是太好了。金沙于家对茶叶鉴赏很精通，江南有名。而岕山的棋盘顶早归于家，每年他们家的长者必定要亲自去采摘制造。今年夏天又带来了庙后、棋顶、涨沙、本山等品种，各有差异，然特别地道美好，可以说二十年都没有过。如果能掌握好水温和火候，自己将手洗干净之后烹煮，那么茶叶的颜色和香味更好了，正好把文人的特殊爱好一一发挥了出来。就像丹丘羽人所说的喝茶生出羽翼的人一样，真正是晚年最称心如意的事情了。""吴门七十四岁老人朱汝圭，带着茶叶来访，跟像明的差不多，只是多了一种花的香味。汝圭从小就喜欢喝茶，好像是与生俱来的习惯一样。十四岁喝茶，到现在春夏不渝经过了一百二十番，有子孙为著名的人士，但是老了也不需要他们来赡养，说如果不喝茶的话，那就不像是你们的长辈了。每次壮着胆子进山，跟老虎和虫兽们周旋,背着茶笼进入茶肆,啸傲茶香。早晚都在洗碗烹茶,没完没了,手舞足蹈,喜形于色,说出了很多赞美的话,大有神情气色跟茶相长养,真是很奇怪的癖好。"

《岭南杂记》:"潮州灯节,把姣童装饰成采茶女,每一列队伍十二人或八个人,手里提着花篮,边走边唱着歌谣,跳着舞,特别得好看。还将比较大的一个作为队长,举着彩灯,戴上扶桑、茉莉等花。后面的人是进是退,都要看队伍的前面。到各个衙门或者大户人家唱歌,人家会赏赐给她们以银钱、酒果。从十三晚上开始到十八的晚上结束。我记录下来她们的几首歌曲,很有《前溪》《子夜》的味道。"

郎瑛《七修类稿》:"歙州人闵汶水居住在桃叶渡上面,我到他的家里去品茶,看见他的水和火都自己操作,用小酒杯来招待客人,很像烹茶的样子,就像德山挑着青龙钞,显得有一点清高罢了,不足以不同。秫陵好事的人,曾经讥讽福建没有茶叶,说福建的人得到茶叶之后都制作成罗囊,佩带在身上用来代替檀香来闻味。实际上是福建的人不重视汶水,闽人到秫陵游玩,像宋比玉、洪仲章等人,都靠吴儿强作解事,不重视家鸡而重视野鹜,当然就被别人所嘲笑

(元)青花缠枝牡丹纹盖梅瓶

了。三山的薛老也是秦淮的汶水。薛曾经说汶水借助别的味道而作兰花的香味,这样就导致茶叶的味道没有了。汶水如果在的话,听到这个也应该感到很沮丧了。薛曾经住在为峤,自己挑选烘焙,想超过汶水。我说茶叶很难因为香而出名,何况在里面加上兰花,真是短见。我认为薛老说得很对。"

"延邵人把制造茶叶的人称为碧竖,富沙失陷后,碧竖都在绿林之中。""蔡忠惠将《茶录》刻在瓯宁邑学校的墙上。我五年前曾经用几张纸拓下,寄给我认识的人,现在字迹漫漶已经不如从前清楚了。""福建几个郡的酒都一样,茶叶也是这样。今年我得到的茶叶很多种,学习东坡处理酒的办法,将

它们合而为一,然而却跟没有合之前是一样的。"

李仙根《安南杂记》:"交趾把贵人称为翁茶。翁茶,就是大官的意思。"

《虎丘茶经补注》:"徐天全从金齿贬回,每年春末夏初的时候,到虎丘去开茶社。""罗光玺作《虎丘茶记》来嘲笑山里的和尚,中见有'替身茶'的说法。""吴匏庵和沈石天一起到虎丘去游玩,采摘茶叶之后亲自去煎着对喝,自己都说有茶癖。"

《渔洋诗话》:"林确斋,名不详,江右人。居住在冠石,带领子孙一起种茶,自己亲自挖土挑担,晚上就读《毛诗》《离骚》。经过冠石的人,看见三四个少年头上戴着头巾,光着脚挥舞着锄头,唱着歌,还以为是古代图画中的人物呢?"

《尤西堂集》有《戏册茶为不夜侯制》。

朱彝尊《日下旧闻》:"上巳后三天,新茶用马运来,到那天宫里的价格是五十金,外面的价格是二三十金。过不了一两天,就只有二三金了。见《北京岁华记》。"

《曝书亭集》:"锡山听松庵的和尚性海,制成竹火炉,王舍人经过的时候很爱惜,为他作了山水横幅,并在上面题了诗。时间长了,炉子坏了,盛太常仿照它重新制作,流传到城里,群公多为吟咏。顾梁汾根据典籍仿照它的样子制造炉子,等来到了京城,成容若侍卫用以前的图来赠送给他。丙寅的秋天,梁汾带着炉子和书经过我海波寺寓所,正好姜西溟、周青士、孙恺似三个人也来了,坐在青藤下面烧炉子品尝武夷的茶叶,一起联句成四十韵,将它写下来,用来给好事的君子看。"

蔡方炳《增订广舆记》:"湖广长沙府攸县,有古迹茶王城,就是汉代的茶陵城。"

葛万里《清异录》:"倪元镇喝茶加进果子的,叫作清泉白石。不是好的客人不拿出来。有客人请见,就让拿出这种茶来。客人口渴,倒上就喝完了,倪元镇觉得很后悔,把杯子收到里面去了。""黄周星九烟梦读《采茶赋》,只记得中间的一句:'施凌云以翠步。'"

《别号录》："宋朝的曾几吾甫,别号茶山。明朝的许应元子春,别号为茗山。"

《随见录》："武夷五曲朱文公的书院内有一株茶树,叶子上有臭虫气,等到烘焙制造出来的时候,香气超过了其他的茶树,名叫臭叶香茶。还有几棵老树,据说是文公亲自栽种的,名叫宋树。"

《西湖游览志》："立夏那一天,每家人都各自煮自己的新茶,加上各种颜色的细果,赠送给亲戚近邻,叫作七家茶。""南屏谦师善于茶事,自己认为得心应手,不是言传就可以学得到的。"

李世熊《寒支集》："新城山上有异常的鸟,它的声音就像萧一样,于是把它的名字叫作萧曲山。山中出产好的茶叶,也叫萧曲茶,因此作歌纪事。"

《禅玄显教编》："徐道人住在庐山天池寺,不进食已经九年了。养了一只黑色羽毛的仙鹤,在山中采摘新茶,让仙鹤衔松枝来煮茶。遇到同道名流,就一起喝几碗。"

张鹏翀《抑斋集》有《御赐郑宅茶赋》:(略)

八、茶之出

【原文】

《国史补》："风俗贵茶,其名品益众。南剑有蒙顶石花,或小方、散芽,号为第一。湖州有顾渚之紫笋,东川有神泉小团、绿昌明、兽目,峡州有小江园、碧涧寮、明月房、茱萸寮,福州有柏岩、方山露芽,婺州有东白、举岩、碧貌,建安有青凤髓,夔州有香山,江陵有楠木,湖南有衡山,睦州有鸠坑,洪州有西山之白露,寿州有霍山之黄芽,绵州之松岭,雅州之露芽,南康之云居,彭州之仙崖、石花,渠江之薄片,邛州之火井、思安,黔阳之都濡、高株,泸川之纳溪、梅岭,义兴之阳羡、春池、阳凤岭,皆品第之最著者也。"

《文献通考》："片茶之出于建州者有龙、凤、石乳、的乳、白乳、头金、蜡面、头骨、次骨、末骨、粗骨、山挺十二等,以充岁贡及邦国之用,泊本路食茶。

余州片茶，有进宝双胜、宝山两府出兴国军；仙芝、嫩蕊、福合、禄合、运合、脂合出饶、池州；泥片出虔州；绿英、金片出袁州；玉津出临江军；灵川出福州；先春、早春、华英、来泉、胜金出歙州；独行灵草、绿芽片金、金茗出潭州；大拓枕出江陵、大小巴陵；开胜、开卷、小卷、生黄翎毛出岳州；双上绿芽、大小方出岳、辰、澧州；东首、浅山薄侧出光州。总二十六名。其两浙及宣、江、鼎州止以上中下或第一至第五为号。其散茶，则有太湖、龙溪、次号、末号出淮南；岳麓、草子、杨树、雨前、雨后出荆湖；清口出归州；茗子出江南。总十一名。"

叶梦得《避暑录话》："北苑茶正所产为曾坑，谓之正焙；非曾坑为沙溪，谓之外焙。二地相去不远，而茶种悬绝。沙溪色白过于曾坑，但味短而微涩，识者一啜，如别泾渭也。余始疑地气土宜，不应顿异如此。及来山中，每开辟径路刬治岩窦，有寻丈之间，土色各殊，肥瘠紧缓燥润，亦从而不同。并植两木于数步之间，封培灌溉略等，而生死丰悴如二物者，然后知事不经见，不可不信也。草茶极品惟双井、顾渚，亦不过各有数亩。双井在分宁县，其地属黄氏鲁直家也。元祐间，鲁直力推赏于京师，族人交致之，然岁仅得一二斤尔。顾渚在长兴县，所谓吉祥寺也，其半为今刘侍郎希范家所有。两地所产，岁亦止五六斤。近岁寺僧求之者，多不暇精择，不及刘氏远甚。余岁求于刘氏，过半斤则不复佳。盖茶味虽均，其精者在嫩芽。取其初萌如雀舌者，谓之枪。稍敷而为叶者，谓之旗。旗非所贵，不得已取一枪一旗犹可，过是则老矣。此所以为难得也。"

《归田录》："腊茶出于剑建，草茶盛于两浙。两浙之品，日注为第一。自景祐以后，洪州双井白芽渐盛，近岁制作尤精，囊以红纱，不过一二两，以常茶十数斤养之，用辟暑湿之气。其品远出日注上，遂为草茶第一。"

《云麓漫钞》："茶出浙西湖州为上，江南常州次之。湖州出长兴顾渚山中，常州出义兴君山悬脚岭北岸下等处。"

《蔡宽夫诗话》："玉川子《谢孟谏议寄新茶》诗有'手阅月团三百片'及'天子须尝阳羡茶'之句。则孟所寄，乃阳羡茶也。""杨文公《谈苑》：'蜡茶出建州,陆羽《茶经》尚未知之,但言福建等州未详,往往得之,其味极佳。江左近日方有蜡面之号。'丁谓《北苑茶录》云:'创造之始,莫有知者。'质之三馆检讨杜镐,亦曰在江左日,始记有研膏茶。欧阳公《归田录》亦云'出福建',而不言所起。按唐氏诸家说中,往往有蜡面茶之语,则是自唐有之也。"

《事物纪原》:"江左李氏别令取茶之乳作片,或号京铤、的乳及骨子等,是则京铤之品,自南唐始也。《苑录》云:'的乳以降,以下品杂炼售之,惟京师去者,至真不杂,意由此得名。'或曰,自开宝来,方有此茶。当时识者云,金陵僭国,惟曰都下,而以朝廷为京师。今忽有此名,其将归京师乎。"

罗廪《茶解》:"按唐时产茶地,仅仅如季疵所称。而今之虎丘、罗岕、天池、顾渚、松萝、龙井、雁宕、武夷、灵川、大盘、日铸、朱溪诸名茶,无一与焉。乃知灵草在在有之,但培植不嘉,或疏于采制耳。"

《潜榷类书·茶谱》:"袁州之界桥,其名甚著,不若湖州之研膏、紫笋,烹之有绿脚垂下。又婺州有举岩茶,片片方细,所出虽少,味极甘芳,煎之如碧玉之乳也。"

《农政全书》:"玉垒关外宝唐山,有茶树产悬崖,笋长三寸五寸,方有一叶两叶。涪州出三般茶:最上宾化,其次白马,最下涪陵。"

《煮泉小品》:"茶自浙以北皆较胜。惟闽广以南,不惟水不可轻饮,而茶亦当慎之。昔鸿渐未详岭南诸茶,但云'往往得之,其味极佳'。余见其地多瘴疠之气,染着水草,北人食之,多致成疾,故谓人当慎之也。"

《茶谱通考》:"岳阳之含膏冷,剑南之绿昌明,薪门之团黄,蜀川之雀舌,巴东之真香,夷陵之压砖,龙安之骑火。"

《江南通志》:"苏州府吴县西山产茶,谷雨前采焙。极细者,贩于市,争先腾价,以雨前为贵也。"

《吴郡虎丘志》:"虎丘茶,僧房皆植,名闻天下。谷雨前摘细芽焙而烹之,其色如月下白,其味如豆花香。近因官司征以馈远,山僧供茶一斤,费用银数钱。是以苦于赍送,树不修葺,甚至刈斫之,因以绝少。"

米襄阳《志林》:"苏州穹窿山下有海云庵,庵中有二茶树,其二株皆连

理,盖二百余年矣。"

《姑苏志》:"虎丘寺西产茶,朱安雅云:'今二山门西偏,本名茶岭。'"

陈眉公《太平清话》:"洞庭中西尽处,有仙人茶,乃树上之苔藓也,四皓采以为茶。"

《图经续记》:"洞庭小青山坞出茶,唐宋入贡。下有水月寺,因名水月茶。"

《古今名山记》:"支硎山茶坞多种茶。"

《随见录》:"洞庭山有茶,微似岕而细,味甚甘香,俗呼为'吓杀人'。产碧螺峰者尤佳,名碧螺春。"

《松江府志》:"佘山在府城北,旧有佘姓者修道于此,故名。山产茶与笋,并美,有兰花香味。故陈眉公云:'余乡佘山茶与虎丘相伯仲。'"

《常州府志》:"武进县章山麓有茶巢岭,唐陆龟蒙尝种茶于此。"

《天下名胜志》:"南岳古名阳羡山,即君山北麓。孙皓既封国后,遂禅此山为岳,故名。唐时产茶充贡,即所云南岳贡茶也。""常州宜兴县东南别有茶山。唐时造茶入贡,又名唐贡山,在县东南二十五里,均山乡。"

《武进县志》:"茶山路在广化门外十里之内,大墩小墩连绵簇拥,有山之形。唐代湖、常二守会阳羡造茶修贡,由此往返,故名。"

《檀几丛书》:"茗山在宜兴县西南五十里永丰乡,皇甫曾有《送羽南山采茶》诗,可见唐时贡茶在茗山矣。""唐李栖筠守常州日,山僧献阳羡茶。陆羽品为芬芳冠世,产可供上方。遂置茶合于洞灵观,岁造万两入贡。后韦夏卿徒于无锡县罨画溪上,去湖汉一里所。许有谷诗云:'陆羽名荒旧茶舍,却教阳羡置邮忙'是也。""义兴南岳寺,唐天宝中有白蛇衔茶子坠寺前,寺僧种之庵侧,由此滋蔓,茶味倍佳,号曰蛇种。土人重之,每岁争先饷遗,官司需索,修贡不绝。迨今方春采茶,清明日,县令躬享白蛇于卓锡泉亭,隆厥典也。后来橄取,山农苦之,故袁高有'阴岭茶未吐,使者牒已频'之句。郭三益诗:'官符星火催春焙,却使山僧怨白蛇。'庐仝《茶歌》:'安知百万亿苍生,命坠颠崖受辛苦。'可见贡茶之累民,亦自古然矣。"

《洞山茶系》:"罗岕,去宜兴而南,逾八九十里。浙直分界,只一山冈,冈南即长兴山。两峰相阻,介就夷旷者,人呼为岕云。履其地,始知古人制字有意。今字书岕字,但注云'山名耳'。有八十八处,前横大洞,水泉清驶,漱润茶根,泄山土之肥泽,故洞山为诸岕之最。自西汔溯涨渚而入,取道茗岭,甚险恶。[县西南八十里。]自东汔溯湖汉而入,取道瀍岭,稍夷,才通车骑。""所出之茶,厥有四品:第一品,老庙后。庙祀山之土神者,瑞草丛郁,殆比茶星胏蠁矣。地不下二三亩,茗溪姚像先与婿分有之。茶皆古本,每年产不过二十斤,色淡黄不绿,叶筋淡白而厚,制成梗绝少。入汤色柔白如玉露,味甘,芳香藏味中,空濛深永,啜之愈出,致在有无之外。第二品,新庙后、棋盘顶、纱帽顶、手巾条、姚八房及吴江周氏地,产茶亦不能多。香幽色白,味冷隽,与老庙不甚别,啜之差觉其薄耳。此皆洞顶岕也。总之岕品至此,清如孤竹,和如柳下,并入圣矣。今人以色浓香烈为岕茶,真耳食而睐其似也。

(宋)《无款文会图》

第三品,庙后涨沙、大袁头、姚洞、罗洞、王洞、范洞、白石。第四品,下涨沙、梧桐洞、余洞、石场、丫头岕、留青岕、黄龙、岩灶、龙池,此皆平洞本岕也。外山之长潮、青口、渚庄、顾渚、茅山岕,俱不入品。"

《岕茶汇钞》:"洞山茶之下者,香清叶嫩,着水香消。棋盘顶、纱帽顶、雄鹅头、茗岭,皆产茶地。诸地有老柯、嫩柯,惟老庙后无二,梗叶丛密,香不

外散，称为上品也。"

《镇江府志》："润州之茶，傲山为佳。"

《寰宇记》："扬州江都县蜀冈有茶园，茶甘旨如蒙顶。蒙顶在蜀，故以名冈。上有时会堂、春贡亭，皆造茶所，今废，见毛文锡《茶谱》。"

《宋史·食货志》："散茶出淮南，有龙溪雨前、雨后之类。"

《安庆府志》："六邑俱产茶，以桐之龙山、潜之闵山者为最。蒔茶源在潜山县。香茗山在太湖县。大小茗山在望江县。"

《随见录》："宿松县产茶，尝之颇有佳种，但制不得法。倘别其地，辨其等，制以能手，品不在六安下。"

《徽州志》："茶产于松萝，而松萝茶乃绝少，其名则有胜金、嫩桑、仙芝、来泉、先春、运合、华英之品，其不及号者为片茶八种。近岁茶名，细者有雀舌、莲心、金芽；次者为芽下白，为走林，为罗公；又其次者为开园，为软枝，为大方。制名号多端，皆松萝种也。"

吴从先《茗说》："松萝子土产也，色如梨花，香如豆蕊，饮如嚼雪。种愈佳，则色愈白，即经宿无茶痕，固足美也。秋露白片子更轻清若空，但香大惹人，难久贮，非富家不能藏耳。真者其妙若此，略混他地一片，色遂作恶，不可观矣。然松萝地如掌，所产几许，而求者四方云至，安得不以他混耶？"

《黄山志》："莲花庵旁，就石缝养茶，多轻香冷韵，袭人断腭。"

《昭代丛书》：张潮云："吾乡天都有抹山茶，茶生石间，非人力所能培植。味淡香清，足称仙品。采之甚难，不可多得。"

《随见录》："松萝茶近称紫霞山者为佳，又有南源、北源名色。其松萝真品殊不易得。黄山绝顶有云雾茶，别有风味，超出松萝之外。"

《通志》："宁国府属宣、泾、宁、旌、太诸县，各山俱产松萝。"

《名胜志》："宁国县鸦山在文脊山北，产茶充贡。《茶经》云'味与蕲州同'。宋梅询有'茶煮鸦山雪满瓯'之句。今不可复得矣。"

《农政全书》："宣城县有丫山，形如小方饼横铺，茗芽产其上。其山东为朝日所烛，号曰阳坡，其茶最胜。太守荐之，京洛人士题曰'丫山阳坡横文茶',一名'瑞草魁'。"

《华夷花木考》："宛陵茗池源茶,根株颇硕,生于阴谷,春夏之交,方发萌芽。茎条虽长,旗枪不展,乍紫乍绿。天圣初,郡守李虚已同太史梅询尝试之,品以为建溪、顾渚不如也。"

《随见录》："宣城有绿雪芽,亦松萝一类。又有翠屏等名色。其泾川涂茶,芽细、色白、味香,为上供之物。"

《通志》："池州府属青阳、石埭、建德,俱产茶。贵池亦有之,九华山闵公墓茶,四方称之。"

《九华山志》："金地茶,西域僧金地藏所植,今传枝梗空筒者是。大抵烟霞云雾之中,气常温润,与地上者不同,味自异也。"

《通志》："庐州府属六安、霍山,并产名茶,其最著惟白茅贡尖,即茶芽也。每岁茶出,知州具本恭进。""六安州有小岘山出茶,名小岘春,为六安极品。霍山有梅花片,乃黄梅时摘制,色香两兼而味稍薄。又有银针、丁香、松萝等名色。"

《紫桃轩杂缀》："余生平慕六安茶,适一门生作彼中守,寄书托求数两,竟不可得,殆绝意乎。"

陈眉公《笔记》："云桑茶出琅琊山,茶类桑叶而小,山僧焙而藏之,其味甚清。""广德州建平县雅山出茶,色香味俱美。"

《浙江通志》："杭州钱塘、富阳及余杭、径山多产茶。""《天中记》:'杭州宝云山出者,名宝云茶。下天竺香林洞者,名香林茶。上天竺白云峰者,名白云茶。'""田子艺云:'龙泓今称龙井,因其深也。《郡志》称有龙居之,非也。盖武林之山,皆发源天目,有龙飞凤舞之谶,故西湖之山以龙名者多,非真有龙居之也。有龙,则泉不可食矣。泓上之阁,亟宜去之,浣花诸池尤所当浚。'"

《湖壖杂记》："龙井产茶,作豆花香,与香林、宝云、石人坞、垂云亭者绝异。采于谷雨前者尤佳,啜之淡然,似乎无味,饮过后,觉有一种太和之气,弥沦于齿颊之间,此无味之味乃至味也。为益于人不浅,故能疗疾。其贵如珍,不可多得。"

《坡仙食饮录》:"宝严院垂云亭亦产茶,僧怡然以垂云茶见饷,坡报以大龙团。"

陶谷《清异录》:"开宝中,窦仪以新茶饷予,味极美,奁面标云'龙陂山子茶'。龙陂是顾渚山之别境。"

《吴兴掌故》:"顾渚左右有大小官山,皆为茶园。明月峡在顾渚侧,绝壁削立,大涧中流,乱石飞走,茶生其间,尤为绝品。张文规诗所谓'明月峡中茶始生',是也。""顾渚山,相传以为吴王夫差于此顾望原隰可为城邑,故名。唐时,其左右大小官山皆为茶园,造茶充贡,故其下有贡茶院。"

《蔡宽夫诗话》:"湖州紫笋茶出顾渚,在常、湖二郡之间,以其萌苗紫而似笋也。每岁入贡,以清明日到,先荐宗庙,后赐近臣。"

冯可宾《岕茶笺》:"环长兴境,产茶者曰罗嶰、曰白岩、曰乌瞻、曰青东、曰顾渚、曰涤浦,不可指数,独罗嶰最胜。环嶰境十里而遥为嶰者,亦不可指数。嶰而曰岕,两山之介也。罗隐隐此,故名,在小秦王庙后,所以称庙后罗岕也。洞山之岕,南面阳光,朝旭夕辉,云滃雾浡,所以味迥别也。"

《名胜志》:"茗山在萧山县西三里,以山中出佳茗也。又上虞县后山,茶亦佳。"

《方舆胜览》:"会稽有日铸岭,岭下有寺,名资寿。其阳坡名油车,朝暮常有日,茶产其地,绝奇。欧阳文忠云:'两浙草茶,日铸第一。'"

《紫桃轩杂缀》:"普陀老僧贻余小岩茶一裹,叶有白茸,沦之无色,徐引觉凉透心腑。僧云:'本岩岁止五六斤,专供大士,僧得啜者寡矣。'"

《普陀山志》:"茶以白华岩顶者为佳。"

《天台记》:"丹丘出大茗,服之生羽翼。"

桑庄茹芝《续谱》:"天台茶有三品:紫凝、魏岭、小溪是也。今诸处并无出产,而土人所需,多来自西坑、东阳、黄坑等处。石桥诸山,近亦种茶,味甚清甘,不让他郡。盖出自名山雾中,宜其多液而全厚也。但山中多寒,萌以较迟,兼之做法不佳,以此不得取胜。又所产不多,仅足供山居而已。"

(宋)钧窑月白釉鼓钉三足洗

《天台山志》:"葛仙翁茶圃在华顶峰上。"

《群芳谱》:"安吉州茶亦名紫笋。"

《通志》:"茶山在金华府兰溪县。"

《广舆记》:"鸠坑茶出严州府淳安县。方山茶出衢州府龙游县。"

劳大舆《瓯江逸志》:"浙东多茶品,雁宕山称第一。每岁谷雨前三日,采摘茶芽进贡。一枪两旗而白毛者,名曰明茶;谷雨日采者,名雨茶。一种紫茶,其色红紫,其味尤佳,香气尤清,又名玄茶,其味皆似天池而稍薄。难种薄收,土人厌人求索,园圃中少种,间有之亦为识者取去。按卢仝《茶经》云:'温州无好茶,天台瀑布水、瓯水味薄,惟雁宕山水为佳。'此茶亦为第一,曰去腥腻、除烦恼、却昏散、消积食。但以锡瓶贮者,得清香味,无以锡瓶贮者,其色虽不堪观,而滋味且佳,同阳羡山岕茶无二无别。采摘近夏,不宜早,炒做宜熟不宜生,如法可贮二三年。愈佳愈能消宿食醒酒,此为最者。"

王草堂《茶说》:"温州中垒及溇茶皆有名,性不寒不热。"

屠粹忠《三才藻异》:"举岩,婺茶也,片片方细,煎如碧乳。"

《江西通志》:"茶山在广信府城北,陆羽尝居此。""洪州西山白露鹤岭,号绝品,以紫清香城者为最。及双井茶芽,即欧阳公所云'石上生茶如凤爪'者也。又罗汉茶如豆苗,因灵观尊者自西山持至,故名。"

《南昌府志》:"新建县鹅冈西有鹤岭,云物鲜美,草林秀润,产名茶异于他山。"

《通志》:"瑞州府出条芽,廖暹《十咏》呼为雀舌香焙云。其余临江、南安等府俱出茶,庐山亦产茶。""袁州府界桥出茶,今称仰山、稠平、木平者佳,稠平者尤妙。""赣州府宁都县出林岕,乃一林姓者以长指甲炒之,采制得法,

1591

香味独绝,因之得名。"

《名胜志》:"茶山寺在上饶县城北三里,按《图经》,即广教寺。中有茶园数亩,陆羽泉一勺。羽性嗜茶,环居皆植之,烹以是泉,后人遂以广教寺为茶山寺云。宋有茶山居士曾吉甫,名几,以忤开忭秦桧,奉祠侨居此寺,凡七年,杜门不问世故。"

《丹霞洞天志》:"建昌府麻姑山产茶,惟山中之茶为上,家园植者次之。"

《饶州府志》:"浮梁县阳府山,冬无积雪,凡物早成,而茶尤殊异。金君卿诗云:'闻雷已荐鸡鸣笋,未雨先尝雀舌茶。'以其地暖故也。"

《通志》:"南康府出匡茶,香味可爱,茶品之最上者。""九江府彭泽县九都山出茶,其味略似六安。"

《方舆记》:"德化茶出九江府。又崇义县多产茶。"

《吉安府志》:"龙泉县匡山有苦斋,章溢所居,四面峭壁,其下多白云,上多北风,植物之味皆苦。野蜂巢其间,采花蕊作蜜,味亦苦。其茶苦于常茶。"

《群芳谱》:"太和山骞林茶,初泡极苦涩,至三四泡,清香特异,人以为茶宝。"

《福建通志》:"福州、泉州、建宁、延平、兴化、汀州、邵武诸府,俱产茶。"

《合璧事类》:"建州出大片方山之芽,如紫笋,片大极硬。须汤浸之,方可碾。治头痛,江东老人多服之。"

《天下名山记》:"鼓山半岩茶,色香,风味当为闽中第一,不让虎丘、龙井也。雨前者每两仅十钱,其价廉甚。一云前朝每岁进贡,至杨文敏当国,始奏罢之。然近来官取,其扰甚于进贡矣。""柏岩,福州茶也。岩即柏梁台。"

《兴化府志》:"仙游县出郑宅茶,真者无几,大都以赝者杂之,虽香而味薄。"

陈懋仁《泉南杂志》:"清源山茶,青翠芳馨,超轶天池之上。南安县英山茶,精者可亚虎丘,惜所产不若清源之多也。闽地气暖,桃李冬花,故茶较吴中差早。"

《延平府志》:"棕毛茶出南平县,半岩者佳。"

《建宁府志》:"北苑在郡城东,先是建州贡茶首称北苑龙团,而武夷石乳之名未著。至元时,设场于武夷,遂与北苑并称。今则但知有武夷,不知有北苑矣。吴越间人颇不足闽茶,而甚艳北苑之名,不知北苑实在闽也。"

宋无名氏《北苑别录》:"建安之东三十里,有山曰凤凰,其下直北苑,旁联诸焙,厥土赤壤,厥茶惟上上。太平兴国中,初为御焙,岁模龙凤,以羞贡篚,盖表珍异。庆历中,漕台益重其事,品数日增,制度日精。厥今茶自北苑上者,独冠天下,非人间所可得也。方其春虫震蛰,群夫雷动,一时之盛,诚为大观。故建人谓至建安而不诣北苑,与不至者同。仆因摄事,得研究其始末,姑撷其大概,修为十余类目,曰《北苑别录》云。""御园:九窠十二陇,麦窠,壤园,龙游窠,小苦竹,苦竹里,鸡薮窠,苦竹,苦竹源,鼯鼠窠,教练陇,凤凰山,大小焊,横坑,猿游陇,张坑,带园,焙东,中历,东际,西际,官平,石碎窠,上下官坑,虎膝窠,楼陇,蕉窠,新园,天楼基,院坑,曾坑,黄际,马安山,林园,和尚园,黄淡窠,吴彦山,罗汉山,水桑窠,铜场,师如园,灵滋,苑马园,高畬,大窠头,小山。右四十六所,广袤三十余里,自官平而上为内园,官坑而下为外园。方春灵芽萌拆,先民焙十余日,如九窠十二陇、龙游窠、小苦竹、张坑、西际,又为楚园之先也。"

《东溪试茶录》:"旧记建安郡官焙三十有八。丁氏旧录云:'官私之焙千三百三十有六',而独记官焙三十二。东山之焙十有四:北苑龙焙一,乳橘内焙二,乳橘外焙三,重院四,壑岭五,渭源六,范源七,苏口八,东宫九,石坑十,连溪十一,香口十二,火梨十三,开山十四。南溪之焙十有二:下瞿一,濛洲东二,汾东三,南溪四,斯源五,小香六,际会七,谢坑八,沙龙九,南香十,中瞿十一,黄熟十二。西溪之焙四:慈善西一,慈善东二,慈惠三,船坑四。北山之焙二:慈善东一,丰乐二。外有曾坑、石坑、壑源、叶源、佛岭、沙溪等处。惟壑源之茶,甘香特胜。""茶之名有七:一曰白茶,民间大重,出于近岁,

园焙时有之。地不以山川远近，发不以社之先后。芽叶如纸，民间以为茶瑞，取其第一者为斗茶。次曰柑叶茶，树高丈余，径头七八寸，叶厚而圆，状如柑橘之叶，其芽发即肥乳，长二寸许，为食茶之上品。三曰早茶，亦类柑叶，发常先春，民间采制为试焙者。四曰细叶茶，叶比柑叶细薄，树高者五六尺，芽短而不肥乳，今生沙溪山中，盖土薄而不茂也。五曰稽茶，叶细而厚密，芽晚而青黄。六曰晚茶，盖稽茶之类，发比诸茶较晚，生于社后。七曰丛茶，亦曰丛生茶，高不数尺，一岁之间发者数四，贫民取以为利。"

《品茶要录》："壑源、沙溪，其地相背，而中隔一岭，其去无数里之遥，然茶产顿殊。有能出力移栽植之，亦为风土所化。窃尝怪茶之为草，一物耳，其势必犹得地而后异。岂水络地脉偏钟粹于壑源，而御焙占此大冈巍陇，神物伏护，得其余荫耶？何其甘芳精至而美擅天下也。观夫春雷一鸣，筼笼才起，售者已担簦挈囊于其门，或先期而散留金钱，或茶才入笪而争酬所直。故壑源之茶，常不足客所求。其有桀猾之园民，阴取沙溪茶叶，杂就家棬而制之。人耳其名，睨其规模之相若，不能原其实者，盖有之矣。凡壑源之茶售以十，则沙溪之茶售以五，其直大率仿此。然沙溪之园民，亦勇于觅利，或杂以松黄，饰其首面。凡肉理怯薄，体轻而色黄者，试时鲜白，不能久泛，香薄而味短者，沙溪之品也。凡肉理实厚，质体坚而色紫，试时泛盏凝久，香滑而味长者，壑源之品也。"

《潜榷类书》："历代贡茶以建宁为上，有龙团、凤团、石乳、滴乳、绿昌明、头骨、次骨、末骨、鹿骨、山挺等名，而密云龙最高，皆碾屑作饼。至国朝始用芽茶，曰探春、曰先春、曰次春、曰紫笋，而龙凤团皆废矣。"

《名胜志》："北苑茶园属瓯宁县。旧《经》云：'伪闽龙启中里人张晖，以所居北苑地宜茶，悉献之官，其名始著。'"

《三才藻异》："石岩白，建安能仁寺茶也，生石缝间。""建宁府属浦城县江郎山出茶，即名江郎茶。"

《武夷山志》："前朝不贵闽茶，即贡者亦只备宫中浣濯瓯盏之需。贡使类以价，货京师所有者纳之。间有采办，皆剑津廖地产，非武夷也。黄冠每市山下茶,登山贸之,人莫能辨。""茶洞在接笋峰侧,洞门甚隘,内境夷旷,四周皆穹崖壁立。土人种茶,视他处为最盛。""崇安殷令招黄山僧以松萝法制建茶,真堪并驾,人甚珍之,时有'武夷松萝'之目。"

(清)青花磁茶叶罐

王梓《茶说》:武夷山周回百二十里,皆可种茶。茶性,他产多寒,此独性温。其品有二:在山者为岩茶,上品;在地者为洲茶,次之。香清浊不同,且泡时岩茶汤白,洲茶汤红,以此为别。雨前者为头春,稍后为二春,再后为三春,又有秋中采者,为秋露白,最香。须种植、采摘、烘焙得宜,则香味两绝。然武夷本石山,峰峦载土者寥寥,故所产无几。若洲茶,所在皆是,即邻邑近多栽植,运至山中及星村墟市贾售,皆冒充武夷。更有安溪所产,尤为不堪。或品尝其味,不甚贵重者,皆以假乱真误之也。至于莲子心、白毫皆洲茶,或以木兰花熏成欺人,不及岩茶远矣。

张大复《梅花笔谈》:《经》云:"岭南生福州、建州。"今武夷所产,其味极佳,盖以诸峰拔立。正陆羽所云"茶上者生烂石中"者耶。

《草堂杂录》:武夷山有三味茶,苦酸甜也,别是一种,饮之味果屡变,相传能解酲消胀。然采制甚少,售者亦稀。

《随见录》:武夷茶,在山上者为岩茶,水边者为洲茶。岩茶为上,洲茶次之。岩茶,北山者为上,南山者次之。南北两山,又以所产之岩名为名,其最佳者,名曰工夫茶。工夫之上,又有小种,则以树名为名。每株不过数两,不可多得。洲茶名色,有莲子心、白毫、紫毫、龙须、凤尾、花香、兰香、清香、奥香、选芽、漳芽等类。

《湖广通志》:武昌茶,出通山者上,崇阳蒲圻者次之。

《广舆记》:崇阳县龙泉山,周二百里。山有洞,好事者持炬而入,行数十步许,坦平如室,可容千百众,石渠流泉清冽,乡人号曰鲁溪。岩产茶,甚甘

1595

美。

《天下名胜志》:湖广江夏县洪山,旧名东山,《茶谱》云:鄂州东山出茶,黑色如韭,食之已头痛。

《武昌郡志》:茗山在蒲圻县北十五里,产茶。又大冶县亦有茗山。

《荆州土地记》:武陵七县道出茶,最好。

《岳阳风土记》:灉湖诸山旧出茶,谓之灉湖茶。李肇所谓"岳州灉湖之含膏"是也。唐人极重之,见于篇什。今人不甚种植,惟白鹤僧园有千余本。土地颇类北苑,所出茶一岁不过一二十斤,土人谓之白鹤茶,味极甘香,非他处草茶可比并。茶园地色亦相类,但土人不甚植尔。

《通志》:"长沙茶陵州,以地居茶山之阴,因名。昔炎帝葬于茶山之野。茶山即云阳山,其陵谷间多生茶茗故也。""长沙府出茶,名安化茶。辰州茶出溆浦。彬州亦出茶。"

《类林新咏》:长沙之石楠叶,摘芽为茶,名栾茶,可治头风。湘人以四月四日摘杨桐草,捣其汁拌米而蒸,犹糕糜之类,必啜此茶,乃去风也。

《合璧事类》:"谭郡之间有渠江,中出茶,而多毒蛇猛兽,乡人每年采撷不过十五六斤,其色如铁,而芳香异常,烹之无脚。""湘潭茶,味略似普洱,土人名曰芙蓉茶。"

《茶事拾遗》:谭州有铁色,夷陵有压砖。

《通志》:靖州出茶油,蕲水有茶山,产茶。

《河南通志》:罗山茶,出河南汝宁府信阳州。

《桐柏山志》:瀑布山,一名紫凝山,产大叶茶。

《山东通志》:兖州府费县蒙山石巅,有花如茶,土人取而制之,其味清香迥异他茶,贡茶之异品也。

《舆志》:蒙山一名东山,上有白云岩产茶,亦称蒙顶。[王草堂云:乃石上之苔为之,非茶类也]。

《广东通志》:"广州韶州南雄、肇庆各府及罗定州,俱产茶。西樵山在郡城西一百二十里,峰峦七十有二,唐末诗人曹松,移植顾渚茶于此,居人遂

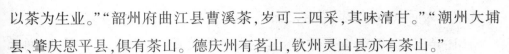

以茶为生业。""韶州府曲江县曹溪茶，岁可三四采，其味清甘。""潮州大埔县、肇庆恩平县，俱有茶山。德庆州有茗山，钦州灵山县亦有茶山。"

吴陈琰《旷园杂志》：端州白云山出云独奇，山故莳茶在绝壁，岁不过得一石许，价可至百金。

王草堂《杂录》：粤东珠江之南产茶，曰河南茶。潮阳有凤山茶，乐昌有毛茶，长乐有石茗，琼州有灵茶、乌药茶云。

《岭南杂记》："广南出苦橙茶，俗呼为苦丁，非茶也。茶大加掌，一片入壶，其味极苦，少则反有甘味，嚍咽利咽喉之症，功并山豆根。""化州有琉璃茶，出琉璃庵。其产不多，香与峒岕相似。僧人奉客，不及一两。""罗浮有茶，产于山顶石上，剥之如蒙山之石茶，其香倍于广岕，不可多得。"

《南越志》："龙川县出皋卢，味苦涩，南海谓之过卢。"

《陕西通志》："汉中府兴安州等处产茶，如金州、石泉、汉阴、平利、西乡诸县各有茶园，他郡则无。"

《四川通志》："四川产茶州县凡二十九处，成都府之资阳、安县、灌县、石泉、崇庆等；重庆府之南川、黔江、丰都、武隆、彭水等；夔州府之建始、开县等，及保宁府、遵义府、嘉定州、泸州、雅州、乌蒙等处。""东川茶有神泉、兽目，邛州茶曰火井。"

《华阳国志》：涪陵无蚕桑，惟出茶、丹漆、蜜蜡。"

《华夷花木考》："蒙顶茶受阳气全，故芳香。唐李德裕入蜀得蒙饼，以沃于汤瓶之上，移时尽化，乃验其真蒙顶。又有五花茶，其片作五出。"

毛文锡《茶谱》："蜀州晋原、洞口、横原、珠江、青城，有横芽、雀舌、鸟觜、麦颗，盖取其嫩芽所造以形似之也。又有片甲、蝉翼之异。片甲者，早春黄芽，其叶相抱如片甲也；蝉翼者，其叶嫩薄如蝉翼也，皆散茶之最上者。"

《东斋纪事》："蜀雅州蒙顶产茶，最佳。其生最晚，每至春夏之交始出，常有云雾覆其上，若有神物护持之。"

《群芳谱》："峡州茶有小江园、碧涧寮、明月房、茱萸寮等。"

陆平泉《茶寮纪事》：蜀雅州蒙顶上有火前茶，最好，谓禁火以前采者。

中华茶道

后者谓之火后茶，有露芽、谷芽之名。"

《述异记》："巴东有真香茗，其花白色如蔷薇，煎服令人不眠，能诵无忘。"

《广舆记》："峨眉山茶，其味初苦而终甘。又沪州茶可疗风疾。又有一种乌茶，出天全六番讨使司境内。"

王新城《陇蜀余闻》："蒙山在名山县西十五里，有五峰，最高者曰上清峰。其巅一石大如数间屋，有茶七株，生石下，无缝罅，云是甘露大师手植。每茶时叶生，智炬寺僧辄报有司往视，籍记其叶之多少，采制才得数钱许。明时贡京师仅一钱有奇。环石别有数十株，曰陪茶，则供藩府诸司之用而已。其旁有泉，恒用石覆之，味精妙，在惠泉之上。"

《云南记》："名山县出茶，有山曰蒙山，联延数十里，在西南。按《拾遗志》《尚书》所谓'蔡蒙旅平'者，蒙山也，在雅州。凡蜀茶尽在此。"

《云南通志》："茶山在元江府城西北普洱界。太华山在云南府西，产茶色似松萝，名曰太华茶。""普洱茶出元江府普洱山，性温味香。儿茶出永昌府，俱作团。又感通茶出大理府点苍山感通寺。"

《续博物志》："威远州即唐南诏银生府之地，诸山出茶，收采无时，杂椒姜烹而饮之。"

《广舆记》："云南广西府出茶。又湾甸州出茶，其境内孟通山所产，亦类阳羡茶，谷雨前采者香。""曲靖府出茶，子丛生，单叶子可作油。"

许鹤沙《滇行纪程》："滇中阳山茶，绝类松萝。"

《天中记》："容州黄家洞出竹茶，其叶如嫩竹，土人采以作饮，甚甘美。"［广西容县，唐容州。］

《贵州通志》："贵阳府产茶，出龙里东苗坡及阳宝山，土人制之无法，味不佳。近亦有采芽以造者，稍可供啜。威宁府茶出平远，产岩间，以法制之，味亦佳。"

《地图综要》："贵州新添军民卫产茶，平越军民卫亦出茶。"

《研北杂志》："交趾出茶，如绿苔，味辛烈，名曰登。北人重译，名茶曰钗。"

【译文】

《国史补》："民间习俗以茶为贵,茶的名字和品种有很多。南剑有蒙顶石花,或叫小方、散芽,号称为第一。湖州有顾渚的紫笋,东川有神泉小团、绿昌明、兽目,峡州有小江园、碧涧寮、明月房、茱萸寮,福州有柏岩、方山露芽,婺州有东白、举岩、碧貌,建安有青凤髓,夔州有香山,江陵有楠木,湖南有衡山,睦州有鸠坑,洪州有西山白露,寿州有霍山的黄芽,绵州的松岭,雅州的露芽,南康的云居,彭州的仙崖、石花,渠江的薄片,邛州的火井、思安,黔阳的都濡、高株,泸川的纳溪、梅岭,义兴的阳羡、春池、阳凤岭,都是非常好的品种。"

《文献通考》："片茶从建州出产的有龙、凤、石乳、的乳、白乳、头金、蜡面、头骨、次骨、末骨、粗骨、山挺十二种,用来作为贡品以及国家和地方使用。余州的片茶,有进宝双胜、宝山两府,都是出自兴国军;仙芝、嫩蕊、福合、禄合、运合、脂合都是出产于饶、池州;泥片出自虔州;绿英、金片出自袁州;玉津出自临江军;灵川出自福州;先春、早春、华英、来泉、胜金出自歙州;独行灵草、绿芽片金、金茗出自潭州;大拓枕出江陵、大小巴陵;开胜、开卷、小卷、生黄翎毛出自岳州;双上绿牙、大小方出自岳、辰、澧州;东首、浅山、薄侧出自光州。总共二十六种,其中两浙和宣、江、鼎州只以上中下或者第一至第五为号。其中的散茶,则有太湖、龙溪、次号、末号,出自淮南;岳麓、草子、杨树、雨前、雨后,出自荆湖;清口出自归州;茗子出自江南。总共有十一种。"

叶梦得《避暑录话》："北苑茶叶正宗出产的地方是曾坑,被称为正焙;不是曾坑是沙溪的,被称为外焙。两个地方相隔不远,而茶叶品种相差的就很大了。沙溪比曾坑的颜色要白,但是味道淡而且有一点苦涩,内行人一尝,就能够分出个好坏来。我开始的时候认为即使土地不同,也不应该相差到这种程度啊?等到了山里,每次开辟路径的时候破开周围的岩石,在几丈方圆之间,土地的颜色不同,土地的肥沃干燥也各有不同。两棵树木差不多

种在一起,封培灌溉也差不多,但还是有的生长茂盛、有的枯萎了,从而知道事情没有眼见,不可以完全相信。草茶之中最好的品种只有双井和顾渚,也不过各有几亩。双井在分宁县,地属黄鲁直家的。元祐年间,鲁直极力把茶推荐到京城,家族的茶都交给他,然而一年也只不过一两斤而已。顾渚在长兴县,就是所谓的吉祥寺,它的一半归现在侍郎刘希范家所有。两地所出产的茶叶一年也只有五六斤。近年来寺庙里的和尚一味贪多,多数没有工夫去采摘精品,所出茶叶比刘氏的相差很多。我每年向刘氏要,超过半斤就不会好。所以说茶叶的味道虽然均匀,但是它最重要的地方在嫩芽。取其刚开始萌芽像雀舌的,被称为枪。上面覆盖着叶子的被称为旗。旗并不贵重,只要取一枪一旗就可以了,太多就老了。这就是为什么很难得了。"

《归田录》:"腊茶出产于剑建,草茶在两浙的时候兴起。两浙的品种之中,日注是第一。自从景祐以后,洪州双井的白芽变得兴盛起来,近几年制作的更加精良,裹在红纱里面,也不过一二两,用普通的茶叶十几斤养着,以避免湿热的气息。它的品质远远在日注之上,因此是草茶之中最好的。"

《云麓漫钞》:"浙江西湖出产的茶叶最好,江南常州的要差一点。湖州茶出自长兴顾渚山,常州茶出自义兴君山悬脚岭北岸下一带。

《蔡宽夫诗话》:"玉川子《谢孟谏议寄新茶》诗有'手阅月团三百片'和'天子须尝阳羡茶'的句子。那么说孟所寄的就是阳羡茶了。""杨文公《谈苑》:'蜡茶出产于建州,陆羽的《茶经》还不知道,只是说福建等州具体不详,有时得到这种茶,味道很好。江左近日才有叫蜡面的茶。'丁谓在《北苑茶录》中说:'开始的时候,并没有人知道。'问到三馆检讨杜镐,也说在江左那天,才开始记录有研膏茶。欧阳公《归田录》也说'出自福建',也不说起源于哪里。唐氏等人诸家说法中,往往有蜡面茶的说法,那就说明是从唐代开始的。"

《事物记原》:"江左的李氏,让人取来茶乳制作成片,叫京铤、的乳和骨子等,那么说京铤的品种,就是从南唐开始的。《苑录》说:"的乳以下的品种,是用下等的品种掺杂着提炼销售,只有到京师去的,才是正宗的没有掺杂,铤的名字应该就是这样来的。"有人说,从开宝以来,才有这种茶叶。据当时有见识的人说,金陵是僭越之国,只能称为都下,而尊朝廷为京师。今天忽然有这个名字,难道是它将归京师吗?"

罗廪《茶解》:"唐代出产茶叶的地方,仅仅就像季疵所说的那样。而现在的虎丘、罗岕、天池、顾渚、松萝、龙井、雁宕、武夷、灵川、大盘、日铸、朱溪等名茶,没有一个有。现在才发现灵草到处都有,只是培植的不好,有的是疏忽于采摘。"

《潜榷类书·茶谱》:袁州的界桥茶,名声显著,不像湖州的研膏、紫笋,烹煮之后有绿色的细脚垂下。另外婺州有举岩茶,每一片都方正细小,所以虽然很少,但是味道却很甘甜芳香,煎煮之后就像碧玉之乳。"

《农政全书》:"玉垒关外的宝唐山,有长在悬崖上的茶树,枝芽发到三寸到五寸,有一两片叶子。涪州出了三种茶叶:最好的是宾化,其次是白马,最差的是涪陵。"

《煮泉小品》:"茶叶从浙江往北都比较好。只有闽广往南,不只是不能随便喝水,而茶也应当慎用。以前鸿渐没有详细地说明岭南等茶,但是说"有时会得到,味道很好"。我看见那些地方多有瘴疠之气,水草沾染上了这样的气息,北方人吃了,很容易导致疾病,所以说应该慎用。"

《茶谱通考》:"岳阳的含膏冷,剑南的绿昌明,蕲门的团黄,蜀川的雀舌,巴东的真香,夷陵的压砖,龙安的骑火。"

《江南通志》:"苏州府吴县西山出产的茶叶,在谷雨之前采摘烘焙。特别精细的,放到市场上去卖,价格很高,因为雨前的才算贵重。"

《吴郡虎丘志》:"虎丘茶叶,和尚的屋前都种植了,因此闻名天下。谷雨前采摘细芽,烘焙之后烹煮,颜色就像月下的白色一样,味道就像豆花一样香。近来因为公事需要找一些茶赠给远方的朋友,山上的和尚给了一斤茶叶,花费了很多钱财。是因为苦于派送,茶树得不到修葺,甚至砍伐了取茶,所以越来越少甚至没有了。

米襄阳《志林》:"苏州的穹窿山下有一座海云庵,庵中有两棵茶树,这两棵树根部是生长在一起的,已经二百多年了。

《姑苏志》:虎丘寺的西面出产茶叶,朱安雅说:"今天二山门偏西的地方,本来的名字叫作茶岭。"

陈眉公《太平清话》:"洞庭往西的尽头,有仙人茶,其实是树上的苔藓,四个白发老人将它采摘下来作为茶叶。

《图经续记》:"洞庭小青山里面出产茶叶,唐宋时期作为供品进贡。下面有水月寺,因此叫作水月茶。

(宋)《十八学士图》

《古今名山记》:"支硎山茶坞里面多出产茶叶。

《随见录》:"洞庭山里有茶叶,细小的就像岕茶末,味道很香,俗名叫作"吓杀人"。产自碧螺峰的更好,名叫碧螺春。

《松江府志》:"佘山在府城的北面,以前有姓佘的人在这里修道,由此得名。山里出产茶叶与竹笋都很好,有兰花的香味。所以陈眉公说:"佘乡的佘山茶与虎丘茶叶差不多。"

《常州府志》:"武进县章山麓有茶巢岭,唐代的陆龟蒙曾经在这里种茶。

《天下名胜志》:"南岳古时叫阳羡山,就是君山的北麓。孙皓封国后,于是就把这座山封为岳,名字就是这样得来的。唐代时候产茶充当贡品,就是所说的南岳的贡茶。""常州宜兴县的东南有茶山。唐朝时候的人们采茶入贡,又叫作唐贡山,在县城东南"二"十五里的地方,那里都是山乡。"

《武进县志》:"茶山路在广化门外十里以内,大坡和小坡连起来簇拥在一起,有山的形状。唐代的湖、常两地的太守,到阳羡制造茶叶来进贡,就从这里往返,所以叫这个名字。

《檀几丛书》："茗山在宜兴县西南五十里永丰乡，皇甫曾有《送羽南山采茶》诗，可见唐朝时期的贡茶就在茗山出产。""唐代李栖筠驻守常州的时候，山里的和尚进献阳羡茶。陆羽认为它的香味无与伦比，产品可以拿来进贡给皇上。于是就在洞灵观里建造了一个茶舍，每年制造上万两进贡。后来韦夏卿迁徙无锡县的罨画溪上，距离水流分支的地方只有一里左右。许有谷的诗中说：'陆羽名荒旧茶舍，却教阳羡置邮忙'，说的就是这个。""义兴的南岳寺，唐朝天宝年间有白蛇衔的茶子落在寺庙的前面，寺里的和尚把它种植在庵旁，由此滋生蔓长，茶味极好，名叫蛇种。当地的人很重视它，每年争相食用赠送，官府不断索要去作为贡品。直到现在开采茶，清明那一天，县令亲自到卓锡泉水亭去躬请白蛇，典礼十分隆重。后来索取太多，山里的农民深受其苦，所以袁高有'阴岭茶未吐，使者牒已频'的句子。郭三益诗中说'官符星火催春焙，却使山僧怨白蛇。'庐全《茶歌》：'安知百万亿苍生，命坠颠崖受辛苦。'可见贡茶连累茶民，自古就是这样。"

《洞山茶系》："罗岕，在宜兴的南面，大约八九十里的地方，浙江与直隶分界，只有一座山冈，山冈的南面就是长兴山，两座山之间空旷的地方，别人叫作岕云。踏在这片土地上，才知道古人造字的时候很有深意。今天的岕字，注说是山名。有八十八处前面横着特大的山涧，泉水特别清澈，滋润茶树的根部，使山上的土地很肥沃，所以说洞山茶是所有茶中最好的。从西氿溯逆流而上，经过茗岭，地势特别险恶。[在县城西南八十里的地方。]从东氿溯的湖水分叉的地方进入，经过瀍岭，稍平垣，才能够通过车骑。""所出产的茶叶，总共有四个品种：第一个品种是老庙后。庙里祭祀的是山上的土地神明，瑞草丛生，所以这里的茶都很好。总共也不过两三亩的面积，茗溪的姚像先和女婿两个人共同拥有。茶树都是古树来，每年出产的不超过二十斤，颜色淡黄而不绿，叶子的筋脉淡白而且很厚，制成了梗很少。放入开水里面颜色柔白就像甘露一样，味道很香甜，芳香藏味道中，特别深远，越喝越能够品味出来，让人如痴如醉。第二个品种，新庙后、棋盘顶、纱帽顶、毛巾条、姚八房以及吴江周氏那里，出产的茶叶也不是很多。幽香色白，味道冷

1603

隽,与老庙的没有太大的区别,喝了之后觉得它不太好感觉味薄。这些都是洞顶岕。总之岕品种的茶叶到了这种程度,清如孤竹一样,柔和的就像是站在柳树的下面,都一起成了圣洁的东西。今天的人认为颜色很深香气很浓郁的是岕茶,只是听来觉得它很相似罢了。第三个品种,庙后的涨沙、大袁头、姚洞、罗洞、王洞、范洞、白石。第四个品种,下涨沙、梧桐洞、余洞、石场、丫头岕、留青岕、黄龙、岩灶龙池,这些都是平洞本岕。外山的长潮、青口、渲庄、顾渚、茅山岕,都不能称为好的品种。"

《岕茶汇钞》:"洞山茶中比较差的,香味清新,叶子很嫩,放在水里面香味就消散了。棋盘顶、纱帽顶、雄鹅头、茗岭,都是出产茶叶的地方。这些地方有老柯、嫩柯,只有老庙后没有这两种,梗叶茂密,香气不会往外面流散,称为上品。"

《镇江府志》:"润州那里的茶叶,傲山的最好。"

《寰宇记》:"扬州江都县蜀冈有茶园,茶叶甘甜就像是蒙顶出产的。蒙顶在蜀地,所以以蒙来叫山。上面有时会堂、春贡亭,都是制造茶叶的地方,今天已经荒废了,见毛文锡《茶谱》。"

《宋史·食货志》:"散茶出自淮南,有龙溪雨前、雨后之分。"

《安庆府志》:"六邑都出产茶叶,以桐地的龙山、潜地的闵山是最好的。蒔茶源在现在的潜山县。香茗山在太湖县。大小茗山在望江县。"

《随见录》:"宿松县出产茶叶,尝试之后有好的品种,但是制造的方法不对。如果是别的地方,分出它们的等级,让内行的师傅来制作,品味不在六安之下。"

《徽州志》:"茶叶是松萝出产的,而松萝茶却很少,其有名的则有胜金、嫩桑、仙芝、来泉、先春、运合、华英这些品种,另外还有不知道具体名字的被统称为片茶八种。近年来的茶叶,好的有雀舌、莲心、金芽;稍微差一点的有芽下白、走林、罗公;比这更差的是开园、软枝、大方。名号虽然很多,但是都是松萝的品种。"

吴从先《茗说》:"松萝子土产也,颜色就像是犁花一样,香味就像是豆蕊,喝起来就像是在嚼雪。品种越好颜色就越白,如果被搁置一个晚上还没有茶痕的,那就是很好的了。秋露白片子更加的清新可人,但是香味浓得熏人,很难长期贮存,不是富裕的人家是没有办法贮藏的。真正像这样好的东西,如果混杂有其他地方产的茶叶一片,颜色就会变坏,简直不能看了。然而出产松萝的地方有限,产量很少,而四面八方的人都来求索,怎么能够不掺杂其他的品种呢?"

《黄山志》:"莲花庵的旁边,在石头的缝隙里面种植茶叶,多半轻香冷韵,喝起来香气醉人。"

《昭代丛书》:"张潮说:'我的家乡天都有抹山茶,茶叶生长在石头之间,不是人力所能栽培的。味道香甜清新,采摘起来很困难,不容易多得。'"

《随见录》:"松萝茶近来据说紫霞山的最好,还有南源、北源这些品种。他们之中真正的松萝实在是不容易得到。黄山的顶峰有云雾茶,别有风味,比松萝要好。"

《通志》:"宁国府所管辖的宣、泾、宁、旌、太等县,各个山上都出产松萝茶叶。"

《名胜志》:"宁国县的鸦山在文脊山的北面,出产茶叶来充当贡品。《茶经》中说:'味道跟蕲州的相同'。宋代的梅询有'茶煮鸦山雪满瓯'的句子,现在不可能再得到了。"

《农政全书》:"宣城县的丫山,形状就像是小方饼横铺着的一样,那里出产茶叶。山的东面早上就有太阳照射,名叫阳坡,那里的茶叶最好。太守将它推荐给别人,京城的人士为它题词说'丫山阳坡横文茶',又叫'瑞草魁'。"

《华夷花木考》:"宛陵茗池出产的茶叶,根部很丰硕,生长在背阴的山谷,春夏交替的时候,才萌发出新芽。茎和枝条虽然很长,只是叶子并不舒展,有点紫绿色。天圣初年,郡守李虚已和太史梅询曾经尝试过,认为建溪、顾渚都比不上它。"

《随见录》:"宣城有绿雪芽,也属于松萝一类。另外还有翠屏等各种名

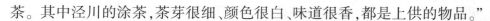

茶。其中泾川的涂茶,茶芽很细、颜色很白、味道很香,都是上供的物品。"

《通志》:"池州府所管辖的青阳、石埭、建德,都出产茶叶。贵池也生产茶叶,九华山的闵公墓茶,四面八方的人都称赞它。"

《九华山志》:"金地茶,西域的和尚金地藏所种植,今天人们传说的枝梗里面是空的指的就是它。大概是因为在烟霞云雾之中,气候温暖湿润,与地上的不一样,味道自然就不同了。"

《通志》:"庐州府所属的六安、霍山,都出产好的茶叶,其中最著名的只有白茅贡尖,就是所说的茶芽。每年茶芽出来的时候,知州拟好奏章进献。""六安州的小岘山出产茶叶,名叫小岘春,为六安中最好的品种。霍山有梅花片,在黄梅季节采摘制造,颜色和香味都具备了,只是味道稍微有点淡。还有银针、丁香、松萝等出色的品种。"

《紫桃轩杂缀》:"我生平最羡慕六安茶,正好有一个学生在那里做中守,写信过去想求取几两,竟然得不到,太绝心意了。"

陈眉公《笔记》:"云桑茶出自琅琊山,茶叶就像桑叶那样小,山里的和尚烘焙起来储藏,味道非常清爽。""广德州建平县雅山出产茶叶,色香味都很好。"

《浙江通志》:"杭州的钱塘、富阳以及余杭、径山都出产茶叶。""《天中记》:'杭州宝云山出产名叫宝云的茶叶。下天竺香林里出产的名叫香林茶。上天竺白云峰出产的名叫白云茶。'""田子艺说:'龙泓现在称为龙井,因为它很深的缘故。《郡志》说里面有龙居住,其实没有。其实武林的山,都是发源于天目,古人认为它有龙飞凤舞的气势,所以西湖的山用龙来命名的很多,不是真的有龙居住在这里。如果有龙的话,那泉水就不能食用了。井上的房子,应该拆去,洗花的池子更应当疏浚。'"

《湖壖杂记》:"龙井出产的茶叶,发出豆花一样的香味,与香林、宝云、石人坞、垂云亭都不相同。在谷雨之前采摘的更好,喝的时候觉得味道很淡,好像没有味道一样,饮用之后,有一种很调和的气息,在牙齿和两颊之间游走,这种好像没有味道的味道,其实是最好的味道。对于人的好处不少,所以能够治疗疾病。它贵重的就像珍珠一样，很难得到。"

《坡仙食饮录》："宝严院垂云亭也出产茶叶，和尚用垂云茶赠送，坡回赠给他大龙团。"

陶谷《清异录》："开宝年间，窦仪把新茶赏赐给我，味道很好。盒子的上面标有'龙陂山子茶'。龙陂是顾渚山外的地方。"

《吴兴掌故》："顾渚的旁边有大小官山，都是茶园。明月峡在顾渚的旁边，陡峭的山峰耸立，宏大的涧水从中间流过，乱石飞落，茶叶就生长在这里面，所以更好了。张文规诗中所说的'明月峡中茶始生'，说的就是这个。""顾渚山，相传吴王夫差当年在这里，瞭望着平原可以为城池，才这样命名的。唐朝的时候，它的旁边大小官山上都是茶园，制造茶叶来充当贡品，所以它的下面有贡茶院。"

《蔡宽夫诗话》："湖州的紫笋茶出产于顾渚，在常、湖两郡之间，因为萌芽是紫色而且很像笋子，故得名。每年入贡，要在清明的时候进到，皇上先祭奠宗庙，然后再赏赐最亲近的臣子。"

冯可宾《岕茶笺》："环长兴境内，出产茶叶的地方被称为罗嶰、白岩、乌瞻、青东、顾渚、涤浦，没有办法全部列举出来，只有罗嶰最好。嶰境方圆十里的地方，也被称为嶰的，也不可胜数。嶰又叫作岕，意指两山之间的。罗隐在这里隐居，所以将它命名为罗嶰，在小秦王庙后面的，被称为庙后罗岕。洞山的岕茶，南面向着阳光，早上迎接初升的太阳，晚上沐浴在夕阳的余晖之下，接受了雨雾的精华，所以味道很特别。"

《名胜志》："茗山在萧山县西面约三里的地方，叫茗山是因为山里面出产很好的茶叶。另外上虞县的后山，茶叶也很好。"

《方舆胜览》："会稽山有日铸岭，岭下有寺庙，名为资寿。山的北面称为油车，早晚都有太阳，那里产的茶，绝奇。欧阳文忠公说："两浙茶草，日铸第一。"

《紫桃轩杂缀》："普陀山的老和尚送给我一包小白岩茶，叶子上面有白色的茸毛，泡的时候没有颜色，慢慢品味就会感觉凉透了心肺。和尚说："这种茶叶本山每年只出产五六斤，专供大士用，和尚能够喝到的很少。"

《普陀山志》："茶叶以白华岩顶的是最好的。"

《天台记》："丹丘出产大的茶叶，服用之后能够生出羽翼。"

（清）四季花卉海棠式壶

桑庄茹芝《续谱》：天台山的茶叶有三个品种：就是紫凝、魏岭、小溪。现在那个地方并没有出产，而当地人所用的，大多数来自西坑、东阳、黄坑等地方。石桥等山，近来也种植茶叶，味道清香，不比其他的地方差。因为出自名山雾中，汁液多而厚实。但是山中的寒气很重，萌发的也很迟，加上制造的方法不恰当，因此不能取胜。又因为所出产不多，只能供给山上的居民使用。"

《天台山志》："葛仙翁的茶园在华顶峰上。"

《群芳谱》："安吉州的茶叶又叫紫笋。"

《通志》："茶山在金华府兰溪县里。"

《广舆记》："鸠坑茶出自严州府淳安县。方山茶出自衢州府的龙游县。"

劳大舆《瓯江逸志》："浙江的东面多出产茶叶，雁宕山可以称为第一。每年谷雨前三天，采摘茶芽来进贡。一枪两旗而且有白色的毛的，名叫明茶；谷雨前采摘的，被称为雨茶。另外还有一种紫茶，颜色红紫，味道很好，香气尤其清新，又叫玄茶，它的味道像天池稍淡一点。因为又难种又收得少，当地的人很讨厌别人来索求，园圃里种得少，即使有一点也被熟人拿去了。按照卢仝《茶经》里面说的：'温州没有好的茶，天台的瀑布水、温州的水，水味很淡，只有雁宕山的水最好。'这种茶也是一等的，可以除腥腻、除烦恼、去昏散、消除积食。只用锡瓶来贮存的，味道清香，不用锡瓶装的，颜色不好看但滋味很好，跟阳羡山的茶没什么区别。在接近夏天的时候采摘，不适合过早,炒的时候应该熟而不应该生,像这样的方法制作的茶可以储存两三年。越是好的茶叶越是能够消化食物和解酒,这是最好的。"

王草堂《茶说》中说:"温州的中垄和濍上的茶叶都很出名,性质不冷也不热。"

屠粹忠《三才藻异》记载:"举岩,就是婺茶,每一片都很方细,煎煮出来就像碧乳一样。"

《江西通志》:"茶山在广信府的城北,陆羽曾经在那里居住。""洪州西山的白露鹤岭,被称为绝品,以紫清香城的为最好。还有双井茶芽,就是欧阳修所说的'石上生茶如凤爪'。又有罗汉茶像豆苗一样,因为是由灵观尊者从西山带到这里来的,所以才如此命名。"

《南昌府志》:"新建县鹅冈西有鹤岭,物品鲜美,草木灵秀,所出产的名茶跟其他地方的不一样。"

《通志》:"瑞州府所出产的茶芽,廖遒在《十咏》中把它称为雀舌香焙。其他像临江、南安等府都出产茶叶,庐山也出产茶叶。""袁州府界桥也出产茶叶,现在被称为仰山、稠平、木平的很好,稠平的最好。""赣州府宁都县出产林岕,是一个姓林的人用长指甲炒的,采摘和制作的方法很得当,香味也很不同,所以才得到了这个名称。"

《名胜志》:"茶山寺在上饶县城北三里的地方,按照《图经》的说法,就是广教寺。中间有几亩茶园,陆羽泉一眼。陆羽喜欢喝茶,居住的四周都种植着茶叶,用泉水来煮,后来的人于是就把广教寺称为茶山寺。宋代有被称为茶山居士的曾吉甫,名几,因为他的哥哥得罪了秦桧,所以建造了祠堂在这里居住,七年以来,闭门不问其他的事情。"

《丹霞洞天志》:"建昌府的麻姑山出产茶叶,只有山上的茶叶是比较好的,家园种植的差一点。"

《饶州府志》:"浮梁县阳府山,冬天没有积雪,所有的物体都很早成熟,而茶叶尤其特殊。金君卿的诗中说:'闻雷已荐鸡鸣笋,未雨先尝雀舌茶。'就是因为这个地方很暖和的缘故。"

《通志》："南康府出产的匡茶,清香可爱,茶叶的品质是最好的。""九江府彭泽县九都山所出产的茶叶,它的味道跟六安的茶有点相似。"

《方舆记》："德化茶出自九江府。另外崇义县多出产茶叶。"

《吉安府志》："龙泉县匡山有苦斋,章溢居住在这里,四面都是峭壁,下面有很多白云,上面多刮北风,所有植物的味道都是苦的。野蜜蜂在里面筑巢,采花蕊为蜜,味道也很苦。那里的茶叶比一般的都要苦。"

《群芳谱》："太和山骞林茶,开始泡的时候特别苦涩,泡了三四回之后,就觉得特别的清香,人们都认为它是茶宝。"

《福建通志》："福州、泉州、建宁、延平、兴化、汀州、邵武等地方,都出产茶叶。"

《合璧事类》："福州出产大片的方山茶叶,如紫笋,叶片非常大而且硬。需要浸在开水里面,才可以碾细。它能够治疗头痛,江东的老人很多都服用它。"

《天下名山记》："鼓山的半岩茶,颜色和风味,都称得上闽中第一,不比虎丘、龙井差。雨前的每一两仅值十钱,价钱十分便宜。又有说前朝每年进贡,到杨文敏的时候,才开始奏请废除这种规矩。然而近来官府索取,扰民的程度比进贡还要厉害。""柏岩,是福州的茶叶。岩就是柏梁台。"

《兴化府志》："仙游县所出产的郑宅茶,正宗的没有多少,大都掺杂着赝品,虽然很香但是味道却很淡。"

陈懋仁《泉南杂志》："清源的山茶,青翠芳馨,比天池要好。南安县的英山茶,其中最好的能够比得上虎丘,可惜所出产的没有清源的多。福建那里的气候温暖,桃李冬天就能够长出花朵,所以茶叶比吴地的茶叶要早。"

《延平府志》："棕毛茶出产于南平县,半山上的最好。"

《建宁府志》："北苑在郡城的东面,建州贡茶开始叫北苑龙团,而武夷石乳并不著名。到元朝的时候,在武夷扩大了规模,于是才能和北苑齐名。现在的人只知道有武夷,而不知道有北苑。吴越那里的人颇不重视闽茶,而特别羡慕北苑的名声,却不知道北苑其实就是闽茶。"

宋朝无名氏《北苑别录》："建安东面三十里的地方,有一座凤凰山,它的下面就是北苑,旁边有许多烘焙的地方,土壤肥沃,种茶是最好的。太平兴国年间,开始烘焙是为了制造贡品,做成龙凤的模样,用圆形的竹筐装着,看起来很珍贵。庆历年间,漕台也很重视此事,品种数量逐渐增加,制造的也更加精致。现在北苑的上等茶叶,是天下最好的,不是人间可以得到的。当春天到来的时候,很多人一起出动,一时之间,实在是很壮观。所以建人说到建安而不到北苑,跟没有到是一样的。我因为处理事务,得以研究它的前后始末,现在摘录它的大概,把它编纂成十几种,题目叫作《北苑别录》。"

"御园:九窠十二陇,麦窠,壤园,龙游窠,小苦竹,苦竹里,鸡薮窠,苦竹,苦竹源,鼯鼠窠,教练陇,凤凰山,大小焊,横坑,猿游陇,张坑,带园,焙东,中历,东际,西际,官平,石碎窠,上下官坑,虎膝窠,楼陇,蕉窠,新园,天楼基,院坑,曾坑,黄际,马安山,林园,和尚园,黄淡窠,吴彦山,罗汉山,水桑窠,铜场,师如园,灵滋,苑马园,高畲,大窠头,小山。另外还有四十六处,方圆三十几里,自官平往上的是内园,官坑往下的是外园。当春天的灵芽开始萌发的时候,官焙比茶农要早十几天烘焙,像九窠十二陇、龙游窠、小苦竹、张坑、西际,又在楚园的前面。"

《东溪试茶录》："以前记载建安郡的官焙总共有三十八处。丁氏旧录中说:'官府和私人烘焙的总共有一千三百三十六处',但是只记载着三十二种官焙。东山的烘焙有十四处:北苑龙焙,乳橘内焙,乳橘外焙,重院,壑岭,渭源,范源,苏口,东宫,石坑,连溪,香口,火梨,开山。南溪烘焙的地方总共有十二处:下瞿,漾州东,汾东,南溪,斯源,小香,际会,谢坑,沙龙,南香,中瞿,黄熟。西溪的烘焙有四个地方:慈善西,慈善东,慈惠,航坑。北山烘焙有两个:慈善东,丰乐。外面有曾坑、石坑、壑源、叶源、佛岭、沙溪等地。只有壑源的茶叶,特别甘香。""茶叶的名字有七个:一是白茶,民间很重视,是近几年出产的,园焙有时有。产地不能够根据山川的远近,萌发不以社火先后。茶叶就像纸一样,民间认为茶叶很吉祥,所以通过斗茶得出其中的第一名。其次是柑叶茶,树高一丈多,直径七八寸,叶子厚而圆,就像柑橘的叶子

一样,发出的芽就是肥乳,长二寸多,是茶叶之中上好的品种。三是早茶,也跟柑叶很相似,经常在早春的时候萌发,民间采制这种茶来试焙。四是细叶茶,叶子比柑叶细薄,树高的有五六尺,茶芽短而不肥厚,现在生长在沙溪山里面,因为土地贫瘠所以不茂盛。五是稽茶,叶子细小厚密,茶芽出来的比较晚而且呈青黄色。六是晚茶,属于稽茶一类,发芽比其他的茶叶都要晚,生长在社火以后。七是丛茶,也叫丛生茶,高不过几尺,一年能够发出四次新芽,贫民拿它来卖钱。"

《品茶要录》:"壑源、沙溪,两个地方相背,中间隔着一道山岭,相距没有几里路,然而出产的茶叶差别却很大。有人费力气移植来壑源的茶树,也被沙溪的水土所同化。所以说茶为草木,必须要得到土地的优势才能显得不一样。难道不是水络地脉偏偏钟情于壑源吗?而御焙占据了这样的大冈巍陇,神物伏护,难道不是得到了庇护吗?不然它怎能甘芳美味甲天下呢。春雷一响,竹笼才开始挑出去,而要购买的人已经拿着扁担到了门口,有的人还先期留下一点定金,或者茶叶刚刚挑回来就争着报价。所以壑源的茶,常常供不应求。其中有狡猾的园民,暗地里拿沙溪的茶叶夹杂在里面一起制作。听说壑源茶的名声,看起来又差不多,却弄不清真假的人是有的。如果壑源茶叶售价是十,那么沙溪茶叶售价就是五,它们的价值基本上是这样。然而沙溪的园民,也争着想牟利,有的在里面掺杂上松黄,来装饰它的表面。如果是肉理很薄、很轻而且颜色很黄的,试的时候颜色鲜白,不能长久浮在上面,香味很淡而且保持的时间不长的,就是沙溪茶。只要是肉理厚实、质地坚硬而且带着紫色的,试的时候在茶杯上漂浮的时间很长,就是壑源的茶。"

《潜榷类书》:"历代的贡茶都是以建宁的最好,有龙团、凤团、石乳、滴乳、绿昌明、头骨、次骨、末骨、鹿骨、山挺等,而密云龙最好,都是把茶碾碎做成饼。到我朝的时候才开始用芽茶,名为探春、先春、次春、紫笋,而龙凤团都已经没有了。"

《名胜志》:"北苑的茶园属于瓯宁县。以前的《经》中说:'伪闽龙启中的人张晖,用自己居住的北苑的茶叶来献给官府,它才开始出名。'"

《三才藻异》:"石岩白,是建安能仁寺里面的茶,生长在石缝之间。""建宁府所管辖的浦城县江郎山出产的茶叶,就叫江郎茶。"

《武夷山志》:"前朝不重视福建的茶叶,即使有作为贡品的也只是宫里面清洗茶杯用。贡使分类标价,付给到京师卖茶的人。偶尔直接采办,都是剑津廖那些地方所出产的,并不要武夷的。道士每年买山下的茶叶,再到山上去卖,人们也不能够分辨出来。""茶洞在接笋峰的旁边,洞门相当狭窄,里面很空旷,四周都是悬崖

(明)《明人演戏图》

峭壁。当地人种茶,认为那个地方长得最好。""崇安殿令让黄山的和尚用松萝的方法来制造建茶,可以跟松萝茶并驾齐驱,人们都觉得它很珍贵,所以当时有'武夷松萝'这样的称谓。"

王梓《茶说》:"武夷山的周围方圆一百二十里,都可以种植茶叶。别的地方出产的茶,多半是寒性的,而只有这里是暖性的。它们的品种有两个:山上的是岩茶,是最好的;长在地上的是洲茶,差一点。香味浊清不同,泡的时候岩茶的水是白色的,而洲茶的水却是红色的,这就是区别。雨前的是头春,往后是二春,再往后就是三春,还有秋天采摘的,是秋露白,最为馨香。必须要种植、采摘、烘焙的都很得当,则香气和味道才能两绝。然而武夷本来就是石山,山峦之上土很少,所以产量很低。如果是洲茶,到处都是,就是临近的县城很多也都有栽种,把它运到山里面和乡村、集市上去卖,用来冒充武夷茶。更有安溪所出产的茶,尤其不好。假如品尝它的味道不是很浓重的,都是用假来乱真的。至于莲子心、白毫这些洲茶,有的用木兰花熏成来欺诈别人,那跟岩茶的味道就差得很远了。"

张大复《梅花笔谈》:"《经》中说:'岭南茶出产于福州、建州。'现在武夷

所出产的茶,味道很好,这是因为这些山峰很挺拔。正如陆羽所说的'上好的茶生在烂石中。'"。

《草堂杂录》:"武夷山有三种茶,苦酸甜,是很奇特的一种,喝了之后味道果真多次变化,相传能够解酒消除腹胀。但是采制的很少,卖的人也很少。"

《随见录》:"武夷茶,在山上的是岩茶,水边的是洲茶。岩茶比较好,而洲茶比它差。岩茶,北山上的要好一点,而南山上的要差一点。南北两座山,又根据所出产的茶叶的名字来命名,其中最好的茶,被称为工夫茶。比工夫茶还好的,还有小种,则用树的名字来命名,每一棵树不过产几两,不能够多得。洲茶的种类,有莲子心、白毫、紫毫、龙须、凤尾、花香、兰香、清香、奥香、选芽、漳芽等品种。"

《湖广通志》:"武昌的茶叶,通山出产的比较好,而崇阳浦圻出产的就差一点。"

《广舆记》:"崇阳县龙泉山,方圆二百里地。山中有洞,好事的人拿着火把进去。走进去几十步远,里面平坦的就像室内一样,可以容纳上千人,石渠流出的泉水很清澈,乡里的人都把它叫作鲁溪。岩上出产的茶叶,很甜美。"

《天下名胜志》:"湖广江夏县的洪山,以前叫东山,《茶谱》中说:"鄂州东山所出产的茶叶,黑的就像韭菜一样,吃了之后头痛。"

《武昌郡志》:"茗山在浦圻县北十五里远的地方,出产茶叶。另外大冶县里也有茗山。"

《荆州土地记》:"武陵七个县都出产茶叶,品质都好。"

《岳阳风土记》:"湄湖周围的山以前都出产茶叶,被称为湄湖茶。李肇所说的'岳州湄湖之含膏'说的就是这个。唐朝的人特别重视,多次把它记录到了书上,现在的人不大种植,只有白鹤僧园里面还有上千棵。这里的土地跟北苑的很相近,所出产的茶叶每年也不过一二十斤,当地的人把它称为白鹤茶,味道特别甘香,不是别的地方的茶叶可以相比的。茶园土地的颜色也很相似，只是当地的人不多种植罢了。"

《通志》："长沙陵州茶，以地在茶山阴面，因此得名。以前炎帝被埋葬在茶山之野。茶山就是云阳山，因为山谷间多出产茶叶故得名。""长沙府出产的茶叶，名叫安化茶。辰州茶出自溆浦。彬州也出产茶叶。"

《类林新咏》中说："长沙的石楠叶，摘取它的芽做成茶，名叫栾茶，可以治疗头风。湖南人在四月四日的时候摘取杨桐草，捣拌汁米蒸熟，就像是蒸烂了的米糕，同时必喝这种茶，就可以治愈头风。"

《合璧事类》："谭郡之间有渠江，渠江出产茶叶，而且毒蛇猛兽很多，乡下人每年采摘的不过十五六斤，它的颜色就像铁一样，芳香异常，烹煮之后没有梗。""湘潭的茶叶，味道有点像普洱茶，当地的人把它称为芙蓉茶。"

《茶事拾遗》："潭州有铁色，夷陵有压砖。"

《通志》："靖州出产茶油，蕲水有茶山，出产茶叶。"

《河南通志》："罗山茶，出自河南汝宁府信阳州。"

《桐柏山志》："瀑布山，又叫紫凝山，出产大叶茶。"

《山东通志》："兖州府费县蒙山顶上，有花像茶叶一样，当地的人取来加工，味道清香跟其他的茶叶不一样，这是贡茶中的异品。"

《舆志》："蒙山又名东山，上面的白云岩出产茶叶，也称为蒙顶。［王草堂说："只是石头上的苔藓而已，并不是茶叶。"］

《广东通志》："广州韶州南雄、肇庆各府以及罗定州，都出产茶叶。西樵山在郡城西面一百二十里的地方，有七十二座峰峦，唐朝末年的诗人曹松，将顾渚茶树移植到了这里，这里的人于是就以种植茶叶为生。""韶州府曲江县曹溪茶，每年可以采摘三四次，它的味道特别清香甘甜。""潮州的大埔县、肇庆的恩平县，都有茶山。德庆州有茶山。钦州灵山县也有茶山。"

吴陈琰《旷园杂志》："端州白云山山上的云很奇特，山民故意把茶叶种植在峭壁上，每年不过得到一担多一点，可以值上百金。"

王草堂《杂录》："粤东珠江以南产茶，又叫河南茶。潮州有凤山茶，乐昌有毛茶，长乐有石茗，琼州有灵茶、乌药茶等。"

《岭南杂记》："广南出产苦蓥茶,俗称为苦丁,并不是茶叶。这种茶叶大的就像手掌一样,放一片到壶里面,味道很苦涩,少放反而有甜味,含着能治疗咽喉病痛,效果就和山豆根一样。""化州有琉璃茶,出自琉璃庵。产量不多,香气跟峒岕很相似。和尚拿它来招待客人,还不足一两。""罗浮有一种茶,生长

（宋）定窑蝇纹盖碗

在山顶的石头上,剥开之后就像是蒙山的石茶,香味比广岕好,不能够多得。"

《南越志》："龙川县出产皋卢,味道相当苦涩,南海叫作过卢。"

《陕西通志》："汉中府兴安州等地方出产茶叶,像金州、石泉、汉阴、平利、西乡等县都有茶园,别的地方没有。"

《四川通志》："四川出产茶叶的州县有二十九处,成都府的资阳、安县、灌县、石泉、崇庆等;重庆府的南川、黔江、鄞都、武隆、彭水等;夔州府的建始、开县等,还有保宁府、遵义府、嘉定州、泸州、雅州、乌蒙等地方。""东川茶有神泉、兽目,邛州茶叫火井。"

《华阳国志》："涪陵没有蚕桑,只有茶叶、丹漆、蜜蜡。"

《华夷花木考》："蒙顶茶接受阳光多,所以很香。唐朝的李德裕到蜀地之后得到了蒙饼,把它放在汤瓶里面,移开的时候都化了,以此来验证蒙顶的真假。另外还有五花茶,茶片出自五种茶。"

毛文锡《茶谱》："蜀州的晋原、洞口、横原、珠江、青城,有横芽、雀舌、鸟觜、麦颗,这都是取茶的嫩芽制造的,以它们的形状命名。另外还有片甲、蝉翼的差别。所谓片甲,是早春发,叶子合抱在一起像片甲一样。所谓蝉翼,是指它的叶子嫩薄的就像蝉翼一样,都是散茶当中最好的。"

《东斋记事》："蜀地雅州蒙顶出产的茶叶最好。它发的很晚,每年春夏交替开始出现,常常有云雾覆盖在树上,就像有神灵保护一样。"

《群芳谱》："峡州的茶叶有小江园、碧涧寮、明月房、茱萸寮等等。"

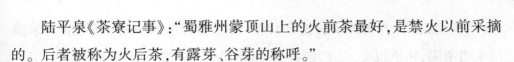

陆平泉《茶寮记事》："蜀雅州蒙顶山上的火前茶最好，是禁火以前采摘的。后者被称为火后茶，有露芽、谷芽的称呼。"

《述异记》："巴东有真正的香茗，花的颜色白的就像蔷薇一样，煎服之后能够让人减少睡眠，增强记忆力。"

《广舆记》："峨眉山的茶叶，味道开始的时候是苦涩的，而后来却有点甜。另外泸州的茶叶可以治疗风疾。还有一种乌茶是出于天全六番讨使司所管辖的境内。"

王新城《陇蜀余闻》："蒙山在名山县西面十五里的地方，有五座山峰，最高的被称为上清峰。山顶一块大石有几间屋子大，有七棵茶树生长在石头上，没有缝隙，据说是甘露大师亲自栽种的。每当茶叶长了出来，智炬寺的和尚立即就告诉有司去查看，记下它叶子的多少，采摘制造之后所得不过几钱而已。明朝时期进贡给京师的也只有一钱多一点。环石另外有几十棵，被称为陪茶，供藩府诸司的官员所用。它的旁边有山泉，一直用石头压着，味道特别的清妙，比惠泉还好。"

《云南记》："名山县出产茶叶，有被称为蒙山的山，连绵几十里路，在西南方向。按照《拾遗志》《尚书》中所说的'蔡蒙旅平'，指的就是蒙山，在雅州。只要是蜀地的茶叶都产自这里。"

《云南通志》："茶山在元江府城西北的普洱界内。太华山在云南府的西面，所出产的茶叶就像松萝一样，名叫太华茶。""普洱茶出自元江府普洱山，性质温和清香。儿茶出自永昌府，都制作成团状。另外感通茶是大理府点苍山感通寺出产的。"

《续博物志》："威远州就是唐代南诏银生府的所在，那里各山都出产茶叶，收获和采摘没有固定的时间，夹杂上椒、姜烹煮饮用。"

《广舆记》："云南广西府出产茶叶。另外湾甸州出产茶叶，境内孟通山所出产的茶，类似阳羡茶，谷雨前采摘的最香。""曲靖府所出产的茶叶，茶子丛生，单叶子可用来榨油。"

许鹤沙《滇行纪程》："云南中阳山所出产的茶叶，跟松萝很相似。"

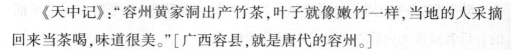

《天中记》:"容州黄家洞出产竹茶,叶子就像嫩竹一样,当地的人采摘回来当茶喝,味道很美。"[广西容县,就是唐代的容州。]

《贵州通志》:"贵阳府出产茶叶,出产自龙里东苗坡和阳宝山,当地人制作的方法不得当,所以味道不是很好。近来有采摘茶芽来制造的,稍好一些。威宁府的茶叶产自平远,长在岩石之间,如果制作的方法得当的话,味道也很好。"

《地图综要》:"贵州新添军民卫产茶,平越军民卫也出产茶叶。"

《研北杂志》:"交趾出产茶叶,像绿苔一样,味道辛烈,名叫登茶。北方人重译,把茶叫作钗。"

九、茶之略

茶事著述名目

【原文】

《茶经》三卷,唐太子文学陆羽撰。

《茶记》三卷,前人,见《国史·经籍志》。

《顾渚山记》二卷,前人。

《煎茶水记》一卷,江州刺史张又新撰。

《采茶录》三卷,温庭筠撰。

《补茶事》,太原温从云、武威段碣之。

《茶诀》三卷,释皎然撰。

《茶述》,裴汶。

《茶谱》一卷,伪蜀毛文锡。

《大观茶论》二十篇,宋徽宗撰。

《建安茶录》三卷,丁谓撰。

《试茶录》二卷,蔡襄撰。

《进茶录》一卷，前人。

《品茶要录》一卷，建安黄儒撰。

《建安茶记》一卷，吕惠卿撰。

《北苑拾遗》一卷，刘异撰。

《北苑煎茶法》，前人。

《东溪试茶录》，宋子安集，一作朱子安。

《补茶经》一卷，周绛撰。又一卷，前人。

《北苑总录》十二卷，曾伉录。

《茶山节对》一卷，摄衢州长史蔡宗颜撰。

《茶谱遗事》一卷，前人。

《宣和北苑贡茶录》，建阳熊蕃撰。

《宋朝茶法》，沈括。

《茶论》，前人。

《北苑别录》一卷，赵汝砺撰。

《北苑别录》，无名氏。

《造茶杂录》，张文规。

《茶杂文》一卷，集古今诗及茶者。

《壑源茶录》一卷，章炳文。

《北苑别录》，熊克。

《龙焙美成茶录》，范逵。

《茶法易览》十卷，沈立。

《建茶论》，罗大经。

《煮茶泉品》，叶清臣。

《十友谱·茶谱》，佚名。

《品茶》一篇，陆鲁山。

《续茶谱》，桑庄茹芝。

《茶录》，张源。

《煎茶七类》,徐渭。

《茶寮记》,陆树声。

《茶具图》一卷,前人。

《茗笈》,屠本畯。

《茶录》,冯时可。

《岕山茶记》,熊明遇。

《茶疏》,许次杼。

《八笺茶谱》,高濂。

《煮泉小品》,田艺蘅。

《茶笺》,屠隆。

《岕茶笺》,冯可宾。

《峒山茶系》,周高起伯高。

《水品》,徐献忠。

《竹懒茶衡》,李日华。

《茶解》,罗廪。

《松寮茗政》,卜万祺。

《茶谱》,钱友兰翁。

《茶集》一卷,胡文焕。

《茶记》,吕仲吉。

《茶笺》,闻龙。

《岕茶别论》,周庆叔。

《茶董》,夏茂卿。

《茶说》,邢士襄。

《茶史》,赵长白。

《茶说》,吴从先。

《武夷茶说》,袁仲儒。

《茶谱》,朱硕儒。〔见《黄舆坚集》〕

黄道周　山水

《岕茶汇钞》，冒襄。

《茶考》，徐燉。

《群芳谱·茶谱》，王象晋。

佩文斋《广群芳谱·茶谱》。

【译文】（略）。

诗文名目

【原文】

杜毓《荈赋》

顾况《茶赋》

吴淑《茶赋》

李文简《茗赋》

梅尧臣《南有佳茗赋》

黄庭坚《煎茶赋》

程宣子《茶铭》

曹晖《茶铭》

苏廙《仙芽传》

汤悦《森伯传》

苏轼《叶嘉传》

支廷训《汤蕴之传》

徐岩泉《六安州茶居士传》

吕温《三月三日茶宴序》

熊禾《北苑茶焙记》

赵孟頫《武夷山茶场记》

暗都剌《喊山台记》

文德翼《庐山免给茶引记》

茅一相《茶谱序》

中华茶道

清虚子《茶论》

何恭《茶议》

汪可立《茶经后序》

吴旦《茶经跋》

童承叙《论茶经书》

赵观《煮泉小品序》

【译文】（略）。

诗文摘句

【原文】

《合璧事类·龙溪除起宗制》有云："必能为我讲摘山之制，得充厩之良。"

胡文恭《行孙咨制》有云："领算商车，典领茗轴。"

唐武元衡有《谢赐新火及新茶表》。刘禹锡、柳宗元有《代武中丞谢赐新茶表》。

韩翃《为田神玉谢赐茶表》，有"味足蠲邪，助其正直；香堪愈疾，沃以勤劳。吴主礼贤，方闻置茗；晋臣爱客，才有分茶"之句。

《宋史》："李稷重秋叶、黄花之禁。"

宋《通商茶法诏》，乃欧阳修笔。《代福建提举茶事谢上表》，乃洪迈笔。

谢宗《谢茶启》："比丹丘之仙芽，胜乌程之御荈。不止味同露液，白况霜华。岂可为酪苍头，便应代酒从事。"

《茶榜》："雀舌初调，玉碗分时茶思健；龙团捶碎，金渠碾处睡魔降。"

刘言史与孟郊洛北野泉上煎茶，有诗。

僧皎然寻陆羽不遇，有诗。

白居易有《睡后茶兴忆杨同州》诗。

皇甫曾有《送陆羽采茶》诗。

刘禹锡《石园兰若试茶歌》有云："欲知花乳清冷味，须是眠云跂石人。"

郑谷《峡中尝茶》诗："入座半瓯轻泛绿,开缄数片浅含黄。"

杜牧《茶山》诗:"山实东南秀,茶称瑞草魁。"

施肩吾诗:"茶为涤烦子,酒为忘忧君。"

秦韬玉有《采茶歌》。

颜真卿有《月夜啜茶联句》诗。

司空图诗:"碾尽明昌几角茶。"

李群玉诗:"客有衡山隐,遗余石廪茶。"

李郢《酬友人春暮寄枳花茶》诗。

蔡襄有《北苑茶垄采茶、造茶、试茶诗五首》。

《朱熹集》:"香茶供养黄柏长老悟公塔,有诗。"

文公《茶坂》诗:"携籝北岭西,采叶供茗饮。一啜夜窗寒,跏趺谢衾枕。"

苏轼有《和钱安道寄惠建茶》诗。

《坡仙食饮录》:"有《问大冶长老乞桃花茶栽》诗。"

《韩驹集·谢人送凤团茶》诗:"白发前朝旧史官,风炉煮茗暮江寒;苍龙不复从天下,拭泪看君小凤团。"

苏辙有《咏茶花诗》二首,有云:"细嚼花须味亦长,新芽一粟叶间藏。"

孔平仲梦锡惠墨,答以蜀茶,有诗。

岳珂《茶花盛放满山》诗,有"洁躬淡薄隐君子,苦口森严大丈夫"之句。

《赵抃集·次谢许少卿寄卧龙山茶》诗,有"越芽远寄入都时,酬唱争夸互见诗"之句。

文彦博诗:"旧谱最称蒙顶味,露芽云液胜醍醐。"

张文规寺:"明月峡中茶始生。"明月峡与顾渚联属,茶生其间者,尤为绝品。

孙觌有《饮修仁茶》诗。

韦处厚《茶岭》诗:"顾渚吴霜绝,蒙山蜀信稀。千丛因此始,含露紫茸肥。"

《周必大集·胡邦衡生日以诗送北苑八銙日注二瓶》:"贺客称觞满冠霞,悬知酒渴正思茶。尚书八饼分闽焙,主簿双瓶拣越芽。"又有《次韵王少府送焦坑茶》诗。

陆放翁诗:"寒泉自换菖蒲水,活火闲煎橄榄茶。"又《村舍杂书》:"东山石上茶,鹰爪初脱韝。雪落红丝磑,香动银毫瓯。爽如闻至言,余味终日留。不知叶家白,亦复有此否。"

刘诜诗:"鹦鹉茶香堪供客,荼蘼酒熟足娱亲。"

王禹偁《茶园》诗:"茂育知天意,甄收荷主恩。沃心同直谏,苦口类嘉言。"

《梅尧臣集·朱著作寄凤茶》诗:"团为苍玉璧,隐起双飞风。独应近日颂,岂得常寮共。"又《李求仲寄建溪洪井茶七品》云:"忽有西山使,始遗七品茶。末品无水晕,六品无沉楂。五品散云脚,四品浮粟花。三品若琼乳,二品罕所加。绝品不可议,甘香焉等差。"又《答宣城梅主簿遗鸦山茶》诗云:"昔观唐人诗,茶咏鸦山嘉。鸦衔茶子生,遂同山名鸦。"又有《七宝茶》诗云:"七物甘香杂蕊茶,浮花泛绿乱于霞。啜之始觉君恩重,休作寻常一等夸。"又吴正仲饷新茶,沙门颖公遗碧霄峰茗,俱有吟咏。

戴复古《谢史石窗送酒并茶诗》曰:"遗来二物应时须,客子行厨用有余。午困政需茶料理,春愁全仗酒消除。"

费氏《宫词》:"近被宫中知了事,每来随驾使煎茶。"

杨廷秀有《谢木舍人送讲筵茶》诗。

张观 《疏林茅屋图》

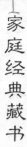

叶适有《寄谢王文叔送真日铸茶》诗云:"谁知真苦涩,黯淡发奇光。"

杜本《武夷茶》诗云:"春从天上来,嘘咈通寰海。纳纳此中藏,万斛珠蓓蕾。"

刘秉忠《尝云芝茶》诗云:"铁色皱皮带老霜,含英咀美入诗肠。"

高启有《月团茶歌》,又有《茶轩诗》。

杨慎有《和章水部沙坪茶歌》,沙坪茶出玉垒关外,实唐山。

董其昌《赠煎茶僧》诗:"怪石与枯槎,相将度岁华。凤团虽贮好,只吃赵州茶。"

娄坚有《花朝醉后为女郎题品泉图》诗。

程嘉燧有《虎丘僧房夏夜试茶歌》。

《南宋杂事诗》云:"六一泉烹双井茶。"

朱隗《虎丘竹枝词》:"官封茶地雨前开,皂隶衙官搅似雷。近日正堂偏体贴,监茶不遣掾曹来。"

绵津山人《漫堂咏物》有《大食索耳茶杯诗》云:"粤香泛永夜,诗思来悠然。"[注:武夷有粤香茶。]

薛熙《依归集》有《朱新庵今茶谱序》。

【译文】(略)。

十、茶之图

历代图画名目

【原文】

唐张萱有《烹茶士女图》,见《宣和画谱》。

唐周昉寓意丹青,驰誉当代,寅和御府所藏有《烹茶图》一。

五代陆滉《烹茶图》一,宋中兴馆阁储藏。

宋周文矩有《火龙烹茶图》四,《煎茶图》一。

宋李龙眠有《虎阜采茶图》，见题跋。

宋刘松年绢画《卢仝煮茶图》一卷，有元人跋十余家。范司理龙石藏。

王齐翰有《陆羽煎茶图》，见王世懋《澹园画品》。

董迪《陆羽点茶图》，有跋。

元钱舜举画《陶学士雪夜煮茶图》，在焦山道士郭第处，见詹景凤《东冈玄览》。

史石窗名文卿，有《煮茶图》，袁桷作《煮茶图诗序》。

冯璧有《东坡海南烹茶图并诗》。

严氏《书画记》有杜柽居《茶经图》。

汪珂玉《珊瑚网》载《卢仝烹茶图》。

明文徵明有《烹茶图》。

沈石田有《醉茗图》，题云："酒边风月与谁同，阳羡春雷醉耳聋。七碗便堪酬酪酊，任渠高枕梦周公。"

沈石田有《为吴匏庵写虎丘对茶坐雨图》。

《渊鉴斋书·画谱》，陆包山治有《烹茶图》。

（补）元赵松雪有《宫女啜茗图》，见《渔洋诗话·刘孔和诗》。

【译文】（略）。

茶具十二图

【原文】

韦鸿胪

赞曰："祝融司夏，万物焦烁，火炎昆冈，玉石俱焚，尔无与焉。乃若不使山谷之英堕于涂炭，子与有力矣。上卿之号，颇著微称。"

【译文】

韦鸿胪（即"竹茶笼"）

赞语："火神主宰夏天，烈日曝晒山冈，玉石俱焚，怎么能够没有你呢？假如不想让山谷之英毁于涂炭，全靠你的作用了。上卿的名号，很适合称呼你。"

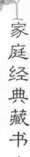

【原文】

木待制

上应列宿,万民以济,禀性刚直,摧折强梗,使随方逐圆之徒,不能保其身。善则善矣,然非佐以法曹,资之枢密,亦莫能成厥功。

【译文】

木待制(即"木椎")

与天上的星宿相对应,救助天下的黎民百姓,禀性刚直,摧折坚硬的梗子,使随波逐流之徒不能保全其身。好是好,如果没有法曹辅佐枢密帮助的话,也不能发挥这样大的作用。

【原文】

金法曹

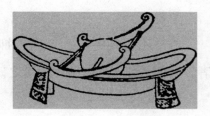

柔亦不茹,刚亦不吐,圆机运用,一皆不法,使强梗者不得殊轨乱撤,岂不韪与。

【译文】

金法曹(即"金属茶碾")

柔性的不会流出来,坚硬的也能够装得下,随机运用起来,都比较合适,使那些强梗的东西不至于扰乱秩序,这难道不好吗?

【原文】

石转运

抱坚质,怀直心,哜嚅英华,周行不怠。斡摘山之利,操漕权之重。循环自常,不舍正而适他,虽没齿无怨言。

【译文】

石转运(即"石磨")

质地坚硬,里面空心,吸取精华,来回运行不停。磨的是摘自山上的有用的东西,做的是官府重视的事情。来回不停的转动,不会舍弃本职而做别的,不管怎样都没有怨言。

中華茶道

【原文】

胡员外

周旋中规而不逾其间,动静有常而性苦其卓,郁结之患悉能破之。虽中无所有,而外能研究,其精微不足以望圆机之士。

【译文】

胡员外(即"葫芦水杓")

外圆内直不会超过它的中线,常常操作它使它为卓越的功能而苦,沉积过多容易把它弄破。虽然里面没有什么别的东西,但是外面却值得研究,它的精细微妙比不上圆滑机灵之士。

【原文】

罗枢密

机事不密则害成。今高者抑之,下者扬之,使精粗不致于混淆,人其难诸。奈何矜细行而事喧哗,惜之。

【译文】

罗枢密(即"茶罗")

不致密的话那就容易导致失败。好的自然会留在上面,次的洒落到下面,这样就能使好的与不好的不至于被混淆,人力很难做到这样的事情。只可惜行事谨慎却大声喧哗。

【原文】

宗从事

孔门高弟,当洒扫应对事之末者,亦所不弃。又况能萃其既散,拾其已遗,运寸毫而使边尘不飞,功亦善哉。

【译文】

宗从事(即"棕茶帚")

孔子的得意门生,就是对清扫这些最细小的事也不会忽视。更何况能够把已经分散的东西聚集到一起,把已经丢失的东西重新收拾起来,运用这些一寸长的毛发就能使旁边的尘土不至于随意飞舞,它的功劳也很大啊。

【原文】

漆雕秘阁

危而不持,颠而不扶,则吾斯之未能信。以其弭执热之患,无坳堂之覆,故宜辅以宝文而亲近君子。

【译文】

漆雕秘阁(即"漆雕茶盏托")

虽然高危但是并不需要人去扶持,我们未必会信。用它来消除拿起来时的烫热,以免在屋子里面摔碎杯子,所以适宜于辅助茶碗而讨君子喜欢。

【原文】

陶宝文

出河滨而无苦窳,经纬之象,刚柔之理,炳其彪中。虚己待物,不饰外貌,休高秘阁,宜无愧焉。

【译文】

陶宝文(即"陶制茶碗")

出自河边但是却没有腐烂变苦,泾渭分明,文理刚柔相济,里面很明亮。中间的可以装东西,不装饰外表,可是把它放在高阁之上,也不觉得有什么不合适的。

【原文】

汤提点

养浩然之气,发沸腾之声,以执中之能,辅成汤之德,斟酌宾主间,功迈仲叔圉。然未免外烁之忧,复有内热之患,奈何?

【译文】

汤提点(即"水瓶")

蓄养向上的水气,发出沸腾的声音,以执中的能力,辅助加工成茶水的功德,在宾主间斟酌,功劳胜过仲叔圉。然而不免有外面烁热的顾虑,里面过于滚热的忧患,有什么办法呢?

【原文】

中华茶道

竺副帅

首阳饿夫,毅谏于兵沸之时,方今鼎扬汤能探其沸者几希。于之清节,独以身试,非临难小顾者,畴见尔。

【译文】

竺副帅(即"竹制茶筅")

伯夷、叔牙毅然在叛军进犯的时候进言,才知道鼎中开水沸腾时能探试的很少。你的高风亮节,就在于以身试法,不是临危不顾的不会这样做的,由此可见。

【原文】

司职方

互乡童子,圣人犹与其进。况端方质素,经纬有理,终身涅而不缁者,此孔子所以与洁也。

【译文】

司职方(即"茶巾")

互乡的小孩,圣人都跟他学习,更何况这样端庄素丽、泾渭分明、全身为黑色所染却不变黑的东西,这就是孔子所以与高洁者在一起的原因。

竹炉并分封茶具六事

【原文】

苦节君

铭曰:肖形天地,匪冶匪陶。心存活火,声带湘涛。一滴甘露,涤我诗肠。清风两腋,洞然八荒。

【译文】

苦节君

有记载说:以天地为形,不是铁不是陶。心存活火,声带湘涛。一滴甘甜的茶水,能够洗涤我的诗肠。清爽的风从两腋吹过,就进入浑然忘我的境界。

【原文】

苦节君行省

茶具六事分封,悉贮于此,侍从苦节君,于泉石山斋亭馆间执事者,故以行省名之。陆鸿渐所谓都篮者,此其是与。

【译文】

苦节居行省(即"装茶具的篮子")

茶具六种用品,都被收存在里面,侍从苦节君在泉石山斋亭馆里行事的,所以叫行省这个名字。陆鸿渐所说的都篮,指的就是这个。

【原文】

建城

茶宜密裹,故以箬笼盛之,今称建城。按《茶录》云:"建安民间以茶为尚。"故据地以城封之。

【译文】

建城

茶叶适宜密封,所以才用竹笼装起来,现在被称为建城。按照《茶录》所说:"建安时期民间以喝茶为时尚。"所以用建城这种名字叫它。

【原文】

云屯

泉汲于云根,取其洁也。今名云屯,盖云即泉也,贮得其所,虽与列职诸君同事,而独屯于斯,岂不清高绝俗而自贵哉。

【译文】

云屯

在云的深处取水,取水的洁净。现在叫它云屯,云就是泉水,泉水贮在这样的地方才是贮得其所,虽然和其他东西并列职,而唯独把泉水贮存在这里面,岂不是超凡脱俗很值得自贵吗?

【原文】

乌府

炭之为物,貌玄性刚,遇火则威灵气焰,赫然可畏,苦节君得此甚利于用也。况其别号乌银,故特表章其所藏之具曰乌府,不亦宜哉。

【译文】

乌府

炭这种物体,外形很黑,性格刚烈,遇到明火就会燃烧冒出火焰,看起来很可怕的样子,苦节君得到这些东西能够很方便地加以利用。况且它的别号为乌银,所以特意将藏它的器具称之为乌府,不也是很合适的吗?

【原文】

水曹

茶之真味,蕴诸旗枪之中,必浣之以水而后发也。凡器物用事之余,未免残沥微垢,皆赖水沃盥,因名其器曰水曹。

【译文】

水曹

茶叶的本味,蕴藏在旗枪里面,必须浸在水里才能散发出来。所有的器物用过之后,难免残留有细小的污垢,都要依靠水来清洗,所以就叫这种器具为水曹。

【原文】

器局

一应茶具,收贮于器局。供役苦节君者,故立名管之。

【译文】

器局

所有的茶具,都放到器局里面,供苦节君使用,所以叫它管之。

【原文】

品司

茶欲啜时,入以笋、榄、瓜、仁、芹、蒿之属,则清而且佳,因命湘君,设司检束。

【译文】

品司

要饮茶的时候,加入笋、榄、瓜、芹、蒿这些东西,那么就会显得清香美味,所以把这个使命交给竹子,设司来检束这些东西。

罗先登《续文房图赞》

【原文】

玉川先生

毓秀蒙顶,蜚英玉川,搜搅胸中,书传五千。儒素家风,清淡滋味,君子之交,其淡如水。

【译文】

玉川先生

葱笼秀毓的蒙山顶之上、河流之中蕴藏着秀美的景色,搜搅胸中,诗书有五千。门风儒雅,滋味清淡,君子之交,其淡如水。

附录

茶　法

【原文】

《唐书》:"德宗纳户部侍郎赵赞议,税天下茶、漆、竹、木,十取一,以为常平本钱。及出奉天,乃悼悔,下诏亟罢之。及朱泚平,佞臣希意与利者益进。贞元八年,以水灾减税。明年,诸道盐铁使张滂奏:出茶州县若山及商人要路,以三等定估,十税其一,自是岁得钱四十万缗。穆宗即位,盐铁使王

播图宠以自幸,乃增天下茶税,率百钱增五十。天下茶加斤至二十两。播又奏加取焉。右拾遗李珏上疏谓:'榷率本济军兴,而税茶自贞元以来方有之,天下无事,忽厚敛以伤国体,一不可;茗为人饮,盐粟同资,若重税之,售必高,其弊先及贫下,二不可;山泽之产无定数,程斤论税,以售多为利,若腾价则市者寡,其税几何,三不可。'其后王涯判二使,置榷茶使,徙民茶树于官场,焚其旧积者,天下大怨。令狐楚代为盐铁使兼榷茶使,复令纳榷,加价而已。李石为相,以茶税皆归盐铁,复贞元之制。武宗即位,崔珙又增江淮茶税。是时茶商所过州县有重税,或夺掠舟车,露积雨中,诸道置邸以收税,谓之踏地钱。大中初,转运使裴休著条约:私鬻如法论罪,天下税茶增倍贞元。江淮茶为大模,一斤至五十两。诸道盐铁使于悰,每斤增税钱五,谓之剩茶钱,自是斤两复旧。""元和十四年,归光州茶园于百姓,从刺史房克让之请也。""裴休领诸道盐铁转运使,立税茶十二法,人以为便。""藩镇刘仁恭禁南方茶,自撷山为茶,号山曰大恩,以邀利。""何易于为益昌令盐铁官,榷取茶利诏下,所司毋敢隐。易于视诏曰:'益昌人不征茶且不可活,矧厚赋毒之乎?'命吏阁诏,吏曰:'天子诏何敢拒。吏坐死,公得免窜耶?'易于曰:'吾敢爱一身,移暴于民乎? 亦不使罪及尔曹。'即自焚之。观察使素贤之,不劾也。""陆贽为宰相,以赋役烦重,上疏云:天灾流行四方,代有税茶钱积户部者,宜计诸道户口均之。"

《五代史》:"杨行密,字化源,议出盐茗,俾民输帛幕府。高勖曰:'创破之余,不可以加敛,且帑资何患不足。若悉我所有,以易四邻所无,不积财而自有余矣。'行密纳之。"

《宋史》:"榷茶之制,择要会之地,曰江陵府,曰真州,曰海州,曰汉阳军,曰无为军,曰蕲之蕲口,不榷货务六。初,京城、建安、襄、复州皆有务,后建安、襄、复之务废,京城务虽存,但会给交钞往还而不积茶货。在淮南则蕲、黄、庐、舒、光、寿六州,官自为场,置吏总谓之山场者十三。六州采茶之民皆隶焉,谓之园户,岁课作茶输租,余则官悉市之。总为岁课八百六十五万余斤,其出鬻者皆就本场。在江南则宣、歙、江、池、饶、信、洪、抚、筠、袁十州,广德、兴国、临江、建昌、南康五军;两浙则杭、苏、明、越、婺、处、温、台、湖、常、衢、睦十二州;荆湖则江陵府,潭、澧、鼎、鄂、岳、归、峡七州,荆门军;福建则建、剑二州,岁如山场输租折税。"

"总为岁课江南千二十七万余斤,两浙百二十万九千余斤,荆湖二百四十七万余斤,福建三十九万余斤,悉从六榷货务鬻之。茶有二类,曰片茶,曰散茶。片茶蒸造,实模中串之,唯建、剑则既蒸而研,编竹为格,置焙室中,最为精洁,他处不能造。有龙凤、石乳、白乳之类十二等,以充岁贡及邦国之用。其出虔、袁、饶、池、光、歙、潭、岳、辰、澧州,江陵府,兴国临江军,有仙芝、玉津、先春、绿芽之类二十六等;两浙及宣、江、鼎州,又以上中下或第一至第五为号。散茶出淮南、归州、江南、荆湖,有龙溪、雨前、雨后之类十一等,江、浙又有上中下或第一等至第五为号者。民之欲茶者售于官,给其食用者,谓之食茶,出境者则给券。商贾贸易,入钱若金帛京师榷货务,以射六务,十三场,愿就东南入钱若金帛者听。凡民茶匿不送官及私贩鬻者,没入之,计其直论罪。园户辄毁败茶树者,计所出茶论如法。民造温为茶,比犯真茶计直十分论二分之罪。主吏私以官茶贸易及一贯五百者死。自后定

(清)紫砂茶叶罐

法，务从轻减。太平兴国二年，主吏盗官茶贩鬻钱之贯以上，黥面送阙下。"

"淳化三年，论直十贯以上，黥面配本州牢城。巡防卒私贩茶，依旧条加一等论。凡结徒持仗贩易私茶、遇官司擒捕抵拒者，皆死。太平兴国四年，诏鬻伪茶一斤，杖一百，二十斤以上弃市。[厥后更改不一，载全史。]陈恕为三司使将立茶法，召茶商数十人，俾条陈利害，第为三等，具奏太祖曰：'吾视上等之说取利太深，此可行于商贾，不可行于朝廷。下等之说，固灭裂无取。惟中等之说，公私皆济。吾裁损之，可以经久。'行之数年，公用足而民富实。""太祖开宝七年，有司以湖南新茶异于常岁，请高其价以鬻之，太祖曰：'道则善，毋乃重困吾民乎。'即诏第复旧制，勿增价值。""熙宁三年，熙河运使以岁计不足乞以官茶博籴，每茶三斤易粟一斛，其利甚薄。朝廷谓茶马司本以博马，不可以博籴于茶。马司岁额外，增买川茶两倍，朝廷别出钱二万给之。令提刑司封桩，又令茶马官程之邵兼转运使，由是数岁边用粗足。"

"神宗熙宁七年，干当公事李杞入蜀经画买茶，秦凤、熙河博马。王上韶言西人颇以善马至边交易，所嗜惟茶。自熙、丰以来，旧博马皆以粗茶，乾道之末，始以细茶遗之。成都利州路十二州产茶二千一百二万斤，茶马司所收大较若此。""茶利，嘉祐间禁榷时，取一年中数计一百九万四千九十三贯八百八十五钱，治平间通商后，计取数一百一十七万五千一百四贯九百一十九钱。"

琼山丘氏曰："后世以茶易马，始见于此。盖自唐世回纥入贡，先已以马易茶，则西北之嗜茶有自来矣。"

苏辙《论蜀茶状》："园户例收晚茶，谓之秋老黄茶，不限早晚，随时即卖。"

沈括《梦溪笔谈》："乾德二年，始诏在京、建州、汉阳、蕲口各置榷货务。五年，始禁私卖茶，从不应为情理重。太平兴国二年，删定禁法条贯，始立等科罪。淳化二年，令商贾就园户买茶，公于官场贴射，始行贴射法。淳化四年，初行交引，罢贴射法。西北入粟，给交引，自通利军始。是岁，罢诸处榷货务，寻复依旧。至咸平元年，茶利钱以一百三十九万二千一百一十九贯为额。至嘉祐三年,凡六十一年,用此额,官本杂费皆在内,中间时有增亏,岁入不常。咸平五年,三司使王嗣宗始立三分法,以十分茶价,四分给香药,三分犀象,三分茶引。六年,又改支六分香药犀象,四分茶引。景德二年,许人入中钱帛金银,谓之三说。至祥符九年,茶引益轻,用知秦州曹玮议,就永兴、凤翔以官钱收买客引,以救引价,前此累增加饶钱。至天禧二年,镇戎军纳大麦一斗,本价通加饶,共支钱一贯二百五十四。乾兴元年,改三分法,支茶引三分,东南见钱二分半,香药四分半。天圣元年,复行贴射法。行之三年,茶利尽归大商,官场但得益晚恶茶,乃诏孙奭重议,罢贴射法。明年,推治元议,省吏、计覆官、旬献官,皆决配沙门岛。元详定枢密副使张邓公、参知政事吕许公、鲁肃简各罚俸一月,御史中丞刘筠、入内内侍省副都知周文质、西上阁门使薛昭廓、三部副使,各罚铜二十斤;前三司使李咨落枢密直学士,依旧知洪州。皇祐三年,算茶依旧只用见钱。至嘉祐四年二月五日,降敕罢茶禁。"

洪迈《容斋随笔》:"蜀茶税额总三十万。熙宁七年,遣三司干当公事李杞经画买茶,以蒲宗闵同领其事。创设官场,增为四十万。后李杞以疾去,都官郎中刘佐继之,蜀茶尽榷,民始病矣。知彭州吕陶言:"天下茶法既通,蜀中独行禁榷。杞、佐、宗闵作为弊法,以困西南生聚。"佐虽罢去,以国子博士李稷代之,陶亦得罪。侍御史周尹复极论榷茶为害,罢为河北提点刑狱。利路漕臣张宗谔、张升卿复建议废茶场司,依旧通商。皆为稷劾坐贬。茶场司行札子督绵州彰明知县宋大章缴奏,以为非所当用,又为稷诋坐冲替。一岁之间,通课利及息耗至七十六万缗有奇。"

熊蕃《宣和北苑贡茶录》:"陆羽《茶经》、裴汶《茶述》皆不第建品。说者但谓二子未尝至闽,而不知物之发也,固自有时。盖昔者,山川尚闳,灵芽未露,至于唐末,然后北苑出,为之最。时伪蜀词臣毛文锡作《茶谱》,亦第言建有紫笋,而蜡面乃产于福。五代之季,建属南唐。岁率诸县民采茶北苑,初造研膏,继造蜡面,既又制其佳者,号曰京挺。本朝开宝末,下南唐,太平兴国二年,特置龙凤模,遣使即北苑造团茶,以别庶饮,龙凤茶盖始于此。又一种茶,丛生石崖,枝叶尤茂,至道初,有诏造之,别号石乳。又一种号的乳,又一种号白乳。此四种出,而腊面斯下矣。"

真宗咸平中,丁谓为福建漕,监御茶,进龙凤团,始载之于《茶录》。仁宗庆历中,蔡襄为漕,改创小龙团以进,甚见珍惜,旨令岁贡,而龙凤遂为次矣。神宗元丰间,有旨造密云龙,其品又加于小龙团之上。哲宗绍圣中,又改为瑞云翔龙。至徽宗大观初,亲制《茶论》二十篇,以白茶自为一种,与他茶不同,其条敷阐,其叶莹薄,崖林之间,偶然生出,非人力可致。正焙之有者不过四五家,家不过四五株,所造止于二三銙而已。浅焙亦有之,但品格不及,于是白茶遂为第一。既又制三色细芽,及试新銙、贡新銙。自三色细芽出,而瑞云翔龙又下矣。凡茶芽数品,最上曰小芽,如雀舌、鹰爪,以其劲直纤挺,故号芽茶。次曰拣芽,乃一芽带一叶者,号一枪一旗。次曰中芽,乃一芽带两叶,号一枪两旗,其带三叶、四叶者渐老矣。芽茶早春极少。

景德中,建守周绛为《补茶经》,言芽茶只作早茶,驰奉万乘尝之可矣。如一枪一旗,可谓奇茶也。故一枪一旗号拣芽,最为挺特光正。舒王《送人闽中诗》云:'新茗斋中试一旗',谓拣芽也。或者谓茶芽未展为枪,已展为旗,指舒王此诗为误,盖不知有所谓拣芽也。夫拣芽犹贵如此,而况芽茶以供天子之新尝者乎!夫芽茶绝矣。至于水芽,则旷古未之闻也。宣和庚子岁,漕臣郑可简始创为银丝水芽,盖将已拣熟芽再为剔去,只取其心一缕,用珍器贮清泉渍之,光明莹洁,如银丝然。以制方寸新銙,有小龙蜿蜒其上,号龙团胜雪。又废白、的、石乳,鼎造花銙,二十余色。初,贡茶皆入龙脑,至是虑夺真味,始不用焉。盖茶之妙至胜雪极矣,故合为首冠。然犹在白茶之次者,以白茶上之所好也。异时,郡人黄儒撰《品茶要录》,极称当时灵芽之富,谓使陆羽数子见之,必爽然自失。蓄亦谓使黄君而阅今日之品,则前此者未足诧焉。然龙焙初兴,贡数殊少,累增至于元符,以斤计者一万八千,视初已加数倍,而犹未盛。今则为四万七千一百斤有奇矣。[此数见范逵所著《龙焙美成茶录》。逵,茶官也。]白茶、胜雪以次,厥名实繁,今列于左,使好事者得以观焉。

贡新銙。［大观二年造。］试新銙。［政和二年造。］白茶。［宣和二年造。］龙团胜雪。［宣和二年。］御苑玉芽。［大观二年。］万寿龙芽。［大观二年。］上林第一。［宣和二年。］乙夜清供。承平雅玩。龙凤英华。玉除清赏。启沃承恩。雪英。云叶。蜀葵。金钱。［宣和三年。］玉华。［宣和二年。］寸金。［宣和三年。］无比寿芽。［大观四年。］万春银叶。［宣和二年。］宜年宝玉。玉清庆云。无疆寿龙。玉叶长春。［宣和四年。］瑞云翔龙。［绍圣二年。］长寿玉圭。［政和二年。］兴国岩銙。香口焙銙。上品拣芽。［绍兴二年。］新收拣芽。太平嘉瑞。［政和二年。］龙苑报春。宣和四年。南山应瑞。兴国岩拣芽。兴国岩小龙。兴国岩小凤。［以上号细色。］拣芽。小龙。小凤。大凤。［以上号粗色。］

又有琼林毓粹、浴雪呈祥、壑源供秀、重筐推先、价倍南金、旸谷先春、寿岩却胜、延平石乳、清白可鉴、风韵甚高，凡十色，皆宣和二年所制，越五岁省去。

"右茶岁分十余纲，惟白茶与胜雪，自惊蛰前兴役，浃日乃成，飞骑疾驰，不出仲春，已至京师，号为头纲。玉芽以下，即先后以次发，逮贡足时，夏过半矣。欧阳公诗云：'建安三千五百里，京师三月尝新茶。'盖曩时如此，以今较昔，又为最早。因念草木之微，有瑰奇卓异，亦必逢时而后出，而况为士者哉。昔昌黎感鸟之蒙采擢，而自悼其不如。今蕃于是茶也，焉敢效昌黎之感，姑务自警而坚其守，以待时而已。""外焙：石门，乳吉，香口。右三焙常后北苑五七日兴工，每日采茶蒸榨，以其黄悉送北苑并造。"

"先人作《茶录》，当贡品极胜之时，凡有四十余色。绍兴戊寅岁，克摄事北苑，阅近所贡皆仍旧，其先后之序亦同，惟跻龙团胜雪于白茶之上，及无兴国岩小龙、小凤。盖建炎南渡，有旨罢贡三之一，而省去之也。先人但著其名号，克今更写其形制，庶览之无遗恨焉。先是任子春漕司再摄茶政，越十三载，乃复旧额。且用政和故事，补种茶二万株。［政和周漕种三万株。］比年益虔贡职，遂有创增之目，仍改京挺为大龙团，由是大龙多于大凤之数。凡此皆近事，或者犹未之知也。三月初，吉男克北苑寓舍书。""贡新銙，竹圈

银模。方一寸二分。试新铐。同上。龙团胜地。同上。白茶,银圈银模,径一寸五分。御苑玉芽。银圈银模。径一寸五分。万寿龙芽,同上。上林第一,方一寸二分。乙夜清供,竹圈;承平雅玩;龙凤英华;玉除清赏;启沃承恩:俱同上。雪英,横长一寸五分。云叶,同上。蜀葵,径一寸五分。金钱。银模,同上。玉华,银模。横长一寸五分。寸金,竹圈,方一寸二分。无比寿芽,银模竹圈,同上。万春银叶,银模银圈,两尖径二寸二分。宜年宝玉,银圈银模,直长三寸。玉清庆云,方一寸八分。无疆寿龙,银模竹圈,直长一寸。玉叶长春,竹圈,直长三寸六分。瑞云翔龙,银模银圈,径二寸五分。长寿玉圭,银模,直长三寸。兴国岩铐,竹圈,方一寸二分。香口焙铐,同上。上品拣芽,银模银圈。新收拣芽。银模银圈,俱同上。太平嘉瑞,银圈,径一寸五分。龙苑报春,径一寸七分。南山应瑞,银模银圈。方一寸八分。兴国岩拣芽,银模,径三寸。小龙,小凤,大龙,大凤:俱同上。""北苑贡茶最盛,然前辈所录,止于庆历以上。自元丰后,瑞龙相继挺出。制精于旧,而未有好事者记焉,但于诗人句中及。大观以来,增创新铐,亦犹用拣芽。盖水芽至宣和始名,顾龙团胜雪与白茶角立,岁元首贡。自御苑玉芽以下,阙名实繁。先子观见时事,悉能记之成编,其有今闽中漕台所刊《茶录》未备,此书庶几补其阙云。淳熙九年冬十二月四日,朝散郎行秘书郎、国史编修官学士院权直熊克谨记。"

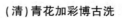

(清)青花加彩博古洗

《北苑别录》:"北苑贡茶纲次:细色第一纲——龙焙贡新:水芽,十二水,十宿火,正贡三十铐,创添二十铐。细色第二纲——龙焙试新:水芽,十二水,十宿火,正贡一百铐,创添五十铐。细色第三纲——龙团胜雪:水芽,十六水,十二宿火,正贡三十铐,续添二十铐,创添二十铐。白茶:水芽,十六水,七宿火,正贡三十铐,续添五十铐,创添八十铐。御苑玉芽:小芽,十二水,八宿火,正贡一百斤。万寿龙芽:小芽,十二水,八宿火,正贡一百斤。上林第一:小芽,十二水,十宿火,正贡一百铐。乙夜清供:小芽,十二水,十宿火,正贡一百铐。承平雅玩:小芽,十二水,十宿火,正贡一百铐。龙凤英华:小芽,十二水,十宿火,正贡一百铐。玉除清赏:小芽,十二水,十二宿火,正贡一百铐。启沃承恩:小芽,十二水,十宿水,正贡一百铐。雪英:小芽,十二水,七宿火,正贡一百铐。云叶:小芽,十二水,七宿火,正贡一百片。蜀葵:小芽,十二水,七宿火,正贡一百片。金钱:小芽,十二水,七宿火,正贡一百片。寸金:小芽,十二水,七宿火,正贡一百铐。细色第四纲——龙团胜雪:见前,正贡一百五十铐。无比寿芽:小芽,十二水,十五宿火,正贡五十铐,创添五十铐。万寿银叶:小芽,十二水,十宿火,正贡四十片,创添六十片。宜年宝玉:小芽,十二水,十宿火,正贡四十片,创添六十片。玉清庆云:小芽,十二水,十五宿火,正贡四十片,创添六十片。无疆寿龙:小芽,十二水,十五宿火,正贡四十片,创添六十片。玉叶长春:小芽,十二水,七宿火,正贡一百片。瑞云翔龙:小芽,十二水,九宿火,正贡一百片。长寿玉圭:小芽,十二水,九宿火,正贡二百片。兴国岩铐:中芽,十二水,十宿火,正贡一百七十铐。香口焙铐:中芽,十二水,十宿火,正贡五十铐。上品拣芽:小芽,十二水,十宿火,正贡一百片。新收拣芽:中芽。十二水,十宿火,正贡六百片。细色第五纲——太平嘉瑞:小芽,十二水,十宿火,正贡三百片。龙苑报春:小芽,十二水,九宿火,正贡六十片,创添六十片。南山应瑞:小芽,十二水,十五宿火,正贡六十铐,创添六十铐。兴国岩拣芽:中芽,十二水,十宿火,正贡五百十片。兴国岩小龙:中芽,十二水,十五宿火,正贡七百五十片。兴国岩小凤:中芽,十二水,十五宿火,正贡五十片。先春雨色——太平嘉瑞:同前,正贡二百片。长寿玉圭:同前,正贡一百片。续入额四色——御苑玉芽:同前,正

贡一百片。万寿龙芽：同前，正贡一百片。无比寿芽：同前，正贡一百片。瑞云翔龙：同前，正贡一百片。粗色第一纲——正贡：不入脑子上品拣芽小龙，一千二百片，六水，十宿火。入脑子小龙，七百片，四水，十五宿火。增添：不入脑子上品拣芽小龙，一千二百片。入脑子小龙，七百片。建宁府附发：小龙茶，八百四十片。粗色第二纲——正贡：不入脑子上品拣芽小龙，六百四十片。入脑子小龙，六百七十二片。入脑子小凤，一千三百四十片，四水，十五宿火。入脑子大龙，七百二十片，二水，十五宿火。入脑子大凤，七百二十片，二水，十五宿火。增添：不入脑子上品拣芽小龙，一千二百片。入脑子小龙，七百片。建宁府附发：小凤茶，一千三百片。粗色第三纲——正贡：不入脑子上品拣芽小龙，六百四十片。入脑子小龙，六百四十片。入脑子小凤，六百七十二片。入脑子大龙，一千八百片。入脑子大凤，一千八百片。增添：不入脑子上品拣芽小龙，一千二百片。入脑子小龙，七百片。建宁府附发：大龙茶，四百片，大凤茶，四百片。粗色第四纲——正贡：不入脑子上品拣芽小龙，六百片。入脑子小龙，三百三十六片。入脑子小凤，三百三十六片。入脑子大龙一千二百四十片。入脑子大凤，一千二百四十片。建宁府附发：大龙茶，四百片，大凤茶，四百片。粗色第五纲——正贡：入脑子大龙，一千三百六十八片。入脑子大凤，一千三百六十八片。京铤改造大龙一千六百片。建宁府附发：大龙茶，八百片，大凤茶，八百片。粗色第六纲——正贡：入脑子大龙，一千三百六十片。入脑子大凤，一千三百六十片。京铤改造大龙一千六百片。建宁府附发：大龙茶，八百片，大凤茶八百片，又京铤改造大龙，一千二百片。粗色第七纲——正贡：入脑子大龙，一千二百四十片。入脑子大凤，一千二百四十片。京铤改造大龙，二千三百二十片。建宁府附发：大龙茶，二百四十片，大凤茶，二百四十片。又京铤改造大龙，四百八十片。""细色五纲——贡新为最上，后开焙十日入贡。龙团为最精，而建人有直四万钱之语。夫茶之入贡，圈以箬叶，内以黄斗，盛以花箱，护以重筐。花箱内外又有黄罗幂之，可谓什袭之珍矣。粗色七纲——拣芽以四十饼为角，小龙凤以二十饼为角，大龙凤以八饼为角。圈以箬叶，束以红缕，包以红纸，缄以蒨绫,惟拣芽俱以黄焉。"

《金史》:"茶自宋人岁供之外,皆贸易于宋界之榷场。世宗大定十六年,以多私贩,乃定香茶罪赏格。章宗承安三年,命设官制之,以尚书省令史往河南,视官造者,不尝其味,但采民言谓为温桑,实非茶也,还即白上。以为不干杖七十,罢之。四年三月,于淄、密、宁、海、蔡州各置一坊造茶。照南方例,每斤为袋,直六百文,后令每袋减三百文。五年春,罢造茶之坊。六年,河南茶树槁者,命补植之。十一月,尚书省奏禁茶。遂命七品以上官,其家方许食茶,仍不得卖及馈献。七年,更定食茶制。八年,言事者以上止可以盐易茶,省臣以为所易不广,兼以杂物博易。宣宗元光二年,省臣以茶非饮食之急,今河南、陕西凡五十余都郡,日食茶率二十袋,直银二两,是一岁之中妄费民间三十余万也。奈何以吾有用之货而资敌乎。乃制亲王、公主及现任五品以上官素蓄存者存之,禁不得买、馈,余人并禁之。犯者徒五年,告者赏宝泉一万贯。"

《元史》:"本朝茶课,由约而博,大率因宋之旧而为之制焉。至元六年,始以兴元交钞同知运使白赓言,初榷成都茶课。十三年,江南平,左丞吕文焕首以主茶税为言,以宋会五十贯准中统钞一贯。次年,定长引短引,是岁征一千二百余锭。泰定十七年,置榷茶都转运使司于江州路,总江淮、荆湖、福广之税,而遂除长引,专用短引。二十一年,免食茶税以益正税。二十三年,以李起南言,增引税为五贯。二十六年,丞相桑哥增为一十贯。延祐五年,用江西茶运副法忽鲁丁言,减引添钱,每引再增为一十二两五钱。次年,课额遂增为二十八万九千二百一十一锭矣。天历己巳罢榷司而归诸州县,其岁征之数,盖与延祐同。至顺之后,无籍可考。他如范殿帅茶、西番大叶茶、建宁铐茶,亦无从知其始末,故皆不著。"

《明会典》:"陕西置茶马司四:河州、洮州、西宁、甘州,各司并赴徽州茶引所批验,每岁差御史一员巡茶马。""明洪武间,差行人一员,赍榜文于行茶所在,悬示以肃禁;永乐十三年,差御史三员,巡督茶马。正统十四年,停止茶马金牌,遣行人四员巡察。景泰二年,令川、陕布政司,各委官巡视,罢差

行人。四年,复差行人。成化三年,奏准每年定差御史一员,陕西巡茶。十一年,令取回御史,仍差行人。十四年,奏准定差御史一员,专理茶马,每岁一代,遂为定例。弘治十六年,取回御史,凡一应茶法,悉听督理马政都御史兼理。十七年,令陕西每年于按察司拣宪臣一员驻洮,巡禁私茶,一年满日,择一员交代。正德二年,仍差巡茶御史一员兼理马政。""光禄寺衙门,每岁福建等处解纳茶叶一万五千斤,先春等茶芽三千八百七十八斤,收充茶饭等用。"

《博物典汇》云:"本朝榷茶,利予民而不利其入。凡前代所设榷务、贴射、交引、茶由诸种名色,今皆无之,惟于四川置茶马司四所,于关津要害置数批验茶引所而已。及每年遣行人于行茶地方,张挂榜文,俾民知禁。又于西番入贡为之禁,限每人许其顺带有定数。所以然者,非为私奉,盖欲资外国之马以为边境之备焉耳。""洪武五年,户部言四川产巴茶凡四百四十七处,茶户三百一十五,宜依定制,每茶十株,官取其一,岁计得茶一万九千二百八十斤,令有司贮候西番易马。从之。至三十一年,置成都、重庆、保宁三府及播州宣慰司茶仓四所,命四川布政司移文天全六番招讨司,将岁收茶课,仍收碉门茶课司,余地方就送新仓收贮,听商人交易,及与西番易马。茶课岁额五万余斤,每百加耗六斤,商茶岁中率八十斤,令商运卖,官取其半易马。纳马番族洮州三十,河州四十三,又新附归德所生番十一,西宁十三。茶马司收贮,官立金牌信符为验。洪武二十八年,附马欧阳伦以私贩茶扑杀。明初茶禁之严如此。"

《武夷山志》:"茶起自元初至元十六年,浙江行省平章高兴过武夷,制石乳数斤入献。十九年,乃令县官莅之,岁贡茶二十斤,采摘户凡八十。大德五年,兴之子久住为邵武路总管,就近至武夷督造贡茶。明年,创焙局,称为御茶园,有仁风门、第一春殿、清神堂诸景,又有通仙井,覆以龙亭,皆极丹腹之盛。设场官二员领其事。后岁额浸广,增户至二百五十,茶三百六十斤,制龙团五千饼。泰定五年,崇安令张端本重加修葺,于园之左右各建一坊,扁曰茶场。至顺三年,建宁总管暗都剌于通仙井畔筑台,高五尺,方一丈六尺，名曰喊山台，其上为喊泉亭，因称井为呼来泉。《旧志》云："祭后群喊而水渐盈，造茶毕而遂涸，故名。"迨至正末，额凡九百九十斤，明初仍之，著为令。每岁惊蛰日，崇安令具牲醴，诣茶场致祭，造茶入贡。洪武二十四年，诏天下产茶之地，岁有定额，以建宁为上，听茶户采进，勿预有司。茶名有四：探春、先春、次春、紫笋，不得碾揉为大小龙团，然而祀典贡额犹如故也。嘉靖三十六年，建宁太守钱薱，因本山茶枯，令以岁编茶夫银二百两，及水脚银二十两，赍府造办，自此遂罢茶场，而崇民得以休息。御园寻废，惟井尚存，井水清甘，较他泉迥异，仙人张邈遏过此饮之曰："不徒茶美，亦此水之力也。"

(唐)鎏金摩羯纺蕾钮银盐台

我朝茶法：陕西给番易马，旧设茶马御史，后归巡抚，兼理各省发引通商，止于陕境交界处盘查。凡产茶地方，止有茶利而无茶累，深山穷谷之民，无不沾濡雨露，耕田凿井、共乐升平，此又有茶以来希遇之盛也。雍正十二年七月既望，陆廷灿识。

【译文】（略）。

《茶录》

【宋】蔡襄

蔡襄（公元1012～1067年），字君谟，兴化仙游（今福建仙游）人。宋天圣八年（公元1030年）进士，为西京留守推官。嘉祐五年，召为翰林学士、三司使。英宗即位，以端明殿学士知杭州。深得仁宗宠爱，"君谟"二字便函是仁宗亲书所赐。

茶　论

【原文】

色

茶色贵白,而饼茶多以珍膏油(去声)其面,故有青黄紫黑之异。善别茶者,正如相工之视人气色也,隐然察之于内,以肉理润者为上。既已末之,黄白者受水昏重,青白者受水鲜明,故建安人斗试,以青白胜黄白。

香

茶有真香,而入贡者微以龙脑和膏,欲助其香。建安民间试茶,皆不入香,恐夺其真。若烹点之际,又杂珍果香草,其夺益甚,正当不用。

味

茶味主于甘滑,惟北苑凤凰山连属诸焙所产者味佳。隔溪诸山,虽及时加意制作,色味皆重,莫能及也。又有水泉不甘,能损茶味,前世之论水品者以此。

藏茶

茶宜蒻叶而畏香药,喜温燥而忌湿冷。故收藏之家以蒻叶封裹入焙中,两三日一次用火,常如人体温,温则御湿润。若火多,则茶焦不可食。

炙茶

茶或经年,则香色味皆陈。于净器中以沸汤渍之,刮去膏油一两重乃止,以钤箝之,微火炙干,然后碎碾。若当年新茶,则不用此说。

碾茶

碾茶，先以净纸密裹捶碎，然后熟碾。其大要，旋碾则色白，或经宿，则色已昏矣。

罗茶

罗细则茶浮，粗则沫浮。

候汤

候汤最难，未熟则沫浮，过熟则茶沉。前世谓之"蟹眼"者，过熟汤也。况瓶中煮之，不可辨，故曰候汤最难。

熁盏

凡欲点茶，先须熁盏令热，冷则茶不浮。

点茶

茶少汤多，则云脚散；汤少茶多，则粥面聚。[建人谓之云脚粥面。]钞茶一钱匕，先注汤调令极匀，又添注之，环回击拂。汤上盏可四分则止，视其面色鲜明、著盏无水痕为绝佳。建安斗试以水痕先者为负，耐久者为胜，故较胜负之说，曰"相去一水、两水。"

【译文】（略）。

器 论

【原文】

茶焙

茶焙,编竹为之,裹以蒻叶。盖其上以收火也;隔其中以有容也。纳火其下,去茶尺许,常温温然,所以养茶色香味也。

茶笼

茶不入焙者,宜密封,裹以蒻,笼盛之,置高处,不近湿气。

砧椎

砧椎,盖以碎茶。砧以木为之,椎或金或铁,取于便用。

茶钤

茶钤,屈金铁为之,用以炙茶。

茶碾

茶碾,以银或铁为之。黄金性柔,铜及鍮石皆能生铊(音量)。不入用。

茶罗

茶罗以绝细为佳,罗底用蜀东川鹅溪画绢之密者,投汤中揉洗以幂之。

茶盏

茶色白,宜黑盏,建安所造者,绀黑,纹如兔毫,其坯微厚,熁之久热难冷,最为要用。出他处者,或薄或色紫,皆不及也。其青白盏,斗试家自不用。

茶匙

茶匙要重,击拂有力,黄金为上,人间以银、铁为之。竹者轻,建茶不取。

汤瓶

瓶要小者,易候汤,又点茶、注汤有准。黄金为上,人间以银、铁或瓷、石为之。

【译文】(略)。

《品茶要录》

【宋】黄儒

黄儒,字道辅,北宋建安人,熙宁六年(公元1073年)进士。

总 论

【原文】

说者常怪陆羽《茶经》不第建安之品,盖前此茶事未甚必,灵芽真笋,往往委翳消腐,而人不知惜。自国初已来,士大夫沐浴膏泽,咏歌升平之日久矣。夫身世泄落,神观冲淡,惟兹茗饮为可喜。园林亦相与摘英夸异,制棬鬻新而趋时之好,故殊异之品始得自出于蓁莽之间,而其名遂冠天下。藉使陆羽复起,阅其金饼,味其云腴,当爽然自失矣。因念草木之材,一有负环伟诡特者,未尝不遇时而后兴,况于人乎!然士大夫间为珍藏精试之具,非尚雅好真,未尝轻出。其好事者,又常论其采制之出入,器用之宜否,较试之汤火,图于缣素,传玩于时,独未有补于赏鉴之明尔。盖园民射利,膏油其面色,品味易辨而难详。予因阅收之暇,为原采造之得失,较试之低昂,次为十说以中其病,题曰《品茶要录》云。

（明）赵原《陆羽烹茶图》

【译文】

别人都说陆羽的《茶经》里面没有列出建安的茶叶,这是因为从前茶叶还没有完全兴盛起来,真正的茶叶往往萎缩腐烂了,而人们却不知道珍惜。自从我朝以来,士大夫沐浴在这样的膏泽之下,歌舞升平的日子已经很久了。身世洒落,精神不振,只有喝茶才可以使人的兴致提高。茶园也相互摘取精英赞美异品,制出新品以迎合当时人们的爱好,于是最好的品种出自草莽之间,而闻名天下。假如让陆羽再生,看到这种金饼,味道就跟云腴仙药一样,应该会爽然若失了。因之念及草木这样的东西,要是有瑰丽伟岸特别奇特的,还得趁势而兴,何况是人呢! 士大夫们珍藏精巧的器具,不是遇到真正喜好雅趣的人,一般都不会轻易拿出来。有好事的人,又常谈论采摘办法,器用适合与否,比较汤水和火候,画出图画,传统一时,在传玩的时候,偏偏没有补充鉴赏道理的。园民为了追求利益,在茶的表面涂上膏油颜色,品味容易辨别却很难。我在阅读各种著作的空余时间,总结了原来采摘办法的得失,比较出了价格的高低,列成十说,指出其中的问题,把名字定为《品茶要录》。

一、采造过时

【原文】

茶事起于惊蛰前,其采芽如鹰爪,初造曰试焙,又曰一火,其次曰二火。二火之茶已次一火矣。故市茶芽者,惟同出于三火前者为最佳。尤喜薄寒气候,阴不至于凉,[芽发时尤畏霜,有造于一火二火皆遇霜,而三火霜霁,则三火之茶胜矣。]晴不至于暄,则谷芽含养约勒,而滋长有渐,采工亦优为矣。凡试时泛色鲜白,隐于薄雾者,得于佳时而然也。有造于积雨者,其色昏昏;或气候暴暄,茶芽蒸发,采工汗手熏渍,拣摘不给,则制造虽多,皆为常品矣。试时色非鲜白、水脚微红者,过时之病也。

【译文】

采摘茶叶在惊蛰之前开始,采摘回来的茶芽就像是鹰爪一样,开始制造的时候叫试焙,又叫一火,其后叫二火。二火的茶叶,已经比一火的茶叶差。所以卖茶芽的,只有在三火之前制造的才是最好的。尤其喜欢微寒的气候,阴天但不至于寒冷,[芽发的时候最害怕的是霜,如果在一火和二火时候制造的都遇到了霜,而三火时候的霜已经没有了,那么三火的茶叶要好一些。]晴天,但是太阳不要过于强烈,那么茶芽就能够在充分的营养下渐渐滋长,采摘的手艺也要好。如果在试茶的时候,上面泛出鲜白的色泽,或者是隐藏在薄雾中的,那是因为时机恰好的缘故。有在积雨时候制造的,茶的颜色就显得昏暗;要是气候太热,茶芽发得快,采工的手上多汗,挑拣和采摘不当的话,即使采摘得再多,也都是一些很平常的品种。试的时候,颜色如果不是鲜白的、水脚显得有点红,这是因为采制已经过了时间。

中華茶道

二、白合盗叶

【原文】

茶之精绝者曰斗，曰亚斗，其次拣芽、茶芽、斗品虽最上，园户或止一株，盖天材间有特异，非能皆然也。且物之变势无常，而人之耳目有尽，故造斗品之家，有昔优而今劣、前负而后胜者。虽人工有至有不至，亦造化推移不可得而擅也。其造，一火曰斗，二火曰亚斗，不过十数銙而已。拣芽则不然，遍园陇中择其精英者尔。其或贪多务得，又滋色泽，往往以白合盗叶间之。试时色虽鲜白，其味涩淡者，间白合盗叶之病也。[凡鹰爪之芽，有两小叶抱而生者，白合也。新条叶之初生而白者，盗叶也。造拣芽常剔取鹰爪，而白合不用，况盗叶乎。]

【译文】

茶叶之中最好的被称为斗、亚斗，其次是拣芽、茶芽，斗品虽然是最好的，园户也许只有一株，所以说再好的物品之间也有差距，并不是都一样的。而且事物变化无常，人们的闻见却有限，所以说制造斗品的人家，有以前好今天差、前面不好而后面胜出的。虽然有人工能够做到和不能够做到的原因，变化不可把握的也是造物事实。茶的制造，一火被称为斗，二火被称为亚斗，也不过只有十几而已。拣芽就不一定是这样，在整个园陇里面采摘最精英的就是。有的人因为贪多而不可得，还为了使它的色泽更明朗，往往在里面加上白合盗叶。试的时候叶子虽然很鲜白，味道却显得涩而淡，这就是夹杂白合盗叶的弊端。[凡是鹰爪之芽，有两小片叶子合抱在一起生长的，这就是白合。合抱而生的新条叶中白颜色的，就是盗叶。制造拣芽的时候经常要剔除鹰爪，连白合都不用，何况是盗叶呢！]

中华茶道

三、入杂

【原文】

物固不可以容伪，况饮食之物，尤不可也。故茶有入他草者，建人号为"入杂"。銙列入柿叶，常品入桴槛叶。二时易致，又滋色泽，园民欺售直而为之。试时无粟纹甘香，盏面浮散，隐如微毛，或星星如纤絮者，入杂之病也。善茶品者，侧盏视之，所入之多寡从可知矣。向上下品有之，近虽銙列，亦或勾使。

【译文】

物体里面固然不可以放进其他的东西，何况是饮食的东西呢，那就更加的不可以了。所以茶叶当中有放进了其他叶子的，建人把它称为"入杂"。好茶里面放柿叶，而普通的品种里面加桴槛叶。这两种叶子容易得到，又可以增加色泽，园民于是就用来欺骗顾客谋取利益。试的时候没有粟纹甘香，浮在杯子上面，像有很小的毛一样，或者细小如絮毛的，那都是因为入杂的缘故。善于品味茶叶的，把杯子侧着查看，所加入的多少，都可以看出来。几乎所有的品种都有这样的问题，近来一些好茶，也不排除有入杂的。

四、蒸不熟

【原文】

谷芽初采，不过盈筐而已，趣时争新之势然也。既采而蒸，既蒸而研。蒸有不熟之病，有过熟之病。蒸不熟，自虽精芽，所损已多。试时色青易沉，味为桃仁之气者，不蒸熟之病也。唯正熟者，味甘香。

【译文】

谷芽开始采摘的时候，只有一筐而已，这是为了争新上市的缘故。采摘之后再蒸，蒸了之后再研细。蒸的时候有不熟和过熟的顾虑。如果没有蒸熟的话,即使就是精芽,所损失的也很多。试的时候色青而且容易沉淀,味道带有桃仁的气味,那就是没有蒸熟的毛病。只有真正熟了之后,味道才会显得甘香。

五、过熟

【原文】

茶芽方蒸,以气为候,视之不可以不谨也。试时色黄而粟纹大者,过熟之病也。然虽过熟,愈于不熟,甘香之味胜也。故君谟论色,则以青白胜黄白;余论味,则以黄白胜青白。

【译文】

茶叶开始蒸,应以观察气为把握火候的标准,看的时候不可以不谨慎。试的时候,颜色很黄而且有粟色纹理大的,那是因为过熟的毛病。然而过熟要强过不熟,过熟的味道甘香一些。所以蔡君谟议论颜色,认为青白比黄白的好;我认为论味道,黄白比青白要好。

六、焦釜

【原文】

茶蒸不可以逾久,久而过熟,又久则汤干暗而焦釜之气出。茶工有乏新汤以益之,是致蒸损茶黄。试时色多昏暗,气焦味恶者,焦釜之病。[建人号为热锅气。]

【译文】

茶叶蒸的时间不可以太过长久,时间长了就显得过熟,另外汤就干了,容易出现焦锅的气味。茶工有放新水使锅不干的,导致薰损茶芽变黄。试的时候颜色昏暗,气焦味恶的,那就是糊锅的毛病。[建人叫热锅气。]

七、压黄

【原文】

茶已蒸者为黄,黄细则已入棬模制之矣。盖清洁鲜明,则香色如之。故采佳品者,常于半晓间冲蒙云雾,或以罐汲新泉悬胸间,得必投其中,盖欲鲜也。其或日气烘烁,茶芽暴长,工力不给,其采芽已陈而不及蒸,蒸而不及研,研或出宿而后制,试时色不鲜明,薄如坏卵气者,压黄之病也。

杜琼《友松图》

【译文】

已经蒸过的茶叶是黄色的,黄细的就是已放进棬模里面制造过的。如果看上去清洁鲜明,那香气和颜色都好。所以采摘好的品种,常常在天不亮时披着云雾上山,或者将罐里装上新的泉水挂在胸前,采了茶就扔进里面,使茶更加新鲜。如果阳光暴晒,茶芽暴长,工跟不上,采摘的茶芽放着来不及蒸,蒸了又来不及研,研了之后又要等过一宿才制作,试的时候颜色不鲜明,淡淡的就像是坏了的蛋的气味,这些都是压黄了的毛病。

八、渍膏

【原文】

茶饼光黄又如荫润者,榨不干也。榨欲尽去其膏,膏尽则有如干竹叶之意。唯吾饰首面者,故榨不欲干,以利易售。试时色虽鲜白,其味带苦者,渍膏之病也。

【译文】

茶饼光滑呈现黄色,又像在荫处很滋润的,是故意榨不干的缘故。榨的时候应该尽量去掉汁,汁尽了就像干竹叶的颜色。只有那些为了茶叶表面好看的,榨的时候才故意不干,以便利于销售。试的时候颜色虽然鲜白,味道带有苦涩的,那都是渍膏的毛病。

九、伤焙

【原文】

夫茶本以芽叶之物就之棬模,既出棬,上笪焙之,用火务令通彻。即以灰覆之,虚其中,以熟火气。然茶民不喜用实炭,号为冷火,以茶饼新湿,欲速干以见售,故用火常带烟焰。烟焰既多,稍失看候,以故熏损茶饼。试时其色昏红,气味带焦者,伤焰之病也。

【译文】

茶叶是将茶芽放进棬模,出了棬模,再放在笪子上去烘焙,用火一定要通彻。之后立即用灰来覆盖火,里面要虚空,保持火气温热。然而茶民不喜欢用实炭,将它称为冷火,让新湿的茶饼迅速变干以便于销售,所以火里面常常带有烟焰。烟焰多了,稍微没有看好火候,就会熏坏茶饼。试的时候颜色昏红,气味之中带有焦味的,是火大的毛病。

后论

【原文】

余尝论茶之精绝者,白合未开,其细如麦,盖得青阳之轻清者也。又其山多带砂石,而号佳品者,皆在山南,盖得朝阳之和者也。余尝事闲,乘暴景之明净,适轩亭之潇洒,一一皆取品试,既而神水生于华池,愈甘而新,其有助乎!然建安之茶,散天下者不为也,而得建安之精品不羡,盖有得之者亦不能辨,能辨矣,或不善于烹试,善烹试矣,或非其时,犹不善也,况非其宾乎?然未有主贤而宾愚者也。夫惟知此,然后尽茶之事。昔者陆羽号为知茶,然羽之所知者,皆今之所谓草茶。何哉?如鸿渐所沦"蒸笋并叶,畏流其膏",盖草茶味短而淡,故常恐去膏;建茶力厚而甘,故惟欲去膏。又论福建为"未详,往往得之,其味极佳。"由是观之,鸿渐未尝到建安欤?

【译文】

我品尝茶叶之中最好的,白色的叶子还没有开,细小的就像麦子一样,这是因为得到了初春青阳的轻清。另外山土多带有砂石,而被称为上好的品种的,都在山的南面,这是因为得到了阳光调和的缘故。我曾经在闲暇的时候,在明净的地方,在轩亭里面,取出好多品种来一一尝试,然后有华池的神水,越是甘甜清新,越有助茶的味道。然而建安的茶叶,散见在天下其他地方的不少,而得到精品的不会多,即使有的得到了却无法辨认,能够辨认的或不善于烹试,或者时间不当,也不是很好,何况是不如它的。从来没有主人贤明而宾客愚钝的。只有知道了这些,然后才知道了茶叶的事情。以前陆羽被称为茶叶的知音,然而陆羽所知道的茶叶都是今天我们所说的草茶。为什么呢?就像鸿渐所说的"蒸笋并芽,畏流其膏",这是因为草茶的味道短而淡,所以常常怕去掉了膏;建茶的力道厚而甘甜,所以只有去掉膏才好。又说福建的茶是"知道的不很详细,往往得到的,味道都特别的好。"由此看来,鸿渐难道没有到过建安吗?

中華茶道

《大观茶论》

【宋】赵佶

赵佶(公元1082～1135年),即宋徽宗,北宋的第八任皇帝,神宗的第十一子。多才多艺,却治国无方。精于茶艺,曾多次为臣下点茶。

序

【原文】

尝谓首地而倒生,所以供人之求者,其类不一。谷粟之于饥,丝枲之于寒,虽庸人孺子皆知,常须而日用,不以岁时之遑遽而可以兴废也。至若茶之为物,擅瓯闽之秀气,钟山川之灵禀,祛襟涤滞,致清导和,则非庸人孺子之可得而知矣;冲淡简洁,韵高致静,则非遑遽之时可得而好尚矣。

本朝之兴,岁修建溪之贡,龙团凤饼,名冠天下,婺源之品,亦自此盛。延及于今,百废俱举,海内晏然,垂拱密勿,俱致无为。荐绅之士,韦布之流,沐浴膏泽,薰陶德化,咸以高雅相从事茗饮。故近岁以来,采择之精,制作之工,品第之胜,烹点之妙,莫不咸造其极。且物之兴废,固自有然,亦系乎时之隆。时或遑遽,人怀劳瘁,则向所谓常须而日用,犹且汲汲营求,惟恐不获,饮茶何暇议哉。世既累洽,人恬物熙,则常须而日用者因而厌饫狼籍。而天下之士,厉志清白,竞为闲暇修索之玩,莫不碎玉锵金,啜英咀华,校篋笥之精,争鉴裁之妙,虽否士于此时,不以蓄茶为羞,可谓盛世之清尚也。

呜呼,至治之世,岂惟人得以尽其材,而草木之灵者,亦得以尽其用矣。偶因暇日,研究精微所得之妙,人有不自知为利害者,叙本末列于二十篇,号曰《茶论》。

地产

植产之地,崖必阳,圃必阴。盖石之性寒,其叶抑而瘠,其味疏以薄,必资阳和以发之。土之性敷,其叶疏以暴,其味强以肆,必资阴以节之。[今园家皆植木,以资茶之阴。]阴阳相济,则茶之滋长得其宜。

天时

茶工作于惊蛰,尤以得天时为急。轻寒,英华渐长,条达而不迫,茶工从容致力,故其色味两全。若或时旸郁燠,芽奋甲暴,促工暴力随稿,暑刻所迫,有蒸而未及压,压而未及研,研而未及制,茶黄留渍,其色味所失已半。故焙人得茶天为庆。

采择

撷茶以黎明,见日则止。用爪断芽,不以指揉,虑气汗薰渍,茶不鲜洁。故茶工多以新汲水自随,得芽则投诸水。凡芽如雀舌谷粒者为斗品,一枪一旗为拣芽,一枪二旗为次之,余斯为下茶。茶始芽萌,则有白合,既撷则有乌蒂。白合不去,害茶味,乌蒂不去,害茶色。

蒸压

茶之美恶,尤系于蒸芽压黄之得失。蒸太生则芽滑,故色清而味烈;过熟则芽烂,故色赤而不胶。压久则气竭味漓,不及则色暗味涩。蒸芽欲及熟而香,压黄欲膏尽亟止,如此,则制造之功十已得七八矣。

制连

涤芽惟洁,濯器惟净,蒸压惟其宜,研膏惟热,焙火惟良。饮而有砂者,涤濯之不精也。文理燥赤者,焙火之过熟也。夫造茶,先度日晷之短长,均工力之众寡,会采择之多少,使一日造成。恐茶过宿,则害色味。

鉴辨

茶之范度不同,如人之有面首也。膏稀者,其肤蹙以文;膏稠者,其理敛以实。即日成者,其色则青紫;越宿制造者,其色则惨黑。有肥凝如赤蜡者,末虽白,受汤则黄;有缜密如苍玉者,末虽灰,受汤愈白。有光华外暴而中暗者,有明白内备而表质者。其首面之异同虽概论,要之,色莹彻而不驳,质缜绎而不浮,举之则凝然,碾之则铿然,可验其为精品也。有得于言意之表者,可以心解。比又有贪利之民,购求外焙已采之芽,假以制造,研碎已成之饼,易以范模,虽名氏采制似之,其肤理色泽,何所逃于伪哉。

白茶

白茶自为一种,与常茶不同,其条敷阐,其叶莹薄。崖林之间偶然生出,盖非人力所可致,正焙之有者不过四五家,生者不过一二株,所造止于二三铐而已。芽英不多,尤难蒸焙。汤火一失,则已变而为常品。须制造精微,运度得宜,则表里昭澈,如玉之在璞,他无为伦也。浅焙亦有之,但品格不及。

罗碾

碾以银为上,熟铁次之。生铁者,非淘炼槌磨所成,间有黑屑藏于隙穴,害茶之色尤甚。凡碾为制,槽欲深而峻,轮欲锐而薄。槽深而峻,则有准而茶常聚;轮锐而薄,则运边中而槽不戛。罗欲细而面紧,则绢不泥而常透。碾必力而速,不欲久,恐铁之害色。罗必轻而手不压数,庶已细者不耗。惟再罗,则入汤轻泛,粥面光凝尽茶色。

盏

盏色贵青黑,玉毫条达者为上,取其焕发茶采色也。底必差深而微宽。底深则茶直立,易以取乳;宽则运筅旋彻,不碍击拂。然须度茶之多少,用盏之小大。盏高茶少,则掩蔽茶色;茶多盏小,则受汤不尽。盏惟热,则茶发立耐久。

筅

茶筅以箸竹老者为之,身欲厚重,筅欲疏劲,本欲壮而末必眇,当如剑脊之状。盖身厚重,则操之有力而易于运用。筅疏劲如剑脊。则击拂虽过而浮沫不生。

瓶

瓶宜金银,大小之制,惟所裁给。注汤利害,独瓶之口觜而已。觜之口欲大而宛直,则注汤力紧而不散。觜之末欲圆小而峻削,则用汤有节而不滴沥。盖汤力紧则发速,有节而不滴沥,则茶面不破。

勺

勺之大小,当以可受一盏茶为量。过一盏则必归其余,不及则必取其不足。倾勺烦数,茶必冰矣。

水

水以清轻甘洁为美,轻甘乃水之自然,独为难得。古人第水虽曰中泠、惠山为上,然人相去之远近,似不常得。但当取山泉之清洁者,其次,则井水之常汲者为可用。若江河之水,则鱼鳖之腥,泥泞之污,虽轻甘无取。凡用汤以鱼目、蟹眼连绎迸跃为度,过老则以少新水投之,就火顷刻而后用。

点

点茶不一,而调膏继刻。以汤注之,手重筅轻,无粟文蟹眼者,谓之静面点。盖击拂无力,茶不发立,水乳未浃,又复伤汤,色泽不尽,英华沦散,茶无立作矣。有随汤击拂,手筅俱重,立文泛泛,谓之一发点。盖用汤已故,指腕

不圆,粥面未凝,茶力已尽,雾云虽泛,水脚易生。妙于此者,量茶受汤,调如融胶。环注盏畔,勿使浸茶。势不欲猛,先须搅动茶膏,渐加击拂,手轻筅重,指绕腕旋,上下透彻,如酵蘖之起面,疏星皎月,粲然而生,则茶面根本立矣。第二汤自茶面注之,周回一线,急注急止,茶面不动,击拂既力,色泽渐开,珠玑磊落。三汤多寡如前,击拂渐贵轻匀,周环旋复,表里洞彻,粟文蟹眼,泛结杂起,茶之色十已得其六七。四汤尚啬,筅欲转梢,宽而勿速,其真精华彩,既已焕然,轻云渐生。五汤乃可稍纵,筅欲轻盈而透达,如发立未尽,则击以作之。发立已过,则拂以敛之,然后结霭凝雪,香气尽矣。六汤以观立作,乳点勃然,则以筅着居,缓绕拂动而已。七汤以分轻清重浊,相稀稠得中,可欲则止。乳雾汹涌,溢盏而起,周回凝而不动,谓之咬盏,宜均其轻清浮合者饮之。《桐君录》曰:"茗有饽,饮之宜人。"虽多不为过也。

味

夫茶以味为上,甘香重滑,为味之全,惟北苑、婆源之品兼之。其味醇而乏风膏者,蒸压太过也。茶枪乃条之始萌者,木性酸,枪过长,则初甘重而终微锁涩。茶旗乃叶之方敷者,叶味苦,旗过老,则初虽留舌而饮彻反甘矣。此则芽铐有之,若夫卓绝之品,真香灵味,自然不同。

香

茶有真香,非龙麝可拟。要须蒸及热而压之,及干而研,研细而造,则和美具足,入盏则馨香四达,秋爽洒然。或如桃仁夹杂,则其气酸烈而恶。

色

点茶之色,以纯白为上真,青白为次,灰白次之,黄白又次之。天时得于上,人力尽于下,茶必纯白。天时暴暄,芽萌狂长,采造留积,虽白而黄矣。青白者,蒸压微生,灰白者,蒸压过熟。压膏不尽则色青暗,焙火太烈则色昏赤。

藏焙

焙数则首面干而香减,失焙则杂色剥而味散。要当新芽初生即焙,以去水陆风湿之气。焙用熟火置炉中,以静灰拥合七分,露火三分,亦以轻灰糁覆,良久即置焙土上,以逼散焙中润气。然后列茶于其中,尽展角焙之,未可蒙蔽,候火通彻覆之。火之多少,以焙之大小增减。探手炉中,火气虽热而不至逼人手者为良,时以手援茶体,虽甚热而无害,欲其火力通彻茶体耳。

或曰,焙火如人体温,但能燥茶皮肤而已,内之余润未尽,则复蒸喝矣。焙毕,即以用久漆竹器中缄藏之,阴润勿开,如此终年,再焙色常如新。

品名

名茶各以所产之地,如叶耕之平园、台星岩,叶刚之高峰青风髓,叶思纯之大岚,叶屿之眉山,叶五崇林之罗汉山水叶芽,叶坚之碎石窠、石臼窠(一作突窠),叶琼、叶辉之秀皮林,叶师复、师贶之虎岩,叶椿之无双岩芽,叶懋之老窠园,名擅其门,未尝混淆,不可概举。后相争鬻,互为剥窃,参错无据。曾不思茶之美恶者,在于制造之工拙

(清)黎简《江濑山光图》

而已,岂冈地之虚名所能增减哉。焙人之茶,固有前优而后劣者、昔负而今胜者,是亦园地之不常也。

外焙

世称外焙之茶，衙小而色驳，体好而味淡，方之正焙，昭然可别。近之好事者篋笥之中，往往半之蓄外焙之品。盖外焙之家，久而益工，制造之妙，咸取之于壑源，效像规模，摹王为正。殊不知，其衙虽等而蔑风骨，色泽虽润而无藏蓄，体虽实而膏理乏缜密之文，味虽重而涩滞乏馨香之美，何所逃乎外焙哉。虽然，有外焙者，有浅焙者。盖浅焙之茶，去壑源为未远，制之虽工，则色亦莹百，击拂有度，则体亦立汤，虽甘重香滑之味不远于正焙耳。至于外焙，则迥然可辨。其有甚者，又至于采柿叶、枰榄之萌，相杂而造，味虽与茶相类，点时隐隐有轻絮泛然，茶面粟文不生，乃其验也。桑苎翁曰："杂以卉莽，饮之成病。"可不细鉴而熟辨之！

【译文】（略）

茶谱

【明】钱椿年著

钱椿年，字宾桂，江苏常熟人，其《茶谱》约作于嘉靖九年（公元 1530 年）前后。

【明】顾元庆删校

顾元庆（公元 1487~1565 年），字大有，号大石山人，长洲（今江苏苏州）人。

序

【原文】

余性嗜茗，弱冠时识吴心远于阴羡，识过养拙于琴川。二公极于茗事者也，授余烘焙烹点法，颇为简易。及阅唐宋《茶谱》《茶录》诸书，法用熟碾细罗,为末为饼,所谓小龙团,尤为珍重。故当时有"金易得,而龙饼不易得"之语。呜呼,岂士人而能为此哉!顷见友兰翁所集《茶谱》,其法于二公颇合。但收采古今篇什太繁,甚失谱意。余暇日删校,仍附王友石竹炉(即苦节君像)并分封六事于后,重梓于大石山房,当与有玉川之癖者共之也。

【译文】

我向来喜欢喝茶,二十岁的时候在阳羡认识了吴心远,在琴川遇到了过养拙。两个人都非常精通喝茶的事情,传授给我烘焙烹煮的方法,相当简易。等读唐宋的《茶谱》《茶录》等书,里面的方法用熟碾细罗,制造成茶末和饼团,所谓小龙团,尤其珍贵,所以当时有"金易得,而龙饼不易得"的说法。哎!这怎么是士人可以做得到的呢?后来又看到了老朋友兰翁的《茶谱》,其法跟二公的做法很相似,但是所收录古今的典籍太过繁琐,好像已经失去了谱这种文体的本意。我在空闲的时候经过删选校对,仍附上王友石竹炉(就是苦节君的像)并分封六事在最后,重新在大石山房付梓印出,这样也是为了能够让与玉川有同样癖好的人一起分享饮茶的乐趣。

【原文】

茶 略

茶者,南方嘉木,自一尺、二尺至数十尺。其巴峡有两人抱者,伐而掇之。树如瓜芦,叶如栀子,花如白蔷薇,实如栟榈,蒂如丁香,根如胡桃。

茶 品

茶之产于天下多矣,若剑南有蒙顶石花,湖州有顾渚紫笋,峡州有碧涧、明月,邛州有火井、思安,渠江有薄片,巴东有真香,福州有柏岩,洪州有白露;常之阳羡,婺之举岩,丫山之阳坡,龙安之骑火,黔阳之都濡、高株,沪川之纳溪、梅岭之数者,其名皆著。品第之,则石花最上,紫笋次之。又次,则碧涧、明月之类是也。惜皆不可致耳。

艺 茶

艺茶欲茂,法如种瓜,三岁可采,阳崖阴林,紫者为上,绿者次之。

采 茶

团黄有一旗二枪之号,言一叶二芽也。凡早取为茶,晚取为荈,谷雨前后收者为佳。粗细皆可用,惟在采摘之时,天色晴明,炒焙适中,盛贮如法。

藏 茶

茶宜蒻叶而畏香药。喜温燥而忌冷湿,故收藏之家,以蒻叶封裹入焙中,两三日一次。用火当如人体温,温则御湿润。若火多,则茶焦不可食。

花茶诸法

橙茶。将橙皮切作细丝一斤,以好茶五斤焙干,入橙丝间和,用密麻布衬垫火箱,置茶于上烘热。净绵被罨之三两时,随用建连纸袋封裹。仍以被罨,焙干收用。

莲花茶。于日未出时,将半含莲花拨开,放细茶一撮,纳满蕊中,以麻皮略絷,令其经宿。次早摘花。倾出茶叶,用建纸包茶焙干,再如前法。又将茶叶入别蕊中,如此者数次。取其焙干收用,不胜香美。

木樨、茉莉、玫瑰、蔷薇、兰蕙、橘花、栀子、木香、梅花皆可作茶。诸花开时,摘其半含半放,蕊之香气全者,量其茶叶多少,摘花为茶。花多则太香而脱茶韵;花少则不香而不尽美。三停茶叶一停花,始称。假如木樨花,须去

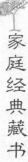

其枝蒂及尘垢虫蚁。用瓷罐一层茶,一层花,投间至满。纸箬絷固,入锅重汤煮之,取出待冷。用纸封裹,置火上焙干收用。诸花仿此。

煎茶四要

一、择水

凡水泉不甘,能损茶味之严,故古人择水最为切要。山水上、江水次、井水下。山水乳泉漫流者为上,瀑涌湍激勿食,食久令人有颈疾。江水取去人远者,井水取汲多者。如蟹黄、混浊、咸苦者皆勿用。

二、洗茶

凡烹茶先以热汤洗茶叶,去其尘垢冷气,烹之则美。

三、候汤

凡茶须缓火炙活火煎。活火谓炭火之有焰者,当使汤无妄沸,庶可养茶。始则鱼目散布,微微有声,中则四边泉涌,累累连珠,终则腾波鼓浪,水气全消,谓之老汤。三沸之法,非活火不能成也。

凡茶少汤多则云脚散,汤少茶多则乳面聚。

四、择品

凡瓶要小者,易候汤,又点茶、注汤有应。若瓶大,啜存停久味过,则不佳矣。茶铫、茶瓶,银锡为上,瓷石次之。

茶色白,宜黑盏。建安所造者,绀黑,纹如兔毫,其坯微厚,熁之久热难冷,最为要用。出他处者,或薄坯色异,皆不及也。

【译文】(略)。

点茶三要

【原文】

一、涤器

茶瓶、茶盏、茶匙生铫（音星），致损茶味，必须先时洗洁则美。

二、熁盏

凡点茶先须熁盏令热，则茶面聚乳，冷则茶色不浮。

三、择果

茶有真香，有佳味，有正色。烹点之际不宜以珍果香草杂之。夺其香者，松子、柑橙、杏仁、莲心、木香、梅花、茉莉、蔷薇、木樨之类是也。夺其味者，牛乳、番桃、荔枝、圆眼、水梨、枇杷之类是也。夺其色者，柿饼、胶枣、火桃、杨梅、橙橘之类是也。凡饮佳茶，去果方觉清绝，杂之则无辨矣。若必曰所宜，核桃、

蔡嘉　《层岩楼石图》

榛子、瓜仁、藻仁、菱米、榄仁、栗子、鸡豆、银杏、山药、笋干、芝麻、莒蒿、莴苣、芹菜之类，精制或可用也。

【译文】（略）。

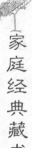

茶效

【原文】

人饮真茶,能止渴消食,除痰少睡,利水道,明目益思。除烦去腻。人固不可一日无茶,然或有忌而不饮。每食已,辄以浓茶漱口,烦腻既去,而脾胃健旺。凡肉之在齿间者,得茶漱涤之,乃尽消缩,不觉脱去,不烦刺挑也。而齿性便苦,缘此渐坚密,蠹毒自已矣。然率用中下茶。(出苏文)

【译文】(略)。

《茶》

【明】李时珍

释　名

【原文】

苏颂曰:郭璞云:"早采为茶,晚采为茗,一曰荈,蜀人谓之苦茶。"陆羽云:"其名有五:一茶、二槚、三蔎、四茗、五荈。"李时珍曰:杨慎《丹铅录》云:"茶即古荼,音途。诗云'谁谓荼苦,其甘如荠'是也。"颜师古云:"汉时荼陵,始转途音,为宅加切。"或言六经无茶字,未深考耳。

【译文】

苏颂说:郭璞说:"早上采摘的是茶,晚上采摘的是茗,又叫作荈,蜀地的人把他称为苦茶。"陆羽说:"茶的名字有五个,分别是茶、槚、蔎、茗、荈。"李时珍说:杨慎《丹铅录》中说:"茶就是荼,读音为途。诗经中说的'谁谓荼苦,其甘如荠'指的就是这个。"颜师古说:"汉代的荼陵,才开始变成途的读音,为宅加切。"有人说六经里面没有茶这个字,是没有深入去考究。

集　解

【原文】

豰《神农食经》曰："茶茗生益州及山陵道旁,凌冬不死,三月三日采干。"苏恭曰："茗生山南泽中山谷。"《尔雅》云："槚,苦茶。"郭璞注云："树小如栀子,冬生叶,可煮作羹饮。"苏颂曰："今闽浙蜀江湖淮南山中,皆有之,通谓之茶。春中始生嫩叶,蒸焙去苦水,末之乃可饮,与古所食,殊不同也。"陆羽《茶经》云："茶者,南方嘉木,自一尺二尺,至数十尺。其巴州峡山,有两人合抱者,伐而掇之。木如瓜芦,叶如栀子,花如白蔷薇,实如栟榈,蕊如丁香,根如胡桃。其上者生烂石,中者生砾壤,下者生黄土。艺法如种瓜,三岁可采。阳崖险林,紫者上,绿者次;笋者上,芽者次;叶卷者上,舒者次。在二月三月四月之间。茶之笋者,生于烂石之间,长四五寸,若厥之始抽,凌露采之。茶之芽者,发于丛薄之上,有三枝、四枝、五枝,于枝颠采之。采得蒸焙封干,有千类万状也。略而言之,如胡人靴者,蹙缩然;如犎牛臆者,廉沾然;出山者,轮囷然;拂水者,涵淡然,皆茶之精好者也。如竹箨,如霜荷,皆茶之瘠老者也。"其别者,有石南芽、枸杞芽、枇杷叶,皆治风疾。又有皂荚芽、槐芽、柳芽,乃上春摘其芽,和茶作之。故今南人输官茶,往往杂以众叶。惟茅芦竹笋之类不可入之,余山中草木芽叶,皆可和合。椿柿尤奇。真茶性冷,惟雅州蒙山出者,温而祛疾。毛文锡《茶谱》云："蒙山有五顶,上有茶园,其中顶曰上清峰。昔有僧人病冷且久,遇一老父谓曰:'蒙之中顶茶,当以春分之先后,多聚人力,俟雷发声,并手采择,三日而止。若获一两,以本处水煎服,即能祛宿疾。二两当眼前无疾,三两能固肌骨,四两即为地仙矣。'其僧如说,获一两食,服之未尽而疾瘳。其四顶茶园,采摘不废。惟中峰草木繁密,云雾蔽亏,鸷兽时出,故人迹不到矣。近岁稍贵。此品制作,亦精于他处。"陈承曰:"近世蔡襄,述闽茶极备。惟建州北苑数次产者,性味与诸方略不同,今亦独名腊茶,上供御用。碾治作饼日晒,得火愈良。其他者或为芽,或谓末。收贮若微见火,便硬不可久收,色味俱败。惟鼎州一种芽茶,性味略类建茶。今汴中及河北京西等处磨为末,亦冒腊茶者是也。"寇宗奭曰:"苦茶,即今茶也。陆羽有《茶经》,丁谓有《北苑茶录》,毛文锡有《茶谱》,蔡宗颜有《茶对》,皆甚详。然古人谓茶为雀舌麦颗,言其至嫩也。又有新芽,一发便长寸余,其粗如针,最为上品。其根幹水土力皆有余故也。雀舌麦颗,又在下品,前人未知尔。"李时珍曰:茶有野生,种生。种者用子,其子大如指顶,正圆黑色。其仁入口,初甘后苦,最戟人喉,而闽人以榨油食用。二月下种,一坎须百颗乃生一株,盖空壳者多故也。畏水与日,最宜坡地阴处。清明前采者上,谷雨前者次之,此后皆老茗尔。采蒸揉焙修造皆有法,详见《茶谱》。茶之说,始于唐德宗,成于宋、元。及于明朝,乃与番互五市易马。夫茶一木尔,下为民生日用之资,上为朝廷赋税之助,其利溥哉。昔贤所称,大约谓唐人尚茶,茶品益众。有雅州之蒙顶石花、露芽、谷芽,为第一。建宁之北苑龙凤团为上供。蜀之茶,则有东川之神泉、兽目、硖州之碧涧、明月、夔州之真香、邛州之火井、思安、黔阳之都濡、嘉定之娥嵋、泸州之纳溪、玉垒之沙坪。楚之茶,则有荆州之仙人掌,湖南之白露、长沙之铁色、蕲州蕲门之团面、寿州霍山之黄芽、芦州之六安、英山、武昌之樊山、岳州之巴陵、辰州之溆浦、湖南之宝庆、茶陵。吴越之茶,则有湖州顾渚之紫笋、福州方山之生芽、洪州之白露、双井之白毛、庐山之云雾、常州之阳羡、池州之九华、丫山之阳坡、袁州之界桥、睦州之鸠坑、宣州之阳坑、金华之举岩、会稽之日铸,皆产茶有名者。其他犹多,而猥杂更甚。按陶隐居注苦茶云:"酉阳、武昌、庐江、晋陵,皆有好茗,饮之宜人。凡所饮物,有茗及木叶,天门冬苗,菝葜叶皆益人,余物并冷利。又巴东县有真茶,火煏作卷结,为饮亦令人不眠。俗中多煮檀叶及大皂李叶作茶饮,并冷利。南方有瓜芦木,亦似茗也。今人采储檪、山矾、南烛、乌药诸叶,皆可为饮以乱茶云。"

【译文】

《神农食经》中说:"益州及它的山道旁边生长的茶叶,到了冬天都不会死,三月三日的时候开始采摘制造。"苏恭说:"茶叶生长在山南泽中的山谷。"《尔雅》中说:"槚,就是苦茶。"郭璞说:"茶树小的就像栀子一样,冬天长出叶子,可以煮成羹来喝。"苏颂说:"现在的闽浙蜀江湖淮南的山中都有,总称为茶。春天的时候才开始长出嫩叶,蒸焙之后去掉苦水,茶末就可以饮用,与古代所食用的不一样。"陆羽的《茶经》中说:"茶,是南方的嘉木,从一尺二尺到几十尺。巴州峡山有两个人合抱起来那么粗壮的树,砍伐之后才能采摘。木像瓜芦,叶如栀子,花像白色的蔷薇,果实就像栟榈,花蕊就像丁香一样,根部就像胡桃树一样。上好的茶树生长在烂石之间,中等的生长在有石头的土壤中,下等的生长在黄土中。种植方法和种瓜一样,三年后就可以采摘。长在向阳的山崖上有树荫的林子中的茶好,紫色的最好,绿色的差一点;笋最好,芽差一点;叶子卷的最好,舒展的差一点。在二、三、四月间,茶笋生长乱石之间的,长四五寸,在它刚开始抽芽的时候,趁着露水采摘。茶芽,生长在丛生的枝条上,有三枝、四枝、五枝,在枝条的顶部采摘。采摘了之后蒸焙烘干,有很多种形状。简单地说来,就像胡人的靴子,很紧蹙的样子;像牛的胸脯,很平坦的样子;山里面出产的,味道显得很自然;拂水很淡然,都是茶叶当中的精品。像竹笋的壳皮,像霜打的荷叶的,都是茶叶的老叶。"其他的,有石南芽、枸杞芽、枇杷叶,都能医治风疾。另外还有皂荚芽、槐芽、柳芽,是在开春的时候采摘新芽,和茶叶放在一起制造。所以今天南方人输送官茶的时候,往往在里面夹杂上其他的叶子。只有茅芦和竹笋这些东西不可以加入,其余山中的草木芽叶,都可以掺和在里面。椿柿叶子加进去尤其特别。真正的茶叶是凉性的,只有雅州蒙山出产的,是暖性而且能够驱除疾病。毛文锡《茶谱》中说:"蒙山上有五座山峰,上面有茶园,它中间的山峰称为上清峰。以前有和尚得冷病很久,遇到一个老人说:'蒙山中顶的茶叶,在春分前后采摘,多找些人手,等雷声响过之后,一起去采摘,三日后停止。如果得到了一两,用当地的水来泡着喝的话,能够去掉困扰很久的疾病。二两能够让目前不会生病,三两能够使肌骨清爽,四两简直就可以成地仙了。'这个和尚按老人所说去做了,获得了一两多,还没有喝完就去了病根了。其中四个山顶的茶园,没有废除采摘,只有中间山峰草木繁密,云雾遮掩,野兽出入,所以人迹不怎么能达到。近年来产的茶要稍微贵一点。这里制造的品种,也比其他的地方要精细。"陈承说:"近世蔡襄,述说闽茶特别全面。只有建州北苑的茶叶多次出产的,味道与其他地方都不一样,今天也把它单独叫作腊茶,上贡供御用。碾制成饼状放在太阳下面晒,用火的话会更好。其他的或者是芽,或者是末。收藏起来储存的时候如果稍微见到火,就不能收藏太久,颜色和香味都不好。只有鼎州的一种茶芽,本性和味道很接近建茶。现在的汴中以及河北京西等地将它碾磨成粉末,也用它来冒充腊茶。"寇宗奭说:"苦茶,就是今天的茶。陆羽的《茶经》,丁谓的《北苑茶录》,毛文锡的《茶谱》,蔡宗颜的《茶对》里面说的都很详细。然而古人把茶叶叫作雀舌麦颗,这是说它很鲜嫩。另外还有一种新芽,刚发出来就有一寸多长,像针一样,是最好的品种。这是因为它根部的水土力很充足的缘故。雀舌麦颗,又不如它,前人却不知道。"李时珍说:茶叶有野生的,有种植的。种植所用的种子指尖大小,圆的黑色。将种子放进口中,开始甘甜后来苦涩,最伤害人的喉咙,而闽地的人用它来榨油食用。二月下旬的时候种植,一条土坎上需要上百颗种子才可能生出一颗,这是因为很多都是空壳的缘故。茶苗怕水大和太阳晒,最适合在坡地背阴处。采茶清明之前采摘的最好,雨水之前采摘的要差一点,以后的都不过是老茶叶。采摘、蒸、揉、焙制造都有一定的方法,详细的情况见《茶谱》。茶叶的税收,最开始的时候见于唐德宗,在宋朝和元朝的时候兴盛起来。到了明朝,才开始和西番交换马匹。茶叶这种东西,下可以补贴老百姓每天的家用,上可以有助于朝廷的赋税,它的好处就多了。以前

(清)姚文瀚《四序图》

贤者说,大概是从唐朝开始崇尚茶叶,茶叶的品种也很多,有雅州的蒙顶石

花、露芽、谷芽，是最好的。建宁的北苑龙凤团是作为贡品的。蜀地的茶叶，则有东川的神泉、兽目、碌州的碧涧、明月，夔州的真香，邛州的火井、思安，黔阳的都濡，嘉定的娥嵋，泸州的纳溪，玉垒的沙坪。楚地的茶叶，则有荆州的仙人掌，湖南的白露，长沙的铁色，蕲州蕲门的团面，寿州霍山的黄芽，庐州的六安、英山，武昌的樊山，岳州的巴陵，辰州的溆浦，湖南的宝庆、茶陵。吴越的茶叶，则有湖州顾渚的紫笋，福州方山的生芽，洪州的白露，双井之白毛，庐山的云雾，常州的阳羡，池州的九华，丫山的阳坡，袁州的界桥，睦州的鸠坑，宣州的阳坑，金华的举岩，会稽的日铸，都出产很著名的茶叶。另外还有很多而掺假更甚。陶隐居说茶："西阳、武昌、庐江、晋陵都有很好的茶叶，喝了之后对人很有好处。凡是喝的物体，有茗和木叶、天门冬苗、菝葜叶子等都对人有好处，其他的东西也有一定的作用。另外巴东县有真正的茶叶，火烤成卷结，喝了之后能够使人减少睡眠。民间有人多煮檀叶和大的皂李叶子来当茶喝，也很不错。南方有瓜芦木，也很像茶叶。今天的人采摘储栎、山矾、南烛、乌药等的叶子，都可以像茶叶那样喝。

叶

气味

【原文】

苦甘，微寒，无毒。

陈藏器曰："苦寒，久食令人瘦，去人脂，使人不睡。饮之宜热，冷则聚痰。"

胡洽曰："与榧同食，令人身重。"

李廷飞曰："大渴及酒后饮茶，水入肾经，令人腰脚膀胱冷痛，兼患水肿挛痹诸疾。大抵饮茶宜热，宜少，不饮尤佳。空腹最忌之。"

李时珍曰："服威灵仙、土茯苓者，忌饮茶。"

【译文】

苦甘，微寒，没有毒。

陈藏器说："茶性苦寒，长久食用使人变得消瘦，去除人体内的脂肪，使人能够不睡觉，最好是趁热的时候喝，冷了之后就容易导致聚痰。"

胡洽说："与榧一起食用，可以增加人的体重。"

李廷飞说："太口渴了以及酒后喝茶，水就进到了肾经里面，使人的腰部、脚部、膀胱冷痛，容易患上水肿等疾病。大多数的时候喝茶应该趁热，而且应该少量，不饮也好。最忌讳的就是空着肚子喝。"

李时珍说："服用威灵仙、土茯苓之后，不要喝茶。"

主治

【原文】

《神农食经》曰："主治瘘疮，利小便，去痰热，止渴，令人少睡，有力悦志。"

苏恭曰："下气消食，作饮加茱萸葱姜良。"

陈藏器曰："破热气，除瘴气，利大小肠。"

王好古曰："清头目，治中风昏愦、多睡不醒。"

陈承曰："治伤暑。合醋，治泄痢甚效。"

吴瑞曰："炒煎饮，治热毒赤白痢。同芎䓖葱白煎饮，止头痛。"

李时珍曰："浓煎吐风热痰涎。"

【译文】

《神农食经》中说："主治瘘疮，有利于小便，去除痰热，止渴，令人减少睡眠，增加精神。"

苏恭说："能够下气消化食物，喝茶的时候加上茱萸和葱姜更好。"

陈藏器说："能够除去热气，消灭瘴气，对大小肠很有好处。"

王好古说："能够使人的头脑清醒，治疗中风头昏、长时间睡而不醒的。"

陈承说："能够治疗中暑，和醋一起，治疗泻痢更有效。"

吴瑞说:"炒煎之后喝,能够治疗热毒赤白痢。和芎䓖、葱白一起食用,能够治疗头痛。"

李时珍说:"浓煎可以治疗风热痰多等症状。"

发明

【原文】

王好古曰:"茗茶气寒味苦,入手足厥阴经,治阴证。汤药内入此,去格拒之寒,及治伏阳。大意相似《经》云:'苦以泄之。'其体下行,所以能清头目。机曰:'头目不清,热熏上也。'以苦泄其热,则上清矣。且茶体清浮,采摘之时,芽蘖初萌,正得春升之气,味虽苦而气则薄,乃阴中之阳,可升可降,利头目盖本诸此。"汪颖曰:"一人好烧鹅炙煿,日常不缺。人咸防其生痈疽,后卒不病。访知其人每夜必啜凉茶一碗,乃知茶能解炙煿之毒也。"杨士瀛曰:"姜茶治痢。姜助阳,茶助阴,并能消暑解酒食毒。且一寒一热,调平阴阳,不问赤白冷热,用之皆良。生姜细切,与真茶等分,新水浓煎服之,苏东坡以此治文潞公有效。"

李时珍曰:"茶苦而寒,阴中之阴,沈也,降也,最能降火。火为百病,火降则上清矣。然火有五火,有虚实,若少壮胃健之人,心肺脾胃之火多盛,故与茶相宜。温饮则火因寒气而下降,热饮则茶借火气而升散。又兼解酒食之毒,使人神思阔爽,不昏不睡,此茶之功也。若虚寒及血弱之人,饮之既久,则脾胃恶寒,元气暗损。土不制水,精血潜虚,成痰饮,成痞胀,成痿痹,成黄瘦,成呕逆,成洞泻,成腹痛,成疝瘕,种种内伤,此茶之害也。民生日用,蹈其弊者,往往皆是,而妇妪受害更多。习俗移人,自不觉耳。况真茶既少,杂茶更多,其为患也,又可胜言哉。人有嗜茶成癖者,时时咀嚼不止,久而伤营伤精,血不华色,黄瘁痿弱,抱病不悔,尤可叹悯。晋干宝《搜神记》载,武官周时,病后啜茗一斛二升乃止,才减升合,便为不足。有客令更进五升,忽吐一物,状如牛脾而有口,浇之以茗,尽一斛二升,再浇五升,即溢出矣,人遂谓之斛茗瘕。嗜茶者观此,可以戒矣。陶隐居《杂录》言丹丘子、黄山君服茶轻身换骨,壶公《食忌》言苦茶久食羽化者,皆方士谬言误世者也。"按唐补阙毋炅《茶序》云:"释滞消壅,一日之利暂佳。瘠气侵精,终身之累斯大。获益则功归茶力,贻患则不谓茶灾,岂非福近易知,祸远难见乎。"又宋学士苏轼《茶说》云:"除烦去腻,世故不可无茶,然暗中损人不少。空心饮茶入盐,直入肾经,且冷脾胃,乃引贼入室也。惟饮食后,浓茶漱口,既去烦腻,而脾胃不知。因苦能坚定消蠹,深得饮茶之妙。古人呼茗为酪奴,亦贱之也。时珍早年气盛,每饮新茗,必至数碗,轻汗发而肌骨清,颇觉痛快。中年胃气稍损,饮之即觉为害,不痞闷呕恶,即腹冷洞泄。故备述诸说,以警同好焉。又浓茶能令人吐,乃酸苦漏泄为阴之义,非其性能升也。"

【译文】

王好古说:"茗茶气寒味苦,到手脚内的厥阴经,能够治疗阴证。汤药入茶,能够去除身上的寒气,治疗肠胃里面的疾病。大致上的意思跟《经》中所说的很相似:'苦可以泄火。'身体火气下泄,头目就会清爽。机说:'头目不清,是热气熏染的。'以苦来泄热,头目就会清爽。而且茶叶本身很轻,采摘的时候,茶芽才萌发出来,味道虽然很苦但是气却很薄,这是因为阴中有阳,可升可降,对头脑和眼睛的好处都在这里。"汪颖说:"有个人喜欢炙烤的烧鹅,每天不能缺少。人们都怕他会产生疾病,结果他却无病而终。后来得知他每天晚上必定要喝凉茶一碗,才知道茶叶能够解除体内热炙之气。"杨士瀛说:"姜茶能够治疗痢疾。姜助阳,茶助阴,并且能够消除暑气,解除酒食里面的毒气。而且一寒一热,能够调和阴阳,不管是赤白冷热还是什么症状,用了之后都觉得很好。生姜切细,和真正的茶叶同等的分量,和新水一起煎服下去,苏东坡用这个法子来治疗文潞公很有效果。"

李时珍说:"茶叶的本性苦而寒,是阴中之阴,最能够降火气。火能导致百病,火气消除了之后人就觉得清爽了。然而火有五火,有虚实之分,如果是年轻肠胃健全的人,心肺和脾胃里面多有火气,所以用茶最合适。趁温热的时候喝下去之后寒气就能够下降,趁热喝的话茶叶就能借助火气而升散。又加上能够解除酒食里面的毒,使人的神思爽然,不会昏睡,这些都是茶叶

的功劳。如果像虚寒血弱的人，长久饮茶，则会脾胃恶寒，元气暗损。土制不住水，精血亏损就会出现痰多、腹胀、萎顿、黄瘦拉稀、肚子痛、疝气等疾病。老百姓每天用茶，被茶所伤的，比比皆是，而妇妪所受的坏处就更多了。只不过是因为习俗的缘故，所以我们没有警觉到而已。何况真正的茶叶很少，杂茶就更多了，茶的危害，说不过来啊！有的人因为有喝茶的习惯，总是在不停地饮啜，时间长了就容易伤害精神，血色不好，面色蜡黄憔悴，得了病却不知道悔悟，实在是让人惋惜。晋朝的干宝在《搜神记》中记载：武官周时，病了之后喝了一斗二升的茶水，如果减少一点的话，就觉得不足。有客人让他再喝五升，忽然吐出一个物体，形状就像牛脾一样还有口，浇上一斗二升的茶水，再浇上五升，才溢了出来，人们于是把它叫作斛茗瘕。喜欢喝茶的人看到这些，可以戒除了。陶隐居在《茶录》中说丹丘子、黄山君服用茶水之后觉得像脱胎换骨一样，壶公在《食忌》中说长期食用苦茶的可以羽化登仙，那些都是方士的谬传。"按照唐朝的补阙毋炅在《茶序》中所说："消除体内滞留之物和身上的疲劳，一天之内是有好处的。能够使人的精气贫瘠，累及终身才是大事。得到好处就归功于茶叶，被它所害却不去责怪它，这难道不是眼前的好处容易知道，而长远的灾祸却没有见到吗？"另外宋朝的学士苏轼在《茶说》中说："去除烦恼，除掉油腻，世上固然不可以没有茶叶，然而暗中害人却不少。空着肚子喝加了盐的茶水，直接进入了肾经，导致脾胃收缩，跟引贼入室是一个道理。只有在饭后，用浓茶来漱口，既能去掉烦腻，又能让脾胃没有知觉。而且能够使牙齿更加坚固，得到了喝茶真正的好处。"古代的人把茶叶称为酪奴，这也说明并不看重它。时珍年轻气盛的时候每次喝茶，必须要喝很多碗，发出了少量的汗水，肌骨显得很清爽，觉得很痛快。中年胃气稍损，喝了之后就觉得受了它的害处，不免胸闷作呕，这是因为腹内冷而空的原因。所以说这些，是为了告诫有同样爱好的人。另外浓茶能够令人吐，这是因为酸苦泄露成为阴气，并不是它的性能本身就是这样。

中华茶道

附方

【原文】

气虚头痛。用上春茶末调成膏,置瓦盏内覆转。以巴豆四十粒,作二次烧烟熏之,晒干乳细。每服一字,别入好茶末,食后煎服立效。(《医方大成》)

热毒下痢。孟诜曰:"赤白下痢,以好茶一斤炙捣末,浓煎一二盏服。久患痢者,亦宜服之。直指用蜡茶,赤痢以蜜水煎服,白痢以连皮自然姜汁,同水煎服,二三服即愈。"《经验良方》:"用蜡茶二钱,汤点七分,入麻油一蚬壳,和服。须臾腹痛,大下即止。一少年用之有效。一方:蜡茶末,以白梅肉和丸,赤痢甘草汤下,白痢乌梅汤下,各百丸。一方:建茶合醋煎服,即止大便下血。"荣卫气虚,或受风邪,或食生冷,或啖炙煿,或饮食过度,积热肠间,使脾胃受伤,糟粕不聚,大便下利清血,脐腹作痛,里急后重,及酒毒一切下血,并皆治之。用细茶半斤,碾末,用百药煎五个,烧存性。每服二钱,米饮下,日二服。(《普济方》)

产后秘塞。以葱涎调蜡茶末,丸百丸,茶服自通。不可用大黄利药,利者百无一生。(郭稽中《妇人方》)

久年心痛。十年五年者,煎湖茶以头醋和匀,服之良。(《兵部手集》)

腰痛难转。煎茶五合,投醋二合,顿服。(孟诜《食疗》)

嗜茶成癖。一人病此,一方士令以新鞋盛茶令满,任意食尽,再盛一鞋。如此三度,自不吃也。男用女鞋,女用男鞋,用之果愈也。(《集简方》)

解诸中毒。芽茶白矾等分,碾末,冷水调下。(《简便方》)

痘疮作痒。房中宜烧茶烟,恒薰之。

阴囊生疮。用蜡面茶为末,先以甘草汤洗后贴之妙。(《经验方》)

脚丫湿烂。茶叶嚼烂敷之,有效。(《摄生方》)

蠼螋尿疮。初如糁粟,渐大如豆,更大如火烙,浆㿠,疼痛至甚者,速以草茶并蜡茶俱可。以生油调敷,药至痛乃止。(《胜金方》)

风痰颠疾。茶芽厄子各一两,煎浓汁一碗,服良久探吐。(《摘元方》)

霍乱烦闷。茶末一钱,煎水调乾姜末一钱,服之即安。(《圣济总录》)

月水不通。茶清一瓶,入沙糖少许,露一夜服。虽三个月胎亦通,不可轻视。(《鲍氏方》)

痰喘咳嗽,不能睡卧。好末茶一两,白僵蚕一两为末,放碗内盖定,倾沸汤一小盏,临卧再添汤点服。(《瑞竹堂方》)

【译文】(略)。

王鉴 《青绿山水图》

【原文】

气味

苦寒。有毒。

主治

李时珍曰:喘急咳嗽,去痰垢。捣仁洗衣,除油腻。

【译文】(略)。

附方

【原文】

上气喘急。时有咳嗽,茶子百合,等分为末,密丸梧子大。每服七丸,新

汲水下。(《圣惠方》)

　　喘嗽齁鮯。不拘大人小儿，用糯米泔少许，磨茶子滴入鼻中，令吸入口服之，口咬竹筒。少顷涎出如线，不过二三次绝根，屡验。(《经验良方》)

　　头脑鸣响，状如虫蛀，名大白蚁。以茶子为末，吹入鼻中取效。(杨拱《医方摘要》)

　　【译文】(略)。

《煮泉小品》

【明】田艺蘅著

　　田艺蘅，字子艺，号品子，钱塘(今浙江杭州)人，约生活在明嘉靖、隆庆和万历初这段时间内。

序

　　【原文】
　　田子艺，抱辋轹江山之气，吐吞葩藻之才，凤厌尘嚣，历览名胜。窃慕司马子长之为人，穷搜遐讨。固尝饮泉觉爽，啜茶忘喧，谓非膏粱纨绮可语。爱著《煮泉小品》，与漱流枕石者商焉。顷于子谦所，出以示予。考据该洽，评品允当，实泉茗之信史也。命予叙之，刻烛以俟。予惟赞皇公之鉴水，竟陵子之品茶，耽以成癖，罕有俪者。洎丁公言《茶图》，颛论采造而未备；蔡君谟《茶录》，详于烹试而弗精；刘伯刍、李季卿论水之宜茶者，则又互有同异，与陆鸿渐相背驰，甚可疑笑。近云间徐伯臣氏作《水品》，茶复略矣。粤若子艺所品，盖兼昔人之所长，得川原之隽味。其器宏以深，其思冲以淡，其才清以越，具可想也。殆与泉茗相浑化者矣，不足以洗尘嚣而谢膏绮乎？重违嘉恩，勉缀首简。第即席摘辞，愧不工耳。嘉靖甲寅冬十月既望仁和赵观撰。

【译文】

　　田子艺,有驰骋江山的豪气,吞吐碧水的才气,向来厌恶喧嚣的尘世,喜欢遍游名胜。内心仰慕司马子长的为人,用心探讨研究。品尝泉水的时候心清气爽,喝茶的时候忘却尘世的喧嚣,这种情绪不是膏粱纨绔可以理解的。所著《煮泉小品》,是为了与那些高流隐逸的人共同探讨。那时我在子艺家中,他拿出书来给我看。我认为他考证和品评的都很得体,实在是说茶事的可信的资料。他让我为之作叙,我连夜写毕。我只感叹皇公鉴水的品味的高超,陆羽品茶的独到,对茶爱好如此至深成癖的,很少有能和他们比美的了。洎丁公说《茶图》,专门论述采摘制造而又不全面;蔡君谟著《茶录》,烹试说得很清楚却又不是很精细;刘伯刍、李季卿论适合茶叶的水,其说法又各有不同,而且还和陆羽背道而驰,实在是值得怀疑可笑。近来徐伯臣撰写的《水品》,又忽略了茶叶。像子艺的品评,既总结继承前人的成果,又将它的本来面目完全展现出来。其内容宏大高深,所思充分而清楚,才华清越出众,由此可以想象。这是泉水和茶叶相互混淆在一起的结果,难道还不能洗脱尘世的喧嚣而来感谢茶叶的恩典吗?承蒙好意相求,勉为此文,当即撰写,惭愧不工。嘉靖甲寅冬十月既望仁和赵观撰写。

引

【原文】

　　昔我田隐翁,尝自委曰"泉石膏肓"。噫,夫以膏肓之病,固神医之所不治者也;而在于泉石,则其病亦甚奇矣。余少患此病,心已忘之,而人皆咎余之不治。然遍检方书,苦无对病之药。偶居山中,遇淡若叟,向余曰:"此病固无恙也,子欲治之,即当煮清泉白石,加以苦茗,服之久久,虽辟谷可也,何患于膏肓之病邪。"余敬顿首受之,遂依法调饮,自觉其效日著。因广其意,条辑成编,以付司鼎山童,俾遇有同病之客来,便以此荐之。若有如煎金玉汤者来,慎弗出之,以取彼之鄙笑。时嘉靖甲寅秋孟中元日钱塘田艺蘅序。

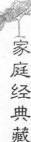

【译文】

以前我田隐翁曾经自说得了"泉石膏肓之症"。哎，病入膏肓，就是神医也不能够医治啊；而病的原因还关乎泉石，那这病也太奇怪了。我年少的时候患上了这种病，心已忘记了，别人都怪我不去治疗。然而我寻遍了药书，也没有找到可以医治的药方。偶尔在山里居住的时候，遇见一个老人和他交谈，他对我说："这个病不要紧，你想治愈它的话，那就应该煮清澈的泉水，在里面加上苦涩的茶叶，长久服用，即使断食都可以，还怕什么膏肓之病呢！"我十分感激地接受了他的建议，于是按照他的办法来调制饮用，自己觉得效果越来越显著了。因此扩充他的意思，编辑成书，以交付负责烹茶的山童，如果再遇到像我这样病症的客人，就将这个方法告诉他。如果有很富贵的人来的话，那就不要拿出来，以免受到别人的嘲笑。嘉靖甲寅秋天孟中元年元日钱塘田艺蘅序。

源泉

【原文】

积阴之气为水。水本曰源，源曰泉。水本作㲿，象众水并流，中有微阳之气也，省作水。源本作原，亦作灥，从泉出厂下；厂，石岩之可居者。省作原，今作源。泉本作㟃，象水流出成川形也。知三字之义，而泉之品思过半矣。

山下出泉曰蒙。蒙，稚也，物稚则天全，水稚则味全。故鸿渐曰"山水上"。其曰乳泉石池漫流者，蒙之谓也。其曰瀑涌湍激者，则非蒙矣，故戒人勿食。

混混不舍，皆有神以主之，故天神引出万物。而《汉书》三神，山岳其一也。

源泉必重，而泉之佳者尤重。余杭徐隐翁尝为余言：以凤凰山泉，较阿姥墩百花泉，便不及五钱。可见仙源之胜矣。

山厚者泉厚,山奇者泉奇,山清者泉清,山幽者泉幽,皆佳品也。不厚则薄,不奇则蠢,不清则浊,不幽则喧,必无佳泉。

山不亭处,水必不亭。若亭即无源者矣,旱必易涸。

【译文】

积存了阴气的是水。水本来称为源,源又叫泉。水本来的写法灥,好像很多水合并在一起的样子,中间有微微的阳气,简写为水。源本来写灥作泉出自厂下;厂,是可居住的山岩。简写成原,现在写成源。泉本来的写法 ,就像是水流出来成川形一样。知道这三个字的来源,那关于泉水的品味和思考就已经过半了。

山下流出的泉水为蒙。蒙,就是幼稚初开,物稚而天全,水稚味道自然很好。所以陆羽说:山上的水最好。他说的是乳泉石池之间漫流而下的,才被称为蒙。要是流的非常湍急的,那就不能称为蒙了,所以一般不要食用。

天下的万物,都是由神灵来主管的,所以天神引出万物。而《汉书》中所说的三神,山岳是其中之一。

源泉必重,而好的泉水尤其重。余杭的徐隐翁曾经对我说过:如果将凤凰山的泉水去跟阿姥墩的百花泉相比,那就值不了五文钱了。可见好的水多么重要。

山厚大的水也自然显得厚重,山奇的水自然也奇,山清的水清,山幽的水也幽,都是好的品种。如果不厚则薄,不奇就蠢,不清就浑浊,不幽静就喧器,那就肯定不会有好的泉水了。

山还在蜿蜒的地方,水就不会停止下来。如果水停止下来那就是没有源头的了,干旱的时候必然要干涸。

石流

【原文】

石,山骨也;流,水行也。山宣气以产万物,气宣则脉长,故曰"山水上。"《博物志》:"石者,金之根。甲石流精以生水。"又曰:"山泉者,引地气也。"

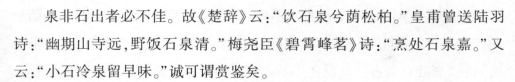

泉非石出者必不佳。故《楚辞》云："饮石泉兮荫松柏。"皇甫曾送陆羽诗："幽期山寺远,野饭石泉清。"梅尧臣《碧霄峰茗》诗："烹处石泉嘉。"又云："小石冷泉留早味。"诚可谓赏鉴矣。

咸,感也。山无泽,则必崩;泽感而山不应,则将怒而为洪。

泉往往有伏流沙土中者,挹之不竭即可食。不然则渗潴之潦耳,虽清勿食。流远则味淡,须深潭渟蓄,以复其味,乃可食。

泉不流者,食之有害。《博物志》："山居之民,多瘿肿疾,由于饮泉之不流者。"

泉涌出曰渍。在所称珍珠泉者,皆气盛而脉涌耳,切不可食,取以酿酒或有力。

泉有或涌而忽涸者,气之鬼神也,如刘禹锡诗"沸井今无涌"是也。否则徒泉喝水,果有幻术邪。泉悬出曰沃,暴溜曰瀑,皆不可食。而庐山水帘,洪州天台瀑布,皆入水品,与陆经背矣。故张曲江《庐山瀑布》诗:"吾闻山下蒙,今乃林峦表。物性有诡激,坤元曷纷矫。默默置此去,变化谁能了。"则识者固不食也。然瀑布实山居之珠箔锦幕也,以供耳目,谁曰不宜。

【译文】

石,是山的根本;流,是水在动的表现。山中的气息催生万物,气息好的话那山脉自然长,所以说"山水最好。"《博物志》中说:"石为金铁根本,石精气流出就生成美好的泉水。"又说:"山泉,汲取了地气。"

王鉴《青绿山水图》

泉水不是从石中流出的肯定不好。所以《楚辞》中说："饮石泉兮荫松柏。"皇甫曾送给陆羽一首诗："幽期山寺远，野饭石泉清。"梅尧臣《碧霄峰茗》诗："烹处石泉嘉。"又说："小石冷泉留早味。"这是真正懂得鉴赏的人。

咸，是感应。山中如果没有水的话，那就一定要崩塌；有感而山不应，那水就要形成洪灾。

泉水往往潜流在沙土中，只要取之不竭的就可饮用。不然就会有沉淀物在里面，即使很清澈也不能食用。水流的太远味道自然就显得淡一些，必须在深水里面蓄养，恢复水的味道，才可以食用。

不流动的泉水，喝了之后对人体有害。《博物志》中说："山里的居民，多患有粗脖子病，这是因为长期饮用不流动的泉水的缘故。"

泉水涌出来叫作溃。所谓珍珠泉，都是因为气盛所以才奔涌出来的缘故，千万不可以食用，用它来酿酒或者还好。

有的泉水喷涌着忽然干涸，好像鬼神使之，就像刘禹锡诗说的"沸井今无涌"就是这样。否则徙泉喝水，难道真的有幻术吗？泉水从高处流下被称为沃，太急流下被称为瀑，都不可以食用。而庐山的水帘，洪州的天台瀑布，都被列入水品之中，跟陆羽茶经里的观点相背。所以张九龄在《庐山瀑布》诗中写道："吾闻山下蒙，今乃林峦表。物性有诡激，坤元曷纷矫。默然置此去，变化谁能了。"知道的人就不会食用了。然而瀑布其实就像是山的珠箔锦幕一样，用来供眼睛和耳朵享受，谁说不适合呢！

清寒

【原文】

清，朗也，静也，澄水之貌。寒，冽也，冻也，覆冰之貌。泉不难于清，而难于寒。其濑峻流驶而清，岩奥阴积而寒者，亦非佳品。

石少土多沙腻泥凝者，必不清寒。

蒙之象曰果行，井之象曰寒泉。不果则气滞而光不澄，不寒则性燥而味必啬。

冰，坚水也，穷谷阴气所聚。不泄则结，而为伏阴也。在地英明者惟水，而冰则精而且冷，是固清寒之极也。谢康乐诗："凿冰煮朝飧。"《拾遗记》："蓬莱山冰水，饮者千岁。"

下有石硫黄者，发为温泉，在在有之。又有共出一壑，半温半冷者，亦在在有之，皆非食品。特新安黄山朱砂汤泉可食。《图经》云："黄山旧名黟山，东峰下有朱砂汤泉可点茗，春色微红，此则自然之丹液也。"《拾遗记》："蓬莱山沸水，饮者千岁。"此又仙饮。

有黄金处水必清，有明珠处水必媚，有孖鮒处水必腥腐，有蛟龙处水必洞黑。嫩恶不可不辨也。

【译文】

清，就是明朗，安静，很澄清的水的样子。寒，就是甘冽，冷冻，像是在冰上的样子。泉水最难得的不是清澈，最难得的是寒。但是其中因为流淌而变得清澈，长时间积存而显得寒性的，也不是很好的品种。

石少土多沙子很细腻有泥的地方，肯定不清寒。

蒙之象被称为果象，井之象被称为寒泉。如果不果的话那样就导致表面光华而不会凝滞，不寒而品性干燥的味道肯定不会太好。

冰，是很坚硬的水，是山谷中的阴气所聚而成的。如果不流下去的话就会冻结起来，就成了积聚在一起的阴气。地上有灵气的只有水，而冰却显得精而冷，所以清寒到了极点。谢康乐诗中说："凿冰煮朝飧。"《拾遗记》中说："蓬莱山的冰水，喝了之后能活一千岁。"

下面有硫蟥的地方，流淌出了温泉，这种地方随处都是。另外还有从一个地方流出，却是半温半冷的，也到处可见，都不是可以食用的水。只是新安黄山的朱砂汤泉水可以食用。《图经》中说：黄山以前被称为黟山，东面的山峰下有朱砂汤泉可以煮水泡茶，颜色微微有点红，这是自然的丹液。"《拾遗记》中说："蓬莱山的沸水，喝了之后能够活到千岁。"那又是仙水了。

有黄金的地方水必然很清澈，有明珠的地方水必定很柔和，有蚊卵的地方水肯定腥腐，有蛟龙的地方水肯定深黑。好坏不可以不加辨认。

甘香

【原文】

甘,美也,香,芳也。《尚书》:"稼穑作甘黍。"甘为香,黍惟甘香,故能养人。泉惟甘香,故亦能养人。然甘易而香难,未有香而不甘者也。

味美者曰甘泉,气芳者曰香泉,所在间有之。

泉上有恶木,则叶滋根润,皆能损其甘香,甚者能酿毒液,尤宜去之。

甜水以甘称也。《拾遗记》:"员峤山北,甜水绕之,味甜如蜜。"《十洲记》:"元洲玄涧,水如蜜浆。饮之,与天地相毕。"又曰:"生洲之水,味如饴酪。"

水中有丹者,不惟其味异常,而能延年却疾,须名山大川诸仙翁修炼之所有之。葛玄少时,为临沅令。此县廖氏家世寿,疑其井水殊赤,乃试掘井左右,得古人埋丹砂数十斛。西湖葛井,乃稚川炼所,在马家园后,淘井出石匣,中有丹数枚如芡实,啖之无味,弃之。有施渔翁者,拾一粒食之,寿一百六岁。此丹水尤不易得。凡不净之器,切不可汲。

【译文】

甘,就是美,香就是很芳香。《尚书》中说:"稼穑作甘黍。"甘的就香,黍就甘香,所以能够养人。泉水只有甘香,所以也能滋养人。然而甘甜容易要有香气却很难,没有有香而不甘甜的。

味道很好的被称为甘泉,气味芳香的被称为香泉,有的地方两种都有。

泉水上边有不好的树木,叶子和根部在水中滋润,都能损害泉水的甘香,更有的甚至能滋生毒液,尤其应该除掉。

甜水因为甘甜而著称。《拾遗记》中说:"员峤山的北部,甜水环绕在它的周围,味道甘甜的就像蜜一样。"《十洲记》中说:"元洲的玄涧,水就像蜜浆一样。喝了之后,与天地同寿。"又说:"生洲的水,味道就和甜酪一样。"

水中有丹的,不只是气味异常,而且还能延长寿命、去除疾病,必须是名山大川的那些仙翁修炼之地才有。葛玄年少的时候,作临汾县令。此县有一户姓廖的人家世代长寿,怀疑他家的井水不一样,于是试着在井的四围发掘,得到了古人所埋的丹药几十斛。西湖的葛井,是稚川修炼的地方,有人在马家的园子后面,淘井时挖出一个石匣,里面有丹药几枚,尝了尝觉得淡而无味,于是将它丢弃了。有一个钓鱼的老者,拾起一粒吃了下去,活到了一百零六岁。这样的丹水尤其不容易得到。凡是不干净的器具,都不可以汲取食用。

宜茶

【原文】

茶,南方嘉木,日用之不可少者。品固有嫩恶,若不得其水,且煮之不得其宜,虽佳弗佳也。

茶如佳人,此论虽妙,但恐不宜山林间耳。昔苏子瞻诗:"从来佳茗似佳人",曾茶山诗"移人尤物众谈夸",是也。若欲称之山林,当如毛女、麻姑,自然仙风道骨,不浼烟霞可也。必若桃脸柳腰,宜亟屏之销金帐中,无俗我泉石。

鸿渐有云:"烹茶于所产处无不佳,盖水土之宜也。"此诚妙论。况旋摘旋瀹,两及其新邪。故《茶谱》亦云:"蒙之中顶茶,若获一两,以本处水煎服,即能祛宿疾。"是也。今武林诸泉,惟龙泓入品,而茶亦惟龙泓山为最。盖兹山深厚高大,佳丽秀越,为两山之主。故其泉清寒甘香,雅宜煮茶。虞伯生诗:"但见瓢中清,翠影落群岫。烹前黄金芽,不取谷雨后。"姚公绶诗:"品尝顾渚风斯下,零落《茶经》奈尔何。"则风味可知矣,又况为葛仙翁炼丹之所哉! 又其上为老龙泓,寒碧倍之。其地产茶,为南北山绝品。鸿渐第钱唐天竺、灵隐者为下品,当未识此耳。而《郡志》亦只称宝云、香林、白云诸茶,皆未若龙泓之清馥隽永也。余尝一一试之,求其茶泉双绝,两浙罕伍云。

龙泓今称龙井,因其深也。《郡志》称有龙居之,非也。盖武林之山,皆发源天目,以龙飞凤舞之谶,故西湖之山,多以龙名,非真有龙居之也。有龙则泉不可食矣。泓上之阁,亟宜去之。浣花诸池,尤所当浚。

鸿渐品茶又云："杭州下,而临安、于潜生于天目山,与舒州同,固次品也。"叶清臣则云："茂钱唐者,以径山稀。"今天目远胜径山,而泉亦天渊也。洞霄次径山。

严子濑一名七里滩,盖砂石上曰濑、曰滩也。总谓之浙江。但潮汐不及,而且深澄,故入陆品耳。余尝清秋泊钓台下,取囊中武夷、金华二茶试之,固一水也,武夷则黄而燥冽,金华则碧而清香,乃知择水当择茶也。鸿渐以婺州为次,而清臣以白乳为武夷之右,今优劣顿反矣。意者所谓离其处,水功其半者耶?

茶自浙以北者皆较胜。惟闽广以南,不惟水不可轻饮,而茶亦当慎之。昔鸿渐未详岭南诸茶,仍云"往往得之,其味极佳"。余见其地多瘴疠之气,染着草木,北人食之,多致成疾,故谓人当慎之。要须采摘得宜,待其日出山霁,露收岚净可也。

茶之团者片者,皆出于碾之末,既损真味,复加油垢,即非佳品,总不若今之芽茶也。盖天然者自胜耳。曾茶山《日铸茶》诗:"宝自不乏,山芽安可无",苏子瞻《壑源试焙新茶》诗:"要知玉雪心肠好,不是膏油首面新",是也。且末茶瀹之有屑,滞而不爽,知味者当自辨之。

芽茶以火作为次,生晒者为上,亦更近自然,且断烟火气耳。况作人手器不洁,火候失宜,皆能损其香也。生晒茶瀹之瓯中,则旗枪舒畅,清翠鲜明,尤为可爱。唐人煎茶,多用姜盐。故鸿渐云:"初沸水合量,调之以盐味。"薛能诗:"盐损添常戒,姜宜着更夸。"苏子瞻以为茶之中等,用姜煎信佳,盐则不可。余则以为二物皆水厄也。若山居饮水,少下二物,以减岚气或可耳。而有茶,则此固无须也。

今人荐茶,类下茶果,此尤近俗。纵是佳者,能损真味,亦宜去之。且下果则必用匙,若金银,大非山居之器,而铜又生腥,皆不可也。若旧称北人和以酥酪,蜀人入以白土,此皆蛮饮,固不足责。

人有以梅花、菊花、茉莉花荐茶者,虽风韵可赏,亦损茶味。如有佳茶,亦无事此。

有水有茶,不可无火。非无火也,失所宜也。前人云:"茶须缓火炙,活火煎。"活火,谓炭火之有焰者,苏轼诗"活火仍须活水烹"是也。余则以为山中不常得炭,且死火耳,不若枯松枝为妙。若寒月多拾松实,蓄为煮茶之具,更雅。

人但知汤候,而不知火候,火然则水干,是试火先于试水也。《吕氏春秋》:伊尹说汤五味,"九沸九变,火为之纪。"

汤嫩则茶味不出,过沸则水老而茶乏。惟有花而无衣,乃得点瀹之候耳。

唐人以对花啜茶为杀风景,故王介甫诗:"金谷千花莫漫煎"。其意在花,非在茶也。余则以为金谷花前信不宜矣,若把一瓯对山花啜之,当更助风景,又何必羔儿酒也。

煮茶得宜,而饮非其人,犹汲乳泉以灌蒿莸,罪莫大焉。饮之者一吸而尽,不暇辨味。俗莫甚焉。

【译文】(略)。

灵水

【原文】

灵,神也。天一生水,而精明不淆。故上天自降之泽,实灵水也,古称"上池之水"者非与?要之皆仙饮也。

露者,阳气胜而所散也。色浓为甘露,凝如脂,美如饴,一名膏露,一名天酒。(《十洲记》:"黄帝宝露。")《洞冥记》:"五色露。"皆灵露也。《庄子》曰:"姑射山神人,不食五谷,吸风饮露。"《山海经》:"仙丘绛露,仙人常饮之。"《博物志》:"沃渚之野,民饮甘露。"《拾遗记》:"舍明之国,承露而饮。"《神异经》:"西北海外人长二千里,日饮天酒五斗。"《楚辞》:"朝饮木兰之坠露。"是露可饮也。

雪者,天地之积寒也。《氾胜书》:"雪为五谷之精。"《拾遗记》:"穆王东至大树之谷,西王母来进嵊州甜雪。"是灵雪也。陶谷取雪水烹团茶。而丁谓《煎茶》诗:"痛惜藏书箧,坚留待雪天。"李虚己《建茶呈学士》诗:"试将梁苑雪,煎动建溪春。"是雪尤宜茶饮也。处士列诸末品,何邪?意者以其味之燥乎?若言太冷,则不然矣。

雨者,阴阳之和,天地之施,水从云下,辅时生养者也。和风顺雨,明云甘雨。《拾遗记》:"香云遍润,则成香雨。"皆灵雨也,固可食。若夫龙所行者,暴而霆者,旱而冻者,腥而墨者,及檐溜者,皆不可食。

文子曰:"水之道,上天为雨露,下地为江河。"均一水也,故特表灵品。

【译文】

灵,就是神。天生的新水,清明不混浊。所以上天自己降下了水泽,实际上是灵水,古代所说的"上池之水"难道不是这样吗?有的话都是仙饮。

露水是因为阳气太胜而散出的。颜色浓郁的为甘露,凝结如脂,甜美如饴,又被称为膏露和天酒。(《十洲记》:"皇帝宝露。")《洞冥记》:"五色露。"都是灵露。《庄子》说:"姑射山的神人,不吃五谷,只吸风饮露。"《山海经》:"仙丘绛露,仙人常饮之。"《博物志》:"沃渚之野,民饮甘露。"《拾遗记》:"舍明之国,承露而饮。"《神异经》:"西北海外有人长两千里,每天喝天酒五斗。"《楚辞》:"朝饮木兰之坠露。"所以说露水可以饮用。

雪,是天地之间的积寒。《氾胜书》:"雪是五谷的精髓。"《拾遗记》:"穆王东至大树之谷,西王母来进嵫州甜雪。"这就是有灵气的雪。陶谷取雪水来烹煮团茶。而丁谓有《煎茶》的诗:"痛惜藏书箧,坚留待雪天。"李虚己在《建茶呈学士》的诗中说:"试将梁苑雪,煎动建溪春。"所以说雪更适合喝茶了。陆羽把它列为最差的品种,这是什么原因呢?或者说它的味道显得有点干燥?或者说它太冷?那也不尽然啊!

雨是阴阳调和所致,天地的施舍,水从云上而下,可以休养生息。和风雨也顺,云很明朗,雨水也比较甘甜。《拾遗记》:"香云遍润,则成香雨。"都是灵雨,都可以食用。如果是龙所行的,或者是大雨滂沱,干旱或者是冷冻的,腥黑以及从屋檐上滴落下来的水,那些都不可以食用。

文子说:"水这种东西,在天上为雨露,到了地下就是江河了。"都是水,故特别表述水的灵品。

异泉

【原文】

异，奇也。水出地中，与常不同，皆异泉也，亦仙饮也。

醴泉，醴一宿酒也，泉味甜如酒也。圣王在上，德普天地，刑赏得宜，则醴泉出。食之，令人寿考。

玉泉，玉石之精液也。《山海经》："密山出丹水，中多玉膏。其源沸汤，黄帝是食。"《十洲记》："瀛洲玉石高千丈，出泉如酒，味甘，名玉醴泉，食之长生。"又："方丈洲有玉石泉，""昆仑山有玉水。"《尹子》曰："凡水方折者有玉。"

乳泉，石钟乳山骨之膏髓也。其泉色白而体重，极甘而香，若甘露也。

朱砂泉，下产朱砂，其色红，其性温，食之延年却疾。

云母泉，下产云母，明而泽，或炼为膏，泉滑而甘。

茯苓泉，山有古松者多产茯苓，《神仙传》："松脂瀹入地中，千岁为茯苓也。"其泉或赤或白，而甘香倍常。又术泉亦如之，非若杞菊之产于泉上者也。

金石之精，草木之英，不可殚述。与琼浆并美，非凡泉比也。故为异品。

【译文】

异，就是奇，水从地下冒出来，跟一般的水不一样，都是异泉，也是仙饮。

醴泉，醴是酒，水的味道甘甜的就像是酒一样。圣明的君主在上面，天下受益，赏罚分明，醴泉就会出来，食用了之后，能够增加人的寿命。

玉泉，是玉石的精气所凝聚而成的。《山海经》："密山所出产的丹水，中间有很多玉膏。其源水沸腾，黄帝经常食用。"《十洲记》："瀛州玉石高有上千丈，出的泉水就像酒一样，味道很甜，名为玉醴泉，食用之后能够延长人的寿命。"另外"方丈洲有玉石泉，""昆仑山有玉水。"《尹子》说："凡水方折者有玉。"

乳泉，是石钟乳山里面的精华。泉水的颜色白而且很重，特别的甘甜清香，就像是甘露一样。

朱砂泉，下面有朱砂，它的颜色是红的，它是温性的，食用了之后能够延长人的寿命，去除疾病。

云母泉，下面出产云母，明亮光泽，可以炼制成膏，泉水滑而甘甜。

茯苓泉，山上古松很多出产茯苓，《神仙传》："松脂渗到地下，千年之后就成了茯苓。"它的泉水成赤色或者白色，而甘香却是倍于一般的水。另外术泉也跟它一样，并不是像杞菊在泉水上游生长那样。

异泉都是金石的精华和草木的英灵，不能够完全叙述出来。和琼浆一样美味，不是一般的泉水可以比的。所以是很奇特的品种。

江水

【原文】

江，公也，众水共入其中也。水共则味杂，故鸿渐曰"江水中"，其曰"取去人远者"，盖去人远，则澄清而无荡漾之漓耳。

泉自谷而溪而江而海，力以渐而弱，气以渐而薄，味以渐而咸，故曰"水曰润下"。润下作咸，旨哉。又《十洲记》："扶桑碧海，水既不碱苦，正作碧色，甘香味美。"此固神仙之所食也。

潮汐近地必无佳泉，盖斥卤诱之也。天下潮汐惟武林最盛，故无佳泉。西湖山中则有之。

扬子，固江也。其南泠则夹石潭渊，特入首品。余尝试之，则与山泉无异。若吴淞江，则水之最下者也，亦复入品，甚不可解。

【译文】

江，是公共的，很多水都汇聚到它的里面。水多味道自然显得杂乱，所以陆羽说："江水一般"，又说："取用离开人比较远的"，因为离人远，就没有漂浮物则清澈一些。

泉水从谷到溪到江再到海，力气渐渐变弱，气也渐渐变薄，味道也渐渐变咸,所以说"水曰润下"。润下作咸,就是这个意思。另外《十洲记》:"扶桑的碧海,水不咸苦,是真正的碧绿色,甘香很美。"这些简直就是神仙所食用的。

离潮汐近的地方肯定没有好泉,可能是有卤的缘故。天下的潮汐只有武林的最盛,所以没有佳泉。西湖山中就有。

扬子,是江。南泠那一段水经过石崖聚留成渊,是最好的品种。我曾经尝试过,果然与山泉没有什么不同。如果是吴淞江,那水就是最下等的,也将它列入了好水的品种,让人十分不能理解。

井水

【原文】

井,清也,泉之清洁者也;通也,物所通用者也;法也,节也,法制居人,令节饮食,无穷竭也。其清出于阴,其通入于淆,其法节由于不得已。脉暗而味滞,故鸿渐曰"井水下"。其曰"井取汲多者",盖汲多则气通而流活耳。终非佳品,勿食可也。

市廛民居之井,烟爨稠密,污秽渗漏,特潢潦耳。在郊原者庶几。

深井多有毒气。葛洪方:五月五日,以鸡毛试投井中,毛直下无毒,若回四边,不可食,淘法以竹筛下水,方可下浚。

若山居无泉,凿井得水者,亦可食。

井味咸色绿者,其源通海。旧云东风时凿井则通海脉理,或然也。

井有异常者,若火井、粉井、云井、风井、盐井、胶井,不可枚举。而冰井则又纯阴之寒冱也,皆宜知之。

【译文】

井水要清,相当于清洁的泉水;要通,物所通用;要有法有节,法就是使居于此地的人节约使用,就不会穷尽。它的清澈来源于阴,它的通来源于淆,它的法节是不得已的。水脉不通味道就显得苦涩,所以陆羽说:"井水为下"。另外还说"井水应该用经常汲取的,"这是因为经常汲取的气通流活。

但终究不是最好的品种,不食用也可以。

市区里民居的井,因为到处都是烟雾缭绕,污秽渗透到里面,将水的颜色和味道都破坏了。在郊区的就没有这种情况了。

深井之中多半有毒气。葛洪有方说:五月五日,将鸡毛试着投进井中,鸡毛如果一直下去了那就没有毒,如果在四周回旋,那就不能食用,只有用竹筛下水淘过,才可以饮用。

如果你居住山里没有泉水的话,开凿井得到的水,也可以食用。

井水的味道咸涩而颜色发绿,说明源头直通到海里。以前说刮东风的时候凿井就能通海脉,也许就是这样。

井也有异常的,像火井、粉井、云井、风井、盐井、胶井,没有办法完全列举出来。而冰井又是纯阴至寒,这些都是应该知道的。

绪谈

【原文】

凡临佳泉,不可容易漱濯,犯者每为山灵所憎。

泉坎须越月淘之,革故鼎新,妙运当然也。

山水固欲其秀而荫,若丛恶则伤泉。今虽未能使瑶草琼花披拂其上,而修竹幽兰自不可少也。

作屋覆泉,不惟杀尽风景,亦且阳气不入,能致阴损,戒之戒之。若其小者,作竹罩以笼之,防其不洁之侵,胜屋多矣。

泉中有虾蟹子虫,极能腥味,亟宜淘净之。僧家以罗滤水而饮,虽恐伤生,亦取其洁也。包幼嗣《净律院》诗:"滤水浇新长",马戴《禅院》诗:"滤泉侵月起",僧简长诗"花壶滤水添"是也。于鹄《过张老园林》诗:"滤水夜浇花",则不惟僧家戒律为然,非修道者亦所当尔也。

泉稍远而欲其自入于山厨,可接竹引之,承之以奇石,贮之以净缸,其声尤玲琤可爱。骆宾王诗"刳木取泉遥",亦接竹之意。

去泉再远者,不能自汲,须遣诚实山童取之,以免石头城下之伪。苏子

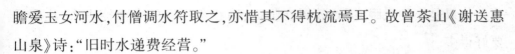

瞻爱玉女河水,付僧调水符取之,亦惜其不得枕流焉耳。故曾茶山《谢送惠山泉》诗:"旧时水递费经营。"

移水而以石洗之,亦可以去其摇荡之浊滓。若其味则愈扬愈减矣。

移水取石子置瓶中,虽养其味,亦可澄水,令之不淆。黄鲁直《惠山泉》诗"锡谷寒泉撋石俱"是也。

择水中洁净白石,带泉煮之,尤妙尤妙。

汲泉道远,必失原味。唐子西云:"茶不问团铐,要之贵新。水不问江井,要之贵活。"又云:"提瓶走龙塘,无数千步,此水宜茶不减清远峡。而海道趋建安,不数日可至。故新茶不过三月至矣。"今据所称,已非嘉赏。盖建安皆碾茶,且必三月而始得。不若今之芽茶,于清明谷雨之前,陟采而降煮也。数千步取塘水,较之石泉新汲,左勺右铛,又何如哉。余尝谓二难具享,诚山居之福也。

山居之人,固当惜水,况佳泉更不易得,尤当惜之,亦作福事也。章孝标《松泉》诗:"注瓶云母滑,漱齿茯苓香。野客偷煎茗,山僧惜净床。"夫言偷则诚贵矣,言惜则不贱用矣。安得斯客斯僧也,而与之为邻邪。

山居有泉数处,若冷泉,午月泉,一勺泉,皆可入品。其视虎丘石水,殆主仆矣,惜未为名流所赏也。泉亦有幸有不幸邪。要之,隐于小山僻野,故不彰耳。竟陵子可作,便当煮一杯水,相与荫青松,坐白石,而仰视浮云之飞也。

【译文】

凡是临近好的泉水的地方,不可轻易去洗脚,如果这样做会被山灵所憎恶。

泉水应该月下淘取,水囊是旧的鼎是新的,自然很美妙。

山水要保持秀丽就要有浓荫遮蔽,但如果太过杂乱就容易伤害泉水。现在虽然不能在上面种植瑶草琼花,但是栽种修长的竹子和幽静的兰花却是必不可少的。

在泉水上面建房子,不只是煞风景,还遮挡阳气,能造成阴损,千万不

要。如果是小的泉眼，用竹笼罩在上面，防止不干净的东西掉进去，比屋子要好得多。

泉水中有虾子、螃蟹、蚊卵、虫子，都含有腥味，应该将它们淘干净。和尚用罗来过滤水然后再饮用，虽然是怕伤了生灵，也是为了使它更加的清洁。包幼嗣《净律院》诗："滤水浇新长"，马戴《禅院》诗："滤泉侵月起"，僧简长诗"花壶滤水添"指的就是这个。于鹄在《过张老园林》的诗中说："滤水夜浇花"，说明不只是僧家是这样的了，就是不修道的人也是这样做。

泉水稍微有点远而又想把它引进厨房里面，可以将竹子接起来引水，用奇石承接，用水缸来贮存，水流的玲琮声也可爱动人。骆宾王诗"刳木取泉遥"，说的也是将竹子连起来接水。

如果离泉水更远，不能自己去汲取，那就应该派很诚实的山童去取，以免又发生石头城下换水那样的事情。苏子瞻喜欢玉女河里面的水，把调水符交给和尚去汲取，仍为不能枕在泉边睡觉而感到很惋惜。所以曾茶山《谢送惠山泉》有诗："旧时水递费经营。"

从别的地方弄来的水用石头去滤洗，也可以去掉里面摇荡的浊气和渣滓。越摇水的味道就越淡。

将石子放进有水的瓶子里面，既可以保养水的味道，也可以使水变得澄清，使之不至于浑浊。黄鲁直在《惠山泉》诗中写的"锡谷寒泉撨石俱"指的就是这个。

选择泉水里面洁净的白色石头，与泉水一起煮，那就更好了。

汲取泉水的路太远的话，必定会失去原来的味道。唐子西说："茶叶不管是团还是铐，最重要的是要新。水不管是江水还是井水，最重要的是要活。"又说："提着瓶子走到龙塘取水，不过几千步的距离，这样的水用来煮茶比清远峡的水差不了多少。而通过海上到建安，不过几天就可以到了，所以新茶不会超过三月就到了。"但是今天来看，这已经不是佳尝。建安的茶叶都是碾细的茶叶，而且必须要在三月的时候才能得到。不像今天的芽茶，在清明谷雨之前，就已经采摘蒸煮了。几千步取来的池塘水，和新汲的石泉水比起来,那又怎么比呢？我认为这两个都很难得到的,我如今都得到了,这实在是居住在山里的福气啊！

山居的人,应该珍惜水,何况好的泉水不容易得到,那就更应当珍惜了,也可以算作是造福之事。章孝标《松泉》诗中说:"注瓶云母滑,漱齿茯苓香。野客偷煎茗,山僧惜净床。"所以用偷那就意味很珍贵了,知道珍惜就不会随便用了。怎么样才能跟这样的客人和这样的和尚做邻居呢！

我山居的地方有很多处泉水,像冷泉、午月泉、一勺泉,都是很好的品种。以其来比较虎丘的石水,实在是主仆的关系,可惜没有得到名流雅士的欣赏。由此看来泉水也有幸运和不幸运的。主要是因为隐藏在小山僻野里面,所以不为人所知道。竟陵子如果能来的话,那就可以煮一杯茶水,相伴青松的绿荫,坐在白石上,仰望天上的飞云了。

后跋

【原文】

子艺作泉品,品天下之泉也。予问之曰:"尽乎?"子艺曰:"未也。夫泉之名,有甘、有醴、有冷、有温、有廉、有让、有君子焉,皆荣也。在广有贪,在柳有愚,在狂国有狂,在安丰军有咄,在日南有淫,虽孔子亦不饮者有盗,皆辱也。"予闻之曰:"有是哉,亦存乎其人尔。天下之泉一也,惟和士饮之则为甘,祥士饮之则为醴,清士饮之则为冷,厚士饮之则为温。饮之于伯夷则为廉,饮之于虞舜则为让,饮之于孔门诸贤则为君子。使泉虽恶,亦不得而污之也。恶乎辱？泉遇伯封可名为贪,遇宋人可名为愚,遇谢奕可名为狂,遇楚项羽可名为咄,遇郑卫之俗可名为淫,其遇跖也,又不得不名为盗。使泉虽美,亦不得而自濯也,恶乎荣?"子艺曰:"噫！予品泉矣,子将兼品其人乎?"予山中泉数种,请附其语于集,且以贻同志者,毋混饮以辱吾泉。余杭蒋灼题。

【译文】

子艺作泉品,品评天下的泉水。我问他说:"品尽了吗?"子艺说:"没

有。泉水的名称,有甘、醴、冷、温、廉、让、君子等,都是好泉。广有贪,柳有愚,狂国有狂,安丰军有咄,日南有淫,还有孔子不喝的盗,这些都是辱泉。"我听了之后说:"有是有,但是要看是什么人喝了。天下一样的泉水,只有很温和的人喝了它才觉得甘甜,很飘逸的人喝了才觉得是醴,很清淡的雅士喝了才觉得是冷,很厚道的人喝了之后觉得是温。如果是伯夷喝了的话那就是廉了,如果虞舜喝了就是让了,如果孔子门下的各位贤明的君子喝了那就是君子。即使泉水很差,那也不应该去玷污。辱泉恶在哪里?泉水遇到了伯封可以称为贪,遇到了宋人可以称为愚,遇到谢奕可以称为狂,遇到楚地的项羽可以称为咄,遇到郑卫这样俗气的人可以称为淫,如果遇到跖,那又可以称为盗了。泉水虽然很美,也不能自己去洗,怎么能说辱没了好的呢?"子艺说:"哎!我是在品泉,你这不是在品人吗?"我们这里的山上有好几种泉水,子艺请我在集子的后面附加上几句话,以便留给有相同爱好的人,不要混饮而辱没了我的泉水。余杭蒋灼题。

《茶寮记》

【明】陆树声

陆树声(公元 1509~1605 年),字与吉,号平泉、无诤居士,华亭(今上海松江)人。

总叙

【原文】

园居敞小寮于啸轩埤垣之西,中设茶灶,凡瓢汲、罂注、濯拂之具咸庀。择一人稍通茗事者主之,一人佐炊汲。客至则茶烟隐隐起竹外。其禅客过从余者,每与余相对,结跏趺坐,啜茗汁,举无生话。终南僧明亮者,近从天池来。饷余天池苦茶,授余烹点法甚细。余尝受其法于阳羡土人,大率先火候,其次候汤,所谓蟹眼鱼目,参沸沫浮沈以验生熟者,法皆同。而僧所烹点味绝清,乳面不黟,是具人清净味中三昧者。要之,此一味非眠云跂石人,未易领略。余方远俗,雅意禅栖,安知不因是遂悟入赵州耶。时杪秋既望,适园无诤居士与五台僧演镇、终南僧明亮,同试天池茶于茶寮中。

马远《晓雪山行图》

【译文】

居住在啸轩矮墙西面敞开的小寮,中间设置有茶灶,像瓢汲、罂注、濯拂等器具一应俱全,选择一个稍微精通茶事的人来管理,另一个人帮助烧火汲水。客人到了的时候,竹外升起袅袅的炊烟。有客人从这里经过,每次遇到我的时候,两人相对而坐,喝着茶水,彼此之间很亲密。终南山的和尚明亮,从天池而来。赠给我天池苦茶,教给我烹煮的方法。我曾经把这种方法教给阳羡当地的人,大概都是先把握火候,其次则是候汤,别人所说的用蟹眼鱼目,上面浮出的泡沫来验证它的生熟,办法都是一样的。而和尚所泡的味道非常清爽,水的表面不浑浊,是因为具备了清、净、味中的要诀。重要的是,这种味道不是山居之人能够领会得到的。我向来羡慕超凡脱俗的气质,一心想栖息禅意之中,知道那里是不可能的,于是就到了赵州。秋天就要到

了,在园子里和无净居士、五台的和尚演镇、终南的和尚明亮,一起在茶寮中品尝天池茶。

煎茶七类

【原文】

一 人品

煎茶非漫浪,要须其人与茶品相得。故其法每传于高流隐逸,有云霞泉石、磊块胸次间者。

二 品泉

品泉以山水为上,次江水,井水次之。井取汲多者,多则水活。然须旋汲旋烹。汲久宿贮者,味减鲜冽。

三 烹点

煎用活火,候汤眼鳞鳞起,沫饽鼓泛,投茗器中。初入汤少许,俟汤茗相投,即满注。云脚渐开,乳花浮面,则味全。盖古茶用团饼,碾屑味易出。叶茶骤则乏味,过熟则味昏底滞。

四 尝茶

茶入口先灌漱,须徐啜。后甘津潮舌,则得真味。杂他果则香味俱夺。

五 茶候

凉台静室,明窗曲几,僧寮道院,松风竹月,晏坐行吟,清谭把卷。

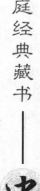

六 茶侣

翰卿墨客,锱流羽士,逸老散人,或轩冕之徒,超轶世味。

七 茶勋

除烦雪滞,涤醒破睡,谭渴书倦,是时茗碗策勋,不减凌烟。

龙坡山子茶

开宝中,窦仪以新茶饮予,味极美。龛面标云:龙坡山子茶。龙坡是顾渚之别境。

圣杨花

吴僧梵川誓愿然顶,供养双林傅大士。自住蒙顶采茶,凡三年,味方全美。得绝佳者圣杨花、吉祥蕊,共不愈五斤,持归供献。

汤社

和凝在朝,率同列递日,以茶相饮。味劣者有罚,号为汤社。

缕金耐重儿

有得建州茶膏作取耐重儿八枚,胶以金缕,献于闽王曦。

乳妖

吴僧文子善烹茶,子游荆南,高保勉白于季兴,延置紫云庵,日试其艺。保勉父子呼为汤神,奏授华定水大师。上人目乳妖。

清人树

伪闽甘露堂前两株茶,郁茂婆娑,宫人呼为清人树。每春初,嫔嫱戏摘采新芽,堂中设倾筐会。

玉蝉膏

大理徐恪见贻乡信铤子茶,茶面印文曰玉蝉膏,一种曰清风使。恪,建人也。

森伯

汤悦有森伯颂,盖茶也。方饮而森然严乎齿牙,既久四肢森然。

水豹囊

豹革为囊,风神呼吸之具也。煮茶啜之,可以涤滞思,时起清风。每引此义,称茶为水豹囊。

不夜侯

胡峤《饮茶》诗曰:"沾芽旧姓余甘氏,破睡当封不夜侯。"奇哉。

鸡苏佛

犹子彝年十二岁。予读胡峤诗,因令效法之。近晚成篇有云:生凉好吃鸡苏佛,回味宜称橄榄仙。然彝之亦文词之有基址者也。

冷面草

符昭远不喜茶,曰冷面草。此物面目冷,了无和美之态。可谓冷面草也。

晚甘侯

孙椎《送茶与焦刑部书》云:晚甘侯十五人遣侍斋阁,此徒皆请雷而摘,拜水而和,盖建阳丹山碧水之乡,月涧云龛之品,慎勿贱用之。

生成盏

撰茶而幻出物象于汤面,茶匠通神之艺也。沙门福全,生于金乡,长于茶海,能注汤幻茶成一句诗。并点四瓯,共一绝句,泛湖汤表。小小物类,唾手办尔。擅越日造门求观汤戏。全自咏曰:生成盏里水丹青。

茶百戏

茶至唐始盛,近世有下汤运匕,别施妙诀,使汤纹水脉成物象者。禽兽、虫鱼、花草之属,纤巧如画,但须臾即就散灭,此茶之变也。时人谓茶百戏。

漏影春

漏影春法,用镂纸贴盏,糁茶而去纸,伪为花。别以荔肉为叶,松实、鸭脚之类弥物为蕊,沸汤点搅。

甘草癖

宣城何子华邀客。酒半,出嘉阳严峻画陆鸿渐像。子华因言前世惑骏逸者为马癖;泥贯索者为钱癖;耽于子息者为誉儿癖;耽于褒贬者为左癖。传若此客者溺于茗事将何以名其癖?杨粹仲曰:茶至珍盖未离乎草也,草中之甘,无出茶上者,宜追曰陆氏为甘草癖。坐客曰允矣哉。

苦口师

皮光业最耽茗事。一日中表请尝新柑。才至,呼茶甚急,径进一巨瓯,题诗曰:未见柑心氏,先迎苦口师。

《茶疏》

【明】许次纾

许次纾(公元 1549～1604 年),字然明,号南华,明钱塘人。许次纾嗜茶之品鉴,并得吴兴姚绍宪指授,故深得茶理。

产茶

【原文】

天下名山,必产灵草。江南地暖,故独宜茶。大江以北,则称六安,然六安乃其郡名,其实产霍山县之大蜀山也,茶生最多,名品亦振于南。山陕人皆用之,南方谓其能消垢腻,去积滞,亦甚宝爱。顾彼山中不善制造,就于食铛大薪炒焙,未及出釜,业已焦枯,讵堪用哉。兼以竹造巨笥,乘热便贮,虽有绿枝紫笋,辄就萎黄,仅供下食,奚堪品斗。江南之茶,唐人首称阳羡,宋人最重建州,于今贡茶两地独多。阳羡仅

(明)陈裸《画王维诗意图》

有其名,建茶亦非最上,唯有武夷雨前最胜。近日所尚者,为长兴之罗岕,疑即古人顾渚紫笋也。介于山中谓之岕,罗氏隐焉故名罗。然岕故有数处,今惟洞山最佳。姚伯道云:"明月之峡,厥有佳茗。"是名上乘。要之,采之以

中华茶道

时,制之尽法,无不佳者。其韵致清远,滋味甘香,清渴除烦,足称仙品。此自一种也。若在顾渚,亦有佳者,人但以水口茶名之,全与岕别矣。若歙之松萝,吴之虎丘,钱塘之龙井,香气浓郁,并可与岕雁行。次甫亟称黄山,黄山亦在歙中,然去松萝远甚。土人皆贵天池。天池产者,饮之略多,令人胀满。自余始下其品,向多非之。近来赏奇者,始信余言矣。浙之产,又曰天台之雁宕,括苍之大盘,东阳之金华,绍兴之日铸,皆与武夷相为伯仲。然虽有名茶,而土人之制造不精,收藏无法,一行出山,香味色俱减。钱塘诸山,产茶甚多,南山尽佳,北山次之。北山勤于用粪,茶虽易茁,气韵反薄。往时颇称睦之鸠坑,四明之朱溪,今皆不得入品。武夷之外,有泉州之清源,倘以好手制之,亦与武夷亚匹。惜多焦枯,令人意尽。楚之产曰宝庆,滇之产曰五华,此皆表表有名,犹在雁茶之上。其他名山所产,当不止此。或余未知,或名未著,故不及论。

【译文】

天下的名山之中,必定会出产灵草。江南地暖,所以适合出产茶叶。大江以北所产的茶就称为六安。然而六安是郡的名称,而实际上是霍山县的大蜀山出产的,那里生长的茶叶很多,著名的品种也能够和江南的相匹敌。山陕人都用它,南方说它能消除污垢和油腻,也很难得。只是那里的人不善于制造,只会用做饭的大锅加上大火来炒焙,还没来得及出锅,叶子就已经焦烂了,实在是没有很好地利用。加上又用竹筒来贮存,乘着热的时候就装起来,即使是绿枝紫笋,也会变得枯萎,仅能供一般的人吃,不可以用作品味和比试。江南的茶叶,唐朝的人最推崇阳羡,宋朝的人比较重视建州。现在的贡茶,这两个地方最多。阳羡只不过是徒有虚名,建茶也不是最好的,只有武夷雨前是最好的。近来所崇尚的,是长兴的罗岕,可能就是古代的顾渚紫笋。介山中的茶叫作岕,是因为罗氏隐居在此地而叫作罗岕的。然而虽然有很多地方出产岕茶,只有洞山的才是最好的。姚伯道说:明月之峡,厥有佳茗。这种说法非常好。采摘必须要在适当的时候,制造必须要得法,那就没有不好的。它的韵致清远,滋味甘香,能够止渴除去烦恼,可以称为仙

品。这就是其中的一种。若是在顾渚，也有好的，人们只是把它叫作水口茶叶，和岕茶完全没有联系。如果是歙州的松萝，吴的虎丘，钱塘的龙井，香气自然显得很浓郁，并且可以和岕一起相比。次甫说黄山茶性别好，其实黄山也在歙州，然而跟松萝相比那就差得太远了。一般的人都重视天池，天池出产的，喝多了的话就会令人腹胀。从我这里就不把它当做好品种，一向多有非议。近来有好奇的人，才总算相信了我所说的话。浙江所出产的，又被称为天台的雁宕，括苍的大盘，东阳的金华，绍兴的日铸，这些茶都跟武夷的不相上下。然而虽然有名茶，而一般的人制造却不精细，收藏也不能得到它的精妙，出了山之后，香色味都损失了。钱塘等山，出产茶叶的很多，南山的都是很好的茶叶，北山的要差一点。北山的人喜欢用粪，茶虽长得粗壮，但是韵味却很淡。过去都说睦的鸠坑、四明的朱溪茶很好，现在都算不上好茶。武夷以外，还有泉州的清源，如果是好手采摘制作的话，也和武夷的差不多。可惜很多都是焦枯的，令人不是很满意。楚地所出产的宝庆，云南所出产的五华，都是很有名气的品种，也都在雁茶之上。其他名山所出产的，应当还不只这些，或我不知道，或不出名，所以没有谈到。

采摘

【原文】

清明谷雨，摘茶之候也。清明太早，立夏太迟，谷雨前后，其时适中。若肯再迟一二日，期待其气力完足，香烈尤倍，易于收藏。梅雨不蒸，虽稍长大，故是嫩枝柔叶也。杭俗喜于盂中撮点，故贵极细。理烦散郁，未可遽非。吴松人极贵吾乡龙井，肯以重价购雨前细者，狃于故常，未解妙理。岕中之人，非夏前不摘。初试摘者，谓之开园。采自正夏，谓之春茶。其地稍寒，故须待夏，此又不当以太迟病之。往日无有于秋日摘茶者，近乃有之。秋七八月，重摘一番，谓之早春，其品甚佳，不嫌少薄。他山射利，多摘梅茶，梅茶涩苦，止堪作下食，且伤秋摘，佳产戒之。

【译文】

清明谷雨之前，是采摘茶叶最好的气候。清明的时候太早，立夏的时候太迟，雨水前后正好适合。如果能够再等一两天，等到它的气力完足，香气就更加强烈了，便于收藏。梅雨的时候不蒸的话，即使再怎么长大，也不过是嫩枝柔叶而已。杭州的人喜欢在盂里泡茶，所以特别的精细。茶是用来去烦散郁的，不可不仔细。吴松的人特别珍惜我家乡的龙井，肯用很高的价格购买雨前精细的品种，习以为常，那就不能完全理解其中的绝妙之处。岕中

（明）倪端《聘庞图》

的人，不在夏天之前不能采摘。开始采摘的时候，称为开园。正夏的时候采摘的，被称为春茶。那里的地方有点寒冷，所以才需要等到夏天，这不能说是太迟。以前没有在秋天的时候采摘茶叶的，近来也有了。秋天七八月的时候再采摘一次，被称为早春，它的品种很好，而不怕产得少。有的山上为了谋利，多摘梅雨时节的茶叶，梅茶涩苦，只能作为下等饮食，而且会影响到秋天采摘，好的产品一般都忌讳这样做。

炒茶

【原文】

生茶初摘，香气未透，必借火力以发其香。然性不耐劳，炒不宜久。多取入铛，则手力不匀，久于铛中，过熟而香散矣，甚且枯焦，不尚堪烹点。炒茶之器，最嫌新铁。铁腥一入，不复有香。大忌脂腻，害甚于铁，须预取一

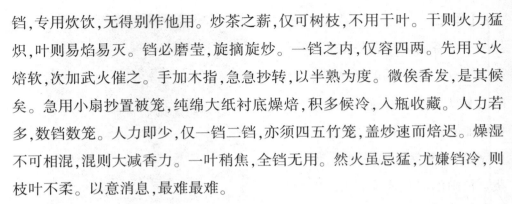

铛,专用炊饮,无得别作他用。炒茶之薪,仅可树枝,不用干叶。干则火力猛炽,叶则易焰易灭。铛必磨莹,旋摘旋炒。一铛之内,仅容四两。先用文火焙软,次加武火催之。手加木指,急急抄转,以半熟为度。微俟香发,是其候矣。急用小扇抄置被笼,纯绵大纸衬底燥焙,积多候冷,入瓶收藏。人力若多,数铛数笼。人力即少,仅一铛二铛,亦须四五竹笼,盖炒速而焙迟。燥湿不可相混,混则大减香力。一叶稍焦,全铛无用。然火虽忌猛,尤嫌铛冷,则枝叶不柔。以意消息,最难最难。

【译文】

刚采摘的生茶,香气还没有完全散发出来,必须要借助于火力才能使里面的香味散发出来。然而茶的本性不耐劳,不适合长期翻炒。取了过多的茶叶放进锅里面,手上的力气就没有办法均匀,放在锅里面的时间太长,过熟的话那香气就散失尽了,容易变得枯焦而不堪烹点。炒茶的器具,最忌讳的就是新铁器,铁腥一旦进入茶内,那就没有香气了。最忌讳的是油脂和油腻,它的危害比铁更厉害,必须取出一口锅,专门用来煮茶,不能用作其他的用途。炒茶的柴火,只可以用树枝,不用干叶。太干的话火力猛烈,叶子则容易冒起火焰或熄灭。锅必须要光洁干净,采摘下来之后立即就炒。一锅之内,仅仅能够容纳四两。先用文火将它焙软,然后用武火来快炒。手戴木指套快速地翻转,以半熟为度。等到有微微的香气散发出来,就是火候已经到了。立即用小扇抄置被笼,用绵大纸放在茶的下面烘焙干燥,等茶变冷了之后,再放进瓶子里面贮藏起来。人力如果多的话,可以同时上几口锅和几只笼;人少的话,就只需要一口或者两口锅,也必须要四五个竹笼,应该快速地翻炒而后慢慢地烘焙。干燥的、潮湿的不可以混合在一起,混合在一起就容易减少香味。一片叶子稍微焦了之后,整锅里面的茶就全都没有用了。然而火最忌讳的就是太大,尤其忌讳的是锅太冷,那样枝叶就显得不柔软。要达到理想的程度,是很难很难的。

中制法

【原文】

岕之茶不炒,甑中蒸熟,然后烘焙。缘其摘迟,枝叶微老,炒亦不能使软,徒枯碎耳。亦有一种极细炒岕,乃采之他山,炒焙以欺好奇者。彼中甚爱惜茶,决不忍乘嫩摘采,以伤树本。余意他山所产,亦稍迟采之,待其长大,如中之法蒸之,似无不可。但未试尝,不敢漫作。

【译文】

岕茶不炒,在甑里面蒸熟,然后再加以烘焙。这是因为它采摘的太迟,枝叶稍微有点老,炒了也不能使它变软,反而会使它更枯碎。还有一种特别细小的岕,是采摘其他山里面的,烘焙来欺骗那些好奇的人的。其实那里的人很爱惜茶叶,绝对不乘着嫩的时候去采摘,这样会伤害树的根本。我认为其他山里所出产的,也稍迟一点再采,茶芽长大,按照岕中的方法来蒸,似乎也没有什么不可以的。但是没有经过尝试,不敢随便发表议论。

收藏

【原文】

收藏宜用瓷瓮,大容一二十斤,四围厚箬,中则贮茶,须极燥极新,专供此事。久乃愈佳,不必岁易。茶须筑实,仍用厚箬填紧瓮口,再加以箬,以真皮纸包之,以麻紧扎,压以大新砖,勿令微风得入,可以接新。

【译文】

收藏的时候应该用瓷瓮,大的可以容纳一二十斤,周围填满竹叶,中间就用来贮藏茶叶,瓷瓮必须保持特别的干燥和新鲜,专门用来装茶的。使用时间越长越好,不必每年都换。茶叶必须要筑实,然后用很厚的竹叶将瓮口填实,再盖上竹叶,用真皮纸包裹起来,再用麻绳扎紧,在上面压上大新砖,

中華茶道

千万不要让空气进入到里面,这样可以贮存到接上新茶。

置顿

【原文】

茶恶湿而喜燥,畏寒而喜温,忌蒸郁而喜清凉。置顿之所,须在时时坐卧之处。逼近人气,则常温不寒。必在板房,不宜土室,板房则燥,土室则蒸。又要透风,勿置幽隐。幽隐之处,尤易蒸湿,兼恐有失点检。其阁庋之方,宜砖底数层,四围砖砌。形若火炉,愈大愈善,勿近土墙。顿瓮其上,随时取灶下火灰,候冷,簇于瓮傍。半尺以外,仍随时取灰火簇之,令裹灰常燥,一以避风,一以避湿。却忌火气入瓮,则能黄茶。世人多用竹器贮茶,虽复多用箬护,然箬性峭劲,不甚妥帖,最难紧实,能无渗罅!风湿易侵,多固无益也。其不堪地贮顿,万万不可。人有以竹器盛茶,置被笼中,用火焙黄,除火即润,忌之忌之!

【译文】

茶叶讨厌潮湿而喜欢干燥,畏惧寒冷而喜欢温热,忌讳蒸热而喜欢清凉。所放置的地方,应该在我们经常坐卧的地方。逼近人气,那样就能保持长期温暖而不寒冷。必须是在板房里面,而不适合在土房里面,板房比较干燥,而土房子就显得蒸闷,还要透风,不要放置在过于幽隐的地方。幽隐的地方,非常蒸湿,恐怕到时候还会忘记去收拾。放置茶瓮,应该用砖在底下垫上几层,四周砌上砖,就像火炉的形状一样,越大越好,不要接近土墙。把瓮放在它的上面,随时取出灶下的灰火,等灰冷却了之后放在瓮的旁边。半尺之外,仍随时取灰火围在它的旁边,让里面裹着的灰能够保持长期干燥,一是为了避风,一是为了避湿。但是最忌讳的却是火气进到瓮里面,那就会使茶叶变黄。一般的人多用竹器来储存茶叶,有的也用竹叶,但是竹叶的性质过于峭劲,不是很好,最难得的就是紧实,能够没有罅隙,风和湿气也不容易侵入,但是多了也没有什么好处。茶瓮不能放在地上,这是万万不可的。

人们用竹器来装茶叶,再将它放进笼里,用火使它变黄,但除去了火之后茶就会潮湿,千万不要。

取用

【原文】

茶之所忌,上条备矣。然则阴雨之日,岂宜擅开。如欲取用,必候天气晴朗,融和高朗,然后开缶,庶无风湿。先用热水濯手,麻帨拭燥缶口。内箬别置燥处。另取小罂贮所取茶。量日几何,以十日为限。去茶盈寸,则以寸箬补之,仍须碎剪。茶日渐少,箬日渐多,此其要也。焙燥筑黄,包扎如前。

【译文】

茶叶所忌讳的,上面说得已经很全面了。但是在阴雨的天气里,那就不能随便开启茶瓮了。如果想取用的话,那就必须等到天气晴朗的时候,然后再打开茶瓮,这样就没有风和湿气了。先用热水洗干净手,再用麻布来擦拭缶口。里面的竹叶应该放在干燥的地方,另外拿很小的器具来贮存取出来茶叶。根据时间的长短适量取茶,以十日为限。去掉一寸的茶叶的时候,再在上面铺上一寸的竹叶,仍需要剪碎。茶叶越来越少,竹叶却越来越多,这就是很重要的。茶叶重新烘焙干燥筑黄之后,收存包扎的要和从前一样。

包裹

【原文】

茶性畏纸,纸于水中成,受水气多也。纸裹一夕,随纸作气尽矣。虽火中焙出,少顷即润。雁宕诸山,首坐此病。每以纸帖寄远,安得复佳。

【译文】

茶叶最惧怕的就是纸,纸是在水里生成的,所受的水气很多。用纸包裹一个晚上,茶就被纸的湿气弄潮了。茶虽然是经过火烘焙过的,但用纸包一会儿就会重新滋润。雁宕等山的茶,最容易犯这种毛病。每次都用纸包裹

起来寄到很远的地方,又怎么会好呢!

日用顿置

【原文】

日用所需,贮小罂中,箬包苎扎,亦勿见风。宜即置之案头,勿顿巾箱书籝,尤忌与食器同处。并香药则染香药,并海味则染海味,其他以类而推。不过一夕,黄色变矣。

【译文】

每天所必须要用的茶,应该贮存在小瓶里面,用竹叶包裹起来,不要见风。应该将它放置在案头,不要放在毛巾箱子书籍的旁边,最忌讳的就是和吃饭的器具放在一起。和香药放在一起就容易沾染香药的气息,和海味放在一起就沾染了海味,其他的东西依此类推。不过一个晚上,黄色就变了。

附录:谁能识得壶中趣——外国茶道

精致的日本茶道

茶道是日本文化的代表之一,它集结了日本文化诸多的特点和精华,形成了一个综合的文化体系。

一、日本茶道发展史

日本茶道的内容十分丰富,在思想方面,它是融佛教、道教、儒教为一体的精神文化;在形式上,它是各种生活艺术的总汇。其中,"本来无一物""无一物中无尽藏"的哲学思想,不对称、简朴素淡的美学思想,以及平等互敬、恬淡的道德观念,都是日本茶道的主要特征。可以说,茶道是日本文化的代表,又是日本人生活的规范及心灵的寄托,是哲学化、艺术化了的生活。

从唐代开始,中国的饮茶习俗传入日本,日本人渐渐开始饮茶。到了宋代,日本人开始种植茶树,制造茶叶;到明代,日本才真正形成独具特色的日本茶道。

奈良、平安时代

日本人饮茶始于奈良时代(公元 710~794 年)初期。据日本文献《奥仪抄》记载,日本天平元年(唐玄宗开元十七年,公元 729 年)4 月,朝廷召集百僧到禁廷讲《大般若经》时,曾有赐茶之事。

唐朝时，日本曾派遣了许多遣唐使和学问僧到中国来学习各种知识。据《日中文化交流史》统计，从舒明天皇二年(唐贞观四年，公元630年)8月到宇多天皇宽平六年(唐乾宁元年，公元894年)9月，日本前后共任命过19次遣唐使。这些人代表着国家的形象，均通晓经史、长于文艺，或有一技之长，尽管他们留唐的时间不长，但对唐文化有着非常敏锐的洞察力和移植力。这些遣唐使和学问僧中，与茶叶文化的传播有较直接关系的人物主要是都永忠和最澄。

这一时期的茶文化是以嵯峨天皇、都永忠、最澄、空海为主体，在弘仁年间(公元810~824年)展开的。这个时期是日本古代茶文化的黄金时代，学术界称之为"弘仁茶风"。

弘仁茶风随着嵯峨天皇的退位而衰退，特别是由于宇多天皇在宽平六年(公元894年)宣布永久停止遣唐使的派遣，加上僧界领袖天台座主良源禁止在6月和11月的法会中调钵煎茶，于是中日茶文化交流一度中断。

总之，奈良、平安时期，日本接受、输入中国的茶文化，开始了本国茶文化的发展。饮茶首先在宫廷贵族、僧侣和上层社会中传播并流行，嵯峨天皇令在畿内、近江、丹波、播磨等各国种植茶树，且每年都要上贡。《拾芥抄》中说，在当时的首

史籍访茶踪

都、一条、正亲町、猪熊和大宫的万一町等地均设有官营的茶园，种植茶树以供朝廷饮茶之用。

平安时代。日本在饮茶方法上效仿唐代的煎茶法，无论从形式上还是精神上，可以说是完全照搬中国的《茶经》，虽然于9世纪初形成了"弘仁茶风"，但以后一度衰退。

都永忠

都永忠,宝龟初(公元770年前后)入唐,到延历二十四年(公元805年)才回国,在中国生活了很长时间。

从与都永忠同时代的几部汉诗集中可以发现,日本当时的饮茶法与中国唐代流行的饼茶煎饮法完全一样。《经国集》有一首《和出云巨太守茶歌》,描写了将茶饼放在火上炙烤干燥("独对金炉炙令燥");然后碾成末,汲取清流,点燃兽炭("兽炭须臾炎气盛");待水沸腾起来("盆浮沸浪花");加入茶末,放点吴盐,味道就更美了("吴盐和味味更美");煎好的茶,芳香四溢("煎罢余香处处薰")。可见,这是典型的唐代饼茶煎饮法。

在《日本后记》弘仁六年(公元815年)记事中,记有嵯峨天皇过崇福寺,都永忠亲自煎茶供奉的事件。

最 澄

最澄是传播中国茶文化的一个重要的日本僧人。最澄赴唐是在唐德宗二十年(公元804年),当时遣唐使分为两船,第一只船上有空海、桔逸势等人,第二只船上有最澄、义真和丹福等人。因为途中遇到风暴,第一只船漂到了福州,而第二只船则到了浙江明州(今宁波)。

最澄到浙江后,便登上天台山学习天台宗,接着又到越州龙兴寺学习密宗。永贞元年(公元805年)8月,他与都永忠等人一起从明州起程归国。据《日本社神道秘记》记载,公元805年,最澄从中国浙江天台山带回茶种后,种植在了日吉神社的旁边(至今在京都比睿山的东麓还立有《日吉茶园之碑》),这里遂成了日本最古老的茶园。

最澄在将茶种引入日本的同时,也将茶饮引入了宫廷,并得到了天皇的重视。嵯峨天皇爱好文学,特别崇尚唐朝的文化,在其影响下,弘仁年间成为唐文化盛行的时代,茶文化是其中最高雅的文化。《文华秀丽集》中收有一首嵯峨天皇与最澄的唱和诗《答澄公奉献诗》,其中有"羽客旁讲席,山精供茶杯"的诗句,表现了天皇与最澄的融洽关系以及饮茶在其中所起的作

中華茶道

用。

与最澄从中国同船回国的弘法大师空海,在日本弘仁五年(公元 814 年)上献《梵字悉昙字母并释义》等书,其所撰的《空海奉献表》中,有"茶汤坐来"等字样。嵯峨天皇也经常与空海在一起饮茶,留下了许多茶诗,如《与海公饮茶送归山》等。

最澄之前,天台山与天台宗僧人也多有赴日传教者,如天宝十三年(公元 754 年)的鉴真等。这些人带给日本的不只是天台派的教义,也有科学技术和生活习俗,而饮茶之道无疑是其中的内容之一。这些去日僧人应该是在客观上促进日本僧人(包括最澄)来华求法的直接影响者。由于天台山在佛教上的特殊地位,自最澄回国以后,这里就成了日本僧人极为向往的地方,虽然他们来这儿的主要目的是为学习天台宗和密宗、朝拜宗祖智者大师的圣迹。但同时也自然而然地受到包括饮茶之道在内的中国传统文化的熏陶,他们回国后对日本的饮茶文化起了重要的促进作用。

二、径山茶宴与日本茶道

宋时,径山(今浙江余杭)是著名的茶区,而径山寺里饮茶之风非常盛行,并有一套规矩,即设茶宴作为待客的珍贵礼仪。

茶宴时僧客团团围坐,边品茶,边谈道论德、议事叙景,并有对各种优质茶叶鉴评的斗茶等竞争游戏,及把粉末茶用开水冲泡调制的点茶。

茶宴在当时十分有名,日本的禅师们均慕名前来,其中比较著名的有弁丹(圣一国师)、南浦、昭明、明惠上人等僧人。

径山茶宴丰富了日本茶道的内容,并且推动了日本茶道由酝酿的阶段发展到兴盛的时代。

弁丹

日本和尚弁丹于公元 1235 年来到了我国浙江余杭径山寺,拜师无准大师,并在那里住了六七年之久。1242 年,他回日本的时候,带回了径山茶叶的种子和径山茶的传统制法。

今天，日本静冈县出产的玉露茶的品质十分优秀，日本茶业界普遍认为这种玉露茶就是弁丹带入中国茶叶种子和制茶方法的功德。

南浦、昭明

南浦、昭明等僧人到径山寺不仅学习佛经，而且还带回了径山的茶叶和冲泡的方法，即把茶宴、斗茶、点茶的方法带回了日本，而后在日本广为传播。

据《类聚名物考》记载："南浦、昭明到余杭径山寺浊虚堂传其法而归。时文永四年。"又有记载："茶道之起，在正元筑前崇福寺开山南浦、昭明由宋适入（即公元1259～1269年）。"

《续视听草》和《本朝高僧传》都指出："南浦、昭明由宋归国，把茶台子、茶道具一式，带到崇福寺。"最近日本出版的《茶叶技术研究》同样也讲到这段情节。

径山寺正门

镰仓时代

以镰仓时代（公元1192～1333年）初期为起点，日本文化进入了对中国文化的独立反刍消化时期，茶文化当然也不例外。在这一时代，日本接受了中国的点茶文化。

镰仓时代末期，茶文化以寺院为中心，寺院茶礼确立，各地都出现了茶的名产地，上层社会的新趣味、新娱乐——"斗茶"开始流行。通过品茶区分茶的产地的斗茶会后来成了室町茶的主流。

荣西

日本僧侣荣西从中国带回了茶种后,在公元 1192 年撰写了《吃茶养生记》一书,从此,日本的饮茶文化开始出现新的局面。

荣西曾两度入宋。日本仁安三年(宋孝宗乾道四年,公元 1168 年)。他第一次入宋,到达浙江明州,登明山,然后到天台山万年寺,同年 6 月又登明州阿育王山,9 月回国,回国时除带了天台新章疏 30 余部 60 卷,还带回了茶籽,后种植于佐贺县等地。

日本崇福寺

荣西第二次入宋是在日本文治三年(宋孝宗淳熙十四年,公元 1187 年) 4 月,此行的目的原为赴印度求法,但因故未成,所以即在天台山万年寺学禅。宋孝宗赐其千光法师封号。荣西不仅潜心钻研禅学,得禅宗临济宗黄龙派单传心印,而且还亲身体验了宋朝的饮茶文化。

公元 1191 年,荣西回国时,在他登陆的第一站——九州平户岛上的富春院撒下茶籽。之后他在九州的圣福寺和背振山也种了茶,不久就繁衍了一山,成了名为"石上苑"的茶园。他还送给京都拇尾高山寺明惠上人五粒茶籽。明惠将其种植在寺旁，由于那里的自然条件十分有利于茶的生长，故所产茶的味道十分纯正，人们将拇尾高山茶称为"本茶"，而将这之外的茶称为"非茶"。

荣西在京都修建了建仁寺，在镰仓也修建了圣福寺，并在寺院中种植茶树，大力宣传禅教和茶饮。其后，茶园不断扩充，名茶产地也不断增加。

荣西回国的第二年，日本第一个幕府政权——镰仓幕府成立。从此掌握最高权力的不再是天皇，而是武士集团的首领——源氏，政治的中心也由京都转移到了镰仓。饮茶活动以寺院为中心，由寺院普及到民间，是镰仓时代茶文化的主流。

公元1211年，荣西终于完成了《吃茶养生记》一书，建保二年（公元1214年），幕府将军源实朝醉酒，荣西为之献茶一盏，并献上了这本书。

《吃茶养生记》也被称为"颂茶德之书"，书中极力称赞茶的益人之处。《吃茶养生记》分为上、下两卷，用汉文写成，开篇便写道："茶也，末代养生之仙药，人伦延龄之妙术也。"荣西根据自己在中国的体验和见闻，在书中记叙了当时的末茶点饮法。

此书的问世，使日本的饮茶文化得到了普及和发展。总之，荣西输入了中国茶、茶具和点茶法，为茶饮风靡僧界及贵族、武士阶层并及于平民做出了较大的贡献。可以说，荣西既是日本的禅宗之祖，也是日本的"茶祖"。

日本大德寺

台子式茶的普及

荣西之后,日本茶文化的普及分为两大系统:一是禅宗系统,二是律宗系统。禅宗系统包括荣西及其后的拇尾高山寺的明惠上人;律宗系统则有西大寺的叡尊、极乐寺的忍性。

公元 1267 年,南浦、绍明禅师从宋归国,获赠径山寺的茶道具——台子(茶具架)和七部茶典。台子后来传入了大德寺,梦窗疏石国师率先在茶事中使用了台子,开点茶礼仪之先河。从此,台子茶式在日本普及起来。

室町时代

室町时代(公元 1333～1573 年),由于受宋、元点茶的影响,人们开始模仿宋朝的斗茶,出现了具有游艺性的斗茶热潮。在当时,摆弄进口货,模仿宋朝人饮茶,是一件风雅之事。特别是在室町时代的前期,豪华的斗茶成了日本茶文化的主流。

日本京都金阁寺

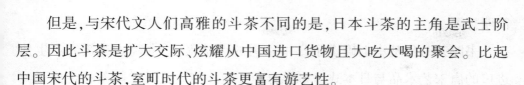

但是，与宋代文人们高雅的斗茶不同的是，日本斗茶的主角是武士阶层。因此斗茶是扩大交际、炫耀从中国进口货物且大吃大喝的聚会。比起中国宋代的斗茶，室町时代的斗茶更富有游艺性。

到了室町时代的中后期，斗茶内容更加复杂，奖品的种类也增多了。据记载，奖品有茶碗、陶器、扇子、砚台、檀香、蜡烛、鸟器、刀、钱等。当然，在室町时代的斗茶会里，也有一些高雅的茶会。

室町时代的斗茶历经形成、兴盛之后，逐渐向更高的层次发展，为东山时代的书院茶奠定了基础。

到了室町时代末期，茶道在日本获得了异常迅速的发展。

日本斗茶文化的形成和发展

公元 1396 年，38 岁的室町幕府第三代将军足利义满让位于儿子足利义持。次年，他在京都的北边兴建了金阁寺，并展开了"北山文化"。在他的支持下，小笠原长秀、今川氏赖、伊势满忠协等人主持完成了武家礼法的古典著述《三义一统大双纸》，这一武家礼法是后来日本茶道礼法的基础，而观阿弥、世阿弥父子则草创了能乐。

公元 1489 年，室町幕府第八代将军足利义政隐居京都的东山，在此修建了银阁寺，以此为中心，展开了"东山文化"。东山文化是继北山文化之后室町文化的又一个繁荣期。在东山时代，娱乐型的斗茶会初步发展成为宗教性的茶道。

在足利义政建造的东山殿建筑群中，除银阁寺外，还有一个著名的同仁斋。同仁斋的地面是用四张半榻榻米铺满的。从此，这个四张半榻榻米的面积成了日本茶室的标准面积，而全室榻榻米的建筑设计也为日本茶道的茶礼形成起了决定性的作用。日本人把这种建筑设计称作书院式建筑，并把在这样的书院式建筑里进行的茶文化活动称作书院茶。

进行书院茶时，主客都要跪坐，主人在客人面前庄重地为客人点茶。书院茶会没有品茶比赛的内容，也没有奖品，茶室里要求绝对安静，主客问茶简明扼要。

书院茶时代基本上确定了日本茶道的点茶程序，书院式建筑的产生使进口的唐宋艺术品与日本式房室融合在一起。使立式的禅院茶礼变成了纯日本式的跪坐茶礼。可以说，书院茶将中国茶文化与日本文化结合在了一起，在日本茶道史上占有重要的地位。

村田珠光

村田珠光（公元 1423~1502 年）是日本茶道的鼻祖。珠光 11 岁时就进了属于净土宗的奈良称名寺做沙弥。由于怠慢了寺役，他被赶出称名寺。之后，他来到京都，19 岁时进了大德寺酬恩庵（今称一休庵、真珠庵）。大德寺是著名的临济禅宗的寺院，珠光跟有名的佛教禅僧一休宗纯（公元 1394~1481 年）参禅，获得一休的印可。

珠光的成就在于将禅宗的思想引入了茶道，形成了独特的草庵茶风。他通过禅的思想，把茶道由一种娱乐形式升华为一种艺术、一种哲学和一种宗教。他完成了茶与禅、民间茶与贵族茶的结合，为日本茶文化注入了新的内核，完善了其形式，从而将日本茶文化真正上升到了"茶道"的地位。

能阿弥

能阿弥（公元 1397~1471 年）是足利义政的文化侍从，也是一位杰出的艺术家，通晓书、画、茶，在以"东山文化"为中心的室町书院茶文化里起着主导的作用。

在能阿弥的指导下，当时所进行的点茶法是一种"极真台子"的方法。点茶时人要穿武士的礼服——狩衣，点茶用具要放在极真台子上面，在茶具的位置、拿法及动作的顺序、移动的路线、进出茶室的步数等方面都有严格的规定，可以说，现在日本茶道的点茶程序基本上在那时就已经形成了。

能阿弥算得上是室町时代的一位杰出的大艺术家，他一生侍奉将军义教、义胜、义政三代，创造了"书院式""台子式"的新茶风，一扫斗茶会的奢靡嘈杂,对茶道的形成有重大影响。他曾推荐村田珠光作足利义政的茶道老师,使得后者有机会接触"东山名物"等高水准的艺术品,使日本茶道正式成立之前的书院贵族茶和奈良的庶民茶得到了融汇和交流,也为村田珠光成为日本茶道的开山之祖创造了条件。如果说村田珠光是日本茶道的鼻祖,那么能阿弥就是发扬日本茶道的先锋了。

武野绍鸥

武野绍鸥(公元 1502~1555 年)是日本茶道承前启后的一位宗师。大永五年(公元 1525 年),武野绍鸥从界町来到京都,师从当时位居第一的古典学者、和歌界最高权威朝臣三条西实隆学习和歌道。同时,他还师从下京的藤田宗理、十四屋宗悟和十四屋宗陈(三人皆是珠光的门徒)研习茶道。武野绍鸥的第一个功绩在于他将日本和歌道理论中表现日本民族特有的素淡、纯净和典雅的思想导入了茶道,并对珠光的茶道进行了有益的补充和完善,为日本茶道的进一步规范化和民族化做出了巨大的贡献。

武野绍鸥的第二个功绩则是对其弟子千利休的教育和影响。

日本云脚茶会

应永二十四年(公元 1417 年),一种由一般百姓主办参加的云脚茶会诞生。云脚茶会使用粗茶,并伴随酒宴等活动,是日本民间茶活动的肇始。云脚茶会因为其自由、开放、轻松和愉快的特点而受到人们的欢迎,在室町时代后期,逐渐取代了烦琐的斗茶会。

其中,在饮茶文化大众化的潮流中,奈良的淋汗茶十分引人注目。文明元年(公元 1469 年)5 月 23 日,奈良兴福寺信徒古市播磨澄胤在其馆邸举办了大型淋汗茶会。

淋汗茶会是云脚茶会的典型形式,而古市播磨澄胤本人后来成了珠光的高徒。淋汗茶的茶室建筑采用了草庵风格,这种古朴的乡村建筑风格成为后来日本茶室的独特风格。

安土、桃山时代

室町幕府解体之后,武士集团之间展开了激烈的争夺战,日本由此进入战国时代,而群雄中最强的一派就是织田信长—丰臣秀吉—德川家康系统。

群雄争战和社会的动乱却带来了市民文化的繁荣,融艺术、娱乐、饮食为一体的茶道受到了空前的瞩目。在这个时代,茶道是武士的必修课。宁静的茶室可以慰藉武士们不安的心灵,可以让他们暂时抛开生死的烦恼、忘却战场上的厮杀,所以,点一碗茶让自己静一下心就成了武士们日常生活中不可缺少的内容。

总之,安土、桃山时期与之前的镰仓、室町时期是日本吸收并反刍中华茶文化的黄金时段,也正是在这一时期形成了日本茶道的基本规范和民族特色。

千利休

千利休(公元1522~1592年)少时便热心茶道,先拜北向道陈为师学习书院茶,后经北向道陈介绍拜武野绍鸥为师学习草庵茶。天正二年(公元1574年),他做了织田信长的茶道侍从,后来又成了丰臣秀吉的茶道侍从。

千利休在继承村田珠光、武野绍鸥茶道的基础上,把草庵茶往前推进了一步,使茶道摆脱了物质因素的束缚,将其还原为淡泊寻常的本来面目,他还把茶道从上层社会进一步宣传普及到了民间。

千利休将日本茶道的基本精神归纳为"和、敬、清、寂"四个字。"和",是说自然万物之间要和谐;"敬",指动物、植物、人和山水之间都要平等互敬;"清",是说茶人与每件事物乃至一个小小的茶勺发生关系时,都要以纯净的心情去对待,不可有任何杂念;"寂"则是说大自然的寂灭是永恒的,即茶人通过茶事与大自然合为一体,以实现自我的寂灭。

可以说,千利休是一位伟大的茶道艺术家。作为日本茶道的集大成者,他开创了茶道独特的形式,在东方独树一帜。他对于日本文化艺术的影响是其他人无可比拟的,日本人民把千利休誉为"茶道匠祖"。

江户时代

公元 1603 年,德川家康在江户建立幕府,一直持续到 1868 年明治维新。

千利休去世后,他的子孙和弟子们继承和发扬了千利休的茶道观念,400 年来形成了许多流派。

其中,由村田珠光奠基,经武野绍鸥发展,至千利休而集大成的日本茶道又称"抹茶道",是日本茶道的主流。抹茶道是在宋、元点茶道的影响下形成的,其形成的时期,也正是中国的泡茶道形成并流行的时期。

在中国明、清泡茶道的影响下,日本茶人又参考抹茶道的一些礼仪规范,形成了日本人所称的"煎茶道"。中国去日僧隐元隆琦(公元 1592 ~ 1673 年)是公认的煎茶道始祖,他把中国当时流行的壶泡茶艺传入了日本;后来经过"煎茶道中兴之祖"柴山元昭(公元 1675 ~ 1763 年)的努力,煎茶道在日本站住了脚;又经田中鹤翁、小川可进等人的推动,使得煎茶确立了茶道的地位。

江户时代是日本茶道的辉煌时期,日本吸收、消化中国茶文化后终于形成了具有本民族特色的日本抹茶道和煎茶道,大大地发扬光大了中国茶道。

三千家

千利休去世后,其第二子少庵继续复兴千利休的茶道。

少庵之子千宗旦继承其父事业,终生不仕,专心茶道。

宗旦去世后,其第三子江岑宗左承袭了他的茶室——不审庵,并开辟了表千家流派;第四子仙叟宗室承袭了他退隐时代的茶室——今日庵,开辟了里千家流派;第二子一翁宗守在京都的武者小路建立了官休庵,开辟了武者路流派茶道——此称为"三千家"。

400 年来,"三千家"是日本茶道的栋梁与中枢。

"利休七哲"与石州流派

除了"三千家"之外,继承千利休茶道的还有他的七个大弟子,被称为"利休七哲",他们分别是蒲生化乡、细川三斋、濑田扫部、芝山监物、高山右近、牧村具部和古田织部。其中,古田织部(公元1544～1615年)是一位卓有成就的大茶人,他的杰出贡献在于将千利休的市井平民茶法改造成了武士风格的茶法。

日本著名茶具——青瓷蚂蝗茶碗

古田织部的弟子很多,其中最杰出的是小掘远州(公元1579～1647年)。小掘远州一生设计并修筑了许多茶室,其中有被称为日本庭园艺术最高代表的桂离宫,可以说他是一位多才多艺的茶人。

后来,片桐石州(公元1605～1673年)接替小掘远州作了江户幕府第四代将军秀纲的茶道师范,并对武士茶道做出了具体的规定。石州流派的茶道在当时十分流行,后继者也很多,其中著名的有松平不昧、井伊直弼等人。

三、中、日茶文化交流

日本的茶文化在安土、桃山、江户盛极一时之后,于明治维新初期一度衰落,但不久之后又进入稳定的发展时期。

明治维新之后,为了继承茶道精神,日本培养了大批茶人。今天,学习茶道已成为日本妇女修身养性的必修之课,日本学习茶道的人已达500万之多。

从20世纪80年代以来,中、日间的茶文化交流频繁,其中更主要的是日本茶文化向中国的回传。

日本茶道的许多流派均到中国进行交流。日本茶道里千家家元千宗室多次带领日本茶道代表团到中国访问,他们第 100 次访问中国时,江泽民同志在人民大会堂接见了千宗室。千宗室以论文《<茶经>与日本茶道的历史意义》获南开大学哲学博士。

日本茶道丹月流家元丹下明月多次到中国访问并表演,日本当代著名的茶文化学者布目潮风、沧泽行洋等人不仅对中华茶文化有着精深的研究,而且到中国进行实地考察。2001 年 4 月,日本中国茶协会会长王亚雷、秘书长藤井真纪子等一行到安徽农业大学中华茶文化研究所进行茶文化交流。

同时,中国的许多专家、学者、茶人都纷纷前往日本进行访问交流,其中就有国际茶业科学文化研究会会长陈彬藩、浙江大学教授童启庆、台湾中华茶文化学会会长范增平、天仁集团总裁李瑞河、浙江湖州的蔻丹、安徽农业大学中华茶文化研究所顾问王镇恒、安徽农业大学副校长宛晓春等人。而北京大学的滕军博士在日本专习茶道并获博士学位,之后还出版了《日本茶道文化概论》一书。

四、现代日本茶道的表演

茶道一般是在面积不大的茶室中举行的。茶室一般为三间小屋,室内摆设着珍贵的古玩或名人的书法作品,十分清雅别致。茶室内铺有榻榻米,一张榻榻米一般大约宽 0.9 米,长 1.8 米,称为一叠。标准的茶室为四叠半,也有三叠的。茶室大小一般在 4 平方米到 10 平方米之间。茶室中间放着供烧水的陶炭炉(风炉)、茶锅,炉前排列着茶碗和各种饮茶的用具。茶室一般有三个入口:一个是供客人用的小入口;另外两个入口,一个是主人点茶时的入口,一个是主人上饭时的入口(最小的茶室,主人点茶、上饭用一个入口)。

理想的茶室应该建在环境优雅、安静的地方。茶庭主要由大门、中门、雪隐(即厕所)、小茅棚、洗手处、垃圾坑、铺路石、灌木和乔木等几个部分组成。

茶室和茶庭是现代日本茶道中重要的艺术品。茶道将自然界美的景物通过各种方式再现于茶室之中。通过庭园的建设、茶室建筑风格的展示及炭火、插花等的陈设，使身居有限茶室之内的人们能感受到大自然的广阔之美。

日本仿古茶席

茶道所用的茶具

茶道使用的道具种类很多。因为举行一次茶事，要在茶室里添炭、煮水、点茶、吃饭等，所以，一般的生活用具几乎都要用到。比如，添炭时要用灰盆、灰勺、火筷子、炭斗、香盒等；点茶时要使用茶碗、茶勺、茶刷、茶盒、茶巾、水勺、炭炉、水壶等；用膳时要使用食盘、饭碗、汤碗、菜碟、筷子、酒壶、酒杯等。

但是，茶道所要求的道具形状不一定要那么尽善尽美。造型精美、形状标准并画有细致花纹的精美茶碗在茶道中并不受青睐，甚至会被排斥在茶室之外；而看上去十分粗糙、砂粒显露甚至陶工的指印还留在上面的茶碗却被视为上乘，很有搜寻的价值。

茶事准备工作

茶事分为早晨的茶事、正午的茶事和深夜的茶事。一般来讲，举行一次正式的茶事，大约需要一个小时左右的时间。

举行茶事前几天，主人要先向客人发出邀请。

茶道开始前，客人如约赴会，到达主人家后要先在小客房等待。主人准备停当后，请客人入座。客人要先分主次依次到院里净手处净手。净完手后，从一个小入口进入茶室。进茶室时要先进右脚，出茶室时要先出左脚。

在茶室内行走,越过每一块草席(榻榻米)的边框时,也要迈对左右脚。

茶事的表演过程

客人坐定后,主人表示欢迎,然后给炉子添炭。添完炭后,主人请客人用膳。用膳时的食具是统一的黑漆器,盛的一般是米饭、大酱汤和生鱼片。一会儿,主人来为客人盛饭,并送来烤鱼和炖菜。用膳期间,主人和客人还要相互敬酒,酒一概是用日本的清酒。用过膳后,茶事前半部分就结束了。客人们一般会到室外稍做休息。过一会儿,主人便以鸣锣为号邀请客人再次入座。这时,主人开始为客人点茶。

点茶时,茶的道具都有规定的位置,客人也分为主客、次客和末客,并且各有各的固定位置。

点茶用的茶叶是日本特有的一种末儿茶。点的茶分为两种:浓茶和薄茶。浓茶是整个茶事的主角,点出来是深绿色,浓度有点像咖啡。点浓茶时不许有任何多余的声响,要求绝对的安静。主人在客人面前慎重地擦净每一件茶具,用茶刷细心地点茶。每一件茶道具都有正面和背面,因此不得乱放。茶人对待茶具要轻拿轻放,不得有粗暴的态度或举动。

主人点好浓茶后,主客跪行到主人身边取回茶,然后和其他客人一起传碗喝茶。一碗浓茶要传3~7人,这种共同饮食的习俗表现了人与人之间高度的信赖与和睦。

茶道的每一个动作都有严格的规定,如拿茶碗时,应该拿茶碗的哪一部分,手臂的弯曲度应该是多少,移动时端起的高度是多少,移动的线路怎样等都有明确的规定。

茶事完毕后的礼节

喝过浓茶后,主人再为每一位客人各点一碗薄茶。点薄茶时,客人们可以静静地交谈。

点茶、冲茶、递接、加水、品饮的一系列过程都要遵循一定的方式,比如品茶时要吸气,并发出"吱吱"的声音。

喝完薄茶,客人要用大拇指和纸擦干净茶碗,然后仔细欣赏茶碗、茶罐和茶勺等每一件道具。欣赏完茶碗后,把茶碗放在自己的面前,要连声赞美"好茶、好茶",以表示对主人的敬意。主人会宽慰地点头一笑,并将茶碗端走,这样茶事就算基本结束了。

礼仪完毕,女主人会跪在茶室的门侧送客,客人要表示谢意。

经过一次茶事,主人和客人都得到了一次高级的艺术享受和心灵的洗涤。

五、现代日本茶道精神

整个日本茶道都贯穿了"和、敬、清、寂"的精神。

在茶事中,每一件茶道具、每一个去处都是整个茶事的一个组成部分,它们协调地组成了一个美的世界。在茶道中没有艺术品和非艺术品之分,茶室、茶庭中的一切都是艺术品,连人的动作、水的声音、鸟的鸣叫都被视为美的艺术品。

在茶室里,人们要处处表现出谦恭的态度。比如喝茶时,要将茶碗的正面转过去,用背面对嘴喝。这一方面是表示对茶碗的尊重,另一方面是请在座的诸位都能欣赏到茶碗正面的花纹形状,是对周围人的一种礼让。另外,主人要不断地询问客人自己点的茶、做的饭有没有不合口味的。

为了衬托客人们,主人一定要穿素雅的和服,而客人也不能在主人精心布置的茶室中喧宾夺主,衣着不宜

伺茶德日本女人

大红大绿。因此,在茶室里参加茶事,人们都习惯于穿素雅的服装,并且不

宜戴手表、首饰等,更不准喷撒香水,以免香水的气味冲乱了茶室的花香。

在茶室内,行礼分真、行、草三种。行"真"礼时,上半身前躬70度左右;行"行"礼时,上半身时上半身前躬45度左右;行"草"礼只前躬30度左右就可以了。这三种行礼方法要根据不同场合加以运用。该行"真"礼时行"草"礼,会被认为此人无礼、傲慢;该行"草"礼时行"真"礼,则被认为没有修养,也不行。总之一句话,行礼要适时适度。

茶道将自然万物导入茶室以求与自然的同化,并提倡"一期一会",认为主人和客人的每一次相会都是今生今世仅一次的相会。茶人们认为,人生为瞬间,寂灭才是永恒。世间万物与四季变换一样,每时每刻都在发生变化,不可能永存。因而一般精心建造的茶室寿命也仅有60年左右,之后,茶室渐渐风化,最后与大地同归。

茶道要体现变化的美,而不提倡永恒不变的美。茶事结束,客人走后,茶室恢复平静,一场艺术的创作在完成的同时也消失了。这也正体现了茶道的精神,即现世是瞬间的,寂灭是永恒的。

茶道是日本文化的精华,是日本文化的提炼。茶道虽然以点茶为主,但它的内容包罗万象,涉及哲学、宗教、艺术、文学和礼法等诸多方面,在细节上还包括书法、插花、建筑、庭园、园艺、铸铁、漆工、陶工、裱糊、竹艺、缝纫和烹饪等,几乎所有的社会文化都被它融为一体,堪称"综合文化体系"。

茶道的发展反过来又对日本文化产生了重大的影响:日本庭园可以说是茶庭的模仿和扩充;茶事用膳的烹饪技术是日本烹饪技术的基本功;茶道具的工艺更进一步地推动了日本制造工艺水平的蓬勃发展。

一、韩国茶文化

自古以来,韩国与中国就有着政治、经济和文化等方面的联系。其中,茶文化作为中、韩文化交流关系的纽带,一直起着重要的作用。

中国是茶文化的发源地,中国的茶文化在向世界各地传播时较早地传入朝鲜半岛,因而中、韩茶文化交流的历史十分悠久,源远流长。

韩国茶道发展史

新罗统一时期

新罗统一时期,中国饮茶风俗普及,煎茶道形成并流行,茶文学兴盛,茶具独立发展,茶书画初起,茶馆萌芽。可以说,这正是中华茶文化的第一个高峰。

新罗统一初期

据《高僧传》记载,公元6、7世纪,新罗为求佛法而前往中国的僧人有近三十人,他们中的大部分在中国经过十年左右的专心修学后再回国传教。在唐时,他们也接触到了饮茶,并且在回国的时候将茶和茶籽带回了新罗。

新罗饮茶应该不晚于公元7世纪中叶。据高丽时代的金富轼《三国史记·新罗本纪》载:"茶自善德王有之。"普觉国师一然《三国遗事》中收录的金良鉴所撰《驾洛国记》记有"每岁时酿醪醴,设以饼、饭、茶、果、庶羞等奠,年年不坠",这是驾洛国金首露王的第15代后裔、新罗第30代文武王继位那年(公元661年),首露王庙合祀于新罗宗庙,祭祖时所遵行的礼仪。其中,茶已经作为祭祀之用。

新罗统一初期是茶文化的萌芽时期,当时开始引入中国的饮茶风俗,并开始接受中国茶文化,但此时的饮茶仅限于王室成员、贵族和僧侣,并且以茶用于祭祀、礼佛等仪式。

在新罗宫廷,大多数国王和王子都喜欢饮茶,茶是祭祀品中重要的物品。第35代景德王(公元741~765年)每年三月初三要集百官于大殿归正门外,置茶会,并将茶赐给臣民。

新罗统一后期

新罗统一后期是新罗全面输入中国茶文化的时期,同时也是茶文化发展的时期。这一时期,饮茶由上层社会、僧侣、文士向民间传播、发展,并开始了种茶、制茶。

新罗第42代兴德王三年(公元828年),新罗使者金大廉从唐朝带回了茶籽,种植于地理山。《三国史记·新罗本纪·兴德王三年》载:"冬十二月,遣使入唐朝贡,文宗召对于麟德殿,宴赐有差。入唐回使大廉持茶种子来,王使命植于地理山。茶自善德王有之,至于此盛焉。前于新罗第二十七代善德女王时,已有茶。唯此时方得盛行。"

海东孔子——崔致远

被尊为"海东孔子"的新罗学者崔致远曾在大唐为官,有书函称其携中国茶及中药回归故里,而每次得到新茶后他就会作一篇文章来表达喜悦的心情,并且还会以茶供禅客,或自饮止渴。

崔致远在唐时正是煎茶法盛行之时,故回国时带回了大唐的煎茶法。他曾作《谢新茶状》(见《全唐文》),其中有"所宜烹绿乳于金鼎,泛香膏于玉瓯"的诗句,描写的便是煎茶法,即先碾茶,罗成末,再放在茶釜中煎煮,并用勺盛到茶碗中饮用。新罗饮茶法仿效的就是这种唐代流行的饼茶煎饮法。

真鉴国师

新罗真鉴国师(公元755~850年)创建了双溪寺,并曾于公元804~830年在唐留学。崔致远为他撰写的碑文中记载:"复以汉茗为供,以薪爨石釜,为屑煮之曰:'吾未识是味如何?惟濡腹尔!'守真忤俗,皆此之类也。"其中,"为屑煮之"即是指碾茶、罗末,并且用石釜煎茶。

高丽王朝时期

高丽王朝时期是朝鲜半岛茶文化和陶瓷文化的兴盛时期。这一时期的中国可以说正经历着中华茶文化的第二个高峰。受中国茶文化发展的影响,高丽的茶礼在这个时期形成,茶礼不仅在王室、朝廷中盛行,被僧道所崇尚,还在平民百姓中普及开来。高丽时期的百姓可以买茶为饮,并且在冠礼、婚丧、祭祖、祭神、敬佛和祈雨等典礼中都要用到茶。

高丽在吸收、消化了中国宋、元时期的茶文化后,开始形成具有本民族特色的茶文化,茶礼便是代表。另外,当时高丽的茶具文化也发展得比较兴盛,还影响了日本。

高丽时期王室、官员的茶文化

每年的燃灯会和八关会必行茶礼。这是两大节,其中燃灯会为每年的2月25日,由国王出面敬献茶于释迦佛;八关会是向诸天神敬祷,敬的是五岳神、名山大川神和龙王等,在每年秋季的11月15日设祭。

在其他重要的日子,如太子寿日宴、王子王妃册封日和公主吉期等,君王、臣民的宴会及朝廷的其他各种仪式都要举行茶礼。

高丽时期佛、儒、道的茶文化

佛教是高丽的国教,气氛十分浓厚。中国的禅宗茶礼是高丽佛教茶礼的主流。中国唐代怀海禅师制定的《百丈清规》、宋代的《禅苑清规》、元代的《敕修百丈清规》和《禅林备用清规》等传入高丽后,高丽的僧人们遂效仿中国禅门清规中的茶礼,建立了韩国的佛教茶礼。

高丽王朝时期的僧侣们不仅以茶供佛,而且还要将茶礼用于自己的修行,这也是与新罗时期明显的区别。

真觉国师在其《茶偈》中曰:"呼儿音落松罗雾,煮茗香传石径风。才入白云山下路,已参庵内老师翁。"

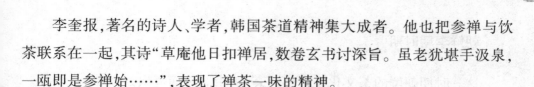

李奎报,著名的诗人、学者,韩国茶道精神集大成者。他也把参禅与饮茶联系在一起,其诗"草庵他日扣禅居,数卷玄书讨深旨。虽老犹堪手汲泉,一瓯即是参禅始……",表现了禅茶一味的精神。

高丽末期,由于儒者赵浚、郑梦周和李崇仁等人的不懈努力,在男子冠礼、男女婚礼、丧葬礼和祭祀礼中,均行茶礼。

道家焚香、叩拜,然后献茶的茶礼,皆源出于宋。

高丽时期的饮茶方法

高丽早期的饮茶方法承袭唐代的煎茶法,而中后期采用流行于两宋的点茶法。

宋徽宗时期是中国点茶道的高峰时期。赵佶本人就是点茶高手,他还亲自撰写了《大观茶论》。而高丽接受中国点茶道应当不会晚于北宋徽宗时。

宋徽宗宣和六年(公元1124年),宋朝使者徐兢一行访问了高丽,徐兢后来著有《宣和奉使高丽图经》,其中《茶俎》篇有记:"土产茶,味苦涩不可入口,惟贵中国腊茶并龙凤赐团。自锡赉之外,商贾亦通贩。故迩来颇喜饮茶,益治茶具,金花乌盏、翡色小瓯、银炉、汤鼎,皆窃效中国制度。"徐兢所描写的当时高丽的饮茶风俗是以当时的中国团饼茶为珍贵之物,并且其茶具、饮法皆效仿中国。

唐代煎茶用茶末、用碾,宋代点茶用茶粉,非磨不可,由诗中可知当时的高丽流行点茶法。高丽诗人李奎报在《谢人赠茶磨》诗中说:"琢石作弧轮,回旋烦一臂。……研出绿香尘,益感吾子意。"即用石制的茶磨研出绿色的香茶粉。

另一位诗人李仁老在其《僧院茶磨》诗中说:"风轮不管蚁行迟,月斧初挥玉屑飞。法戏从来真自在,晴天雷吼雪霏霏。"

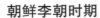

朝鲜李朝时期

这一时期朝鲜的茶文化先由盛而衰,再由衰转而复兴。

朝鲜李朝时期,前期的 15、16 世纪,中国的泡茶道传入朝鲜,饮茶之风颇为盛行,其中散茶壶泡法和撮泡法比较流行,但此时煎茶法和点茶法也同时并存。

朝鲜李朝时期的中国正是明朝后期和清朝前期,此时中国弃团饼而用散茶的泡茶道形成并流行,而且紫砂茶具的发展也到了一个高峰。始于新罗统一、兴于高丽时期的韩国茶礼随着茶礼器具及技艺化的发展,其形式被固定下来,并且逐渐发展、日趋完备。

朝鲜李朝中期以后,酒风盛行,致使茶文化一度衰落。至朝鲜李朝晚期,幸好有丁若镛、崔怡、金正喜、草衣禅师等的热情维持,茶文化才有所恢复。丁若镛的《东茶记》和草衣禅师的《东茶颂》就是朝鲜茶道复兴的成果。

朝鲜李朝时期,已经有了不少的茶叶产地,如《世宗实录》记载庆尚道有6 个地方、全罗道有 28 个地方产茶;在《东国舆地胜览》里,记载庆尚道有 10个地方、全罗道有 35 个地方产茶,庆尚道有 3 个地方、全罗道有 18 个地方产贡茶。

高宗二年(公元 1885 年),中国茶再次大规模传入,朝鲜李朝时期产茶遍及朝鲜半岛的南部。此后,韩国茶文化通过吸收、消化中国茶文化之后,进入稳定的发展时期。在民间的饮茶风尚走向衰弱后,茶的精神反而发展到了高峰时期。

丁若镛

丁若镛(公元 1762～1836 年),号茶山,是朝鲜的一位著名学者,他对茶的品饮作用推崇备至。丁若镛著有《东茶记》一书,这是韩国第一部茶书,可惜已经散逸。

金正喜

金正喜(公元 1786～1856 年),是与丁若镛同时代并齐名的哲学家,曾亲自领教了清朝考证学泰斗翁方纲和阮元的指导。金正喜对禅宗和佛教有着渊博的知识,著有多篇咏茶诗,如《留草衣禅师》诗:"眼前白吃赵州菜,手里牢拈焚志华。喝后耳门软个渐,春风何处不山家。"此外,金正喜的金石学和书法也具有极高的造诣。

草衣禅师

草衣禅师(公元 1786～1866 年),曾在丁若镛门下学习。通过 40 年的茶生活,他领悟了禅的玄妙和茶道的精神,并且著有《东茶颂》和《茶神传》,因此成为

朝鲜李朝世宗大王李祹像

朝鲜茶道精神伟大的总结者,被世人尊称为"茶圣"。

现当代中、韩茶文化交流

韩国在日本统治下,全国高等女子学校中的大部分学校开设了茶道课,但茶文化发展缓慢。1945 年光复后,茶文化复苏,饮茶之风再度兴盛,韩国的茶文化进入复兴时期。在这一时期,韩国茶文化走着一条独立发展的道路。韩国国内的茶业专家、学者们纷纷著书立说,将茶文化上升到了更高的层次。

韩国茶人于 1973 年出版了《韩国茶道》一书,建立了茶道大学,创立了多种茶文化团体,还创办了《茶的世界》等杂志。

韩国学者、专家们到中国的友好交流和访问也是其发扬茶文化的一个

重要方面。在当代,中、韩两国的茶文化交流活动不仅频繁活跃,而且提高到了一个新的层次,对于两国茶文化的发展都产生了积极的影响。

韩国"茶学泰斗"韩雄斌先生不仅将陆羽《茶经》翻译成韩文,还积极收集茶文化资料,撰述中国茶文化史,奠定了韩国茶文化向中国寻根的观念。

百岁茶星、韩国茶人联合会顾问、陆羽茶经研究会会长崔圭用先生早在1934年就到中国并侨居8年,潜心致力于中、韩茶文化的研究,并且出版了《锦堂茶话》《现代人与茶》《中国茶文化纪行》等书,还翻译了明代许次纾的《茶疏》和当代庄晚芳的《饮茶漫话》等书。他特别重视与中国茶文化界的交流与合作,其敬业爱茶的精神令人十分敬佩。90高龄后,仍4次来中国。

韩国国际茶道协会会长郑相九先生精于茶道,有译著《中国茶文化学》,书中包括中国茶道精神和中国茶文化概观等12章,内容十分丰富。近年来,他经常来中国访问,并率团表演韩国传统茶礼。

旅居韩国的中国籍茶文化学者、韩国中华茶文化学会会长姜堉发先生多年来致力于在韩国弘扬茶文化,多次率团来中国参加各种茶文化活动。鉴于对中、韩两国文化交流所做出的贡献,他被聘为"2002年世界杯韩国外交大使"。

另外,为茶文化交流做出贡献的还有韩国国际茶文化交流协会会长释龙云法师、韩国茶人联合会会长朴权钦先生、韩国茶文化学会会长尹炳相先生、韩中茶文化研究所所长金裕信先生、韩国佛教春秋社会长崔锡焕等韩国茶人。他们纷纷来中国进行广泛而深入的茶文化交流,在促进中国当代茶文化的复兴与发展上有不可忽视的贡献。

与此同时,中国的一些茶人、茶文化学者,如王家扬(原中国国际茶文化研究会会长)、陈文华(江西省中国茶文化研究中心主任)、余悦(江西省民俗研究中心主任)、董淑铎(浙江湖州陆羽茶文化研究会会长)、童启庆(浙江大学教授)、夏涛(安徽农业大学教授)等也到韩国参观访问,进行茶文化交流,促进了两国茶文化的共同发展。

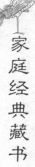

英式茶道的韵味

英国不产茶,但它是世界茶叶贸易重要集散地,其茶叶消费要占饮料总消费量的 70%,是世界上人均消费茶叶最多的国家。

一、英国人喜欢喝的茶

红茶与咖啡一样,都是人类发明的受人喜爱的优质饮料。而红茶与咖啡相比,给人以更优雅的印象,而将这种印象传播开来的就是红茶的王国——英国。

红茶是英国人普遍喜爱的饮料,80%的英国人每天饮茶,茶叶消费量约占各种饮料总消费量的一半。英国本土不产茶,而茶的人均消费量却占全球首位,因此,茶的进口量长期遥居世界第一。

中国或日本茶客往往习惯于每天仅仅喝一两种自己喜爱品牌的茶,但是英国的茶客却不这样,英国人喜欢饮红茶,特别崇尚味道醇厚的牛奶红茶和柠檬红茶,而且英国人普遍认为,从五花八门的种类和品牌的红茶中可以汲取更多丰富的营养物,还可以在不同的场合发挥其最为积极的健身或健心作用。例如,在清晨为了帮助提神,他们热衷于喝味道较为浓烈的印度茶,或干脆喝一种混合了印度茶、斯里兰卡茶和肯尼亚茶的“伯爵茶”,并加入牛奶制成奶茶;午后吃点心时他们喜欢喝中国祁门红茶,并以此来去除奶油蛋糕或水果蛋糕的油腻;下午茶则要体现出优雅,故往往选择印度茶和中国茶;而在晚间,他们会比较喜欢一种经过特别发酵和松木烟熏,并取名为“拉巴桑茶”的中国茶,据说喝了这种茶有放松心绪的功效,能帮助人安然入梦。

二、英国人喝茶的历史

英国人对茶的贡献是很大的。英国凭借雄厚的国力及积极的贸易手段,将茶推广成为国际性的饮料,并在全世界的 50 多个国家种植。

英国饮茶的历史始于 17 世纪中期。公元 1662 年,葡萄牙凯瑟琳公主嫁与英国查尔斯二世,将饮茶风尚带入皇家。被人称为"饮茶皇后"的凯瑟琳公主认为茶是健美的饮料,因而嗜茶、崇茶。由于她的倡导和推动,饮茶之风在朝廷盛行起来,继而又扩展到王公贵族,及至普通百姓。

到了 18 世纪初,英国社会逐渐形成了早餐吃黄油面包和喝茶的习惯。1711 年,文艺评论家艾迪生说:"生活有规律的家庭,每日早餐都是用一个小时的时间吃黄油面包、喝茶。"英国贵族在吃早餐前有在床上喝热巧克力的习惯,不久之后茶取代了热巧克力,形成了英国特有的"早茶"(early morning tea)的新习惯。

18 世纪中期开始,英国人已经达到一天要喝数次茶。1763 年阿莱基桑达·卡莱尔博士在他的自传中描述最新流行的生活方式为"妇女们饮下午茶和咖啡"。

到了 18 世纪中期,英国人饮茶已成习惯,茶叶在随处可见的茶叶店出售,而且还经由英国商人之手转销于美国各地。在 1678~1878 年,前后恰为 200 年,其间是中国茶叶独霸世界的时代。

19 世纪饮茶进一步普及。维多利亚时代的用餐模式则为早晨用丰盛的早餐,午餐是不让佣人侍候的郊游式便餐,下午 5 点是吃蛋糕的下午茶时间,晚 8 点用晚餐,晚餐后在客厅喝茶。

到了 1840 年以后,下午 4 点喝下午茶的习惯在中产阶级中也流行开来。

自 1864 年第一家茶馆在英国出现后,茶馆在英国大行其道,遍及英国的都市、乡村,且不分日夜,随时可供饮茶。到 20 世纪初,饮茶已成为人们的日常习惯。

20 世纪初,丘吉尔担任自由党商务大臣时,曾把准许职工享有工间饮茶的权利作为社会改革的内容之一。这个传统沿袭至今,各行各业的人每天上、下午都享有法定的各 15 分钟的饮茶时间。

第二次世界大战以后,英国人的生活习惯有了许多改变,饮茶习俗也不例外。

年轻人带来了欧洲大陆和美国的习惯,喝咖啡渐渐流行起来。饮料商们也开发出了各种品牌的速溶咖啡,在商店、超市的货架上以及电视广告中随处可见,影响了大批英国人的生活习惯。过去的"休息喝茶"(tea break)也渐渐被"休息喝咖啡"(coffee break)所代替。

20世纪70年代以来,在伦敦已很少有可以坐下来喝杯茶、吃些小点心的场所了。不过近些年这种习气渐渐有了改变,而且喜欢喝茶的也大有人在。在英国有一个传统的老习惯,就是在清早给客人送上一杯早茶,在家中这是唤醒客人的最好方法,顺便还可询问客人的就寝情况,以示关心。

英国下午茶与茶点

在不少英国家庭中,特别是对于家庭中的成年人,这种早茶习惯被视为是一种享受,但多用在非工作日或周末的早晨,尤其是有些丈夫常用它来讨好太太。

如今,每天下午4时左右,无论多忙,英国人都要放下手头的工作,坐到茶室中小憩一会儿,一边喝茶,一边吃些三明治之类的点心或谈话聊天。

中华茶道

三、茶饮法

随着现代工业文明的发展,以及人们生活节奏的加快,袋泡茶、茶饮料等方便、快捷的茶饮成为英国人生活中的新内容。英国人饮茶浓淡各有所好,但一般爱喝掺有牛奶的茶和什锦茶。即使是清晨或早餐饮用的茶类,几乎也全都是奶茶。虽然目前在英国饮用的红茶并不属于上等茶,但是用英国的水泡出来的红茶别有一番滋味。尤其是再掺入新鲜的奶精,混合红茶香味,风味就更加独特了。

泡奶茶要先往杯中倒入牛奶,然后再倒茶,顺序不能颠倒,如果要加糖则最后放糖,假如先倒茶再放牛奶就会被认为没有教养。什锦茶则将几种不同的茶叶混合冲泡。喜欢的还可加入橘子、玫瑰等佐料。英国人认为这样混合饮用会使原来易伤胃的茶碱减少,更能发挥茶的

四、保健作用

而在欧洲大陆国家,人们习惯饮用清茶,茶具也多使用玻璃杯而不是瓷杯,有时还要放上一片柠檬。这在英国是较少见的,只有在某些特色餐馆里才喝得到柠檬茶。

红茶文化已经成为英国人社交生活的一部分。虽然英国人不像一般欧美人士具有多姿多彩的社交生活,但是,朋友之间的送往迎来在日常生活中占据了相当重要的地位。所以,下午茶会可算是社交生活的入门课程。

美丽的茶具

饮茶的乐趣很大一部分在于茶壶、茶杯等茶具能给人以精致、优美的感觉。如果缺少精美的茶具,那么即使红茶再美味,也尝不出那种独特的风味。就整个英国社会来说,红茶已经是下午茶的代名词,并且带动了一股明朗的社会风气。

红茶高雅的芬芳以及深涩的味道，必须要以合适的茶具搭配，才能烘托出那股独特的风味。无论使用哪种器皿，如果只是随手泡茶饮用的话，根本谈不上是正确的饮茶方式。源于中国的具有人性化的饮茶方式，即用心品味出茶本身的美，在英国的茶文化中同样是相通的。

英国瓷器是出了名的坚固耐用。英国人总是先考虑到生活上的基本需要，他们认为日常生活经常使用的器具一定要持久耐用，不怕摔才是最好的。不仅仅是红茶茶具，就连衣食住行到整个社会制度，都可从最基本的地方看出他们的良苦用心。

精美英式望家茶具

英国茶具的美不单是一种华丽、漂亮的美，不是一种协调感极佳的美。

英国的茶具外表描绘着英国植物及花卉的图案，完全把英国人热爱园艺的习性反映在茶具器皿上。而且这些花卉图案千变万化，相信即使你到欧洲的任何一座公园里散步，也难以发现像英国公园这般拥有多姿多彩花卉及植物的地方。

英国茶具的特色在于真实自然，一点也不矫情做作，甚至还流露出一股高贵优雅的气质，它会使人满心欢喜，这种快乐绝不会随着时间的流逝而消失。

茶杯与托盘

在茶具组合当中，最具代表性的要算是茶杯与托盘了。

目前所谓的红茶茶杯，指的是附有握把的杯子。但是欧洲早期所制造的茶杯与托盘并没有任何握把，当时制造的茶杯形状是模仿日本及中国的

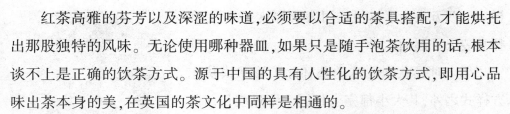

样式。西方人为了方便饮用滚烫的热茶,还是在杯身装上了握柄。

精美英式瓷茶杯

那个时候欧洲制造的茶杯除了形状模仿东方样式之外,其大小都完全相同。不过就目前的情况来看,也许还看得到小型咖啡杯,但是小红茶茶杯恐怕就不容易发现了。本来饮用红茶就是享受那股凌驾于咖啡之上的幽香,因此以容量较大的广口杯盛装,更能够扩散出红茶幽雅的香气。所以红茶茶杯的形状几乎很少采用细长型样式,多半都是以广口杯为主。

英国制造的红茶茶杯品质上等,无论是茶杯或托盘均镶上一层金边。这是一般欧洲人所没有的习惯,也算是英国人特有的风格。这层金边给人一种高级品的感觉,华丽而不低俗。虽然我们的审美观念认为银色比金色看起来更高级,但是在茶具组合的设计方面,却不曾采用过银色镶边。

英国的红茶茶杯有的以纯正瓷器制造,握在手里感觉相当沉重,因此必须握紧杯身的把手。价格较便宜的产品,其杯体本身比较轻,杯身轻巧却容易碎裂,因此比较不经济。

总之,茶杯的形状要圆、要宽广,握在手上还要有一定的重量,这才是佳品。

茶壶

日常生活中使用的茶壶,其质地即使不是最上等的也无妨。

在今天,一些中产阶级的家庭即使在早上也很少使用银制茶壶。这种银制茶壶不论是在 18 世纪或者是 19 世纪制造,采用的银质成分的纯度是多少,或者完全使用纯银打造,其价格都贵得惊人。英国一般家庭所使用的茶壶是一种茶褐色的茶壶,这种茶壶在日常生活中有各种用途。由于属于陶器品,因此感觉有点重量,而且坚固耐用,此外,即使装入滚烫的红茶也不易冷却。在冬天的早晨来上这么一壶茶,感觉一定很不错。

这种茶壶的另一个优点是即使沾上茶渍也不会很明显。由于这是每天必须要使用的器具,因此最重要的是外表一定要耐脏,况且红茶比起绿茶来更容易在茶壶上留下茶渍。所以,这种茶壶即使用久了也不会令人厌烦,而且相当方便,尤其是茶杯里注满芬芳的红茶时,那种实实在在的感觉真好。

此外,还有不锈钢制品的经济型茶壶和玻璃茶壶。虽然具有现代感的玻璃制茶壶不需使用茶叶筐子,非常便利,但是喜爱饮用正统红茶的人还是不采用它。

五、享用美味红茶

典型的英国风味红茶就是大家耳熟能详的奶茶。在英国,所饮用的红茶之所以风味绝佳,其原因就在于香醇浓厚的牛奶。

英国人沏茶有许多规矩

首先要把茶壶及茶杯充分温热。由于英国一年中大半时间是寒冷季节,所以习惯在置茶前烫壶。特别是在气温极低的冬天,如果茶壶太冰冷,则根本泡不出美味可口的热红茶。

茶叶的分量要合适。虽然茶叶一定要放入茶壶内,但是必须一匙一匙地放。一汤匙代表一人份,如果6人份就得放6匙,不多不少,恰到好处。

红茶分量要依浓淡口味而异。如果想喝浓厚一点的红茶,每汤匙的分量可以多一点。英国人称浓茶为"烈茶"(strong tea),而称淡茶为"弱茶"(weak tea),介于其间的就叫作"闲茶"(medium tea)。

英国人不会用过烫的开水冲茶,他们认为烫水会把茶叶中的营养物质分解、破坏。此外,他们还害怕温度过高的茶水会刺激口腔,并引发多种口腔癌。因此,他们习惯将刚刚煮沸的开水置于室温下冷却几分钟,再缓缓将半烫的水注入茶壶中,因此最后倒入杯中喝时茶已是半热半凉。

在将热水冲入茶壶后仅几分钟,便马上把茶水倒入茶杯中,尽量不要让茶水在茶壶中停放过久,要尽快使茶水与茶叶分离。因为英国人认为尽管茶叶中含有 30 多种人体所必需的营养物质,但浸泡过久的茶叶又可能会释放出有害人体健康的有毒物质。因此,英国人喝到的茶水往往比我们所喝的要清淡得多。

饮茶的习俗

英国人认为,茶叶中有多种物质会影响消化系统对食物内某些营养物的吸收,因此,他们在就餐前和就餐时通常不喝茶,怕茶水稀释胃酸,以妨碍消化。如果是在餐后喝茶,那也得在餐后至少半小时,尤其对那些需要补充尽可能多种营养物的孕妇来说,更应绝对避免餐后立即饮茶。

茶叶含有丰富的能促进骨骼和牙齿生长、发育并预防虫牙以及抑制口腔内有害细菌生长的氟元素,英国儿童大多养成了饭后、睡前用淡淡的茶水漱口的好习惯。此外,英国的吸烟者在参加社交活动前也喜欢用淡茶水漱口,这样能驱除口腔中残留的烟味。

英国人认为浓茶容易使神经系统过度兴奋,导致失眠或慢性头疼,对健康利少弊多,因此他们并不钟情于喝浓茶,特别是老人和儿童,更是对浓茶敬而远之。

六、英式下午茶

英式下午茶的由来

英国人的午后饮茶习俗源始于 18 世纪中期的维多利亚时代。维多利亚女皇时代(公元 1837~1901 年)是大英帝国最强盛的时代,文化艺术蓬勃发展,人们醉心于追求艺术文化的内涵及精致的生活品位。

　　英国人十分重视早餐的质量，轻视午餐，直到晚上 8 时以后才进晚餐。由于早、晚两餐之间间隔时间比较长，因而使人午后常会有疲惫饥饿之感。

　　英国贝德芙公爵夫人安娜女士每到下午时刻就觉得意兴阑珊，因为此时距离穿着正式、礼节繁复的晚餐还有一段时间，又感觉有些饥饿，于是就经常请女仆准备几片烤面包、奶油以及茶。

　　后来，安娜女士便经常邀请几位知心的好友一同品尝茶与精致的点心，同享轻松惬意的午后时光。公爵夫人的这种休闲方式如同一阵风刮过了当时的贵族社交圈，一时蔚成风尚，令名媛仕女们趋之若鹜。这也是"维多利亚下午茶"的由来。

庭院里的家庭下午茶会

　　在维多利亚式下午茶传统里，要用家中最好的房间及最好的瓷器来接待来宾。虽然喝茶与吃英式点心是正统英式下午茶最重要的一环，但是如果少了好的茶品、瓷器、音乐，甚至一种好的心情，喝下午茶就会显得美中不足。

而在英国的普通家庭,则只是在家中用比较高级、优雅漂亮的茶具来享用下午茶。

现在,下午茶已经发展成了一种习俗、一种优雅自在的茶文化,这也成了正统的英国红茶文化。

下午茶的仪式也已经简化了许多,尽管如此,正确的冲泡方式、喝茶的优雅摆设、丰盛的茶点等则被视为喝茶的传统而继续流传了下来。

而英国普通家庭的下午茶渐渐地变成了招待友人、朋友欢聚的社交茶会,并由此衍生出了各种礼节。随着下午茶的花样增多、选择增加,利用一个午后和亲密的朋友谈天说地,的确是一件舒心的事情。

如今,在英国的饮食场所、公共娱乐场所等都有下午茶供应。在英国的火车上,还备有茶篮,里面放置着茶、面包、饼干、红糖、牛奶、柠檬等,是供旅客们饮午后茶时用的。其实,午后茶就是一餐简化了的茶点,一般只供应一杯茶和一碟糕点,只有招待贵宾时内容才会丰富。

英国人对于自己的生活态度,从他们甘愿投资大笔金额用于选购耐用持久的茶壶、茶杯上即可看出。他们对于值得永久保存的物品从不吝啬,对于人生的重大事情亦能处之泰然,并能在每天单调枯燥的生活当中找寻各种美丽、舒适的享受方式。

当然,英国家庭懂得享受优雅的午茶时刻和他们的居住环境及生活方式有着密切的关系。这个恒久性的习惯已经在每个英国人心中根深蒂固。为了享受一顿华美丰盛的下午茶,英国人会特地美化房间的墙壁,搭配古意盎然的椅子,甚至暖炉。

由于英国家庭重视个人更甚于整个家族,所以你会以为他们的家庭观念不强,伦理亲情淡薄。其实不然,你从他们举家享受下午茶的和乐情景中就能够了解英国人很在乎那种家庭带来的温暖氛围。

下午茶的准备

一般来讲,正统英式下午茶所使用的茶以号称"红茶中的香槟"的大吉岭红茶为首选,或选用伯爵茶、火药绿茶、锡兰茶及传统口味的纯味茶,若是喝奶茶,则是先加牛奶再加茶。

标准配备器具

就英国正式的下午茶来说,对于茶桌的摆饰、餐具、茶具、点心盘等都非常讲究。

英式下午茶的标准配备器具一般包括瓷器茶壶、滤匙及放过滤器的小碟子、杯具组、糖罐、奶盅瓶、三层点心盘、茶匙、涂奶油及果酱用的茶刀、吃蛋糕的叉子、放茶渣的碗、餐巾、一盆鲜花、保温罩、端茶品用的托盘。在选择器具时,点心用三层点心瓷盘装盛,第一层放三明治,第二层放传统英式点心Scone,第三层则放蛋糕及水果塔。茶壶可以分为两人壶、四人壶或六人壶,准备的时候要视招待客人的数量而定。茶匙正确的摆法是与杯子成45度角。

蕾丝手工刺绣桌巾或

英式套装茶具

托盘垫是维多利亚下午茶不可缺少的配备,是象征着维多利亚时代贵族生活的重要饰物,如果再放些优美的音乐,此时下午茶的气氛便营造出来了。

同时,用优美的装饰来点缀也很重要,花、漏斗、蜡烛、照片或在餐巾纸上绑上缎花等都是很好的装饰方式。不过现在的下午茶用具已经简化不少,很多繁冗的细节也不再那么注重了。

准备茶点

喝下午茶的时候。搭配食用三明治、饼干、奶油松饼、小圆饼、小饼干、水果蛋糕等都是不错的选择。

英国的家庭主妇大多会拿出自制的糕点宴客。小松饼、饼干、果馅派、蛋糕等都是自制品,其做法和原料大同小异,一般都是将面粉、奶油、鸡蛋、牛奶、砂糖和盐混合之后再在烤炉中烤熟为止。

下午茶的礼仪

喝下午茶的最正统时间是下午 4 点钟。在维多利亚时代,男士是身着燕尾服,女士则着长袍,而现在每年在白金汉宫的正式下午茶会,男性来宾身着燕尾服、戴高帽及手持雨伞,女性则穿白天的洋装,而且一定要戴帽子。

下午茶会时,通常是由女主人穿着正式服装亲自为客人服务,非不得以才请女佣协助以表示对来宾的尊重。至于 Scone 的吃法,是先涂果酱,再涂奶油,吃完一口,再涂下一口。吃点心时是按照三层点心盘的位置,由下往上开始吃。

其他国家茶道

茶作为世界三大健康饮品之一,足迹遍布了整个世界。而各个地方的饮茶习俗和文化又有不同的特色,反映着不同民族、地区、国家的不同价值理念和文化取向。

阿根廷的马黛茶

马黛茶是阿根廷的一大特产,不仅是当地人民生活中不可缺少的饮料,而且还大量出口北美、西欧和日本等地区和国家。虽然这种茶并不仅仅是阿根廷才出产,但是仍然有"不喝马黛茶就不算来到了阿根廷"的说法。

马黛茶是一种常绿灌木叶子,阿根廷温暖潮湿的气候和充足的阳光很适于这种树木生长,加上当地人有喜爱喝这种茶的传统,因此阿根廷成了最大的马黛茶生产国。

当地人泡茶往往放入很多的茶叶,外地人初喝时感觉味道很苦,但习惯以后,喝起来会有一种芳香、爽口之感,并感觉能提神解乏,这一点很像是中国的苦丁茶。

当地人喝茶的方式很特别。大家围坐在一起,在一个泡有马黛茶叶的茶壶里插上一根吸管,于是在座的人一个挨一个地传着吸茶,边吸边聊天。待壶里的水快吸干的时候,再续上热开水接着吸,一直吸到聚会散了为止。

现在喝马黛茶也有像东方人那样在壶里泡好后倒在茶杯里喝的,这虽然比较符合现代人的卫生观念,但当地人认为那样喝马黛茶就失去了阿根廷风味。

就像西方人待客讲究餐具一样,阿根廷人认为,使用什么样的茶壶招待客人比喝马黛茶本身还重要。吸茶用的茶壶是当地人很重视的家庭用具。一般平民百姓家使用的马黛茶壶大多是竹筒或葫芦挖空制成的,壶上没有装饰,吸嘴一般是金属管做的,镂空椭圆形的管头插入壶中,起到过滤茶叶的作用。较为高档的茶壶有金属模压的,有硬木雕琢的,有葫芦镶边的,也有皮革包裹的,形状千奇百怪,壶的表层刻有各种人物、花鸟图案,并镶嵌着各种各样的宝石,可以说是不错的艺术品。外国游客大都喜欢到手工艺品市场买个马黛茶壶带回去作纪念。

每年 4 月至 8 月是马黛茶的收获季节。当地还有一个传统的节日,即每年 11 月第二周的马黛茶节,这也是阿根廷全国性的节日。在节日里,可以看到许多穿着漂亮服装的少年男女们在街头向行人赠送小盒包装的马黛茶,人们还会举行各种游行、聚会或舞会活动来欢度节日。

美国人喝茶

在美国,茶叶的消耗量仅次于咖啡,占全国饮料消费的第二位。据统计,按人年均消耗计算,美国人平均每人消耗茶叶 8 磅,这数字远远超出中国人的茶叶年人均消耗量,仅次于日本和英国,居世界第三位。

一些欧洲人移民到美国后,也将欧洲饮茶的习惯带了过去,因此美国人饮茶具有欧洲风味。

在美国,不同民族、不同地区的饮茶习俗各有不同。有些地区饮茶很多,有些地区则较少,有些地区饮茶具有一定的季节性,如南部一些州市,冬季饮热茶,夏季则大量饮用冰茶,城镇街道上冰茶室到处可见。

近年来,冰茶更是风靡全美,并登上大雅之堂,食谱上也正式列入热茶与冰茶两种饮料。美国人喜欢红茶,专门出售冰红茶的柜台在美国城乡到处可见。

美国人喜欢加入茶中的柠檬

冰茶之所以在美国能大行其道。就在于这种快速、方便的茶饮适应了美国人现代化生活的快节奏。传统的饮茶方法发生改变。新的饮茶方式应运而生,如袋装冰茶、速溶茶、混合冰茶、袋泡茶等。

美国市场上的中国乌龙茶、绿茶等有很多种类,但多是罐装的冷饮茶。饮用时,先在茶中放冰块,或事先将冷饮茶放入冰箱冰好。这样喝起来虽然口感比较好,而且方便,但遗憾的是这种饮茶的方法没有中国茶沏出的那种温馨、悠闲和品味,没有了喝茶独特的情调。

美国人一般饮用袋泡茶,也是取其方便省事的特点,这正适合了美利坚的民族特性。更有甚者,美国人将冲泡好的茶水注入易拉罐中制成的罐装茶水居然也大受欢迎。

加拿大茶饮

加拿大是美洲国家中仅次于美国的饮茶大国,平均每年每人消费茶叶 4 磅。加拿大人主要喝红茶,绿茶只销往少数地区。

加拿大人泡茶方法较特别,先将陶壶烫热,放一茶匙茶叶,然后以沸水注入,用开水冲泡 5~8 分钟。泡好后,将茶汤滤进另一事先温热过的茶壶中,加入乳酪和糖,调制好后就可饮用了。与美国人不同的是,加拿大人很少在茶汤中加柠檬,他们也不像中国人那样喜欢清饮。

加拿大人一般在用餐时和临睡前饮茶,也有饮午后茶的风俗,旅馆、剧院、茶室、火车餐车中都供应午后茶。现在,加拿大人也爱饮袋泡茶。

摩洛哥人喝茶

北非的摩洛哥是个酷爱饮茶的国度,不同的是,他们嗜饮中国绿茶,每年进口绿茶数量居世界第一位。

相传,17 世纪后期,一艘装满中国绿茶的商船经摩洛哥海驶往英国的途中遭遇海难,船身下沉。紧急情况下,船主被迫弃船。当地的摩洛哥人冒着生命危险将部分绿茶抢上岸，并试着用开水冲泡后饮用。他们发现此茶的味道鲜爽可口，并且能促进消化，遂大喜过望，倍加珍爱。

今天我们也可以理解摩洛哥人这种如获至宝的心情。

摩洛哥地处炎热的非洲，食物以牛羊肉为主，几乎没有蔬菜。因此，具有消暑解渴、除油去腻功用的绿茶无疑是最适合他们的健康饮料了。

摩洛哥人无论地位高低，每天都要喝一杯绿茶。

不仅如此，摩洛哥人的茶具还是闻名世界的珍贵艺术品。

摩洛哥国王和政府赠送来访贵宾的礼品，一为茶具，二为地毯。一套讲究的摩洛哥茶具重达100公斤以上，有尖嘴的茶壶、雕有花纹的大铜盘、香炉型的糖缸、长嘴大肚子的茶杯等，上面一般都刻有富有民族特色的图案，赏心悦目，风格独特。

摩洛哥人泡茶时，先往已放入茶叶的茶壶中冲入少量的沸水，但必须立即将水倒掉，重新冲入开水，加白糖和鲜薄荷叶，泡几分钟后再倒入杯中饮用。

茶叶泡过2~3次之后，还要适量添加茶叶和白糖，使茶味浓淡适宜、香甜可口。这样的一壶茶三泖，最少需用10克茶叶和150克左右的白糖。而茶加入薄荷后，味香清凉，入口暑气顿消，又极能提神，深受摩洛哥居民喜爱。

除了这种用具精美、冲泡讲究的家庭饮茶外，在摩洛哥的茶肆中还能享受到另一种风格的薄荷茶：盛满水的大锡壶在火炉上"突突"作响，茶肆老板娘根据来客的多少另取一把小锡壶，从一只麻袋里抓出一大把茶叶，又用榔头从另一只麻袋里砸一块白糖，再顺手揪上一把新鲜薄荷叶，一起放入小锡壶中，兑上大锡壶中的滚水，放到火炉上烹煮。两遍水滚后，小锡壶里的薄荷茶就可端给客人饮用了。

德国人喝茶

在德国，青年人喜欢根据自己的爱好随意调配茶水，饮茶不受拘束，十分自由。

近年来，出现了奶糖茶、香料茶、茉莉花茶、柠檬茶、甜茶、葡萄茶、橙子茶、苹果茶、樱桃茶和各式各样的香精茶等，很受年轻人的欢迎。

德国也产花茶，但不是我国用的茉莉花或玉兰花等窨制过的茶叶。他们所谓的花茶，真正是有花无茶，是用各种花瓣加上苹果、山楂等水果干制成的，里面一片茶叶也没有。中国的花茶讲究花味的香远，而德国花茶则追求花瓣的真实。德国花茶饮时需放糖，不然会因花香太浓而有一股酸涩味。

德国人喜欢饮茶，他们也买中国的茶叶。

他们居家饮茶时有"冲茶"的习惯，即用沸水不断地冲放在细密的金属筛子上的茶叶，冲下的茶水通过安装于筛子下的漏斗流到茶壶内，之后再将茶叶倒掉。经过这样的冲法，茶味会比较淡，而颜色也比较浅。

法国茶饮

法国人喜爱饮绿茶，清饮和调饮兼而有之。清饮法则与中国饮茶法相似，调饮时加方糖或新鲜薄荷叶，使茶味甘甜清凉、香浓隽永。

随着中国茶传入荷兰再转销法国，法国人接触到了茶。1636年，饮茶风气已在法国巴黎普及。但是直到20世纪初，普通法国人还是很少饮茶，他们只饮廉价的酒。饮茶者大多是富有的贵族以及有钱人士，还包括一些英、美、苏诸国的侨民。年轻人则视茶为老派人物的饮料，对茶不屑一顾。近年来，这种情况有所改变，饮茶热正在法国兴起。

法国人也逐渐养成了喝午后茶的习惯。1900年，尼亚尔兄弟最先在文具店内设置了两个小茶桌，供应顾客茶和饼干。从此以后，午后茶成为巴黎人生活中不可缺少的一部分。

法国人的泡茶方法与英国相似，通常在茶中加入牛奶、砂糖或柠檬等，另外再以各式的甜糕饼佐茶。午后茶一般在下午4时半至5时半供应。

毛里塔尼亚茶饮

摩洛哥人的饮茶历史已有 300 年了,其饮茶文化相当发达。不仅如此,摩洛哥人还将饮茶习俗传到了邻国毛里塔尼亚。

毛里塔尼亚是一个以畜牧业为主的国家,全国领土有 90% 以上是沙漠地带,因此素有"沙漠之国"的称号。

干旱炎热的沙漠气候使人容易疲劳,以牛羊肉、骆驼奶为主食的生活习惯使人营养不均,而饮茶能帮助消化、振奋精神、消除疲劳和增强体质。因此"沙漠之国"的人民对茶叶有特别的爱好,如果三天不饮茶,人们就会感到头痛难受,全身疲软无力。

这里的居民已到了尝茶成瘾的程度。这个人口不足 150 万的国家,每年消费茶叶 3000 多吨,即使在大旱年份,畜牧业大幅度减产,居民生活遇到很大困难,茶叶的消费量却仍不见减少,国家甚至不惜举债进口茶叶。

毛里塔尼亚人喜欢喝中国绿茶,他们进口的眉茶和珠茶都是从中国输入的。但毛里塔尼亚人喝的是浓甜茶。在这个信奉伊斯兰教的国家,人们每天早晨都以向真主祈祷而开始新的一天。祈祷完毕后,人们就开始喝茶。

通常他们将茶叶放入小瓷壶或小铜壶内煮饮,茶水滚开后,再加入白糖和新鲜薄荷叶,然后将茶汁注入酒杯大小的玻璃杯内就可饮用了。

茶汁色如咖啡,茶味香甜醇厚,带有清凉的薄荷味。毛里塔尼亚人煮一次茶需用茶叶 30 克左右,而且要求味浓适中,多次煮泡后汤色仍不变。他们喜欢饮汤色较深的茶,所以如果茶叶贮存时间稍长,反而大受欢迎。毛里塔尼亚人饮茶一般每日 3 次,每次 3 杯。逢节假日,饮茶的次数多达 10 次以上。

招待客人也是"见面一杯茶"。每当客人到访,好客的主人总是以甜润爽口的浓甜茶招待。这种风格独特的浓甜茶已成为毛里塔尼亚的传统民族饮料。

毛里塔尼亚的摩尔人家庭大多备有一套茶具,包括四只小杯、一把小瓷壶、一个瓷盘和一个小煤气炉。饮茶时,先将茶叶放入茶壶内,加水,再加上糖和薄荷,然后将壶放在煤气炉上烧煮,直到溢出香味为止。

敬客时,女主人将煮好的茶倒在杯中后,再用一个空杯反复倒出倒进。由于手法纯熟,茶水不会溅到杯外,直到茶水温度适口,方可献给客人。而客人必须一饮而尽,并且连饮 3 杯,才是对主人有礼貌的表现。

巴基斯坦茶饮

巴基斯坦人饮茶贯穿于他们每一天的生活当中。

巴基斯坦气候炎热,终年少雨,加上人们长期食用牛肉、羊肉、乳类等油脂含量大的食物,能解渴消暑、提神生津、消食除腻的茶饮对他们来说是再合适不过的了。

主妇们每天起床第一件事就是为全家人烹煮红茶,待他们起床后饮用。吃早餐时,食物中又有茶,中餐和晚餐也有茶,所以说巴基斯坦人"一日三茶"是有过之而无不及。家庭中饮茶是如此,出门后上班,有的大型企业派专人为职员煮红茶;所有的饭店、冷饮店几乎都有茶水供应;人们还可在露地茶摊上投钱取饮。

巴基斯坦的饮茶方法受殖民统治国英国的影响,人们普遍饮用红茶,而且加奶和糖。一般是将红茶放入水壶中烹煮后,用过滤器过滤掉茶叶,在茶汤中加入牛奶和白糖后再饮用。在巴基斯坦西北部,人们喜饮绿茶。到了冬天,有些习惯饮用红茶的地区也会改饮绿茶,这是因为巴基斯坦人认为绿茶偏温、红茶偏凉,正好与我国的看法相反。他们饮用绿茶的方法与红茶相似,也要加奶或糖饮用。"客来敬茶"是人们相互交往中的一项礼节。

巴基斯坦全国的茶叶消费量巨大,平均每人每年要消费 1.5 斤以上,有些老人甚至每月要喝 1 斤茶叶。

土耳其人喝茶

土耳其是一个豪饮之国。土耳其人一大早起床后要先喝一壶茶,再刷牙、洗脸、吃早饭。在土耳其,到处可以看到茶馆,茶馆的服务员手托托盘,托盘上放着一杯杯滚烫的茶,来回穿梭,为顾客们送茶。不仅如此,他们还要为附近的店铺送茶。在茶馆外面,想喝茶的人只需吹个口哨或打个手势,茶馆的服务员就会领会其意思,迅速地端出茶来。学校、机关、企业和公司里都有专人负责煮茶、卖茶和送茶。可以说,茶在土耳其人的生活中是无处不在的。

土耳其多尔玛巴赫切宫

土耳其人使用一大一小两个茶壶煮茶。大的茶壶盛满水放在火炉上,小的茶壶装入茶叶放在大茶壶上面。等大茶壶里的水煮开后,将开水冲入小茶壶中,再煮上片刻。最后根据各人对茶汤浓淡的需求,将小茶壶里的茶汁不等量地倒入小玻璃杯中,然后再将大茶壶中的开水冲入,加上适量白糖搅拌几下就可饮用了。

土耳其人十分热情好客,请客人喝茶更是他们的一种传统习俗。主人往往会为客人热情地提供一杯土耳其茶、土耳其咖啡或苹果茶。土耳其茶喝起来会比较苦，茶味浓浓的，不是那么令人喜欢；土耳其咖啡浓香扑鼻，但也非常浓，这种口感有些初尝者可能会不习惯；只有土耳其盛产的苹果茶可谓是老少咸宜、男女皆爱。浓浓的苹果味配上茶香，再加上酸酸甜甜的味道，喝起来格外舒爽。可以说，到过土耳其却没喝过苹果茶就如同没到过土耳其一样。

土耳其人喝红茶，但从不讲究茶叶的种类，他们去商店买茶不问是什么茶，只要是茶叶就买，他们更注重的是煮茶的技术。煮土耳其茶只要功夫到家，煮出来的茶色泽透明，香味扑鼻，甘甜可口。否则，茶汤颜色黑暗，香味不纯。

印度人喝茶

印度是一个具有灿烂文化的文明古国，对茶的利用历史也很悠久。但是真正大规模地栽培茶树却是在英国殖民地建立之后才开始的。

印度生产的茶叶大都销往英国等欧洲国家。在印度本国开始种茶、制茶之前，印度人并不饮茶，之后直到 19 世纪 40 年代，饮茶才逐渐为印度上流社会及城市居民所接受，但非产茶区的普通农民还是不喝茶。虽然早在欧洲殖民者到达印度之前，印度人就已经认识了茶，但是他们只把茶当作药——茶在 18 世纪初首次在印度古籍中出现就是在医籍中。

印度人通常把红茶、牛奶和糖放入锅或壶里，加水煮开后，滤掉茶叶，将剩下的浓似咖啡的茶汤倒入杯中饮用。这种甜茶已经成为他们日常生活、待客必不可少的饮料。

当然，印度人还有其他的饮法：信佛的印度人仿效西藏喇嘛诵经时饮的茶，将红茶与羊奶以各占 1/2 的比例调和。煮开，再放入姜片、茴香、肉桂、槟榔和肉豆蔻等，使茶香味更浓并更富有营养价值；还有一种饮用方式奇特的"马萨拉茶"，是红茶加姜或小豆蔻冲泡而成，说它饮用方式奇特，是指这种茶要倒入盘子中用舌头舔饮，所以又叫"舔茶"。

印度茶的配料

　　印度人的客来敬茶也很有特色。客人到访,主人会请客人坐在地上的席子上,客人的坐姿必须是男士盘腿而坐,而女士双膝相并着屈膝而坐。主人给客人捧上一杯甜茶,摆上水果和甜食等茶点。主人第一次敬茶时,客人不能立即伸手去接,而要先礼貌地表示感谢和推辞。主人再敬,客人才能以双手接茶。

　　另外,在印度如果用左手递送茶具,就会被人看作是一种很不礼貌的行为,因为,他们认为左手是用来洗澡和上厕所的。

俄罗斯人喝茶

　　俄罗斯人早在1833年就派人到中国购买茶籽和茶苗,并学回中国的制茶方法。

　　俄罗斯人喜欢喝红茶。他们会先在茶壶里泡上浓浓的一壶,要喝时倒少许在茶杯里,然后冲上开水,随个人的习惯,调兑出浓淡不一的味道。有客人来时,先倒一些茶壶里的浓茶,再倒入一些开水,然后在茶中加入果酱或蜂蜜,冲成果酱茶。

　　通常,俄罗斯人泡茶的时候也习惯每杯加一片柠檬,也有用果酱代替柠檬的。在冬季有时加入甜酒,有预防感冒的作用。

伊拉克人喝茶

伊拉克人平日饮茶和客来敬茶都是用红茶,他们的饮茶方式也是煮饮:把适量的茶叶放入茶壶,加水煮,等到茶壶内茶汤颜色变成浓黑时,将茶叶滤去,再将剩余的茶汤注入已有白糖的茶杯中,即可饮用。煮茶的方法有多种,而且有不同的名称。茶水煮开即可饮用的茶称清茶;用文火慢慢煮成的茶称醇茶;用开水煮成的颜色浓黑、味道苦涩的茶称浓茶;在浓茶中加入一半开水的茶称淡茶;加入大量白糖的浓茶称蜜茶;加入白糖较少的茶称香茶。

伊拉克有的地方喝茶方式非常奇特,喝茶时要先舔一口白糖,使嘴里有甜味,再呷一口苦茶,如此重复,每喝一口茶都要先舔一口白糖;还有的并不预先舔一口糖。而是把糖放在面前,边喝苦茶边望着糖,心里想着白糖的甜味,来冲淡口中的苦味,颇有点望梅止渴的味道。

保加利亚的"摇头茶"

在保加利亚做客,主人不会马上以茶敬客,而是要问你:"要不要用茶解渴?"如果这时你点头。他就不会给你倒茶了。那是因为在保加利亚,点头表示"不",而摇头则表示"是"。所以,我们中国的客人称保加利亚的茶为"摇头茶"。

阿拉伯半岛上的敬茶习俗

假使你在阿拉伯半岛的一些国家做客,热情的主人是不会让你的茶杯空着的。你一喝完,他们马上就给你加满,一杯连一杯。如果你不想喝,就要将茶杯拿在手里向两边微微晃动或用手捂住茶杯口,以表示不需要了。

斯里兰卡茶饮

斯里兰卡的红茶畅销世界各地。这里的居民爱喝浓茶,其又苦又涩的味道。却让他们觉得津津有味。

尤其是该国的僧伽罗人酷爱饮茶,每天上午10点左右和下午4点左右是其习惯的饮茶时间。他们通常在茶中加入牛奶和白糖,又称奶茶。有些人还习惯在茶中放一点姜末,别有一番风味。

在斯里兰卡,各机关、厂矿和学校等均设有茶室,还供应茶点。到斯里兰卡去旅游,处处可见站着喝茶的人。而各种各样的茶馆也是人们休闲活动的重要场所之一。

澳大利亚和新西兰茶饮

澳大利亚和新西兰都是畜牧业发达、以肉食为主的国家,饮茶习俗比较相似,且由于两国居民多为欧洲移民的后裔,因此饮茶沿袭了欧洲人饮茶的方法。

用于煮茶的锡壶、锡罐

澳大利亚和新西兰与英国一样,有饮早茶和午后茶的习惯。每天人们在早餐前、早餐时、上午8时、午餐时、下午4时、晚餐时及就寝前这7个时间里饮7次茶。普通家庭泡茶通常用两个壶,一个盛茶,一个盛热水。

他们好饮茶汤鲜艳、茶味浓厚的红碎茶，并根据自己的口味加糖、牛奶或柠檬调制。

新西兰人把喝茶作为人生最大的享受之一。许多机关、学校和厂矿等还特别留出饮茶时间，而茶叶店和茶馆更是比比皆是。

那些居住在澳大利亚和新西兰高寒山区的游牧民们的生活以放牧为生，生活环境寒冷异常，蔬菜极少，主要食用高热量的牛羊肉和乳制品，所以他们喝茶的方法与众不同。通常早晨起床后，立即用锡壶烧开水，同时放入一撮茶叶，任其煎煮。煮好后，早餐时可饮用。他们还喜欢在煮好的茶汤中加入甜酒、柠檬和牛奶等多种调料，使茶汤富有营养，并可以增加热量。

早餐后，人们会将盛茶的锡罐放在微火上继续加热。待晚上回家时，趁热饮用煮了一整天的茶汤，此时的茶汁已充分煮出，色泽浓黑，味道浓烈，十分好喝。

西北非一些国家的茶俗

西北非许多国家的人们都爱饮绿茶，如阿尔及利亚、突尼斯、利比亚、尼日利亚、冈比亚、尼日尔、布基纳法索和多哥等，他们饮茶时也加入大量的薄荷和糖。在这些国家，几乎人人都饮茶，茶馆、茶室鳞次栉比。

可以说，西北非的饮茶渊源也来自中国。从19世纪开始中国就将茶叶运至西北非试销，获得了巨大成功。西北非人民与中国茶叶结下了不解之缘，而且茶中加薄荷的习俗多少也受中国唐代煮茶加薄荷的影响。

到阿尔及利亚的杜勒格人家中做客，客人进屋坐定后，先轮流喝一只碗所盛的骆驼奶，然后开始饮茶。茶水要煮浓并放上糖，高举茶壶倒出，请客人喝上3杯，这是主人待客的最隆重礼节。

利比亚人把绿茶煮成糖茶饮用，他们通常早、晚饮红茶，午餐饮绿茶。

其他地区的饮茶习俗

泰国人喜欢饮冰茶，即在热茶中放入一些冰块。在气候炎热的泰国，饮

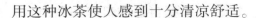

用这种冰茶使人感到十分清凉舒适。

　　蒙古人喜爱喝砖茶。他们把砖茶放在木臼中捣成粉末,加水放在锅中煮开,然后加上一些盐饮用,有的还加入牛奶或羊奶做成奶茶。

　　马里人喜爱饭后喝茶。他们把茶叶和水放入茶壶里,然后放在泥炉上煮开。茶煮沸后加上糖,每人斟一杯。他们的煮茶方法不同一般:每天起床,就以锡罐烧水,投入茶叶,任其煎煮,直到同时煮的腌肉烧熟,再同时吃肉喝茶。

　　伊朗人喝茶,是将茶叶投入锅中直至把茶叶煮烂,茶水变成浓汁,再加糖和茴香子。